Nancy Hadlich

Analyse evidenter Anglizismen in Psychiatrie und Logistik

Forum für Fachsprachen-Forschung

Hartwig Kalverkämper (Hg.)

Band 85

Nancy Hadlich

Analyse evidenter Anglizismen in Psychiatrie und Logistik

Frank & Timme
Verlag für wissenschaftliche Literatur

Die vorliegende Arbeit wurde vom Fachbereich Angewandte Sprach- und Kulturwissenschaft (FB 06) der Johannes Gutenberg-Universität Mainz im Jahr 2010 als Dissertation zur Erlangung des akademischen Grades eines Doktors der Philosophie (Dr. phil.) angenommen.

ISBN 978-3-86596-380-2
ISSN 0939-8945

Herstellung durch das atelier eilenberger, Taucha bei Leipzig.
Printed in Germany.
Gedruckt auf säurefreiem, alterungsbeständigem Papier.

www.frank-timme.de

Danksagung

Mein Dank gilt zahlreichen Freunden und Experten für ihre moralische und fachmännische Unterstützung. Einige Expertennamen finden im Laufe der Arbeit Erwähnung, weshalb ich an dieser Stelle von der Anführung einer langen Liste absehen will.

Von Herzen danken möchte ich jedoch Herrn Prof. Dr. Karl-Heinz Stoll und Frau Prof. Dr. Silvia Hansen-Schirra, die mir äußerst liebenswürdige und wertvolle Doktoreltern waren. Ohne sie wäre die vorliegende Arbeit nicht die, die sie ist.

Mein aufrichtiger Dank gilt zudem Frau Dr. Ildiko Pöltl für ihren unerschütterlichen Glauben an dieses Projekt.

Und nicht zuletzt danke ich Herrn Prof. Dr. Dr. Kalverkämper herzlichst für die Aufnahme ins FFF und die angenehme Zusammenarbeit.

Inhaltsverzeichnis

Tabellenverzeichnis

Abbildungsverzeichnis

Abkürzungsverzeichnis

A	Andere
AE	American English / Amerikanisches Englisch
APA	American Psychiatric Association
AS	Ausgangssprache
ASDC	Association for Sleep Disorders Center
Aufl.	Auflage
AWMF	Arbeitsgemeinschaft Wissenschaftlich-Medizinischer Fachgesellschaften
B	Bekannt
BDN	Berufsverband Deutscher Neurologen
BDÜ	Bundesverband der Dolmetscher und Übersetzer e. V.
BE	British English / Britisches Englisch
BPS	British Psychological Society
BVDN	Berufsverband Deutscher Nervenärzte
BVDP	Berufsverband Deutscher Psychiater
BVL	Bundesvereinigung für Logistik
BWL	Betriebswirtschaftslehre
bzw.	beziehungsweise
CEN	Comité Européen de Normalisation
CILT	Chartered Institute of Logistics and Transport
DAF	Deutsch als Fremdsprache
DGPPN	Deutsche Gesellschaft für Psychiatrie, Psychotherapie und Nervenheilkunde
DIN	Deutsches Institut für Normung e. V.
DSA	Defense Supply Association
DSM	Diagnostic and Statistical Manual of Mental Disorders
dt.	deutsch
EDV	Elektronische Datenverarbeitung
EG	Europäische Gemeinschaft
ELA	European Logistics Association
ELF	English as a Lingua Franca
en.	englisch

et al.	et alii
etc.	et cetera
EU	Europäische Union
f	feminin
ff.	folgende
gr.	griechisch
GS	Gemeinsprache
GZT	Gemeinsamer Zolltarif
HGB	Handelsgesetzbuch
Hrsg.	Herausgeber
IATE	InterActive Terminology for Europe
ICD	International Classification of Diseases
ICT	Information and Communication Technology
IND	International Nomenclature of Diseases
Infoterm	Internationales Informationszentrum für Terminologie
IOS	International Organization for Standardization
IPA	International Phonetical Alphabet
ISO	International Standard Organization
IT	Informationstechnologie
lat.	lateinisch
Log	Logistik
m	maskulin
MBA	Master of Business Administration
Med	Medizin
n	neutrum
NCCMH	National Collaborating Centre for Mental Health
Neur	Neurologie
NICE	National Institute for Clinical Excellence
NIMH	National Institute of Mental Health
o. A.	ohne Angaben
Pr	Pragmatische Information
Psych	Psychiatrie
Q	Quelle

QMA	Quartermaster's Association
RCP	Royal College of Psychiatrists
s. S.	siehe Seite
SITC	Standard International Trade Classification
SNOMED	Systematized Nomenclature of Medicine
SOLE	The International Society of Logistics
Syn.	Synonym
TLN	Transport en Logistiek Nederland
u. a.	und andere
UNO	United Nations Organization
Üv	Übersetzungsvorschlag
VDÜ	Verband der Schriftsteller, Bundessparte Übersetzer
VWL	Volkswirtschaftslehre
WHO	World Health Organization
Wi	Wirtschaft
WPA	World Psychiatric Association
WWU	Wirtschafts- und Währungsunion
z. B.	zum Beispiel
z. T.	zum Teil
ZS	Zielsprache

1. Vorbemerkungen

1.1 Einleitung

Seit einigen Jahrzehnten ist ein rasanter **Zuwachs** von Anglizismen in nichtenglischen inner- und außereuropäischen Sprachsystemen zu verzeichnen. Als *lingua franca* und auch als sprachwissenschaftlich relevantes Forschungsobjekt hat das Englische sich bekanntermaßen schon seit langer Zeit weitgehend durchgesetzt[1]. Im derzeitigen Stadium der Sprachentwicklung werden auch im Deutschen besonders von Jugendlichen Anglizismen kaum mehr als fremdes Wortgut registriert oder gar kritisch beobachtet. Diese deutlich erkennbare Tendenz bildet die Basis für zahlreiche Debatten über eine eventuelle Bereicherung oder Verarmung einzelner Sprachsysteme sowie über extralinguale Faktoren wie nationalitäts- und identitätsbezogene Aspekte.

Mit erkennbar steigender Anzahl der Anglizismen verstärkt sich auch die **Ursachenforschung**, welche Fragen der Globalisierung, der Internationalisierung und der weltweiten medialen Vernetzung in unserem so genannten Informationszeitalter berührt. Im Fokus stehen hierbei insbesondere die Wirtschaftszweige Werbung, Musik, Computer und Sport. In Fußballübertragungen verwendete Anglizismen wie *Golden Goal*, *Public Viewing* oder *Champions League* zählen mittlerweile zum festen Lexembestand des Deutschen. Es ist jedoch fraglich, ob diese Neuzugänge grundsätzlich dem gemeinsprachlichen Bereich zuzuordnen sind, da sie von Laien nicht zwangsläufig verstanden werden. Hier zeigt sich eine Schwierigkeit in der Differenzierung gesamtsprachlicher Subsysteme, die auch im Rahmen der vorliegenden Arbeit Erwähnung finden. Das Bestreben der Autorin liegt jedoch in der Konzentration auf eine Analyse logistischer und psychiatrisch-psychotherapeutischer Terminologieanteile.

Der Fokus auf zweierlei Fachrichtungen soll in erster Linie dem quantitativen Vergleich dienen, welcher als Nebenprodukt synergetisch wirkende Parameter und Variablen aufzeigen kann, die wiederum zu einer erhöhten Verwendung latent und manifest entlehnter Anglizismen innerhalb verschiedener Fachgebiete desselben Gesamtsprachsystems führen. Die Vermutung liegt nahe, dass sich

---

[1] Schmitt 1985, S. 51; Stoll [Megasprache]: online, 09.11.2009.

hierdurch Vergleichsmöglichkeiten ergeben, welche sowohl aus synchroner als auch aus diachroner Sicht Antworten bzw. neue Fragen zu Ursachen von Entlehnungsvorgängen liefern. In jedem Fall aber soll zumindest tendenziell erfasst werden, in welcher Quantität deutsche Terminologien durch das englische Lexikon beeinflusst werden und wie stark Anglizismen in deutschen Terminologien manifestiert bzw. akzeptiert sind. Auf diese Weise können kausale Zusammenhänge zu intraterminologischen Mengenunterschieden in Erscheinung treten, die im Rahmen einer Datenevaluation am Ende des Forschungspapiers empirisch abgesichert werden. Zunächst findet im Laufe des ersten Teils eine Erläuterung von Aufbau, Zielstellung und Methodik statt.

1.2 Aufbau

Die Arbeit ist in fünf Teile gegliedert. **Teil 1** umfasst die Klärung einleitender Sachverhalte, zu denen Zielstellung, Methodik und Vorgehen zählen.

Dem folgen in **Teil 2** ein kurzer Abriss zugrundeliegender linguistischer Wissenschaftskonzepte und eine Beleuchtung der Fachsprachen im gesamtsprachlichen Kontext sowie des Phänomens **Anglizismus**. Das Kapitel resultiert in der Erläuterung der Entwicklungsgeschichte von Psychiatrie und Logistik, wodurch der Fokus der Untersuchung eröffnet wird.

Der mit der Abgrenzung des Phänomens **Terminus** beginnende **Teil 3** dient der translatologisch-terminologischen Analyse mit Hilfe einer Erörterung genereller linguistischer Fragen. In diesem Abschnitt werden auch präskriptive Terminologiefragen untersucht und Differenzierungs- sowie Schichtungsmodelle im Hinblick auf psychiatrische und logistische Grundfragen erläutert.

Die Terminusbetrachtung erfolgt in **Teil 4** anhand diverser Wortbildungsmodelle und fachbezogener Grundbausteine, welche dem Verständnis des entsprechenden terminologischen Inventars als zuträglich erachtet werden. In einem Subkapitel erfolgt hierfür die Erörterung der Psychiatrie. Dabei werden Objekt- und Einflussgrößen vor dem Hintergrund englischen Lexeminventars und aus sprachwissenschaftlicher Sicht betrachtet. Dem folgt eine möglichst gleichwertige Untersuchung der Logistik. Dieser Teil der Arbeit wird durch eine Hypothesenüberprüfung abgeschlossen.

Teil 5 stellt den empirischen Forschungsabschnitt dar. In diesem wird zunächst das der Untersuchung zugrundeliegende Analysemodell erläutert. Hierin wird die aus der Urlistenerstellung gewonnene terminologische Basis durch eine Befragung abgesichert, für welche Experten der jeweiligen Fachgebiete das erarbeitete terminologische Inventar zur Bearbeitung vorgelegt wurde. Zur quantitativen **Analyse** erfolgen graphische Zusammenfassungen sowie die Darstellung und die Evaluierung gewonnener Daten und Untersuchungsergebnisse. Diesen folgt eine abschließende Hypothesenüberprüfung.

Es folgen dann **Verzeichnisse** zu Literatur und Abkürzungen. Diesen schließen sich die im Laufe der Umfrage entstandenen **Terminuslisten** bzw. Glossare mit benennungs- und begriffsbezogenen Angaben an. Im **Anhang** befinden sich die zusammenfassenden Tabellen, welche ausschließlich quantitative Aussagen über die Umfrage enthalten. Das formale Vorgehen in der vorliegenden Untersuchung richtet sich nach dem *MLA Handbook*[2]. Zitatangaben erfolgen aus Übersichtlichkeitsgründen in extratextueller Form durch Fußnoten. Einige Informationen enthalten keine Quellenangaben, da aus dem eigenen Weltwissen der Autorin geschöpft wurde und die ursprünglichen Quellen nicht nachvollziehbar sind. Bei Internetquellen wird in den Fußnoten der Zusatz *online* angegeben. Die dazugehörige Internetadresse ist zugunsten der Übersichtlichkeit lediglich im Internetverzeichnis angeführt. Querverweise auf andere Kapitel erfolgen mit dem Zusatz **s. S.** intratextuell anhand der entsprechenden Seitenzahlen. Sie verweisen grundsätzlich auf die entsprechende Kapitelüberschrift. Regelmäßig verwendete translatologische Termini werden abgekürzt. Die Vollformen finden sich im Abkürzungsverzeichnis. In erster Linie handelt es sich hierbei um geläufige Abbreviaturen wie **AS** (Ausgangssprache) und **ZS** (Zielsprache).

Für die spezielle Fachsprachenbetrachtung war zunächst eine mechanische Reduktion des Terminus *psychiatrisch-psychotherapeutisch* zu *psychiatrisch* angestrebt. Dennoch wurde der vollständige Lexemverband in Verbindung mit den Termini *Fachsprache* oder *Terminologie* durchgehend angeführt, da die vorliegende Untersuchung das gesamte Inventar dieses Bereiches behandelt. Aus-

---

2 Gibaldi 2003: *MLA Handbook for Writers of Research Papers*.

schließlich von der Psychiatrie ist die Rede bei der Behandlung von Aspekten, welche die Inhalte des Faches selbst betreffen.

Das Thema der Untersuchung stellt sich recht komplex dar: So sind translatologische, psychiatrische und logistische Abschnitte miteinander zu vereinbaren. Beim Vergleich psychiatrischer und logistischer Sachverhalte wird die Logistik immer an zweiter Stelle angeführt. Dies geschieht nicht aus Gründen der Bewertung, sondern der Übersichtlichkeit und der Konsequenz. Die englischen Termini orientieren sich am amerikanischen Englisch. Sämtliche weiteren geographischen Varianten des Englischen scheinen in dem hier fokussierten Bereich der Fachsprachen von marginaler Bedeutung zu sein.

Die spezifische Fachsprachenbetrachtung führte zur Verwendung der Singularform des Terminus *Fachsprache*, wenn dieser mit entsprechenden Zusätzen (z. B. *psychiatrisch-psychotherapeutisch* oder *logistisch*) geführt wird. Es sei jedoch betont, dass es sich hierbei um die Sprachverwendung und nicht eine eigenständige Sprache handelt, denn im Grunde existiert keine unabhängige Sprache eines bestimmten Faches. Die Anglizismen und translatologisch-terminologisch behandelten Termini oder Lexeme werden **kursiviert**.

Die Autorin behält sich vor, die Verwendung der traditionellen Nominalform beizubehalten und somit auf die Berücksichtigung aktueller Tendenzen zur gleichwertigen Behandlung femininer und maskuliner Formen zu verzichten. Die orthographischen Varianten der in der Untersuchung angeführten Termini entsprechen ihrem Auftreten in der Fachliteratur.

Die Arbeit basiert zu einem großen Teil auf gewinnbringenden Gesprächen und Emailkorrespondenzen mit **Experten** der jeweiligen Fachgebiete. Diese lieferten willkommene Denkanstöße und eröffneten zahlreiche neue Perspektiven. Aufgrund des anonymisierten Vorgehens der Autorin wird eine Auflistung der Gespräche ausgespart. Als besonders wichtige Impulse seien jedoch die intensiven Ausführungen einiger Experten genannt. Hierzu zählen für den Bereich der Psychiatrie / Psychotherapie Dr. Jörg Breitmaier, Dr. Ildiko Pöltl sowie Dr. Dorothee Spengler-Katerndahl, für den Bereich der Logistik Dr. Ulrich Köhler, Dipl.-Kaufmann Ronny Seifert und Ruud Visschers, MBA. Im Rahmen der empirischen Phase ist auf logistischer Seite der Dipl.-Volkswirtin Ulrike Grünrock-Kern von der Bundesvereinigung für Logistik (BVL) für die Unterstützung durch die Veröffentlichung des Vorhabens im BVL-Newsletter zu danken. Den Dipl.-Übersetzerinnen Veronika Jahn und Astrid Kunz sei an dieser Stelle ebenfalls für ihre wertvollen Denkanstöße und kritischen Anmerkungen gedankt.

1.3 Zielstellung

Das primäre Ziel dieser Arbeit besteht in der Evaluation repräsentativer Mengenangaben. Diese sollen auf der Basis vorhandener Studienergebnisse neue Perspektiven und Ansätze zu terminologischen Grundfragen aufwerfen. Konkretes Studienobjekt stellt der **quantitative Vergleich** der Anglizismen in der psychiatrisch-psychotherapeutischen Fachsprache und der logistischen Fachsprache dar[3]. Als Ergebnis der vorliegenden Untersuchung sollen Aussagen über die zahlenmäßige Fassbarkeit englischer Termini in den speziellen Fachgebieten getroffen werden können. Diese Zielstellung resultiert aus der Diplomarbeit der Autorin zur medizinischen Terminologie[4] und entsprechenden Anregungen durch Karl-Heinz Stoll.

Eine **Grundannahme** der Autorin besteht darin, dass zwar in sämtlichen Fachsprachen ein potenzieller Anglizismenzuwachs ad infinitum zu verzeichnen ist, die Anzahl terminologischer Neuzugänge jedoch fachgebietsabhängig variiert. Die Bedeutung der Thematik beruht auf der bereits angesprochenen zunehmenden Manifestation englischen Sprachmaterials in den Gemein- und Fachwortschätzen, welche sich in der konstant nachlassenden Verwendung muttersprachlicher Äquivalente äußert.

Der Wahl der Fachgebiete dienlich war die hohe **Aktualität** der jeweiligen Sprachinventare. Sie bieten eine breite Palette an zeitgemäßer Materialbasis, da sie in hohem Maße von Internationalisierung und Globalisierung betroffen sind und somit der Forschung eine immense Fläche an Neuland eröffnen. Durch ihre aktuelle Blütezeit spiegeln beide Bereiche auch aktuelle sprachliche Gegebenheiten wider. Höchst interessant erscheint zudem die Suche nach terminologi-

---

3 Gemeint sind hier die Anteile der Gemeinsprache und die Terminologien, welche im jeweiligen Fachgebiet Anwendung finden.

4 Hadlich 2007.

schen Gemeinsamkeiten zweier thematisch völlig unterschiedlicher Gebiete; denn die Logistik, welche sich in erster Linie mit Waren- und Informationsflüssen beschäftigt, weist zunächst einmal keinerlei inhaltliche Schnittpunkte zur Problematik psychischer Störungen auf. Hinzu kommt, dass die Abgrenzbarkeit einer eigenständigen Disziplin innerhalb der Fachgebiete für den Sprachwissenschaftler erst nach intensiver Auseinandersetzung mit fachbezogenen Fragen illustrierbar wird. Was jedoch sowohl der Psychiatrie als auch der Logistik unterstellt werden kann, ist ein wesentlicher Bestandteil, welcher zudem auch für den Translationswissenschaftler von oberster Priorität ist – ein gemeinsamer **sprachlicher Code** als Fundament für die Informationsübermittlung. Sowohl in der Logistik als auch in der Psychiatrie stellt das kommunikative Gelingen die Grundvoraussetzung für eine erfolgreiche Zielerfüllung dar, wohingegen ein gestörter Informationsfluss jeweils nachhaltigen Schaden fatalen Ausmaßes zur Folge haben kann.

Für den gemeinsprachlichen und auch für den fachsprachlichen Bereich stellt sich die Frage, ob der englische Einfluss auf allen Gebieten gleichmäßig stark ist oder ob nicht **Faktoren** zu finden sind, welche sich hemmend auf die Vermischung von Sprachsystemen auswirken. Diese Parameter sollen anhand von Unterschieden, aber auch durch die Untersuchung der Gemeinsamkeiten eruiert werden. So stellt sich die Frage, worauf terminologische Interferenzen zwischen Logistik und Psychiatrie bzw. Wirtschaft und Medizin beruhen (z. B. *Diagnose*, *Befund*, *Depression* oder *Manie*). Anders als im Fall des hier genannten Sprachinventars ist oftmals nicht festzulegen, welchem Bereich Lexeme oder Termini tatsächlich zuzuordnen sind. Daher ist an der Oberfläche lediglich die starke Einwirkung entlehnter Sprachanteile erkennbar. Bei der Untersuchung einzelner Gebiete kann dieser Eindruck wahrscheinlich relativiert werden. Besonders geeignet hierfür scheinen die Fachsprachen zu sein.

Die inhaltliche Vielfalt einzelner Wissenschaftszweige und die Divergenz existierender Fachgebiete sind mit einer starken Mannigfaltigkeit terminologischer Bestände im deutschen Gesamtsprachsystem verbunden. Je weiter Fachgebiete voneinander entfernt sind, umso stärker ist vermutlich der Differenzierungsgrad und umso höher müssten demnach sprachliche Unterschiede sein. Eine Überprüfung dieser Vermutung erfolgt auf empirischem Wege im Rahmen der vorliegenden Untersuchung.

Das Ziel der terminologischen Analyse besteht in der Betrachtung der aus der Grundannahme entwickelten **Hypothese** über eine Differenz der kontrastierten terminologischen Inventarvolumina und in der Präsentation wissenschaftlich verwertbarer Resultate. Die Formulierung der Hypothese ergab sich während der Theorie- bzw. Planungsphase im Rahmen des initialen Literaturstudiums sowie der Kontaktaufnahme mit Experten der jeweiligen Fachgebiete. Die einführenden Abschnitte dieser Arbeit dienen der zunehmenden Einschränkung der anfänglichen Fragestellung und der Modifizierung der Grundannahme in konkrete Hypothesen, welche im Verlaufe der Arbeit angesprochen werden. Für die quantitative Analyse erfolgt nach Abklärung sämtlicher Grundfragen die Erstellung und Kontrastierung zweier möglichst repräsentativer Terminuslisten auf der Basis diverser Fachtextkorpora. Hierfür wird zunächst eine Quantifizierung der Anglizismen in der Psychiatrie und der Logistik durchgeführt. An diese schließt eine Präzisierung der Sachverhalte an, welche in der Interpretation und Analyse der Daten resultiert.

Wenngleich auf translationswissenschaftlicher Ebene einige terminologische Forschungsarbeiten zu finden sind, scheinen quantitative Analysen – bedingt durch die langfristige Latenz zahlreicher Anglizismen und deren willkürliche Verwendung – allerdings schwer verifizierbar zu sein.

Translatorische Aspekte stellen den Fokus der vorliegenden Untersuchung dar und führen zu einer Eingrenzung des Zielpublikums. Die Arbeit richtet sich in erster Linie an Linguisten. Allerdings ist davon auszugehen, dass auch Psychiater und Logistiker bzw. Wirtschaftswissenschaftler und Mediziner linguistisches Interesse an ihren Fachgebieten zeigen.

1.4 Planungsphase

1.4.1 Perspektivfindung

Einen Basisbestandteil für das Vorgehen in der Untersuchung bildet die Integration allgemeiner Grundprinzipien und **Universalien**[5] der Sprachforschung bzw. sprachtheoretischer Grundannahmen benachbarter und integrierter Teildisziplinen der Sprachwissenschaft und der angewandten Wissenschaftstheorien. Wie bereits angedeutet, basiert die vorliegende Arbeit auf der Konfrontation zweier Sprachsysteme des deutschen Gesamtsprachsystems anhand von Anglizismen.

Eine Untersuchung deutscher Fachsprachen unterliegt also nicht ausschließlich dem Aufgabenbereich von Germanisten. Besonders in Bezug auf lexikalische Entlehnungen treten mittlerweile deutschsprachige Anglisten in Erscheinung, wenngleich davon auszugehen ist, dass Germanisten Fragen zur Wortbildung, welche als Basis der Terminusentstehung fungieren, aus einem anderen Blickwinkel bearbeiten als Anglisten[6].

Die vorliegende Thematik kann von unterschiedlichen Ansatzpunkten aus angegangen werden. Als hilfreich für die Entwicklung einer eigenen Konzeption erwiesen sich in erster Linie jüngere Theorien, Hypothesen und Analysemethoden der Angewandten Linguistik (z. B. Vergleiche). Die **Angewandte Linguistik** selbst beinhaltet

> [...] mit Sprache befasste Wissenschaftszweige, die nicht der Systematik der Linguistik folgen, sondern eigene zielorientierte und integrative theoretisch-praktische Ansätze ausgebildet haben oder ausbilden, indem sie von eigenen Prämissen ausgehen [...] und sprachpraktische Zusammenhänge [...] thematisieren (z. B. Übersetzungswissenschaft)[7].

Mit ihrem synchron-kontrastiven Ansatz löste die Angewandte Linguistik das historisch-vergleichende Vorgehen des 19. Jahrhunderts ab[8]. Im Unterschied zu

---

5 Zu sprachlichen Universalien siehe z. B. Chomsky 1995.

6 z. B. Schmitt 1985.

7 Lewandowski 1994a, S. 67.

8 Diese war durch Wilhelm von Humboldt begründet worden, welcher das Phänomen Sprache in erster Linie als Organismus betrachtete.

ihrem theoretischen Pendant widmet sich die Angewandte Linguistik der praxisorientierten Untersuchung spezifischer Sprachverwendungssituationen[9], wodurch die gezielte Koordination des Sprachgebrauchs in den Fokus gerückt wird. Zu den Zweigen der Angewandten Linguistik, welche im Rahmen der vorliegenden Untersuchung zum Tragen kommen, zählen sowohl Terminologielehre als auch Fachsprachenlinguistik und sprachstatistisch orientierte Zweige. Terminologielehre und Fachsprachenlinguistik stehen seit geraumer Zeit einem klaren Abhängigkeitsverhältnis zueinander.

Die wissenschaftliche **Terminologielehre** wurde um 1930 basierend auf den Arbeiten Eugen Wüsters (s. S. 52) begründet und hat – im Gegensatz zur Fachsprachenlinguistik – die synchrone Betrachtung isolierter Termini zum Fokus[10]. Arntz beschreibt diesen Wissenschaftszweig als „einen jungen, interdisziplinär ausgerichteten Zweig der Sprachwissenschaft" bzw. als „Wissenschaft von den Begriffen und Benennungen"[11].

Einen bedeutenden Bestandteil der Terminologielehre bildet die **praktische Terminologiearbeit**, zu deren derzeitigen Entwicklungstendenzen die verstärkte empirische Forschung zählt, wie sie in der vorliegenden Untersuchung zum Einsatz kommt. Terminologen befassen sich mit Begriffen und Benennungen, welche die Grundbausteine der Fachwortbestände bilden. Ihre Arbeit beinhaltet die Sammlung, Systematisierung und Bearbeitung aktueller Fachwortbestände.

Aus einer weiteren Differenzierung resultieren die Bereiche **Allgemeine** und **Spezielle Terminologielehre**. Während sich die Allgemeine Terminologielehre der Ableitung terminologischer Grundprinzipien widmet, konzentrieren sich Arbeiten der Speziellen Terminologielehre auf ein konkretes Fachgebiet und eine konkrete Sprache. Beispielhaft hierfür sind die Untersuchungen der Anglizismen in der Kerntechnik von Peter A. Schmitt (1985) oder der Sprache der Silikat-

---

9 Intensiver wird diese Thematik bei Drozd / Seibicke 1973, S. 4 beleuchtet.

10 Etymologische und sprachhistorische Prozesse fanden in der Fachsprachenlinguistik schon immer weniger Berücksichtigung. Eine ausführliche Betrachtung der fachsprachlichen Wissenschaftsgeschichte findet sich bei Arntz / Picht 2002, S. 2 ff.

11 Arntz 1999, S. 77-78.

technik von Jianhua Zhu (1987) sowie zahlreiche Diplomarbeiten des Fachbereiches 06 der Universität Mainz (Translations-, Sprach- und Kulturwissenschaft in Germersheim) oder des Instituts für Theoretische und Angewandte Translationswissenschaft (ITAT) in Graz. Die Bedeutung der Speziellen Terminologielehre wird an den zahlreichen Fachwörterbüchern deutlich. So finden sich spezielle Wörterbücher bzw. Lexika zu den Terminologien konkreter Fachdisziplinen. Hierzu zählen jene von Schmitt für das Sprachenpaar Deutsch / Englisch, wie z. B. das *Fachwörterbuch Technik und angewandte Wissenschaften*[12] (2009), das *Fachwörterbuch Ingenieurwesen* (2009)[13] sowie das *Lexikon der Katalysatortechnik* (1986)[14]. Ein Fachwörterbuch für dasselbe Sprachenpaar fand sich als *Praxiswörterbuch Logistik* von Merz / Neubauer[15]. Der äußerst hohe Nutzen solcher Wörterbücher und terminologischer Sammlungen für den Translationsprozess im Bereich der Fachsprachen steht außer Frage.

Wenngleich sich auch **Translatoren** mit Terminologien befassen und diese für ihre Arbeit nutzen, ist die Tatsache, dass sich das Berufsbild des Terminologen herausgebildet hat, als Beleg für die starke Eigenständigkeit der Terminologielehre zu bewerten[16].

Dennoch stellen sowohl Terminologieforschung als auch Terminologiearbeit einen wesentlichen Bestandteil der Fachsprachen dar, denn ohne normierte Termini können Fachsprachen bekanntermaßen ihren Zweck nicht erfüllen – wenn überhaupt existieren. Eine ausschließlich isolierte, punktuelle Betrachtung von Termini ist somit unzweckmäßig. Die Analyse einzelner Einheiten kann jedoch Einsichten für die Untersuchung invarianter Textstrukturen und Normungsaktivitäten mit sich bringen. So sind auch in der Terminologiewissenschaft mittlerweile gefestigte Tendenzen zur Behandlung fachtextbezogener Fragen (z. B. zu

---

12 Schmitt 2009.

13 Schmitt 2007.

14 Schmitt 1986. In diesem Wörterbuch finden sich neben den Lemmata Erläuterungen und grammatische Hinweise, zudem ist es mit einem zusätzlichen Abbildungsteil und zweisprachiger Legende versehen.

15 Merz / Neubauer 2009. Die Liste der Fachwörterbücher ließe sich durchaus fortsetzen (Merz 2005; Budig 2004; Reuter / Reuter 2000).

16 Zu Profil und Bedeutung des Übersetzerberufes siehe Schmitt (1999b).

syntaktischen Phänomenen) erkennbar. Zudem ist hinlänglich bekannt, dass Phänomene wie Nominalisierungen bzw. deren erhöhte Frequenz in Fachtexten ebenfalls Auswirkungen auf die Satzkomplexität und letztendlich die gesamte Makroebene nach sich ziehen.

Wie nun bereits deutlich wurde, ist das Augenmerk fachsprachenlinguistischer Untersuchungen auf das Phänomen **Fachtext** gerichtet, wenngleich man sich auch hier mit speziellen terminologischen Grundfragen befasst[17]. Als selbständige Disziplin existiert die Fachsprachenlinguistik seit der **kommunikativ-pragmatischen Wende** der Linguistik zwischen den 1960er und den 1970er Jahren. Sie ist somit im wissenschaftlichen Sinne einige Jahrzehnte jünger als die Terminologielehre.

Einen neueren Ansatz in der Fachsprachenforschung stellt die **Sprachstatistik** dar. Sie liefert laut Albert die empirischen Grundlagen zur Erstellung der statistischen Struktur einer Fachsprache, obwohl statistische Angaben ebenso wenig über funktionale Kausalitäten aussagen[18] wie isolierte Termini über die Struktur eines Textes. Sprachstatistische Untersuchungen basieren auf Konzepten wie der Berechnung von Standardabweichungen und Mittelwerten[19], aber auch auf Mitteln der differentiellen Linguistik, bei welcher das Augenmerk auf den quantitativen Sprachvergleich mit entsprechenden kalkulatorischen Schritten gerichtet ist. Der Einsatz hierbei verwendeter korpuslinguistischer Instrumentarien wird allerdings für die vorliegende Arbeit nicht in Betracht gezogen. In Abhängigkeit von Perspektive und Kontext kann die Behandlung terminologischer Fragen auch im Rahmen linguistischer Teildisziplinen Platz finden (z. B. Psycho-, Sozio- und Pragmalinguistik). Psycholinguistische Aspekte bilden vor

17 Als Fachtexte sollen in Anlehnung an Arntz / Picht jene gelten, die im konkreten Handlungskontext Verwendung finden (Arntz / Picht 2002, S. 2 ff.).

18 Das Material zur Durchführung empirischer Untersuchungen entstammt Albert / Koster 2002, S. 68 ff.

19 Inwiefern auf diese Weise eine übermäßige Mathematisierung oder Szientifizierung der Sprache stattfindet, soll an dieser Stelle nicht zur Debatte stehen. Zu dieser Thematik existieren bereits kritische Arbeiten. So verweist Pörksen auf den Widerspruch zwischen naturwissenschaftlichen Exaktheitsansprüchen und der Inexaktheit natürlicher Sprache (Pörksen 1986, S. 139).

allem einen Bestandteil des in der vorliegenden Untersuchung behandelten psychiatrisch-psychotherapeutischen Zeicheninventars. Soziolinguistische und pragmatische Aspekte werden im Rahmen der Eingrenzung der Fachsprache als gesamtsprachliches Subsystem auf S. 55 ff. besprochen.

Nachdem nun der Horizont der Forschungsrichtungen basierend auf linguistischen Wissenschaftsbereichen für diese Arbeit abgesteckt ist, wird im Folgenden die Methodik erläutert, welche vor allem die Anlage der Befragung mit ihren theoretischen Rahmenkriterien einschließlich der Auswahl von Einheiten und Merkmalsträgern beinhaltet.

1.4.2 Methodik

There is no quality in this world that is not what it is merely by contrast.
Nothing exists in itself (Herman Melville. *Moby Dick.*[20])

1.4.2.1 Methodenwahl

Ungeachtet dessen, dass Herman Melvilles *Moby Dick* keine Berührungspunkte zur Terminologielehre aufweist, verdeutlicht das angeführte Zitat auf anschauliche Weise die Wirkung des Kontrasts für gemeinsprachliche Fragen, aber auch für wissenschaftliche Erkenntnisse. Die **Kontrastierung** zweier Objekte scheint das stärkste Mittel zur Eruierung möglicher Merkmalsdifferenzen darzustellen. Wie bereits besprochen, basiert das methodische Vorgehen der vorliegenden Arbeit auf diesem Instrumentarium und lehnt dadurch an diverse linguistische und statistische Konzeptionen an, wenngleich zur Quantifizierung der Anglizismen kein universelles Modell auffindbar scheint. Das deskriptivstatistische Fundament richtet sich in erster Linie nach den Grundlagenwerken von Schlobinski (1996) und Bühner (2004).

Um die **Überprüfbarkeit** des Analyseinstrumentariums gewährleisten zu können, wird auf methodologischer Ebene über die einzelnen Schritte der Erkenntnisgewinnung so präzise und nachvollziehbar wie möglich Rechenschaft abgelegt. Einer aussagekräftigen Quantifizierung der fachsprachlich manifestierten Anglizismen dienlich sind Methoden der empirischen Forschung, bei wel-

[20] In: Kumar 2008, S. 42.

chen die initial projektierte Hypothese in authentischen Situationen überprüft und im Anschluss daran verifiziert oder falsifiziert wird.

Der qualitativen Interpretation dienten **Introspektion** und **Intuition**. Da die Wissenschaftlichkeit hierbei nicht in vollem Umfang gewährleistet ist, wurden diese Instrumentarien jedoch lediglich additiv zur Objektivierbarkeit der quantifizierten Daten behandelt. Das Ziel bestand nicht in der lückenlosen Beantwortung der vorhandenen Fragen, sondern in deren reflektierter Betrachtung. Aufgrund der nötigen Eingrenzung der verfügbaren Datenmenge waren exakte und verifizierbare quantitative Unterschiede ohnehin nicht zu erwarten. Der Schwerpunkt verlagerte sich auf das Aufzeigen etwaiger Tendenzen und die Verdeutlichung neuer Sachverhalte.

Die Analyse ist **quantitativ-kontrastiv** angelegt und fokussiert den aktuellen Stand des terminologischen Lexikons zweier voneinander unabhängiger Fachgebiete. Die quantitative Analyse bildet die Basis für die qualitative Interpretation der gewonnenen Untersuchungsergebnisse. Die Kontrastierung identifizierbarer Quantitätsunterschiede soll das Augenmerk auf qualitative Parameter lenken und komplementär als Mittel zur Aufdeckung von Redundanzen und Leerstellen in den untersuchten Terminologien dienen. **Tertium comparationis** bilden die Anglizismen. Für die Methodik liegt demzufolge eine direkt synchrone Betrachtungsweise (s. S. 50) aus intralingualer, jedoch interterminologischer Perspektive nahe. Dennoch wird auch der diachrone Aspekt bewusst aufgegriffen und ebenso werden historische Exkurse in die untersuchten Fachgebiete von der Autorin als unbedingt notwendig erachtet. Von Bedeutung ist zudem eine kurze Betrachtung terminologischer Wortbildungsmuster, wenngleich die Grenzen zwischen Synchronie und Diachronie zu verschwommen sind, um diese zufriedenstellend diskutieren zu können. Im Grunde scheint die Differenzierung eher durch den Grad der Synchronie bzw. Diachronie zu entstehen.

Die zum Einsatz kommende **Methode der bilateralen Kontrastierung** erfordert den Vergleich eines psychiatrischen und eines logistischen Korpus von gleicher Quantität und Qualität. Die zu untersuchenden Termini sollen ein möglichst breites Spektrum vom Kern bis zur Peripherie der einzelnen Fachgebiete abdecken.

Der deskriptive Aspekt besteht in der terminologischen Bestandsaufnahme sowie einer möglichst gleichwertigen Anführung und Untersuchung synonymischer Benennungen. Reduktionistisch und präskriptiv orientierte Eingriffe sollen möglichst vermieden werden, denn beabsichtigt ist eine Quantifizierung der Synonymauswahl, jedoch keine Minimierung derselben[21].

Interessante Denkanstöße hierzu finden sich auch bei Toury in dessen Ausführungen zur deskriptiven Analyse bzw. zur empirischen Forschung in der Translationswissenschaft[22].

Zahlreiche Fachinformationen basieren auf **Experteninterviews** bzw. der empirischen Befragung[23]. Die Angaben hierzu sind anonymisiert und werden daher ohne Quelle, jedoch mit Datumsangabe geführt. Bei den in der vorliegenden Arbeit angeführten Terminusbeispielen kommen bevorzugt jene aus der Umfrage zum Einsatz. Da fachgebietsspezifischen Anglizismen oberste Priorität gilt, treten einige Termini an verschiedenen Stellen und unter divergierenden Aspekten bewusst mehrfach in Erscheinung.

1.4.2.2 Auswahl der Fachgebiete

1.4.2.2.1 Rahmenbildung

Zum besseren Verständnis des Untersuchungsgegenstandes wurde für die vorliegende Arbeit eine fachgebietsbezogene Rahmenbildung als wertvoll erachtet. Besonders relevant erschienen hierbei Einflussgrößen in Anbetracht objektbezogener Differenzierungsansätze. Im Grunde hätte dieser fachlich basierte Teil auch zu Beginn einer solchen Untersuchung stehen können. Dies erscheint für die vorliegende Arbeit jedoch nicht sinnvoll, da zunächst translatorische und terminologische Fragen als elementar für die Untersuchung gelten und eine an-

---

21 Als Grundlage hierfür diente Budin 1996, S. 156.

22 Toury 1995, S. 1.

23 An dieser Stelle sei auf psycholinguistische Methoden wie das Akzeptabilitätsrating verwiesen, welche für eine derartige Untersuchung ebenfalls vorstellbar sind. Zum Thema *Psycholinguistische Evaluierung* siehe Brdar-Szabó / Knipf-Komlósi / Péteri 2009, S. 289.

schließende Terminusselektion anhand einer fachbezogenen Betrachtung als überaus geeignet erachtet wird.

Als schwierig erwies sich zunächst die **Wahl zweier Bereiche** von ähnlicher Bedeutungsgewichtung. Die Autorin bestimmte als Repräsentanten für die Fachgebiete Medizin und Wirtschaft jeweils die Teilfachgebiete Psychiatrie und Logistik. Die Einschränkung auf zwei konkrete Zweige aus unterschiedlichen Fachdisziplinen erwies sich als recht diffizil. Die Psychiatrie als solche ist zwar ebenso wie die Logistik als eigenständige Disziplin eindeutig abgrenzbar, jedoch machten sich Unklarheiten in der Zuordnung der verwendeten terminologischen Bestandteile in der Psychiatrie bemerkbar. Auf diesen Aspekt wird im folgenden Abschnitt, welcher der fachgebietsspezifischen Begriffs- und Objektbestimmung gewidmet ist, näher eingegangen.

1.4.2.2.2 Wesenszüge der Psychiatrie

Im Bereich der Medizin nimmt die Psychiatrie wohl eine ebenso spezielle Rolle ein wie in der Gemeinsprache. Ihren Namen erhielt diese Disziplin durch den deutschen Arzt Johann Christian **Reil** (1759-1813), welcher die Psychiatrie neben der Chirurgie und der Internistik als dritte Säule der Medizin zu etablieren versuchte[24]. Die nähere Betrachtung der Nachbarfächer der Psychiatrie und der Komplexität psychiatrischer Objektgrößen (z. B. psychischer Krankheiten bzw. devianter Verhaltensmuster) verdeutlicht sowohl Größe als auch Bedeutung des Faches. Der Umfang aller Aufgabenbereiche wird bei Tölle in definitorischen Zusammenhang gebracht. Hier versteht man die Psychiatrie als eine sich mit Fragen der „Diagnostik, Therapie und Prävention der seelischen Krankheiten des Menschen einschließlich deren Erforschung und Lehre“ befassende Wissenschaft[25].

Die gesamten Wesenszüge der Psychiatrie können freilich in einer derartigen Definition nicht dargestellt werden, da hierfür zahlreiche Einflussfaktoren Berücksichtigung finden müssen. Um das Maß an Qualität und Quantität verschiedener Größen und Momente zu beschreiben, sind diese auch aus diachroner

---

24 Ausführlicher hierzu Marneros 2004, S. 1 / 5.

25 Tölle 1999, S. 1 ff.

Sicht zu beleuchten. Von besonderer Bedeutung scheint in diesem Zusammenhang das immerwährende trennende Band zwischen Gesellschaft und Psychiatrie zu sein. Trotz hohen Forschungsaufkommens seit der Krankheitslehre unter dem griechischen Arzt Hippokrates (um 460-370 v. Chr.) sowie aktueller Erkenntnisse in der neuronalen Forschung stellen psychiatrische Diagnosen noch immer ein **Stigma** für die Patienten dar, welches sich letztendlich auch auf das terminologische Inventar auswirkt, da Termini eine entsprechende Konnotierung erfahren. Dieser Aspekt findet bei Paulitsch / Karwautz Bestätigung, nach denen das gesamte Fachgebiet angeblich an einem „**Public-Image-Problem**“[26] leidet. Auch Marneros stellt fest, dass die psychiatrische Wissenschaft schon seit ihrer Geburtsstunde begleitet wird durch

> [...] gesellschaftliche Interferenzen, Attitüden, Stigma und Antistigma, Kustodialität und Liberalität, Psychogenese und Biogenese, Supportivität und Autarkie, Schuldfähigkeit und Unschuld, Qualitätssicherung oder Kompetenzstreit [...][27].

In der Allgemeinbevölkerung rufen neben den zahlreichen hochkomplexen Störungsbildern sowohl das Berufsbild des Psychiaters als auch die psychiatrischen Versorgungsstrukturen eher Ablehnung und Angst hervor. Die Grundannahme eines Großteils der Bevölkerung besteht oftmals in einer „übernatürlichen“ Durchschaubarkeit der eigenen Person durch psychiatrische Experten. Die fehlende physische oder visuelle „Greifbarkeit“ psychiatrischer Diagnosen stellt im Grunde ein beängstigendes Mysterium dar. Andererseits ist in den **Medien** ein großes Interesse an öffentlich gewordenen psychischen Störungen zu verzeichnen, wenn diese in kausalem Zusammenhang mit einer Straftat stehen. Gesetzeswidrige Handlungen, welche womöglich Opfer nach sich ziehen, führen oftmals zu einer in Medien „präsentierten“ Täteranalyse und Expertenbefragungen coram publico. Hierdurch erfolgt nicht nur der Transport von Termini in die Gemeinsprache (unter Gefahr der Fehlrezeption), sondern auch eine Adaption an die öffentliche Sprachverwendung.

---

26 Paulitsch / Karwautz: Geleitwort von Prof. Gerhard Lenz 2008; Marneros 2004, S. 2 / 6.

27 Marneros 2004, S. 2 / 6.

Seelische Aspekte stellen eine besondere Herausforderung dar, da sich das Definieren körperlicher Erkrankungen wesentlich einfacher gestaltet. Besonders schwierig ist die Abgrenzung bestimmter Störungs- oder Krankheitsbilder von Persönlichkeitsvarianten und Charaktermerkmalen. Zur Klärung derartiger Sachverhalte dient im Bereich der Psychiatrie eine Überprüfung der Abweichung von der Gaußschen Normalverteilungskurve. Zudem erfordert die Differenzierung zwischen **Devianz** und **Normalität** grundsätzlich die Bezugnahme auf ein medizinisches Paradigma[28], welches die entsprechende wissenschaftliche Perspektive beschreibt, auf der die therapeutische Intervention basiert[29]. Zum Tragen kommen hierbei das sozialpsychiatrische, das neurobiologische, das psychodynamische, das verhaltenstheoretische und das integrative Paradigma. Auf die Inhalte der einzelnen Ansätze wird unter dem fachbezogenen Abschnitt der vorliegenden Untersuchung (s. S. 291) eingegangen. Diese Paradigmen spielen auch in der Differenzierung der Wissenschaftsbereiche eine Rolle. So wurde im Vorfeld der Untersuchung die Wahl der Fachsprache der **Klinischen Psychologie** als Kontrast zur Logistik fokussiert. Beim initialen Literaturstudium und im Kontakt zu Medizinern und Psychologen zeigten sich allerdings Schwierigkeiten in der Abgrenzung von Medizin und Psychologie und der Autonomie einzelner Disziplinen, deren Klärung eine umfangreiche Thematik darzustellen schien. An dieser Stelle wird bereits deutlich, dass eine Konzentration auf linguistische Aspekte im Rahmen der terminologischen Forschung nicht immer ausreicht.

Die Frage nach der Entfernung zwischen Psychologie und Psychiatrie hängt, wie bereits angedeutet, von der Gültigkeit aktueller Paradigmen ab. Teil eines solchen Paradigmas ist das **Leib-Seele-Modell** (s. S. 102 ff.), welches den engen Zusammenhang zwischen Soma und Psyche bzw. zwischen körperlichen und seelischen Erkrankungen beinhaltet. Die durch Bindestriche verknüpften Lexeme *Leib* und *Seele* vermitteln eine vertikale Gleichwertigkeit physischer und seelischer Faktoren, die somit kaum Teile voneinander, sondern höchstens gleichberechtigte Komponenten sein können. Aus dieser Perspektive sind Stö-

---

28 Eine eingehende Erläuterung hierzu findet sich bei Davison / Neale 2007, S. 6-8, allerdings in Bezug auf die Klinische Psychologie.

29 Diese sind für die Klinische Psychologie bei Wittchen / Hoyer 2006, S. 10 beschrieben, gelten aber ebenfalls für die Psychiatrie.

rungsbilder unter psychologischen und somatischen Gesichtspunkten diagnostizierbar und therapierbar. Eindeutig belegt ist, dass die Psychiatrie ohne Psychologie nicht funktionieren kann[30], wenn auch psychische Störungen nicht zwangsläufig als Krankheitsbilder zu bewerten sind. So werden z. B. aus Sicht der Gestalttherapie deviante Verhaltensmuster als Persönlichkeitsmerkmale interpretiert. Aus diesem Blickwinkel wären Psychologie und Psychiatrie als sehr weit voneinander entfernt zu betrachten, was auf ein hohes Maß an Subjektivität in der Fachgebietsdifferenzierung hindeutet.

Die Schwierigkeit der Abgrenzung lässt sich auch an einzelnen Störungsbildern belegen. Als hervorragendes Beispiel eignet sich hierfür die **Depression**. Bis zum heutigen Tage ist nicht nachgewiesen, ob bei der Depression auftretende Botenstoffe Ursache oder Folge der Erkrankung sind. Demnach ist nicht nachvollziehbar, ob die Krankheit seelischen oder körperlichen Ursprungs ist[31]. Basierend auf dieser Problematik bezeichnet Feer die Sprache der Psychiatrie auch als „Sonderfall einer Fachsprache“, die seiner Meinung nach „mangelhaft und fragwürdig“ ist, denn grundsätzlich ist die Betrachtung von Organen auf variierbare Weise möglich. So kann das Herz durchaus unter seelischen, körperlichen oder seelisch-körperlichen Aspekten behandelt und in Abhängigkeit vom Untersuchungsinteresse sowohl als seelisches Organ („Herzschmerz“) als auch als Skelettmuskel betrachtet werden[32]. Ebenso können bestimmte Formen bösartiger Tumorerkrankungen gar als suizidale Eigenständigkeit des Körpers betrachtet werden und so bringen (höchst umstrittene) Lexeme wie *Krebspersönlichkeit* durchaus psychiatrisch-psychotherapeutische Aspekte in Zusammenhang mit scheinbar rein körperlichen Krankheitsbildern. Ob die Variierbarkeit des Blickwinkels zur Fragwürdigkeit der Fachsprache führt, bleibt jedoch zu bezweifeln, da sich möglicherweise eben dadurch ein Wesenszug der psychiatrischen Wissenschaft präsentiert.

Vom jeweiligen **Paradigma** abhängig ist auch die Form der therapeutischen Intervention, welche aus medizinischer Sicht medikamentös, aus psychologischer

---

30 Marneros 2004, S. 6 / 10.

31 Experteninterview, 21.06.2009.

32 Feer 1987, S. 1.

Sicht psychotherapeutisch oder aber durch medikamentös gestützte Psychotherapie bzw. psychotherapeutisch begleitete Pharmakotherapie durchgeführt wird. Im Laufe der Recherche wurde deutlich, dass diese Thematik sich gar zu einer politisch-philosophischen Fragestellung entwickeln kann. So werden therapeutische Maßnahmen offensichtlich zum größten Teil nur bei medizinischer Paradigmatisierung durch Krankenversicherungsträger übernommen. Sichtweisen, welche die subjektive Deutung des Patienten stärker zu gewichten versuchen, erfahren hingegen in vielen Fällen eine geringere finanzielle Förderung[33].

Der Rahmen dieser Arbeit genügt nicht zur Klärung der Frage, ob die Psychologie tatsächlich als gleichwertig zur Medizin zu betrachten ist oder ob sie nicht doch als Teilbereich der Medizin oder aber der Geisteswissenschaften eingestuft werden kann. Es erscheint zweckmäßig, der Logistik ein eindeutig medizinisches Teilfachgebiet gegenüberzustellen, da die Konfrontation zweier geisteswissenschaftlicher Disziplinen der terminologischen Kontrastierung vermutlich eher hinderlich ist. Aufgrund der Tatsache, dass sich die Psychiatrie im Grunde desselben terminologischen Sprachinventars bedient wie die Klinische Psychologie, führte der Weg also zu diesem Fach. Hier zeigt sich die enorme Nähe zwischen Psychiatrie und Psychologie trotz der scheinbar weiten Differenzierung: Nach geraumer intensiver Arbeit an der Klinischen Psychologie war aus terminologischer Sicht ein spontanes Umschwenken zur Psychiatrie ohne großen Mehraufwand möglich[34].

Außerdem ist anzumerken, dass im Verhältnis zur Logistik bei einer Konzentration auf ausschließlich psychiatrisches Terminologieinventar kaum Anglizismen zu existieren scheinen, welche sich nicht mit der Klinischen Psychologie überschneiden. Ein durch die Autorin vorgenommener Versuch der kombinierten Untersuchung psychologischer und psychiatrischer Aspekte schlug sich auch im Titel nieder als **psychiatrisch-psychotherapeutische Fachsprache**.

---

33 Experteninterview, 06.11.2008.

34 Auch bei Wittchen / Hoyer gilt als ein Wesenszug der Klinischen Psychologie die Nähe zu Psychiatrie, Soziologie, Neurobiologie (inklusive Genetik und Psychopharmakologie) und Neurologie (Wittchen / Hoyer 2006, S. 4).

Es darf jedoch nicht außer Acht gelassen werden, dass auch die Psychiatrie in ihrer Entwicklungsgeschichte nicht immer eindeutig als medizinisches Fach galt. Laut Müller-Spahn findet die nunmehr 200 Jahre andauernde Entwicklung der Psychiatrie innerhalb eines natur-, geistes- und sozialwissenschaftlichen Spannungsfeldes statt[35]. Hier zeigt sich, dass auch psychiatrische Diagnosen nachweislich auf unterschiedlicher Ebene zu betrachten und ätiologische Faktoren in Abhängigkeit der bereits erwähnten Paradigmen unterschiedlich interpretierbar sind[36]. Die im Folgenden umschriebenen Wesenszüge der Logistik deuten im Gegensatz dazu auf eine eindeutig geisteswissenschaftliche Disziplin hin.

1.4.2.2.3 Wesenszüge der Logistik

Die Logistik stellt einen Teilbereich der Wirtschaft dar, weshalb auch das in der Logistik verwendete terminologische Inventar als Teil der Wirtschaftsfachsprache zu betrachten ist. Letzterer widmen sich zahlreiche Arbeiten (s. S. 47 ff.). So unternimmt Zhao mehrere Definitionsversuche zur **Wirtschaftsfachsprache** und bezeichnet diese in erster Linie als

> […] Gesamtheit aller sprachlichen Mittel mit unterschiedlicher Fachsprachlichkeit, die in einem mit Wirtschaft in Zusammenhang stehenden Kommunikationsbereich verwendet werden, um die Verständigung der Kommunikanten in diesem Bereich zu gewährleisten[37].

Unter Wirtschaftsfachsprachen fasst Zhao somit alle Fachsprachen zusammen, welche in irgendeiner Form Anwendung in der Wirtschaftskommunikation finden[38]. In Anlehnung daran sollen für die vorliegende Untersuchung die der Logistik eigenen sprachlichen Mittel als Fachsprache der Logistik gelten, wenngleich auch diese in mehrere Subfachsprachen untergliedert werden kann.

Für die **Logistik** fand sich im Rahmen der Recherche keine allumfassende Definition. Wie in einschlägigen Monographien erkennbar wird, besteht das Charak-

---

[35] Müller-Spahn 2004, S. 25 / 31.

[36] Auf diesen Aspekt wird im Zusammenhang mit der horizontalen Differenzierung (s. S. 154) näher eingegangen.

[37] Zhao 2002, S. 33.

[38] Zhao 2002, S. 40-43.

teristikum des Faches in der **6-R-Aufgabe**, welche zum Inhalt hat, „ein richtiges Produkt am richtigen Ort in der richtigen Menge zur richtigen Zeit in der richtigen Qualität zu den richtigen Kosten" zur Verfügung zu stellen[39]. Der Fokus hierbei liegt auf der Initiierung, Optimierung und Aufrechterhaltung von Güterflüssen (bestehend aus Rohstoffen sowie Zwischen- und Endprodukten) bzw. der Koordination einzelner Funktionen und Arbeitsabschnitte. Die **Güterströme** bilden eine Prozesskette, welche die Lieferanten der Rohstoffindustrie mit denen der verarbeitenden Industrie und diese mit dem Handel (Einkauf, Lagerung, Verkauf) verknüpft. Der Handel wiederum ist über den Endverbraucher mit der Recyclingindustrie verbunden, welche erneut die Rohstoffe für die verarbeitende Industrie beliefert und somit die Fortsetzung des Kreislaufs initiiert[40]. In einer beispielhaften Definition von Krampe / Lucke sind am Güterfluss[41] beteiligte Aufgabengebiete angeführt. Hiernach bezeichnet die Logistik

> [...] die Lehre von der schnittstellenübergreifenden Systemgestaltung sowie der Analyse, Planung, Steuerung und Überwachung der vernetzten raumzeitlichen Transformationsprozesse von Gütern, Personen und damit zusammenhängenden Informationen[42].

Zur Sicherung des schnittstellenübergreifenden Güterflusses sind Kooperationen von Abteilungen und Unternehmen sowie ungehinderte Kommunikationsprozesse unverzichtbar[43]. Das Netz der tatsächlich involvierten Aufgabengebiete

---

39 Fortmann / Kallweit 2007, S. 24.

40 Die Angaben basieren auf den ausführlichen Informationen zu logistischen Grundlagen bei Fortmann / Kallweit 2007, S. 20 ff.

41 Unter Güterflüssen sollen im Folgenden auch Informationsflüsse verstanden werden.

42 Krampe / Lucke (2006a), S. 21.

43 Die Relationen (Haupttransportrichtungen) eines Systems sowie die Beziehungen der einzelnen Elemente werden als so genannte *Input-Output-Beziehungen* dargestellt. Der Terminus *Relation* stellt hier kein semantisches Äquivalent zum gemeinsprachlich verwendeten Lexem dar, da er laut Experteninterview die Verkehrsströme zwischen zwei Punkten in der Prozesskette bezeichnet (z. B. *Relation Rotterdam*), die es auf dem effektivsten Verkehrsweg zu bedienen gilt (Experteninterview, 17.07.2009; ten Hompel / Heidenblut 2006, S. 187).

scheint sich allerdings wesentlich komplexer zu gestalten, wenngleich Krampe / Lucke einige fundamentale logistische Teilbereiche definitorisch benannt haben mögen. Dieser Sachverhalt soll anhand einer graphischen Übersicht verdeutlicht werden, welche allerdings vor dem Hintergrund sprachwissenschaftlicher Aspekte entwickelt wurde und lediglich einen Ansatz liefern kann, um die Komplexität der Logistik bei Fragen zur Terminologie des Faches reflektiert zu behandeln. In die Übersicht wurden einige Beispiele für **Einflussfaktoren** aufgenommen, welche nach Expertenbefragungen die Aufgabengebiete umgeben und sich auch auf die Objektgrößen (Güter, Personen und Informationen) auswirken. u diesen Systembestandteilen zählen Konjunktur, Güteraufkommen, Konsumverhalten und Modetrends.

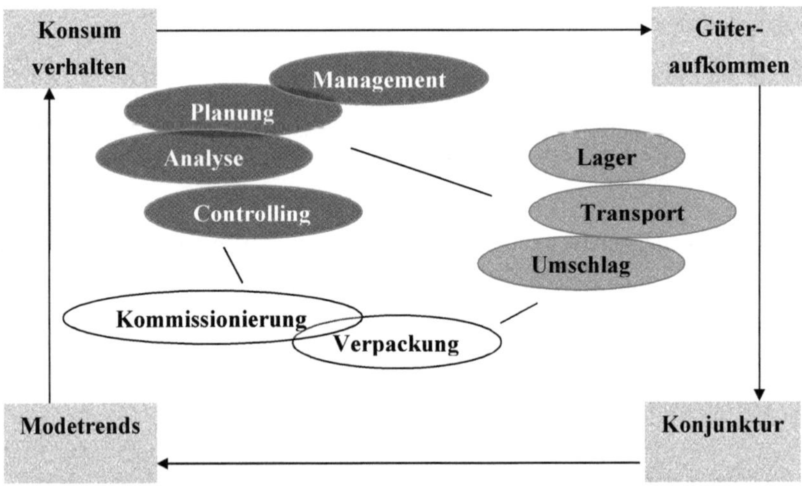

Abbildung 1: Logistische Objekt- und Einflussgrößen (Quelle: Eigene Darstellung)

Wie oben angemerkt, wurde die Graphik in erster Linie aus fachsprachlicher Sicht entwickelt und stellt nicht zwangsläufig ein vollständiges Äquivalent zu inhaltlichen Verbindungen der Teilbereiche dar. Dennoch erscheint eine Übereinstimmung zwischen terminologischen und fachlichen Inhalten der Abbildungen durchaus nachvollziehbar.

Es ist anzunehmen, dass die Aufgabengebiete **Planung**, **Management**, **Analyse** und **Controlling**[44] die „theoretisiertesten" Bereiche der Logistik sind. Der Terminus *Planung* wird mittlerweile auch durch sein englisches Pendant *Planning* wiedergegeben, und ebenso ist eine Etablierung des Terminus *Analyse* zu *Analyzing* zu erwarten, da ein deutscher Terminus zwischen all den entlehnten englischen Termini vermutlich dem Sprachgefühl des Rezipienten widerspricht. Zwar wurde diese Prognose im Experteninterview verworfen[45], dennoch kann der Gedanke nicht ausgeschlossen werden, da die Kompliziertheit eines Terminus nicht das einzig ausschlaggebende Argument für die Übernahme eines Anglizismus darstellt.

Der Terminus *Controlling* benennt in erster Linie die Überwachung bestimmter Vorgänge und Objekte (z. B. Finanzen, Produktion). Dieses Aufgabengebiet dient als unterstützendes Instrument zur Steuerung bzw. Koordination und Abstimmung und stellt nicht ausschließlich in der Logistik ein Steuerungsinstrument dar, da sich die Notwendigkeit einer Prozesskoordination auch außerhalb logistischer Bereiche ergibt. Dies wird an einem im Internet veröffentlichten Stellenangebot deutlich, welches explizit auf das Controlling im Bereich der Logistik verweist und dieses somit von anderen Controllingformen abgrenzt. Hier werden folgende Termini verwendet:

> *Logistik-Controlling, Controlling-Instrumente, Forecast und Reporting des Logistikbereichs – Controlling / Logistik*[46].

Die in der Graphik verbundenen Bereiche **Transport** (Beförderung über räumliche Distanzen), **Umschlag** (Umsteigen, Be- und Endladen) und **Lager** (Speichern) von Materialien bilden als TUL-Prozesse das Kernstück der heutigen Logistik. Da das Ziel dabei in einer Kostensenkung durch effiziente Nutzung von Raum und Zeit besteht, gilt es, diese Prozesse fortwährend zu optimieren und

---

44 Experteer GmbH: 10.08.2009.

45 Als Begründung wurde die Einfachheit der Termini im Deutschen angeführt (Experteninterview, 25.01.2010). Diese Tatsache kann aufgrund der komplexen Kausalität für Anglizismeneinflüsse jedoch nicht als einziges Instrument zur Prognostizierung gelten.

46 Experteer GmbH: online, 10.08.2009.

beispielsweise Transportwege und kapitalbindende Lagerprozesse zu kürzen. Einen weiteren wesentlichen Bestandteil der TUL-Prozesse stellen die oben angeführten Arbeitsabschnitte **Kommissionierung** und **Verpackung** dar. Diese zählen zu den im Lager stattfindenden Vorgängen und sind vermutlich der Lagerlogistik zuzuordnen[47].

Krampe / Lucke führen zahlreiche weitere Aufgabengebiete an, welche an dieser Stelle ausgespart werden, da es aus sprachwissenschaftlicher Sicht recht schwierig erscheint, klar zwischen Synonymen, semantischen Teiläquivalenten und eindeutig abgrenzbaren Disziplinen zu differenzieren. Hier bietet sich dem Übersetzer eine durchaus hohe Bandbreite logistischer Aufgabenbenennungen. So sind hinter Termini wie *Koordination*, *Steuerung*, *Überwachung* und *Controlling*[48] durchaus **semantische Überschneidungen** zu vermuten. Derartige Fragen können allerdings im Rahmen der vorliegenden Untersuchung nicht geklärt werden.

Letztendlich ist festzustellen, dass die einzelnen Aufgaben und Prozesse nur in Abhängigkeit voneinander funktionieren und sich terminologische Veränderungen innerhalb eines Bereiches in ähnlicher Form auf dessen Umgebung auswirken wie fachliche Neuerungen.

Von der Psychiatrie unterscheidet sich die Logistik – insofern man die Psychiatrie konstant als traditionellen Bestandteil der Medizin betrachtet – besonders durch ihre **Jugend als akademische Wissenschaftsdisziplin** und ihre starke Praxisorientiertheit. Letztere wird auch an der Heterogenität der logistikorien-

---

47 Die Angaben basieren auf den ausführlichen Informationen zu logistischen Grundlagen bei Fortmann / Kallweit 2007, S. 20 ff. und Experteninterviews. Eine einheitliche Differenzierung der einzelnen Bereiche wird vermutlich nicht zu finden sein, da jeder Perspektivwechsel neue Aspekte offenlegt. So gilt die hier differenzierte Lagerlogistik ebenso als gleichwertiger Teilbereich des Handels neben Einkauf und Verkauf. Als Bestandteil des Handels soll an dieser Stelle jener Teil des Güterflusses verstanden werden, in welchem das Endprodukt keine Veränderung mehr erfährt (Fortmann / Kallweit 2007, S. 20 ff.; Experteninterview, 15.05.2010).

48 Krampe / Lucke (2006a), S. 18-19.

tierten Berufsgruppen erkennbar. Wie sich in zahlreichen Gesprächen herausstellte, spiegelt sich die vergleichsweise geringe Zahl der Theoretiker an der hohen Zahl freier Arbeitsplätze im akademischen Bereich wider. Ein großer Anteil der Logistikexperten beginnt seine berufliche Laufbahn mit einer Ausbildung in praxisbezogenen Bereichen (z. B. Speditionen) und absolviert im Anschluss daran eine Weiterbildung[49]. Laut der Fachzeitschrift *Logistik Heute* haben etwa 480.000 der derzeit 2,7 Millionen Mitarbeiter „im Wirtschaftsbereich Logistik" eine akademische Ausbildung durchlaufen[50]. Die Zahl der „Theoretiker" in der Psychiatrie scheint wesentlich höher zu liegen. Einen weiteren Unterschied zur Psychiatrie bildet der starke Bezug der Logistik zur gemeinsprachigen Bevölkerung. Dieser Blickwinkel bestätigt zumindest noch einmal sehr deutlich die Unterschiedlichkeit beider Fachgebiete, da die Allgemeinheit an der psychiatrischen Wissenschaft kaum Anteil nimmt.

Das entscheidende – und beide Fachgebiete unterscheidende[51] – Charakteristikum stellt der auf **länderübergreifenden Kooperationen** basierende Anglizismentransport dar, welcher auf logistikbezogenen Internetseiten europäischer Staaten deutlich wird. So finden sich auf der Homepage des größten niederländischen Logistikverbandes **Transport en Logistiek Nederland** (TLN) folgende Ausführungen mit (durch Hadlich fett markierten) Konzeptionen:

> [...] leidt tot een omkering van '**Supply Chain Management**' naar '**Demand Chain Logistics**'. [...]. ***Efficient Consumer Response*** (**ECR**), **E-business** en **ICT** voor connectiviteit en transparantie in de keten [...]. Ook de ontwikkeling naar meer fijnmazig vervoer door **B2C** (**business-to-consumer**) en nieuwe aanbodconcepten, zoals door de opkomst van **e-commerce** [...]. Verder zal zich meer vraag voordoen naar nieuwe (technische) logistieke concepten, zoals **cross-docking** en **composite warehousing**[52].

---

49 Experteninterview, 22.12.2009.

50 Huss / Huss [Logistik Heute], S. 8.

51 Die Hervorhebung dieses Charakteristikums als differenzierendes Merkmal soll nicht automatisch eine länderübergreifende Kooperation in der Psychiatrie ausschließen, sondern das Charakteristikum als Basis der Logistik verdeutlichen.

52 van Leewen: online, 17.02.2010.

Auf einer polnischen Internetseite fanden sich ebenfalls auf Englisch benannte Konzeptionen, die auch im Rahmen der vorliegenden Untersuchung besprochen werden. Die Umgebung durch polnische Termini lässt einen Mangel an indigenen Äquivalenten vermuten, der mit dem Deutschen große Ähnlichkeit aufweist. Die angeführten Konzepte lauten wie folgt:

> Bezpieczeństwo. **Business Intelligence** / Raportowanie. Praca grupowa. **Enterprise Resource Planning (ERP). Customer Relationship Management (CRM). Supply Chain Management** (SCM). Projektowanie oprogramowanie[53].

Der Vergleich der Termini in den einzelnen Sprachen deutet auf ein europaweites Grundgerüst des logistischen Terminologiebestandes hin. So ist in beiden Beispielen der auch im Deutschen vertretene Terminus *Supply Chain Management* zu verzeichnen.

Deutlich wurde dies auch im Experteninterview mit dem Leiter des Leipziger Büros der Italienischen Handelskammer für Deutschland, Ronny Seifert, in welchem zahlreiche Anglizismen in der italienischen Fachsprache der Logistik bzw. der Wirtschaft exemplarisch angeführt wurden. Hierzu zählen unter anderem die syntaktischen Fügungen *una missione* ***outgoing / incoming***[54], *incontri* ***B2B***[55], *il* ***hub*** *europei*[56], ***follow-up*** *telefonico*[57] oder *il* ***matching***[58].

An dieser Stelle zeigt sich nunmehr deutlich, dass eine Untersuchung verschiedener Sprachsysteme für die Terminologielehre und die Fachsprachenforschung äußerst gewinnbringend ist. Auch hier ist es der Kontrast synchroner Sprachver-

---

53 Oracle Accelerate Portal: online, 17.02.2010.

54 *Missione* benennt in diesem Fall eine Unternehmerreise. Der Terminus *incoming* benennt eine Unternehmerreise aus dem Ausland in das entsprechende Land, *outgoing* eine Unternehmerreise ins Ausland (Experteninterview, 15.05.2010).

55 *B2B* steht für *Unternehmertreffen* (s. S. 308).

56 Zum Terminus *hub* finden sich ausführliche Erläuterungen ab S. 299 ff.

57 Das deutsche Äquivalent hierfür lautet *telefonische Nachbesprechung* (Experteninterview, 15.05.2010).

58 Beim *matching* werden Unternehmen anhand ihrer Firmenprofile zusammengeführt. Im Italienischen kam laut Experteninterview zur Benennung dieses Konzepts früher der Terminus *la selezione* zum Einsatz (Experteninterview, 15.05.2010).

wendungsmuster, welcher letztendlich aktuelle Tendenzen und damit verbundene Parameter aufzeigen kann. Die Kontrastierung gilt für verschiedene europäische Sprachsysteme. Sehr interessant ist auch die Tatsache, dass schon an dieser Stelle Interferenzen in den Fachgebieten zu verzeichnen sind, denn der Terminus *follow-up* findet offensichtlich sowohl in der Medizin (z. B. im Bereich der Nachsorge von chronischen Erkrankungen) als auch in der Wirtschaft Verwendung.

1.4.2.2.4 Graphische Gegenüberstellung

Die bisherigen Ausführungen haben deutlich gezeigt, dass eine gleichwertige Betrachtung der Objekt- und Einflussgrößen beider Fachgebiete aufgrund starker Divergenzen nur schwer möglich ist. Bei **vertikaler Differenzierung** der Wissenschaftslandschaft ist die Psychiatrie zwar auf einer höheren Ebene als die Logistik anzusiedeln, sie ist aber dennoch nicht automatisch als größeres Fachgebiet mit einem größeren terminologischen Inventar einzustufen. Diese Tatsache wird auch an späterer Stelle durch eine horizontale Differenzierung verdeutlicht (s. S. 152 ff.). Dennoch zeigt schon ein grober Abriss der Aufgabenbereiche und Zielgrößen, dass die Logistik wesentlich stärker von englischen Einflüssen betroffen ist. Die erörterten Sachverhalte sollen aufgrund ihrer Komplexität an dieser Stelle in einer konfrontativen Gegenüberstellung noch einmal graphisch veranschaulicht werden.

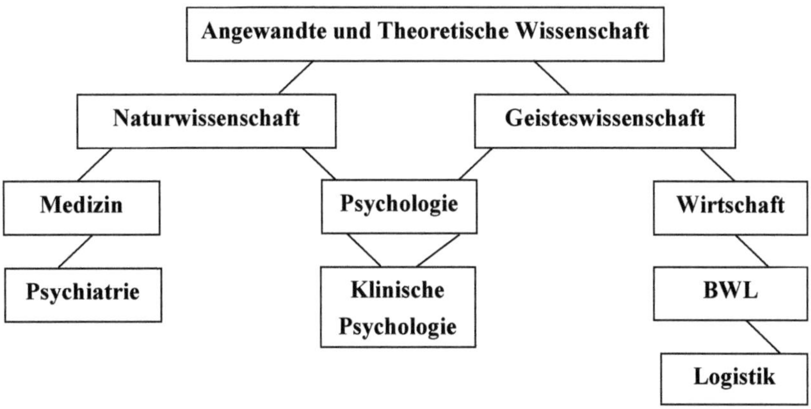

Abbildung 2: Einordnung der Fachgebiete in die Wissenschaftslandschaft (Quelle: Eigene Darstellung)

In diesem Schema ist deutlich zu erkennen, dass eine Gleichwertigkeit in der Kontrastierung zweier derart unterschiedlicher Fachgebiete nicht gewährleistet werden kann. Eine Zuordnung der Psychologie zu den medizinischen Wissenschaften hätte möglicherweise eine gleichwertige Behandlung der terminologischen Inventare der Logistik und der Klinischen Psychologie nach sich ziehen können. Wie aber bereits festgestellt wurde, zeigten sich starke Übereinstimmungen zwischen der psychiatrischen und der klinisch-psychologischen Terminologie, weshalb vertikale Unterschiede zwischen Logistik und Psychiatrie als unwesentlich zu bewerten sind.

2. Anglizismen als Bestandteil der Fachsprachen

2.1 Zugrundeliegende Wissenschaftskonzepte

2.1.1 Der Anglizismus als Forschungsobjekt

Nachdem im vorherigen Kapitel grundsätzliche Fragen zu Ziel, Aufbau, Vorgehensweisen in der Untersuchung und Wesenszügen der fokussierten Fachgebiete erläutert wurden, widmet sich der nun folgende Abschnitt linguistischen Erkenntniswerten in der aktuellen Forschungslandschaft, wenngleich nur einige relevant erscheinende Arbeiten und Konzepte im zur Verfügung stehenden Rahmen Berücksichtigung finden können. Die Auswahl der Literatur beruht auf introspektiver Entscheidungsfindung nach dem kursorischen Studium der Fachliteratur.

Es existiert mittlerweile eine Vielzahl an **Arbeiten** zur Anglizismenverwendung. Zahlreiche Untersuchungen stammen von Hermann Fink (1976, 1978, 1979, 2001), der sich mit speziellen Bereichen wie der Anglizismennutzung im Versandhauskatalog (1976) und der Werbesprache befasst (1978, 1979). Mit beiden Themen behandelt er einen wesentlichen Bestandteil der Wirtschaftsfachsprache. Fink eruiert in seinen Untersuchungen eine Vielzahl latenter Anglizismen. So zählt er über 250 deutsche *Look*-Komposita, welche er größtenteils in den schriftsprachlichen Bereich einordnet. Das terminologische Inventar scheint nicht von einer derartigen Kurzlebigkeit und Fülle der Anglizismen geprägt zu sein. Hier übernehmen lateinische und griechische Komponenten die Position des relevanten Morpheminventars.

Diverse weitere Untersuchungen zu Anglizismen finden sich bei Broder Carstensen (1965, 1979). Arbeiten aus jüngerer Zeit stammen von Richard Glahn (2000, 2001), Ulrich Busse (2001, 2007) und Claudia Law (2002).

An dieser Stelle scheint ein Verweis auf die linguistischen Grundlagenwerke von Toury (1995) und Halliday / Martin (1993) lohnenswert. So legt Toury mit seinen *Descriptive Translation Studies (DTS)* einen Grundbaustein für die Übersetzungsarbeit, v. a. im Hinblick auf die jeweilige Zielkultur und ihre Interdependenzen mit ausgangskulturellen Faktoren. Hierbei befasst er sich unter anderem mit der Bedeutung von Normen und Konventionen für den Translationsprozess, welchen er wiederum als „norm-governed activity“ bezeichnet[59]. Diese Zielgerichtetheit spielt auch in den Fachsprachen und somit für die vorliegende Untersuchung eine bedeutende Rolle.

Halliday / Martin beschäftigen sich ausführlich mit englischen Wissenschaftssprachen und äußern sich vor allem zu Merkmalen (z. B. Nominalisierung, Passivgebrauch). Sie zeigen aber auch Kontraste auf zu anderen Wissenschaftssprachen wie den Chinesischen[60].

2.1.2 Fachsprachliche Untersuchungen

Die Fachsprachenforschung blickt mittlerweile auf eine mehrdekadige Forschungstradition zurück. Wie aus den Quellenangaben in der vorliegenden Arbeit ersichtlich wird, basiert die Untersuchung auf **Einführungen** in die Fachsprachenforschung von Drozd / Seibicke (1973), Möhn / Pelka (1984) und Arntz / Picht (2002). Als Pionier der Fachsprachenforschung gilt Alfred Schirmer mit seinen Arbeiten zu fachsprachlichen Fragen und seinem 1911 erschienenen *Wörterbuch der Kaufmannssprache*[61], wenngleich der Terminus *Fachsprache* zur damaligen Zeit noch keine allzu große Rolle spielte. Während eine solche Arbeit zu Beginn des 20. Jahrhunderts eher als Ausnahme galt, wurden parallel zum wissenschaftlich-technischen Fortschritt und zur immer stärkeren Differenzierung der Fächer und Fachsprachen in zunehmendem Maße Werke zur Allgemeinen und zur Speziellen Fachsprachenforschung verfasst[62].

Seit den frühen 80er Jahren dominieren systemorientierte Untersuchungen gesamttextlicher Strukturen im Rahmen der **Fachtextlinguistik**. Hierbei steht die Beschreibung der Fachtextebene mit einer integrierenden Behandlung isolierter Termini im Interessensspektrum der Forschung[63]. Exemplarisch genannt werden

---

59 Toury 1995, S. 56 ff.

60 Halliday / Martin 1993.

61 Bibliotheksservice-Zentrum Baden-Württemberg: online, 01.09.2009.

62 Der Speziellen Fachsprachenforschung widmen sich die Arbeiten von Horn-Helf und Schmitt, welche auch als Grundlage für einige Ausführungen der Autorin dienten (z. B. Horn-Helf 1997, S. 28).

63 Oldenburg 1997, S. 5-47; Kurz 1978, S. 263.

kann auch an dieser Stelle die Untersuchung von Peter A. Schmitt zu Anglizismen in der Kernenergie[64]. Unbedingt zu erwähnen ist in diesem Zusammenhang auch die **Leipziger Schule** unter Lothar Hoffmann und Rosemarie Gläser. So leistet der Terminologieforscher Lothar Hoffmann durch seine zahlreichen Arbeiten zur kombinierten Behandlung der Spracheinheiten **Fachwortschatz, Syntax** und **Fachtextsorte** einen wesentlichen Beitrag für die Fachsprachenforschung (1985, 1992). Auf die nächsthöhere Stufe begibt sich Budin, indem er Fachsprachen als autonome und offene Systeme beschreibt, die jeweils selbst Teil des Sprachsystems darstellen und mit einer realen Umwelt interagieren sowie entsprechende Evolutionsmechanismen in diversen Systemen (z. B. Kommunikation, Wissen, Terminologie) durchlaufen[65]. Von diesen Ansätzen ausgehend soll auch in der vorliegenden – durchaus atomistisch angelegten – empirischen Untersuchung eine systemorientierte Betrachtung der behandelten Termini Berücksichtigung finden[66].

Zur **Speziellen Fachsprachenforschung** existieren diverse Beiträge von Herbert Lippert im Bereich der **Medizin** (1986, 1994). Lippert erweist sich als Befürworter englischer Publikationen zur Beseitigung sprachlicher Barrieren auf wissenschaftlicher Ebene und scheint in dieser Hinsicht mit aktuellen Tendenzen in der Wissenschaftslandschaft konform zu gehen. Er spricht sich zudem für die Aufgabe der lateinischen Medizinnomenklatur zugunsten einer englischen Nomenklatur aus und erhofft sich von diesem Vorschlag eine verbesserte Arzt-Patienten-Interaktion für alle Partizipanten auf der medizinischen Praxisebene[67].

In Anbetracht der in der medizinischen Terminologie stark manifestierten Morphembestandteile und der hochproduktiven Wortbildungsmuster auf gräkolatei-

---

64 Schmitt 1985. Schmitt bezeichnet die Fähigkeit zur Berücksichtigung von Textzusammenhängen als einen der „entscheidenden Vorteile des Humanübersetzers gegenüber maschinellen Übersetzungssystemen“ (Schmitt 1997, S. 15).

65 Budin 1996, S. 226.

66 Die isolierte Form der Terminusbetrachtung bleibt eine Voraussetzung zur Untersuchung des Terminus im Gesamtsystem einzelner Fachgebiete (Budin 1996, S. 186; Arntz / Picht 2002, S. 37).

67 Lippert 1986, S. 71.

nischer Basis scheint es sich hierbei aber nach Ansicht der Autorin um eine unzweckmäßige Vorstellung zu handeln. Weitere Beiträge im Bereich der Medizin stammen von der estnisch-schwedischen Sprachwissenschaftlerin Els Oksaar, welche sich in ihren Ausführungen insbesondere auf die Ebene der Arzt-Patienten-Interaktion begibt (1986, 1988). Diese Ebene wird in der vorliegenden Arbeit für den Bereich der Psychiatrie eingehend beleuchtet (s. S. 179).

Auch im Rahmen der **Wirtschaftslinguistik** finden sich ausführliche Arbeiten. Für die vorliegende Untersuchung waren Betrachtungen zum Wirtschaftsdeutschen von Jin Zhao (2002, 2007) sowie Textsortenuntersuchungen von Ilpo Tapani Piirainen (1982) und Markus Hundt (2000) von grundlegender Bedeutung. Wie erkennbar wird, sind noch keine Basiswerke zur Sprache der Psychiatrie oder der Logistik zu verzeichnen. Eine Ursache hierfür bilden sicherlich die fehlende Autonomie der Terminologien im jeweiligen Bereich und die fehlende (vielleicht auch unmögliche) Ausdifferenzierung derselben. Unabhängig vom immer stärker werdenden Grad der Differenzierung basiert eine Vielzahl sprachwissenschaftlicher Untersuchungen letztendlich auf Grundlagen, welche im Folgenden kurz beleuchtet werden.

2.1.3 Methodologische Beiträge

2.1.3.1 De Saussuresche Grundlagen

Der Schweizer Indogermanist Ferdinand **de Saussure** (1857-1913) etablierte die moderne Linguistik zu einem autonomen Wissenschaftsbereich und lieferte mit der von ihm aufgedeckten methodologischen Dichotomie **Synchronie – Diachronie** eine Grundlage für den synchronen Ansatz der vorliegenden Untersuchung. Die **synchrone Sprachbeschreibung** stellt eine Bestandsaufnahme sprachlicher Entwicklungsergebnisse zu einem konkreten Zeitpunkt in Gegenwart oder Vergangenheit dar[68]. Hierbei wird ein Querschnittsfragment geschlos-

---

[68] Bei de Saussure findet sich eine ausführliche Beschreibung des von ihm angestellten Vergleichs der Sprachforschung mit einem Schachspiel, bei welchem er z. B. der Anzahl der Spielfiguren mehr Bedeutung beimisst als dem Material, aus dem selbige bestehen, und dieses auf die Sprache überträgt (de Saussure 1967, S. 27, 105).

sener, temporär unabhängiger Sprachsysteme untersucht, wodurch Interdependenzen zwischen den einzelnen Komponenten des jeweiligen Systems aber auch zwischen unterschiedlichen Sprachsystemen eruiert werden können. Die diachrone Sprachbeschreibung hingegen dient der Betrachtung von Ursachen und Formen sequenzieller Wortbildungsprozesse aus historischer Perspektive. Hierbei finden vornehmlich etymologische Faktoren und genetische Variablen Berücksichtigung (z. B. Datierung von Erstbelegen oder Korrelationen zwischen sprachlichen und gesellschaftlichen Veränderungen)[69].

Die Untersuchung terminologiewissenschaftlicher Fragen erfolgt zumeist aus funktionaler Perspektive, da sie grundsätzlich komparativ angelegt ist. Häufig behandeln derart konzipierte Arbeiten interkulturelle, interlinguale oder interdisziplinäre Vergleiche[70]. Wie bereits erwähnt, bietet die vorliegende Arbeit einen interterminologischen Blickwinkel.

Weiterhin bilden de Saussures systemische Sprachbetrachtung und seine dichotome Behandlung von ***langue*** (Sprache) und ***parole*** (individueller Sprechakt) die Basis zahlreicher fachsprachlicher Untersuchungen. Diese Dichotomie wird von Lyons unter Bezugnahme auf das Englische wie folgt beschrieben: „that all those who ‘speak English’ (or are ‘speakers of English’) share a particular langue and that the set of utterances which they produce when they are ‘speaking English’ constitute instances of parole”[71].

Lyons’ prägnante Aussage erscheint als Arbeitsdefinition für die vorliegende Untersuchung angemessen, da weitere Ausführungen zu dieser Problematik hinreichend vorliegen. Ebenso bilden de Saussures isolierte Betrachtung des sprachlichen Zeichens und dessen Ausdifferenzierung in ***signifié*** (materielle Seite) und ***signifiant*** (äußerliche Seite) die methodische Grundlage zentraler Untersuchungsgegenstände der Angewandten Linguistik und somit auch der Terminologielehre[72]. Für die beiden Seiten des sprachlichen Zeichens existiert mittlerweile eine kaum mehr zu bewältigende Zahl synonymischer Benennungen[73].

---

69 Pörksen 1986, S. 137; Bartschat 1996, S. 58; de Saussure 1967, S. 50.

70 Oldenburg 1997, S. 8-9; Budin 1996, S. 120.

71 Lyons 1969, S. 51.

72 Bartschat 1996, S. 58; Baumann 1992, S. 13; Glinz 1974, S. 16, 92-93.

73 Diese sind in Drozd / Seibicke 1973, S. 52 angeführt.

Auf diesem Konzept aufbauend wurde das Fundament der Terminologielehre gelegt und gefestigt. Dies geschah insbesondere durch Eugen Wüster. Dessen Wirken wird im Anschluss an diesen Abschnitt noch einmal intensiv beleuchtet, da es als fundamental für den gesamten Bereich der Terminologielehre und für das Verfassen einer diesbezüglichen Arbeit erscheint.

De Saussures Arbeiten bilden augenscheinlich die Basis für das Schaffen zahlreicher Forscher, zu welchen auch Noam **Chomsky** zählt, der in den 1950er Jahren eine **Generative Transformationsgrammatik (GTG)** entwickelte, welche die menschliche Sprachfähigkeitsbildung zum Fokus hat. Nach Chomskys GTG vermag jedes Individuum eine endlose Zahl neuer Einheiten aufgrund eines ihm angeborenen Regelsystems (in Anlehnung an *langue*) zu bilden, welches es als kompetenter Sprecher intuitiv anwenden kann. Chomsky unterscheidet dabei zwischen **Kompetenz** (Sprachsystem) und **Performanz** (Sprachverwendung). Das an de Saussures *parole* anlehnende Performanzkonzept bezeichnet den idiolektalen Sprachverwendungsakt einschließlich der Rezeption verbalisierter Inhalte[74]. Der Kompetenzbegriff lehnt somit augenscheinlich an de Saussures *langue* an. Wenngleich die GTG sich auf die Ebene der Gemeinsprache zu beziehen scheint, so spielen Performanz und Kompetenz durchaus eine Rolle in den Fachsprachen und kommen auch in der vorliegenden Untersuchung zum Tragen.

2.1.3.2 Wüstersche Terminologiegrundlagen

Der promovierte Elektroingenieur Eugen **Wüster** (1898-1977) schuf durch seine Systematisierungsarbeiten auf technischer Ebene das Fundament für die **Terminologielehre als Teildisziplin** der Angewandten Linguistik. Eine noch immer viel zitierte Arbeit stellt seine 1931 veröffentlichte Dissertation *Internationale Sprachnormung in der Technik* dar, die offensichtlich als Grundlagenwerk für die Terminologie sämtlicher Fachgebiete zu betrachten ist, wenngleich sie im Gegensatz zu de Saussures Konzepten auf fachlichem und nicht auf linguistischem Handlungsbedarf basiert.

---

74 Chomsky erläutert seine Thesen 1972 in einem ausführlichen Interview mit Herman Parret (z. B. Chomsky 1995, S. 15, 53 ff., 99 ff.).

Die Feststellung Wüsters, dass technische Begriffe „bereinigt" werden müssen und dieser **Sachnormung** für eine barrierefreie Kommunikation eine unbedingte Sprachnormung folgen muss, wurde zum Hauptaxiom der Terminologielehre und zum Grundbaustein für die nationale und internationale Terminologienormung[75]. Hier zeigt sich, dass der korrekte Einsatz bestimmter Sprachhandlungsmuster zur Verbalisierung von Wissensinhalten auf der Kenntnis der Begriffe beruht und demzufolge neben der sprachlichen Kompetenz ein hohes Maß an Fachkompetenz voraussetzt.

Ebenso wie de Saussure widmet Wüster einen großen Teil seiner Arbeit der **Allgemeinen Zeichenlehre**[76]. Er vergleicht sprachliche Zeichen mit Fahrzeugen, „die eine Gedankenlast befördern". Dieses Bild verwendet er zur Beschreibung der von ihm postulierten Zusammenhänge zwischen Leistung und Energieaufwand für den Erwerb von Zwecksprachen und dem damit einhergehenden „Anschaffungspreis des Verkehrsmittels Sprache"[77]. Wüster liefert auf diese Weise sicherlich auch einen Hinweis auf die sprachökonomischen Aspekte, welche ein Höchstmaß an Effektivität durch umgekehrt proportionalen Aufwand beim Spracherwerb verlangen. Eugen Wüster war es, der auf der Basis von de Saussures dichotomer Behandlung des sprachlichen Zeichens den vom Wortinhalt in der Gemeinsprache abgegrenzten **Begriff** in der Terminologiearbeit etablierte. Wüsters Aussage, dass jede Terminologiearbeit Begriffe zum Ausgangspunkt hat[78], legte den Grundbaustein für die dialektische Betrachtung der Terminusseiten **Benennung** (*signifiant*) und Begriff (*signifié*). Mittlerweile wird der **Begriff** in Anlehnung an Wüster definiert als

> [...] jede Vorstellung [...], die nicht Subjekt und Prädikat zugleich enthält. Es ist dabei gleichgültig, ob der Begriff durch ein einziges Wortelement oder durch mehrere ausgedrückt ist. Begriffe ersterer Art sollen Elementarbegriffe

75 Ausführlicher hierzu Ickler 1997, S. 127 und Drozd / Seibicke 1973, S. 124.

76 Felber / Lang / Wersig 1979, S. 25.

77 Wüster 1970, S. 85-86.

78 Felber / Lang / Wersig 1979, S. 101.

genannt werden, Begriffe letzterer Art zusammengesetzte Begriffe oder Begriffsverbindungen[79].

In dieser Definition von Felber / Lang / Wersig handelt es sich um einen sprachwissenschaftlichen Blickwinkel. Der terminologiewissenschaftliche Umgang mit dieser Thematik stößt jedoch nicht immer ausschließlich auf Zuspruch; diese Tatsache kann jedoch in der vorliegenden Untersuchung nicht ausführlicher behandelt werden[80]. Als allgemeingültige Definition des Terminus **Begriff** wird die DIN-Norm erachtet, in welcher das Konzept auf prägnante Weise definiert ist als „Denkeinheit aus einer Menge von Gegenständen unter Ermittlung der diesen Gegenständen gemeinsamen Eigenschaften mittels Abstraktion“[81]. Eine Benennung hingegen wird als „aus einem Wort oder mehreren Wörtern bestehende Bezeichnung“ definiert[82]. Schon Wüster konstatierte, dass in der Terminologieforschung Benennungen und Begriffe nicht als voneinander abhängige Variablen betrachtet werden. Analysen im terminologischen Bereich sind demnach binärer bzw. dialektischer Natur, was sowohl die Betrachtung der inhaltlichen als auch der materiellen Seite des Zeichens erfordert[83]. Aus diesem Blickwinkel resultiert die Definition des **Terminus**, welcher als „das zusammengehörige Paar aus einem Begriff und seiner Benennung als Element einer Terminologie“ beschrieben wird[84]. Auf dieses Konzept soll im Laufe der Untersuchung Bezug genommen werden.

Als weiteres Verdienst Wüsters kann die Manifestation des Systemgedanken betrachtet werden. Nach Wüster gilt die terminologische Analyse als stets zu

---

79 Felber / Lang / Wersig 1979, S. 109.

80 Glinz betrachtet den Wortkörper z. B. als den semantischen Wortgehalt repräsentierende „elementare geistig-begriffliche Prägung“ (Glinz 1974, S. 58).

81 DIN 2342 Teil 1, 2.1 „Begriff“.

82 DIN 2342 Teil 1, 3.1.2 „Benennung“. In den DIN-Normen wird explizit auf die Tatsache verwiesen, dass es sich bei einer *Benennung* nicht um einen *Begriff* und bei einem *Begriff* nicht um eine *Benennung* handelt. Auf eine *Bezeichnung* treffen wir nach Schmitt bei nicht vorhandener näherer Spezifizierung des Zeichens „hinsichtlich seiner Art“ (Schmitt 2000, S. 304).

83 Drozd / Seibicke 1973, S. 43.

84 DIN 2342 Teil 1, 3.2 „Terminus“.

einem System gehörig[85]. Diese Denkweise geht konform mit der Forderung des Anthropologen Claude **Lévi-Strauß** (1908-2009) nach einer Beschreibung linguistischer **Systembeziehungen** als Basis für die theoretische Erkenntnisgewinnung[86]. Wie bereits erwähnt, stellt der Systemgedanke mittlerweile ein Charakteristikum der gesamten Terminologielehre dar. So werden Begriffe z. B. in hierarchischen Systemen anhand der entsprechenden Unter- und Oberbegriffe bis hin zur obersten Ebene, der Kategorie, klassifiziert. Die „Gesamtheit der einem Begriff auf derselben Hierarchie untergeordneten Begriffe" wird ausgehend von Wüster auch in den aktuellen DIN-Fassungen als **Begriffsumfang** bezeichnet, die „Gesamtheit der Merkmale eines Begriffs" als **Begriffsinhalt**[87]. Der die Tiefenstruktur beschreibende Begriffsinhalt müsste demnach bei variierenden Systemverhältnissen im umgekehrt proportionalen Verhältnis zum oberflächendeckenden Netz des Begriffsumfangs stehen. Da (terminologische) Sprachsysteme sowohl nach innen als auch nach außen hin oftmals nicht eindeutig abgrenzbar sind, führen Veränderungen im System zu einer Art terminologischer Dynamik. Den Verschiebungen zwischen Zentrum und Peripherie in den Fachwortschätzen wird unter dem Aspekt der Normung ab S. 125 noch einmal Aufmerksamkeit geschenkt. Vorbereitend darauf beleuchtet der folgende Abschnitt die Rolle der Fachsprachen im Gesamtsprachsystem, wenngleich der Eingrenzung bzw. funktionalen Differenzierung der deutschen Fachsprachen in einem beschränkten Rahmen wie dem die vorliegende Untersuchung umgebenden kaum genügend Beachtung geschenkt werden kann.

2.2 Fachsprache als gesamtsprachliches Subsystem

2.2.1 Funktionale Perspektive

Bis dato wurden von zahlreichen Forschern intensive Versuche unternommen, den Begriff der Fachsprache zu differenzieren bzw. zu definieren und einzugrenzen[88]. Eine Auflistung der Ergebnisse wird an dieser Stelle ausgespart. Das

---

85 Drozd 1975, S. 111.

86 Lévi-Strauß 1973, S. 71.

87 Wüster 1970, S. 11; DIN 2342 Teil 1, 2.3 „Begriffsinhalt", 2.4 „Begriffsumfang".

88 Drozd / Seibicke 1973; Möhn / Pelka 1984; Hoffmann 1998; Arntz / Picht 2002.

Phänomen Fachsprache kann jedoch in Anlehnung an Schmitt und Möhn / Pelka als eine gesamtsprachliche Variante betrachtet werden, welche der „möglichst leicht handhabbaren, präzisen und ökonomischen Verständigung innerhalb eines spezifischen Fachbereichs" dient[89]. Ebenso von Belang ist die in DIN 2342 angeführte Definition des Phänomens Fachsprache, welches dort bezeichnet wird als „Bereich der Sprache, der auf eindeutige und widerspruchsfreie Kommunikation in einem Fachgebiet gerichtet ist und dessen Funktionieren durch eine festgelegte Terminologie entscheidend unterstützt wird"[90].

Unbestreitbar ist jede Fachsprache als Bestandteil von mindestens einer **Gesamtsprache** zu sehen. Bei der differenzierten Betrachtung einer Sprache lässt sich zunächst einmal die Gesamtheit aller Sprachwerkzeuge zu einem Hypersystem zusammenfassen, bei welchem die Gesamtsprache aus hierarchischer Perspektive die oberste Position einnimmt. Dieses System setzt sich wiederum aus diversen **Subsystemen** (Hyposystemen, Varietäten) wie Dialekten, Soziolekten, Pidgin- und Kreolsprachen sowie Teilsprachen (z. B. Fachsprachen, Gemeinsprachen) oder Sondersprachen zusammen. Aus Sicht der Autorin stellen Fachsprachen und Gemeinsprachen nicht die einzigen, aber dennoch zwei gleichwertige gesamtsprachliche Varietäten dar, wobei die Gemeinsprache sicherlich die größte Deckungsgleichheit mit der Gesamtsprache aufweist. Gemein- und Gesamtsprache müssen jedoch voneinander differenziert werden, um die gemeinsprachigen Anteile mit anderen Sprachvarietäten kontrastieren zu können und Raum für die Differenzierung einzelner Nationalsprachen zu schaffen, wenngleich auch Nationalsprachen in Abhängigkeit vom Blickwinkel durchaus als Gesamtsprachen zu betrachten sind.

Nach Drozd / Seibicke entsprechen die vier Funktionen der Nationalsprachen denen der vier **Funktionssprachen** (Sprechsprache, Sach- / Arbeitssprache, Wissenschaftssprache und Sprache der Dichtung)[91]. Aus dieser Perspektive „funktionieren" gewisse Formen der Sprache nur innerhalb bestimmter Grenzen,

[89] Schmitt 2000, S. 18; Möhn / Pelka 1984, S. 24.

[90] DIN 2342 Teil 1, 1.2.2 „Fachsprache".

[91] Drozd / Seibicke 1973, S. 77, 89.

und so muss eine gesamtsprachige Oberkategorie existieren, welche jegliche Grenzen zu überschreiten vermag – die Gesamtsprache.

2.2.2 Dichotome Betrachtung

An dieser Stelle erscheint eine Kontrastierung von Fach- und Gemeinsprache sinnvoll. Auf der Basis von Wüsters Vorarbeit ist **Gemeinsprache** definiert als „Kernbereich einer Sprache", zu dem die Angehörigen der jeweiligen Sprachgemeinschaft Zugang haben[92]. Diese Perspektive scheint diskutierbar, soll aber als Grundannahme für die vorliegende Arbeit gelten. Von Wüsters Ansatz ausgehend beschreiben Möhn / Pelka die Gemeinsprache als

> [...] die Variante der Gesamtsprache, über die mehr oder weniger alle Sprachteilhaber in gleicher Weise verfügen und deren schriftlicher und mündlicher Gebrauch in öffentlichen wie privaten Situationen primär der Kommunikation bzw. Verständigung über allgemeine Inhalte des täglichen, gesellschaftlichen und privaten Lebens dient[93].

Der Vergleich gemeinsprachlicher und fachsprachlicher Inventare führt bei Drozd zur Benennung eines gemeinsamen Wesenszuges: Der Nutzung spezifischer Zeichensysteme als Kommunikationssysteme. Zudem basieren beide Inventare auf dem Sprachzeichen als kleinstem Bestandteil[94]. Der **Unterschied** zwischen Fach- und Gemeinsprache besteht nach Wüster vor allem in Art und Größe des Wortschatzes. Auf der einen Seite ist der Gesamtbestand fachsprachlichen Inventars wesentlich höher, auf der anderen Seite erfolgt eine Behandlung von Begriffen und Benennungen in zumeist synchronen Untersuchungen[95]. Weitere distinktive Merkmale der Fachsprachen sind Definiertheit, Monofunktionalität und eine verstärkte Terminusfrequenz im Gegensatz zur arbiträren Handha-

---

92 Geleitwort Wüster in Drozd / Seibicke 1973, S. VIII; DIN 2342 Teil 1, 1.2.1 „Gemeinsprache".

93 Möhn / Pelka 1984, S. 141.

94 Drozd 1979, S. 281.

95 Geleitwort Wüster in Drozd / Seibicke 1973, S. VIII.

bung des sprachlichen Kontingents und Variantenreichtums auf Ebene der Gemeinsprache[96].

Diese Perspektive widerspricht der seit Jahren anhaltenden Tendenz intensiver **Entdichotomisierungsbestrebungen**. So versucht z. B. Hoffmann die Gesamtsprache mit der Gemeinsprache gleichzusetzen, indem er Gemeinsprache als „Gesamtheit aller sprachlichen Mittel“ bezeichnet und die Fachsprachen als Bestandteil der gesamtsprachlichen Subsprachsysteme betrachtet[97]. Dieser Ansatz widerspricht allerdings der Tatsache, dass nicht alle fachsprachlichen Mittel der Gesamtbevölkerung zugänglich sind. Letzteres wird durch die Bezeichnung von Fachsprachen als *Technolekte* oder *technical languages*[98] besonders deutlich.

Ein weiterer Vorschlag zur Vermeidung dichotomer Betrachtungen stammt von Drozd / Seibicke, indem sie die Verwendung des Terminus *Nichtfachsprache* anstelle von *Gemeinsprache* vorschlagen. Im Grunde scheint diese Benennung durch einen negierten Terminus jedoch eher einer Dichotomie förderlich zu sein, da sie augenscheinlich die Gemeinsprache der Fachsprache gegenüberstellt und somit weitere Sprachvarietäten ausschließt. Im Grunde muss dann auch von *Nichtsondersprachen* die Rede sein, obwohl selbst diese Lösung letztendlich eine Dichotomisierung des Blickwinkels verursachen würde.

Ickler liefert als Argument gegen die Einnahme einer dichotomen Perspektive die fehlende **Polarität** zwischen Alltagsgegenständen und Fachgegenständen. Somit könne es auch keine Alltagssprache geben, die polarisierend zu Fachsprachen zu betrachten sei. Bei Ickler wird die Gemeinsprache als Gegenpol zu regionalen und sozialen Varianten betrachtet[99]. Es gilt jedoch zu überdenken, ob diese Debatte letztendlich nicht ins Leere führen muss, da unter bestimmten Voraussetzungen eine dichotome Betrachtung durchaus sinnvoll sein kann und, wenngleich Fachsprachenforscher offensichtlich seit Jahren stark darum bemüht sind, sich von einer dichotomen Betrachtung der fachsprachlichen und der ge-

---

96 Drozd 1975, S. 112.

97 Hoffmann 1985, S. 50.

98 Fluck 1995, S. 11.

99 Ickler 1997, S. 16; Veith 2002, S. 25-28.

meinsprachlichen Ebene zu distanzieren[100], scheint es für die meisten Arbeiten nachvollziehbar und sinnvoll, regionale, soziale und historische Existenzformen der Sprache in fachsprachlichen Abhandlungen weitgehend auszusparen bzw. den Blickwinkel themenbezogen zu adaptieren. Zum wechselseitigen Einfluss der beiden Sprachvarietäten erfolgt ab S. 218 eine ausführlichere Erläuterung.

2.2.3 Soziolinguistische Perspektive

Die Soziolinguistik – ebenfalls ein Teilgebiet der Angewandten Linguistik – richtet ihr Augenmerk auf **Sondersprachen** als weitere Variante der Gesamtsprache[101]. Drozd / Seibicke stellen als wesentlichen **Unterschied zu den Fachsprachen** fest, dass der Ursprung der Sondersprachen in der Dynamik sozialer Gruppen liegt und das Hauptziel in „Verrätselung“ und deutlich erkennbarer „Impulsgeladenheit“ besteht, wohingegen Fachsprachen spezifische Sachgebiete zum Ausgangspunkt und Variablen wie Klarheit und Neutralität zur obersten Prämisse haben[102]. Bei Wüster findet sich ein Hinweis darauf, dass Fachsprachen aus ergänzenden Begriffen mit den entsprechend ergänzenden Benennungen bestehen, während Sondersprachen nur zusätzliche Benennungen zu bereits existierenden Gemeinsprachbegriffen liefern[103]. Laut Möhn / Pelka leben Sondersprachen im Gegensatz zu Fachsprachen eher vom mündlichen Gebrauch und erfahren auf diese Weise eine Art Normung durch ihre Gruppenmitglieder[104].

Die Einnahme einer soziolinguistischen Perspektive zur Untersuchung von Fachsprachen bzw. von Anglizismen ist somit nicht ohne argumentativen Aufwand möglich. Dennoch müssen aus gesamtsprachlicher Perspektive für eine Abgrenzung fachsprachlicher Subsysteme auch Aspekte berücksichtigt werden, die scheinbar mit Fachsprachen nicht in direktem Zusammenhang stehen, um somit durch Kontrastierung etwaige Charakteristika eruieren zu können. Erst im Vergleich wird eine wesentliche Funktion von sprachlichen Mitteln deutlich: In

---

100 Drozd / Seibicke 1973, S. 81; Fluck 1995, S. 11.

101 Lévi-Strauß 1972, S. 69; Veith 2002, S. 1-8; Law 2002, S. 70.

102 Drozd / Seibicke 1973, S. 73.

103 Geleitwort Wüster in Drozd / Seibicke 1973, S. VIII.

104 Möhn / Pelka 1984, S. 25.

den Fachsprachen füllen Anglizismen Bezeichnungslücken. In sondersprachlicher Verwendungsform dienen sie der Gruppenabgrenzung[105]. Dennoch kann auch auf fachsprachlicher Ebene ein Abusus sprachlicher Mittel zur Fernhaltung bestimmter Aktanten nicht grundsätzlich ausgeschlossen werden. Zudem sind einige Berufsgruppen – und somit auch die entsprechenden Sprachsysteme – mit einem angeseheneren sozialen **Status** verbunden. In der Arzt-Patienten-Interaktion oder auf logistischer Verbraucherebene spielen diese Faktoren zumindest auf der Seite laiensprachlicher Sprechaktteilnehmer durchaus eine Rolle. In asymmetrischen Interaktionskonstellationen kommen neben den terminologischen Benennungssystemen auch die von Lévi-Strauß so genannten **Haltungssysteme** zum Tragen[106]. Fragen, die in dieser Hinsicht relevant werden, können sich nach Glinz beispielsweise auf soziale Parameter wie Gruppen- oder Schichtzugehörigkeit[107] beziehen und aus emotionalisierter Perspektive auch für Fachsprachen durchaus interessant sein.

2.2.4 Pragmatischer Rahmen

Der Abgrenzung der Fachsprachen von anderen gesamtsprachlichen Subsystemen dienlich ist die Einnahme einer pragmatischen Sichtweise. Die Pragmatik als sprachwissenschaftliche Teildisziplin richtet ihren Fokus auf **kommunikativ-funktionale Aspekte** des menschlichen Sprachverhaltens und die Zeichenverwendung in einem konkreten, situativen (pragmatischen) Rahmen, welcher die Produktion bzw. Rezeption sprachlicher Äußerungen beinhaltet. Wie bei Schmitt nachzulesen ist, stellt sich im Rahmen der Pragmatik die Frage: „*Wer* sagt *was*, *wann*, *wie*, *warum*, *wem*?“[108]. Somit beinhaltet der Pragmatikbegriff neben der Berücksichtigung von sprachlichen Zeichen und deren Nutzern (Sendern, Rezipienten) auch die Intention (den kommunikativen Zweck) und die Wirkung des verwendeten Zeicheninventars sowie den situativen Rahmen und

---

105 Eine besonders stark abgegrenzte Sondersprache ist der französische Verlan, bei welchem ein Großteil der verwendeten Lexeme neu zusammengebaut oder rückwärts gesprochen wird (z. B. *céfran* für *français*).

106 Lévi-Strauß 1973, S. 51.

107 Glinz 1974, S. 75.

108 Schmitt 1985, S. 17 ff.

den Zeitpunkt des Kommunikationsaktes[109]. Im pragmatischen Forschungskontext wird nach maßgebenden Faktoren gesucht, welche im entsprechenden **Situationstyp** in Erscheinung treten und bestimmte **Sprachfunktionsvariablen** enthalten[110]. Hierbei kommt das **Organonmodell** des deutschen Psychologen Karl **Bühler** (1879-1963) zum Tragen. In diesem Kommunikationsmodell veranschaulicht Bühler die Funktion der Sprache und verdeutlicht, dass dem Werkzeug (Organon) Sprache „nicht nur die Funktion der Informationsübermittlung", sondern auch die der „Ausdrucks- und Appellfunktion" innewohnt[111]. Nach diesem sprechaktorientierten Modell liegt das Wesen der Sprache im Zusammenwirken der drei Funktionen, welche in situativer Abhängigkeit als Einzelfunktionen Bedeutungsveränderung erfahren[112]. In der folgenden Grafik soll dies noch einmal verdeutlicht werden:

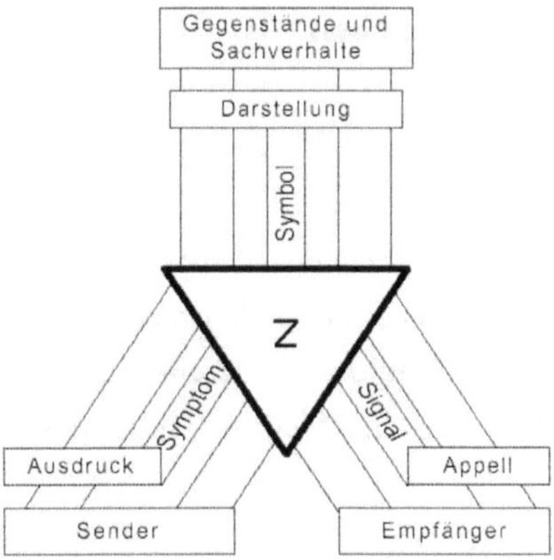

Abbildung 3: Organonmodell nach Bühler (Quelle: Stangl: online, 08.11.2009)

---

[109] Zu pragmatischen Faktoren zählen soziolinguistische bzw. soziokulturelle Parameter, die bei einer skoposorientierten Übersetzung zu berücksichtigen sind (Schmitt 2000, S. 308).

[110] Meyer 1997, S. 6-30; Klenk 1997, S. 15.

[111] Lewandowski 1994a, S. 77-78.

[112] Spitzmüller 2007, S. 191; Linke (2001b), S. 305.

In diesem Modell Bühlers umgeben die drei Funktionen das sprachliche Zeichen, welches als Grundbaustein der Kommunikation zwischen Sender, Empfänger und Gegenstand / Sachverhalt eine grundlegende Rolle übernimmt, nämlich die des **Signals** (Appellfunktion an den Rezipienten), des **Symptoms** in Form einer Meinungs- oder Gefühlsäußerung (Ausdrucksfunktion des Gesendeten) und des **Symbols** (Darstellungsfunktion)[113]. In Abhängigkeit vom Kommunikationszweck tritt die entsprechende Funktion in den Vordergrund.

Wenngleich es sich hierbei nicht um ein fachsprachlich oder terminologisch ausgerichtetes Modell handelt, so wird durch diese pragmatische Beschreibung der Sprachfunktion dennoch besonders deutlich, dass es der kommunikative Rahmen ist, von welchem die Verwendung bestimmter (fach)sprachlicher Mittel abhängt.

2.3 Anglizismen in deutschen Fachsprachen

2.3.1 Begriffsbestimmung

2.3.1.1 Definition

Die Identifizierung von Anglizismen und deren Untersuchung erfordern zunächst eine definitive Begriffsbestimmung, welche für Anglizismen beinahe so schwierig erscheint wie die häufig diskutierte Fremdwortdifferenzierung. Einen Definitionsversuch zu Anglizismen liefern Bartsch / Siegrist. Diese verstehen unter **Anglizismus**

> [...] im weiteren Sinne [...] alle aus dem Sprachkontakt einer Sprache mit dem Englischen resultierenden Phänomene der Entlehnung und der Beeinflussung des Sprachsystems der Zielsprache. Im engeren Sinne handelt es sich bei Anglizismen um Entlehnungen der lexikalischen Ebene, die sich durch den Sprachkontakt mit dem Englischen im Deutschen etabliert haben[114].

Die Definition führt allerdings nicht zur Klärung der Frage, wie mit englischem Morphemmaterial zu verfahren ist, das zur Entstehung neuer Lexeme im Deutschen beiträgt. Um den Begriff des Anglizismus auch auf dieser Ebene einzu-

---

113 Stangl: online, 08.11.2009; Schippan 1992, S. 72-73.

114 Bartsch / Siegrist 2002, S. 312.

grenzen, soll auf eine Definition von Busse Bezug genommen werden, denn nach ihm ist ein Anglizismus

> [...] jede Erscheinung einer einheimischen, hier der deutschen Sprache [...], die auf Transferenz der englischen Sprache zurückgeht. Anglizismus wird dabei als Oberbegriff für alle Varietäten der englischen Sprache aufgefasst. Ein Anglizismus ist ein deutsches Sprachzeichen unabhängig davon, ob er eine im englischen Sprachgebrauch übliche Bedeutung wiedergibt oder nicht[115].

Anlehnend an Busses Definition findet in der vorliegenden Untersuchung auch englisches Morpheminventar Berücksichtigung, welches im Grunde keinen Bedeutungsgehalt aus der Gebersprache transportiert. Es handelt sich hierbei um die im folgenden Abschnitt angeführten Quasianglizismen.

2.3.1.2 Quasianglizismen

Als **Quasianglizismen** gelten Lexeme, die zwar auf lexikalischer, semantischer oder morphologischer Ebene englisch anmuten, jedoch dem englischen Muttersprachler in der Regel nicht bekannt sind. Hierzu zählen die häufig exemplarisch angeführten Lexeme *Handy* (en. *mobile phone*, *cellular phone*), *Dressman* (en. *male model*)[116], *Oldtimer*[117] (en. *veteran car*, *vintage car*) oder *Talkmaster* (BE: *chat-show host*, AE: *talk show host*)[118]. Der Terminus *Quasianglizismus* ersetzt an dieser Stelle den von Kirkness geprägten linguistischen Terminus *Pseudoanglizismus*[119], welcher einen Widerspruch zu Busses Definition darstellt, da nach Busse jedes englische Morphem-inventar den Anglizismen zuzuordnen und nach Ansicht der Autorin daher nicht in die Kategorie *pseudo* einzustufen ist. In anderen Zusammensetzungen wird das Präfix *pseudo-* jedoch beibehalten.

Mackensen zählt das hier besprochene Phänomen zu den Kunstwörtern bzw. Neuschöpfungen. Er konzentriert sich dabei allerdings vorwiegend auf die Fach-

---

115 Busse 2001, S. 134.

116 Busse 2001, S. 138.

117 Braun 2003, S. 43.

118 Die deutschen Äquivalente stammen aus Pons 2002.

119 Kirkness 2001, S. 105-121.

sprache der Medizin. Nach ihm enthält besonders die medizinische Fachsprache eine große Anzahl an **Scheinentlehnungen** aus dem Lateinischen und Griechischen. Die Tatsache, dass ausgerechnet diese Sprachen von Mackensen behandelt werden, beruht vermutlich auf dem Zeitpunkt seiner Forschung. Er erwähnt als Beispiele für Scheinentlehnungen Termini wie *Vakzination* (eine Form der Impfung mit Kuhpocken) und *Variolieren* (Blatternimpfung). Auch die Termini *Phagozyt*, *Embryologie* und *Psychiatrie* stellen nach Mackensen **Pseudogräkismen** dar[120], da sie nicht als Lexeme in den genannten Sprachen existieren. Die einzelnen Bestandteile der jeweiligen Sprache sind jedoch eindeutig identifizierbar und werden daher an dieser Stelle nicht als Neuschöpfungen betrachtet.

2.3.1.3 Fremdwort – Lehnwort

Im Rahmen der vorliegenden Untersuchung werden ins Deutsche integrierte Anglizismen grundsätzlich als Entlehnungen betrachtet. Der Binarismus **Fremdwort – Lehnwort** kann dabei nur am Rande gestreift werden, denn die Frage, wann es sich bei einem entlehnten Terminus um ein Fremdwort und wann um ein Lehnwort handelt, hat bisher in der Sprachwissenschaft zu keiner abschließenden Antwort geführt. Eine solche ist auch an dieser Stelle nicht zu erhalten. Die Gesamtbetrachtung hierzu bestehender Postulate scheint eher Verwirrung zu stiften, als dass sich ein klarer Konsens erkennen ließe.

Aus sprachtheoretischer Sicht sind Lehnwörter angeblich stärker als **Fremdwörter** in das nehmersprachliche Regelsystem integriert. Fremdwörter werden angeblich auch als fremd empfunden[121], so z. B. Benennungen für logistische Konzepte, welche mit dem Begriff direkt aus dem Englischen übernommen wurden.

Diese Aussage ist jedoch viel zu weit gefasst, wenn man das ausgesprochen unterschiedlich stark ausgeprägte, de facto höchst subjektive linguistische Wahrnehmungsvermögen der Sprachteilhaber einer jeden Sprachgemeinschaft berücksichtigt. Als im 18. Jahrhundert durch Jean **Paul** (1763-1825)[122] der Terminus *Fremdwort* geprägt worden war, mag er gute Dienste geleistet haben. Aus

---

120 Mackensen 1972, S. 18.

121 Eisenberg 2001, S. 184.

122 Kettemann: online, 10.09.2009.

heutiger Sicht, in einer Zeit, in der Anglizismen in Gesamtsprachsystemen derart überwiegen, dass ein Großteil der Bevölkerung sich ihrer reflektiert nicht mehr zu bedienen vermag, fällt es sowohl aus fach- als auch aus gemeinsprachlicher Sicht schwer, von *Fremdwörtern* zu sprechen. Anglizismen sind nichts Fremdes mehr, sie sind zum Bestandteil unseres Alltags geworden und entziehen auch den in ihnen enthaltenen griechischen und lateinischen Wortbestandteilen die „fremde" Wirkung. Im Allgemeinen ist kaum eruierbar, inwiefern graphematische, morphologische oder phonologische Integrationsprozesse als erkennbar gelten können. Wenn ein Fremdwort durch Nicht-Integration in die Nehmersprache charakterisiert ist, müssen sämtliche Termini nach einer Genuszuweisung als **Nicht-Fremdwörter** betrachtet werden. Folglich existieren in Terminologien keine Fremdwörter.

Dieser Thematik widmet sich z. B. Jan Iluk[123]. Seiner Kritik an der Differenzierung von Fremd- und Lehnwörtern anhand des Nativisierungsgrades kann nur zugestimmt werden, denn eine derartige Form der Fremdwort-Lehnwort-Debatte lässt kein abschließendes Ergebnis erwarten. Eine gänzliche Abschaffung des Lexems *Fremdwort* scheint jedoch zumindest auf gemeinsprachlicher Ebene nicht möglich. Dies wird erkennbar an Komposita wie *Fremdwörterbuch* oder *Fremdsprache*, welche einen festen Bestandteil der deutschen Gemeinsprache darstellen. Die Betrachtung einzelner Lehnwortdifferenzierungsformen führt an dieser Stelle zu weit. Die Autorin erachtet für die synchron ausgerichtete terminologische Untersuchung eine Beschränkung auf evidentes Lehngut als hilfreich[124].

---

123 Iluk 1974, S. 287-289.

124 Begonnen beim linguistischen Terminus *Lehnprägung* wird z. B. bei Carstensen differenziert in *Lehnsyntax*, *Lehnwendung*, *Lehnbedeutung* und *Lehnbildung*. Die Gruppe der Lehnbildungen selbst kann in Abhängigkeit vom Modifizierungsgrad der Entlehnungsform noch einmal in *Lehnübersetzung*, *Lehnübertragung* und *Lehnschöpfung* differenziert werden (Carstensen 1979, S. 90). Bei Schmitt sind diese zuzüglich der Kategorie *Frequenzsteigerung* den latenten Interferenzen zugeordnet, während so genannte *Scheinentlehnungen* und *Lehnwörter (Bedürfnislehnwörter*, *Luxuslehnwörter*) zu den evidenten Interferenzen zählen (Schmitt 2000, S. 257).

Es soll jedoch an eine grobe Differenzierung bei **Fink** angelehnt werden, welcher Lehngut nach den substituierten Anteilen in **Null-**, **Teil-** und **Vollsubstitution** untergliedert[125]. Das bedeutet, es werden entweder keine Komponenten (z. B. *Benchmarking*), Komponentenanteile einer Hybridbildung[126] (z. B. *Logistikmanagement*) oder gesamte Lexeme ersetzt. Letzteres ist der Fall in dem als Übersetzungsfehler (s. S. 91 ff.) konstatierten Terminus *sozialer Rückzug* (en. *social withdrawal*) oder auch *Gehirnwäsche* (en. *brain washing*)[127]. Auch bei diesem Differenzierungsansatz ist allerdings nicht ohne Weiteres erkennbar, inwiefern es sich um eine Entlehnungsform handelt und welchem Sprachsystem diese letztendlich entstammt.

2.3.1.4 Latenz und Evidenz

Ein der Lehnwortdifferenzierung ähnelnder Typologisierungsansatz von Carstensen führt zur Unterscheidung zwischen **Latenz** und **Evidenz**[128]. Diese Perspektive scheint einer englisch orientierten Untersuchung zu Anglizismen in Fachsprachen des Deutschen aus synchroner Perspektive angemessen. Als **latentes** bzw. inneres Lehngut gelten morphologisch nicht erkennbare Anglizismen, bei denen also lediglich eine Bedeutungsübernahme mit Hilfe indigenen Morphemmaterials erfolgt ist, wie in dem oben angeführten Terminus *sozialer Rückzug* erkennbar wird. Zu **evidentem** bzw. äußerem Lehngut zählen Anglizismen, deren Wortform auf eine englische Herkunft hindeutet. Dies ist z. B. im zuvor angeführten Terminus *Benchmarking* der Fall[129].

Auch die **Zuordnung** von Evidenz und Latenz ist nicht problemlos möglich. Bestimmte Anglizismen werden nur nach reflektierter Betrachtung und unter Verweis auf den englischen Ursprung von Nicht-Linguisten als englisches Mor-

---

125 Fink 1970, S. 5.

126 Gelegentlich wird für den Terminus *Hybridbildung* auch *Mischkomposition* oder *Teilsubstitution* verwendet.

127 Pons 2002, S. 93.

128 Schmitt unterscheidet zur Beschreibung dieses Sachverhalts zwischen „offensichtlichen (evidenten) und unauffälligen (latenten) Einflüssen“ (Schmitt 2000, S. 257).

129 Schmitt 1985, S. 169 ff.

phemmaterial wahrgenommen, wenngleich ihre Komponenten eindeutig auf eine Herkunft aus dem englischen Sprachsystem hindeuten. So ist der teilsubstituierte medizinische Terminus *Clownismus* im Grunde für jeden Sprachteilnehmer als Anglizismus wahrnehmbar. In einem psychologischen Internetlexikon stellt er die Benennung für „groteske Körperverrenkungen bei einem hysterischen Anfall“ dar[130]. Die Integrationstiefe ist an der deutschen Endung leicht erkennbar. Mittlerweile deutet diese Form der Assimilation jedoch auf veraltete Termini hin. Diese Vermutung wird unterstützt durch die Tatsache, dass der Terminus weder im medizinischen Fachlexikon *Pschyrembel* angeführt ist, noch im Experteninterview als bekannt eingestuft wurde. Auch der evidente Terminus *lytischer Cocktail*[131] ist als Anglizismus relativ leicht zu identifizieren, da die entlehnten Bestandteile, bis auf die Großschreibung orthographisch nicht integriert sind. Aus dieser Perspektive erfolgte die Terminusselektion für die Befragung in der empirischen Phase der Untersuchung.

2.3.1.5 Internationalismen

Zu den eindeutig identifizierbaren Termini und damit evidenten Einflüssen zählen neben den bereits erwähnten Quasientlehnungen auch Internationalismen. Wie bei Schmitt deutlich wird, handelt es sich hierbei um „in mindestens drei Weltsprachen“ anzutreffende Termini oder syntaktische Fügungen, die „auf Grund ihrer formalen Ähnlichkeit und semantischen Übereinstimmung“ keiner Übersetzung bedürfen[132].

Die Bedeutung der Zugehörigkeit zu **drei Weltsprachen** wird an einem in zahlreichen Sprachen verwendeten Lexem, dem aus der Weltsprache Arabisch stammenden مكتب [maktab / məktəb], (dt. *Schule* etc.) sehr gut nachvollziehbar. Das Lexem kann nicht als Internationalismus gelten, wenngleich sein Verbreitungsgebiet sich über eine Vielzahl von Sprachen erstreckt (z. B. Türkisch, Per-

---

130 Psychology48: online, 09.09.2009.

131 Koptagel-Ilal / Ozkan 2008, S. 42. Im Experteninterview (21.06.2009) wurde der Terminus als bekannt angegeben, jedoch gleichzeitig als höchst veraltet bezeichnet.

132 Schmitt 1985, S. 44. Bei Schmitt finden sich ausführlichere Ausführungen zu den Charakteristika der Internationalismen.

sisch, Aserbaidschanisch oder Swahili)[133], da keine der Sprachen als Weltsprache gilt.

Von Internationalismen lassen sich noch einmal **Europäismen** differenzieren. Entsprechend der erforderlichen Frequenz am Weltsprachenanteil postuliert Kirkness für die Zugehörigkeit zu diesen das Vorkommen eines Terminus in mindestens drei europäischen Sprachen[134]. In der von Kirkness angeführten Europäismenliste sind auch medizinische und wirtschaftsfachsprachliche Termini vertreten, welche in bis zu sieben Sprachen Verwendung finden (z. B. *HIV*, *hospitalisieren*, *Tomographie*, *Hysteriker* oder *Hydrotherapie*). Zu den sechssprachigen Europäismen zählt z. B. der in der psychiatrischen Terminusliste enthaltene *Tranquilizer*[135] oder die *Holding* aus der Wirtschaftsfachsprache. Nach Wüster ist jedoch zu berücksichtigen, dass auch hier nur scheinbar äquivalente Denotate existieren, welche nicht zwangsläufig in jedem Sprachgebiet denselben Begriff denotieren[136]. Diese Form des interlingualen falschen Freundes ist als **Pseudointernationalismus** einzustufen. Analog dazu werden in Anlehnung an Kirkness an dieser Stelle auch **Pseudoeuropäismen** als sprachliche Erscheinungsform betrachtet. Derartige Phänomene beherbergen bei mangelnder Kenntnis über den gesamten Begriffsinhalt ein hohes Fehlerpotenzial und begünstigen nach Schmitt, wenn sie aus dem anglophonen Raum stammen, Missverständnisse auf Fachgebieten, welche eine enge internationale Zusammenarbeit zur Basis haben und mit dem öffentlichen Sprachgebrauch direkt konfrontiert sind[137]. Es kann jedoch zumindest im terminologischen Bereich ein kontextabhängiges Verständnis der Termini hypostasiert werden.

Ein erwähnenswertes Beispiel scheint der englische Terminus *silicon* (dt. *Silizium*)[138] aus der chemischen Terminologie zu sein[139]. Dieser weist mit weltsprach-

---

[133] Die Ausführungen beruhen auf mündlichen Befragungen von Muttersprachlern und persönlicher Beobachtung der Autorin.

[134] Kirkness 2001, S. 105-121.

[135] *Tranquilizer* (AE), *Tranquillizer* (BE) (Pons 2002, S. 125).

[136] Wüster 1970, S. 120.

[137] Schmitt 1985, S. 42 ff.

[138] Pons 2002, S. 688.

lich verwendeten Termini wie dem spanischen *silicona* (dt. *Silikon*)[140] oder dem französischen *silicone* (dt. *Silikon*)[141] zumindest aus synchroner Sicht keinerlei Deckungsgleichheit auf. Der Terminus ist in der Bedeutung *Silizium* neben dem Deutschen auch in anderen Sprachen anzutreffen (z. B. im Russischen *силикон*)[142] und birgt somit als **Pseudointernationalismus** durchaus ein gewisses Maß an Fehlerpotenzial. Innerhalb begrenzter Fachgebiete können derartige falsche Freunde durch das terminologische Umfeld bzw. durch Terminusverbindungen jedoch problemlos erschlossen werden. So stellen die Termini *silicon chip* (dt. *Siliziumchip*) oder *silicon wafer* (dt. *Siliziumscheibe*)[143], welche im Bereich der Elektronik Verwendung finden, sowohl für Chemiker als auch für Elektrotechniker schwerlich ein Hindernis dar.

2.3.1.6 Hard Words

Von Internationalismen scheinen die so genannten ***hard words*** recht schwierig abgrenzbar zu sein. Zu ihnen zählen Terminusentlehnungen, die aus fremden Sprachsystemen ins Englische übernommen worden sind. Offensichtlich schließt dies auch (scheinbar) evidente Anglizismen ein, welche einen Transport über das Englische in eine Nehmersprache wie das Deutsche erfahren haben. Wie in den folgenden Kapiteln verdeutlicht werden soll, basieren diese in Wirklichkeit häufig auf **Latinismen** oder **Gräkismen**[144]. Exemplarisch kann der in der Umfrage eingesetzte Terminus *rapprochement* angeführt werden, welcher aus dem Französischen ins Englische übernommen wurde und die Annäherung zwischen Kulturen benennt. Der Terminus wird auf S. 323 ff. ausführlicher erläutert.

Mitford ordnet diese Form sprachlicher Zeichen explizit als Bestandteil der englischen Sprache ein. Wenngleich er sich in diesem Fall ausschließlich auf

---

[139] Der Zusammenhang zwischen Terminologieanteilen der Chemie und der Medizin wird deutlich in Crosland (2004 [1962]): *Historical Studies on the Language of Chemistry*.

[140] Leo: online, 06.06.2010.

[141] Leo: online, 06.06.2010.

[142] Michajlova 1999, S. 381.

[143] Pons 2002, S. 688.

[144] Glinz 1974, S. 69.

Amerikanismen bezieht, so kann der zweite Teil des folgenden Zitats wohl als auf das gesamte englische Sprachsystem zutreffend erachtet werden: „Americanism means a word or expression that originated in the United States. The term includes: outright coinages, as appendicitis […]"[145].

Der starke Einfluss des Englischen auf das Deutsche führt somit zwangsläufig zum Transport von *hard words* in das deutsche Sprachsystem und zieht dort weitere **Assimilationsprozesse** nach sich. Auf derartigen Vorgängen basiert die Verwendung von Latinismen wie *rezykliert* (en. *recycled*) oder *prozedural* (en. *procedural*)[146]. Dieser Kategorie lässt sich möglicherweise auch das so genannte *Transterminal* aus der Fachsprachenverwendung der *City-Logistik* zuordnen[147]. Für die Psychiatrie bilden Termini wie *Hyperarousal*[148] oder *Major Depression* repräsentative Beispiele[149]. Das griechische Präfix **hyper-** und der lateinische Terminus *Major* rechtfertigen nach den bisherigen Erkenntnissen eine Einordnung der Termini in die Kategorie der *hard words*. Die Entstehungsgeschichte des englischen Terminus *arousal* soll nicht näher beleuchtet werden, da er zumindest auf den ersten Blick einen evidenten Anglizismus darstellt. Ebenso verhält es sich bei dem in der Psychiatrie verwendeten Anglizismus *Parent-Ectomy* [sic], welcher die Trennung von Kind und Eltern beschreibt[150]. Hier tritt das reihenbildende, aus dem Griechischen stammende Suffix **-ectomy** in Erscheinung, welches in der gesamten Sprachverwendung der Medizin in Verbindung mit operativ „entfernbaren" Körperteilen steht (z. B. *Mastektomie*[151], *Gastrektomie*[152]). Zahlreiche *hard words* sind kaum als solche identifizierbar. So verhält

145 Mitford 1951, S. V.

146 Schmitt 1985, S. 176; Übersetzung: Pons 2002.

147 Es handelt sich hierbei um ein Verteilzentrum für die Einzelhandelsversorgung in städtischen Ballungsgebieten (Krampe / Lucke 2006, S. 388-408).

148 Der Terminus *Hyperarousal* benennt das Symptombild der vegetativen Übererregung in der psychiatrisch-psychotherapeutischen Fachsprache.

149 Herman 1993, S. 58-64.

150 Fichter 2008, S. VII.

151 dt. *Brustamputation*, lat. *ablatio mammae*.

152 Der Terminus benennt die vollständige Entfernung des Magens im Gegensatz zur *Magenresektion*, bei welcher ein Teil des Magens erhalten bleibt.

es sich bei dem im Deutschen verwendeten englischen Pluraliatantum *Balbuties* (s. S. 433) für *Stottern*, welches vom lateinischen Verb *balbutire*[153] abstammt, jedoch im Deutschen einen englischen Plural führt und somit auf den ersten Blick einen evidenten Anglizismus darstellt.

Die Bedeutung des Englischen als Gebersprache korreliert mit seiner Rolle als Vermittlersprache und spiegelt sich auch in der mittlerweile etablierten mehrwortigen Benennung **English as a Lingua Franca (ELF)** wider. Diese wird besonders bei House ausführlich besprochen[154], welche sich beispielsweise wie folgt äußert:

> English as a lingua franca in both international and intranational cases can be regarded as a special type of communication characterized primarily by the fact that there is no consistency of form that goes beyond the participant level[155].

In ihren Arbeiten macht House deutlich, dass ELF immer stärkere Verbreitung findet, was auch didaktische Konsequenzen nach sich ziehen sollte[156]. Interessanterweise betont House, dass ELF insbesondere der Kommunikation zwischen Sprechern ohne weitere gemeinsame Sprache dient[157]. Oftmals scheint es mittlerweile jedoch auch als Mittel zwischen gleichsprachigen Experten auf Veranstaltungen wie offiziellen Kongressen Anwendung zu finden und hier möglicherweise sogar kommunikationshemmend zu wirken[158].

Die Wahrscheinlichkeit steigt, dass beim Transport eines Lexems / Terminus unterschiedliche Bedeutungsgehalte in das jeweilige Sprachsystem transportiert werden. Auf diesem Weg können sich *hard words* zu den bereits erwähnten Pseudointernationalismen entwickeln. Belegen soll dies ein kurzer historischer Exkurs in die Wirtschaftssprachverwendung der DDR, in welcher der Terminus *Dispatcher* einen evidenten Anglizismus darstellte. Dieser Terminus wurde aus

---

153 Löwe 1986, S. 56.

154 z. B. House 2003a und 2003b.

155 House 2003b, S. 138.

156 House 2003b, S. 133.

157 House 2003b, S. 138.

158 Eine stattliche Anzahl weiterer Abbreviaturen für die diversen Funktionen des Englischen findet sich bei Mollin (Mollin 2006b).

dem Englischen ins Russische als *диспетчер*[159] transportiert und daraufhin als *Dispatcher* in der Bedeutung *Fahrdienstleiter*[160], *Leiter des Produktionsprozesses* bzw. *Transportleiter*[161] in die Fachsprache entlehnt. Im englischen Sprachraum belegt der Terminus jedoch in erster Linie das Bedeutungsfeld der Lieferung (z. B. *Versender, Zusteller*). In seiner heutigen Verwendungsform wird er für die Logistik in Zusammensetzungen mit weiteren Komponenten geführt, z. B. *dispatch management* (dt. *Disposition*)[162] oder *dispatch rider* (dt. *Eilbote*)[163]. An dieser Stelle wird deutlich, wie sehr die Funktion der Vermittlersprache eine Reflexion historischer und politischer Gegebenheiten darstellt, denn in der gesamtdeutschen Verwendung der Wirtschaftsfachsprache spielt der Terminus *Dispatcher* seit der deutschen Wiedervereinigung in seiner über das Russische transportierten Variante keine Rolle mehr.

Es ist nicht auszuschließen, dass *hard words* zudem auf einem **Mangel an Übersetzungsäquivalenten** für im deutschen Sprachraum entstandene Begriffe basieren. Im einzig aktuell auffindbaren psychiatrischen Nachschlagewerk *Lexikon Psychiatrie, Psychotherapie, Medizinische Psychologie* von Uwe Henrik Peters, einem deutschen Psychiater und Neurologen, ist ein Beispiel angeführt, in dem das Englische lediglich als **Vermittlersprache** einzustufen ist. Es handelt sich um das *dysexekutive Syndrom*. Es wird moniert, dass das in Deutschland zuerst benannte Syndrom „Fehlen eines Spontanantriebs bei erhaltener Fremdanregbarkeit (Konvexitätssyndrom des Stirnhirns)“, welches im Englischen mit *dysexecutive syndrome* benannt wurde, später durch eine Lehnrückübersetzung als *dysexekutives Syndrom* (und damit zunächst scheinbar neues Krankheitsbild für nicht-englischsprachige Psychiater) auftauchte[164]. Ein weiterer im deutschen Sprachraum entstandener Terminus lautete zunächst *Willens-*

---

159 Eine Transliteration des Terminus wird von der Autorin aufgrund der Erläuterungen als hinfällig erachtet.

160 Daum / Schenk 1988, S. 151; Fraer 1995, S. 67.

161 Bielfeldt 1961, S. 156.

162 ten Hompel / Heidenblut 2006, S. 44.

163 Pons 2002, S. 235.

164 Peters 2007, Vorwort.

sperrung. Die Rückübersetzung des englischen Terminus *avolition* erfolgte durch den nunmehr gebräuchlichen Terminus *Avolition.*

Diese Form der Lexikalisierung neuer Termini aufgrund falscher Übersetzungen stellt für Schmitt ein relevantes Thema als Weg der Terminusentstehung dar[165]. Peters betrachtet diese Form der semantischen Modifikation in erster Linie unter dem Aspekt der Übersetzungsfehler (s. S. 91).

Ob ein Transport lateinischer oder griechischer Komponenten durch die englische Sprache stattgefunden hat, zeigt sich spätestens, wenn englische und lateinische Termini in direkter Verbindung stehen, wie dies im medizinischen Terminus *Clear-lens-Extraktion* (en. *clear-lens-extraction*)[166] oder dem wirtschafts- und rechtssprachlichen *Memorandum of Understanding*[167] der Fall ist. Ebenso wie im Rahmen der Fremdwortdebatte scheint die Frage diskutierbar, ab wann Latinismen oder Gräkismen zu Anglizismen werden und damit ins Englische vollständig integriert sind; denn unklar bleibt, wie erkennbar ein Anglizismus sein muss, um als solcher zu gelten.

Nachdem nun verschiedene Differenzierungsformen englischer Entlehnungen beleuchtet wurden, folgt im nächsten Abschnitt die **Untersuchung kausaler Parameter** und Wirkfaktoren für die Dominanz des Englischen als Gebersprache in der Fachkommunikation.

2.3.2 Ursachen für Anglizismeneinflüsse

2.3.2.1 Gesellschaftliche Faktoren

Gesellschaftliche Faktoren stellen ein Phänomen dar, welches deutlichen Niederschlag in jeder modernen Sprache findet. Die Sprache selbst ist an die Masse

[165] Schmitt 1985, S. 28-32.

[166] Dieser der chirurgischen Fachsprache entstammende Terminus benennt den Vorgang der Augenlinsenentfernung bei starker Kurzsichtigkeit (Pschyrembel 2002, S. 329).

[167] Pons 2002.

gebunden, die durch die **Gesellschaft** repräsentiert wird, und eben jene Gesellschaft ist es, welche die Sprache, derer sie sich bedient, nachhaltig prägt[168].

Der stetige Wandel in der deutschen Sprache wird an der ununterbrochenen Substitution moderner Wörter erkennbar, die veraltetes Sprachinventar aus dem Zentrum in die Peripherie drängen. Diese **Modewörter** erinnern an soziolinguistische Aspekte (s. S. 59), denn Anglizismen wohnt z. B. nach Spitzmüller ein hohes Maß an **Sozialsymbolik** inne, welches zur Gruppenabsonderung dienen kann[169]. Auch hierbei spielen Sprach- und Bedeutungswandelprozesse in der Nehmersprache eine Rolle. Diese Prozesse werden durch wirtschaftliche, politische, kulturelle, philosophische und soziale Faktoren forciert, da sie häufig eine veränderte Wortverwendung nach sich ziehen[170].

In der Gemeinsprache besteht die **Funktion** der Anglizismen zumeist in der Unterstützung der Ausdrucksvariation und der Vermittlung von Lokalkolorit[171]. Letzterer impliziert grundsätzlich zeitgenössische Tendenzen, welche sich letztendlich auch in den Fachsprachen niederschlagen, denn neue terminologische Benennungen entstehen zwar innerhalb determinierter Sprecherkreise, sind jedoch auch von der Zugehörigkeit der Sprachteilnehmer zum Gesamtsprachsystem betroffen; immerhin ist jeder Sprachteilhaber Mitglied eines gemeinsprachlichen Netzes. Da Anglizismen in der Gemeinsprache nunmehr recht verbreitet sind, können diese **generationsbedingt entlehnten Anglizismen** ebenso Einzug in die Fachsprachen finden. Aus diesem Grund wird durch die Autorin das Phänomen **Zeitgeist** als relevanter Einflussfaktor bewertet. Diese Annahme scheint durch die Tatsache bestätigt, dass mittlerweile auch auf Ebene der Psychiatrie, für welche in dieser Arbeit ein minimaler Anteil an Anglizismen konstatiert wird, die junge Generation der Expertengruppen als *Young Psychiatrists* bezeichnet wird[172]. Sowohl Ausdrucksvariation als auch Lokalkolorit stellen im

---

168 Schon bei de Saussure finden sich Aussagen darüber, dass die Sprache „nur in der Masse“ vollkommen existieren kann (de Saussure 1967, S. 16).

169 Spitzmüller 2007, S. 188-194 ff.

170 Schippan 1992, S. 251-253.

171 Yang 1990, S. 118 ff.

172 Deutsche Gesellschaft für Psychiatrie, Psychotherapie und Nervenheilkunde: online, 28.07.2009.

Grunde jedoch ein Antonym zur Eindeutigkeit und Neutralität im Bereich der Fachsprachen dar. Dennoch scheinen diese Postulate nicht immer problemlos erfüllbar zu sein. So wurde in der Umfrage angemerkt, dass der Terminus *Life Event*, welcher strenggenommen kritische biographische Daten benennt, besonders verwendet wird, „wenn es schick sein soll“[173]. Interessant ist die Tatsache, dass es sich bei diesem Terminus für viele deutsche Sprecher gar um ein Homophon zum gemeinsprachlichen *Live Event* handelt. Auch in der Psychiatrie ist also eine Tendenz prestigekonnotierter Anglizismen zu verzeichnen, wenngleich diese sicherlich kritisch als Termini zahlreicher anderer Fachsprachen betrachtet werden.

Im Bereich der Psychiatrie zeigt sich besonders deutlich, dass englisches Sprachinventar zur Erreichung einer höheren Zugänglichkeit der Gesellschaft genutzt wird. Um der Tatsache entgegenzuwirken, dass die „breite Masse“ trotz großer neurobiologischer Fortschritte eine seelische Erkrankung noch immer als Grundbaustein für Stigmatisierung und soziale Distanz „verwendet“, existieren sogar Programme der Psychiatrieverbände wie das Antistigmaprogramm *Open the doors* von der **World Psychiatric Association** (WPA) (s. S. 134). Das Programm hat zum Ziel, die häufige Etikettierung von Schizophreniepatienten zu lösen, das undurchsichtige Störungsbild in der Öffentlichkeit in ein helleres Licht zu rücken und somit den Toleranzbereich in der Gesamtbevölkerung auszuweiten. Es ist auch in Deutschland auf Englisch benannt und zählte 2004 immerhin 21 Teilnehmerländer. In der Benennung des Antistigmaprogramms auf englischer Sprache zeigt sich ebenso der Zusammenhang zwischen Zeitgeist und Sprachverwendung. Man macht sich das derzeitige Ansehen und die Anziehungskraft des Englischen zunutze und „lockt“ den gemeinsprachigen Bevölkerungsteil durch den Slogan *Open the doors*.

2.3.2.2 Fremdsprachige Anteile an Fachsprachen

Eine terminologische Untersuchung lenkt zwangsläufig das Augenmerk auf die hohe Menge non-indigener Sprachkomponenten, welche – in Abhängigkeit von

---

173 Aus der empirischen Befragung eruierte Meinungen und Anmerkungen wurden durch die Autorin anonymisiert.

der jeweiligen Fachsprache – mehr oder weniger auf die Gemeinsprache einwirken. Diese Tatsache ist hinlänglich bekannt. Fremdsprachige Einflüsse haben sich im Vergleich zu anderen Sprachvarietäten offenbar immer schon stärker auf fachsprachlicher Ebene gezeigt, denn bereits in seinem *Traktat über Fremdwörter* betrachtet Mackensen Fachsprachen als **Lehnwortschleusen**[174]. Unterschiedliche Sprachen hinterlassen hierbei unterschiedlich starke Spuren in verschiedenen Nehmersprachsystemen. Während es im 14.-19. Jahrhundert gräkolateinische Einflüsse waren, so sind es nunmehr Anglizismen, welche augenscheinlich die klassischen Sprachen abgelöst haben. Dennoch soll an dieser Stelle betont werden, dass hier nicht von einer vollständigen Ablösung gesprochen werden kann. So betrachtet beispielsweise Halliday die Existenz ausgedehnter Nominalgruppen als „received into English from classical Greek via classical Latin and medieval Latin“ [175].

Als **Triebkräfte** gegenwärtiger Wortveränderungsvorgänge konstatiert Wilss technische Entwicklungen, weltweites Konkurrenzverhalten, soziokulturelle Veränderungen und wissenschaftliche Internationalisierungsprozesse[176].

Kalverkämper unterscheidet bei der Expansion englischer Termini zwischen denen in

- Natur- und Geisteswissenschaften
- einzelnen Fachgebieten
- Spitzenforschung und akademischer Praxis
- Forschung und Lehre
- Fach-, Gemein- oder Umgangssprache
- schriftlicher und mündlicher Kommunikation[177]

Wenngleich gräkolateinische Einflüsse scheinbar immer mehr zurückgedrängt werden, so spielen sie für die Wortbildung in den Wissenschaftssprachen noch immer eine essenzielle Rolle. Besonders auffallend zeigt sich dies in der medizinischen Fachsprache. Jedoch betont Wüster, dass die lateinische Sprache nicht

---

174 Mackensen 1972, S. 3.

175 Halliday 1993, S. 57.

176 Wilss 2001, S. 181.

177 Kalverkämper 1986, S. 11.

mehr als satzbaufähig zu bezeichnen sei, dass sie daher schon seit dem 18. Jahrhundert einen Bedeutungsverlust erleide und mittlerweile von ihrer gebundenen Form lediglich in der *Enzyklika* (Rundschreiben des Papstes) noch Gebrauch gemacht würde[178].

Die Einflüsse dieser Sprache betreffen (im Gegensatz zur englischen Sprache) in erster Linie Morphem- und Lexemebene. Als Maßstab für die Bedeutung des Englischen in deutschen Fachsprachen wird in der vorliegenden Arbeit in Anlehnung an Wüster weniger die Sprecherzahl als vielmehr „die Menge des über einen bestimmten Gegenstand in einer gewissen Zeit Gesprochenen oder die über ihn veröffentlichte Literatur“ betrachtet[179]. Demnach könnte eine derartige Untersuchung ebenso damit beginnen, aktuelle Monographien und Sprachverwendungssituationen in der Logistik und der Psychiatrie auf Anglizismen hin zu untersuchen. Die Frage nach den Ursachen für das Anglizismenaufkommen in deutschen Fachsprachen beinhaltet jedoch nicht zwangsläufig eine alleinige Untersuchung englischen Morphemmaterials, denn der Einzug fremdsprachiger Elemente in die Fach- und Wissenschaftssprachen begann nicht erst mit der erhöhten Verwendung von Anglizismen, und so sind auch die Anglizismen, welche uns heute begegnen, von anderweitigen Einflüssen geprägt, wie das Phänomen *hard words* deutlich gezeigt hat.

Besonders die Umgestaltung globaler Gesellschaftsstrukturen sowie weltweiter Informations- und Verkehrsverbindungen gingen drastischen Neuerungen in den Möglichkeiten des Sprachkontakts voraus. Verfechter der „Sprachreinheit“ sahen und sehen sich zunehmend höheren Hürden gegenüber. Auch die in Kalverkämper angeführte Aussage Heids, dass das Deutsche in Wirtschaft und Handel auch in englischsprachigen Ländern eine recht bedeutende Rolle spiele und zu einer gesteigerten Nachfrage nach Wirtschaftsdeutsch führen könne[180], wirkt in Anbetracht der zahlreichen Anglizismen in der Wirtschaftsfachsprache nahezu überholt.

---

178 Wüster 1970, S. 9.

179 Wüster 1970, S. 9.

180 Kalverkämper 1986, S. 84.

2.3.2.3 Historisches Wachsen zur Weltsprache

> Nachdem sie sich des Kapitäns und der restlichen Besatzung entledigt hatten, lebten die 9 anglophonen Seeleute auf der Insel Pitcairn gemeinsam mit 19 Tahitianern. Eine Mischsprache entwickelte sich [...].
> (Bildatlas der Sprachen, S. 156)

Die im obigen Zitat beschriebene Situation nach der Meuterei auf der Bounty im Jahre 1789 erinnert als eine Art Musterbeispiel an die weltweiten Sprachwandlungsprozesse. Die im *Bildatlas der Sprachen* angeführte Idee der Untersuchung hieran beteiligter Wirkfaktoren wäre sicherlich sehr aufschlussreich. Man könnte verschiedene Sprachgruppen unter Beibehaltung gleichwertiger Sprachanteile mischen und unterschiedlichen Einflussfaktoren aussetzen, um zu eruieren, in welcher Gruppe sich welcher Anteil zur *lingua franca* entwickelt[181].

Mittlerweile stellt das Englische laut Stoll sowohl auf wirtschaftlicher und politischer Ebene als auch im Tourismus- und Kommunikationssektor die ***lingua franca universalis*** (Weltverkehrssprache) im auf **High-Tech** basierenden ***global village*** bzw. in **Terranglia** dar[182]. Nach Stoll korreliert der Einfluss einer internationalen Sprache in erster Linie mit militärischen und wirtschaftlichen Einflüssen eines Landes. Er belegt dies anhand der Bruttosozialprodukte anglophoner Länder im Vergleich zu beispielsweise spanisch- oder arabischsprachigen Staaten[183]. Der Einfluss der von Stoll so bezeichneten **Megasprache Englisch** beruht aber auch auf seinem globalen Bedeutungsgewicht, welches allein an der Sprecherzahl erkennbar wird. Während die Zahl der englischen Muttersprachler sich im 16. Jahrhundert auf höchstens fünf Millionen belief, führten die Hinterlassenschaften des British Empire und die spätere Entwicklung der USA zur Weltmacht im politischen, wirtschaftlichen und wissenschaftlichen Sektor bis zum 21. Jahrhundert zu etwa 375 Millionen Muttersprachlern[184].

---

181 Bildatlas der Sprachen 1998, S. 156.

182 Stoll 1997, S. 410.

183 Stoll [Megasprache]: online, 09.11.2009.

184 Deutsch als Muttersprache wird von 102 Millionen Menschen gesprochen (Varwig 2010, S. 64).

Ebenso viele Menschen verwenden Englisch als Zweitsprache, weitere 750 Millionen als Fremdsprache[185].

Neben allen **Varietäten** des Englischen (Englisch der Settler Colonies, Pidgins, Kreols sowie Indian Standard und West African Standard[186]) bezeichnet Galinsky das Amerikanische Englisch (AE) als „Hauptvariante und von den meisten muttersprachlichen Sprechern benutzte Weltvariante" der englischen Sprache[187]. **Pidgins** bzw. Pidginsprachen sind nach Stoll solche, die vor allem im Bereich des Handels als „das äußerst vereinfachte sprachliche Medium" zwischen Teilhabern verschiedener Sprachgemeinschaften entstehen. **Kreols** hingegen sind Pidginvarianten, die zur Muttersprache der jeweiligen Sprachgemeinschaft geworden sind[188]. Ein Beispiel hierfür ist das im 17. Jahrhundert aus dem Niederländischen entstandene und somit zu den westgermanischen Sprachen zählende Afrikaans, welches trotz veränderter grammatikalischer und orthographischer Strukturen starke Gemeinsamkeiten mit dem Niederländischen aufweist und als Muttersprache von zahlreichen Einwohnern Südafrikas und Namibias gesprochen wird.

Sine dubio nehmen solch tiefgreifende Sprachentwicklungsprozesse beträchtliche Zeiträume in Anspruch. So wird bei Stoll deutlich, dass sich die ersten englischen Sprachwurzeln auf dem afrikanischen Kontinent bis zum Ende des 16. Jahrhunderts erstrecken[189]. Auch für das Zeitalter der Sklaverei und der daraus resultierenden Vermischung der Sprachkontakte wird den Pidginvarianten des Englischen bei Stoll ein hoher Wert als Kommunikationsmittel unter den Skla-

---

185 Busse 2007, S. 154 ff.; Stoll [Megasprache]: online, 09.11.2009. Die Bedeutung der Sprachen wird auch durch den Translationsbedarf in bestimmten Sprachkombinationen deutlich. Bei Schmitt ist dieser für die einzelnen Sprachen in Verbindung mit dem Deutschen dargestellt, wobei das Englische auch hier den ersten Platz belegt (Schmitt 1998b, S. 7).

186 Stoll [Megasprache]: online, 09.11.2009.

187 Galinsky 1979, S. 1.

188 Stoll [Black]: online, 09.11.2009.

189 Als Ursache hierfür gilt die Rückkehr in England ausgebildeter Afrikaner (Stoll [Black]: online, 09.11.2009).

ven beigemessen. Auf diese Weise konnte sich das Englische auch als Handelssprache etablieren[190]. Die aktuelle Bedeutung des Englischen verdeutlicht **McArthur** anhand einer Klassifizierung möglicher Verwendungstypen der Sprache. Er differenziert dabei in

- World English (World Englishes)
- International English
- Global English
- English as a Lingua Franca[191]

Für den europäischen Raum sind die von Busse angeführten Kategorien **Euro-English** oder **Mid-Atlantic English** (MAE) interessant[192]. Diese spielen weniger im psychiatrischen Bereich, als vielmehr in der Logistik eine Rolle, weil der mittlerweile äußerst hohe Transportverkehr zwischen den EU-Mitgliedsstaaten natürlicherweise zu einem ebenso hohen Sprachverkehr führt.

Ein interessanter Gedankengang ist in einem Zeitungsartikel von Bernd E. Zimmer zu beobachten, welcher dem Deutschen jede Fähigkeit zur Weltsprache abspricht, da es im Gegensatz zum Englischen über ein sehr viel höheres Maß an Offenheit verfüge. Die Befähigung des Englischen zur Weltsprache sieht er in der Geschlossenheit des ihm zugrundeliegenden Sprachsystems begründet. Seiner Ansicht nach muss ein Deutsch lernender Nicht-Muttersprachler in der heutigen Zeit immer Englisch mitlernen, da dieser einen großen Teil des Deutschen sonst nicht rezipieren könne[193].

Das „Schrumpfen“ der deutschen Sprache durch englische Einflüsse wird auch in einem Artikel von Cornelia Varwig konstatiert, welche dieses Phänomen unter anderem auf demographischen Wandel zurückführt. Bei ihr erfolgt der Hinweis darauf, dass die englische Sprache einem wesentlich rasanteren Wandel unterliegt. Dies wird durch die schneller entstehenden neuen **Verben** belegt, für welche sie exemplarisch die von der amerikanischen Linguistin Sally Thompson

---

190 Stoll [Black]: online, 09.11.2009.

191 Busse 2007, S. 154-155; McArthur 2002, S. 1-16.

192 Busse 2007, S. 163. Zu dieser Thematik siehe auch Mauranen 2005 und Mollin 2006a.

193 Zimmer 1995.

angeführten Beispiele *to google* oder *to friend* anführt[194]. *To friend* bezieht sich auf die Erweiterung sozialer Internetnetzwerke. Im Deutschen wird diese Aktivität mittlerweile in Anlehnung an das englische Verb *to add* auch mit dem Lexem *adden* wiedergegeben. Hier zeigt sich also tatsächlich die Offenheit des deutschen Sprachsystems für den Einfluss des Englischen. Derartige Varianten finden sich – wenngleich von bisher geringem statistischen Wert – auch im Russischen, wie z. B. in *спредовать* [spredovat'] von *to spread* oder *downlo(a)dare* von *to download* im Italienischen[195].

Neben sprachlichen Aspekten spielen auch zahlreiche multiplikatorisch wirkende historische und wirtschaftspolitische Faktoren eine Rolle. Diese werden im folgenden Abschnitt erläutert.

2.3.2.4 Vormachtstellung und Prestigetransport

> Alle Welt raucht Marlboro, trägt Levi's,
> arbeitet mit Intel und Microsoft, guckt *Dallas* oder CNN.
> (Stoll [Megasprache]: online, 09.11.2009)

Weinrich betrachtet besonders das AE als wissenschaftliche Verkehrssprache[196]. Doch auch in Industrie und Handel stellt das Englische ein wichtiges Verständigungsmittel dar. Laut Lutjeharms wächst die **Dominanz** des Englischen als erste Fremdsprache in den meisten Ländern immer mehr an. Auch in den zentral- und osteuropäischen Staaten gewinnt es zunehmend an Bedeutung[197].

Der Einfluss einer Sprache basiert häufig auf dem Einfluss der ihr zugrundeliegenden Kultur. Hieraus resultierende Sprachwandlungsprozesse verweisen demnach auf den Einfluss eines Landes in einer bestimmten Sphäre zu einer bestimmten Zeit. Nach Greule ist „die Bevorzugung des Englischen“ ein Ausdruck

---

194 Varwig 2010, S. 64.

195 Die Beispiele resultieren aus der Befragung von Muttersprachlern durch die Autorin und stellen bis dato keine verbreiteten Termini oder Lexeme dar. Sie konnten jedoch de facto identifiziert werden und seien an dieser Stelle aufgrund ihrer Beispielhaftigkeit erwähnt.

196 Weinrich 1986, S. 18.

197 Lutjeharms 2007, S. 117.

gesellschaftlicher, kultureller und technischer Orientierung an angloamerikanischen Werten[198]. Konkretisiert wird dieser Gedanke bei Viereck, welcher den Anstieg der Anglizismen zwischen den beiden Weltkriegen als Begleiterscheinung zum **Amerikafieber** betrachtet[199]. Bartsch / Siegrist konstatieren als Grund für die Dominanz des Englischen das seit der zweiten Hälfte des 20. Jahrhunderts deutlich erkennbare Prestigewachstum kultureller Werte aus dem angloamerikanischen Raum[200]. Somit spiegelt auch die Verwendung des Englischen als Fremdsprache gesellschaftliche Verhältnisse wider, wenngleich diese Thematik im Grunde einen starken Gegensatz zum Neutralitätspostulat in den Fachsprachen darstellt. Lange Zeit regierte BE fremdsprachendidaktische Vorgehensweisen. Mittlerweile hat AE besonders in medizinischen Fachtexten eindeutig eine dominante Position eingenommen. Im Grunde wird an dieser Stelle eine gewisse Konkurrenzsituation zwischen den beiden Varietäten des Englischen deutlich. Gelegentlich werden auch kausale Zusammenhänge zwischen Anglizismeneinflüssen und politischen Beziehungen konstatiert.

So betrachtet Oeldorf die „besonderen Beziehungen“ zwischen den Vereinigten Staaten und der Bundesrepublik Deutschland als interferenzfördernd[201]. Auf Ebene der Fachsprachen kann diese These wohl eher in den Hintergrund rücken, denn zwischenstaatliche Beziehungen erscheinen als Einflüsse in Fachsprachen angesichts der Globalität des weltweit angestiegenen Anglizismenaufkommens unwahrscheinlich. Das spezielle Beispiel scheint ohnehin an Wirklichkeitsferne zu leiden, da deutsche Termini nach dieser Annahme ebenso ins AE einfließen müssten. Zudem ist der weltweite Einfluss des Englischen in Anbetracht politischer Beziehungen der USA zu anderen Ländern nicht auf positives Miteinander, sondern **politisch-militärische Dominanz** zurückzuführen. So kann der erhöhte Anglizismenzuwachs nach dem Zweiten Weltkrieg neben Faktoren wie Amerikafieber gleichermaßen auf die damalige politische Vormachtstellung der USA und Großbritanniens zurückgeführt werden. Auch die Zeit des **British Empire** sei an dieser Stelle noch einmal erwähnt.

---

198 Greule 2002, S. 265.

199 Viereck 1986, S. 108-110.

200 Bartsch / Siegrist 2002, S. 310; Stoll [Megasprache]: online, 09.11.2009.

201 Oeldorf 1990, S. 38.

Diese Tatsache lässt sich am Beispiel Islands sehr gut veranschaulichen. Nach den Untersuchungen von Kvaran / Svavarsdóttir korreliert das vermehrte Lehnwortaufkommen im Isländischen mit dem Zeitraum der Britischen Besatzung ab 1940. Schon zuvor, als sich im 19. Jahrhundert europaweit englische Spracheinflüsse auf Ebene des sozialen Lebens ausbreiteten, schlugen sich englische Sprachanteile im Isländischen aufgrund der Kolonisation durch die Dänen offensichtlich vor allem über die dänische Sprache nieder[202]. Hier wird deutlich, dass der Einfluss einer Sprache sehr stark auf der Dominanz einer Kolonialmacht basieren kann, dass allerdings z. B. das Dänische als Kolonialsprache letztendlich nicht als unzerstörbare Mauer gegenüber dem Englischen fungieren konnte. Für die Anglizismen der heutigen Zeit sind allerdings zahlreiche andere Wirkfaktoren zu konstatieren.

2.3.2.5 Regionalisierung, Europäisierung und Globalisierung

Die Basis für Vorgänge der regionalen, der europaweiten und der globalen Vernetzung[203] bilden der steigende technische Fortschritt und die daraus resultierende erhöhte **Informationsmobilität**. Diese Faktoren wiederum ziehen einen erhöhten Sprachkontakt und daraus resultierende Sprachwandelprozesse nach sich, da die Konfrontation unterschiedlicher Sprachsysteme immer zu wechselseitigen Einflüssen derselben führt. Stickel spricht in diesem Zusammenhang von „kommunikativer Internationalisierung“[204]. Besonders die „anglophone Globalisierung“ ist nach Stoll ein wesentlicher Einflussfaktor, der „in jedem Bereich des Übersetzens und Dolmetschens einen radikalen Paradigmenwechsel“ nach sich zieht[205].

Einen wesentlichen Einflussfaktor bildet dabei das **Internet**, welches sich mittlerweile zum global vernetzenden Medium entwickelt hat und sowohl im Bereich der medizinischen als auch der wirtschaftsbezogenen Fortbildung starke Nutzung erfährt. Diese wird heute besonders durch die verstärkte geographische

---

[202] Kvaran / Svavarsdóttir 2004, S. 82-84.

[203] siehe hierzu Bálint / Sterbling 2009.

[204] Stickel 2007, S. 138.

[205] Stoll 2000, S. 235.

Distribution der Kommunikanten gefördert, welche mittels weltweiter Internetvernetzung zu einer zunehmenden Vermischung von Fachsprachen und der Gemeinsprache beitragen.

2.3.2.6 Forschungsraum

Die weltweite Dominanz des Englischen basiert vermutlich auch auf der Weite der amerikanischen Wissenschaftslandschaft. Schmitt stellt fest, dass die Entwicklung des Englischen zur *lingua franca*[206] auf wissenschaftlicher und auf technischer Ebene **seit 1945** durch den dominierenden Einfluss der USA in den meisten technologischen Bereichen gefördert wurde, da internationaler **Technologietransfer** zwangsläufig **Terminologietransfer** mit sich führt und zudem der Wissenstransfer durch vereinheitlichte Sprachverwendung erleichtert wird[207]. Auch Umberto Eco betrachtet den Einfluss des Englischen als „ein Ergebnis der kolonialen und merkantilen Expansion des britischen Empire im Verein mit der Hegemonie des US-amerikanischen Technologiemodells“[208]. Diese Beschreibung korrespondiert mit der Aussage Sağlams, welche eine Kopplung zwischen der Einführung eines neuen Gegenstandes und neuer Lexeme konstatiert[209]. Auch Schippan gibt an, dass die Ursache fachsprachlicher Entlehnungen auf eine Intensivierung wissenschaftlicher Kooperationen zurückzuführen ist[210]. Diese Gedankengänge wirken durchaus plausibel und gerechtfertigt.

Gelegentlich folgt jedoch der Übersetzung transferierter Lexeme eine gewisse Form der Undurchsichtigkeit. So ist anzumerken, dass die Übersetzung psychiatrischer Krankheitsbilder ins Englische den nicht unwesentlichen deutschen **Forschungsbeitrag** auf diesem Gebiet in gewisser Hinsicht verschleiert.

Die sogenannte *Marchiafava-Bignamsche Krankheit* wird im Englischen mit *corpus callosum degeneration syndrome* bzw. *primary degeneration of corpus*

---

206 Zu *English as a Lingua Franca (ELF)* siehe z. B. House 2003a und 2003b.

207 Schmitt 1985, S. 211.

208 Eco 1994, S. 336.

209 Sağlam 2004, S. 116.

210 Schippan 1992, S. 233-235.

callosum paraphrasiert oder auch mit *Marchiafava's disease* benannt[211]. Das so genannte *Dollinger-Bielschowsky-Syndrom* wird im Englischen als *D.-B. syndrome* wiedergegeben. Offensichtlich handelt es sich bei diesen Varianten um sprachökonomische Aspekte. Zudem können die Kürzungen und Änderungen durchaus fehlervermeidend wirken. Als synonymische Variante zum deutschen Terminus führt Peters zudem das *Bielschowsky-Jansky-Syndrom* an[212]. Das Synonymangebot im Bereich der englischen und der deutschen Terminusverwendung scheint durchaus ins Gewicht zu fallen. Aufgrund des enormen Einflusses der englischen Sprache besteht sogar die Möglichkeit, dass diese Termini durch veränderte Rückübersetzung zu neuen Termini in der deutschen Sprache führen, wie dies in zahlreichen Fällen mit der Sprachverwendung des österreichischen Hirnforschers und Psychotherapeuten Sigmund **Freud** (1856-1939) geschehen ist. So wurde Freuds Konzept der *Triebschicksale* nach englischer Übersetzung (*vicissitudes of instinct*) mit *Wechselfälle des Instinkts* rückübersetzt[213].

Das von Freud behandelte Phänomen des *Unbewussten*[214] wird in einigen Wörterbüchern vom englischen Äquivalent *unconscious* unter Verwendung des Terminus das *Unterbewusste* rückübersetzt. Zumeist gilt diese Übersetzung hierbei als Synonym zum ursprünglichen Terminus[215], was eine sich manifestierende Modifizierung der Freudschen Terminologie mit sich bringt.

Zur Betonung der dadurch entstehenden Fehlerhaftigkeit widmet sich Frick dem Unterschied zwischen den Präfixen **un-** und **unter-**, wobei er zweifelsfrei feststellt, dass das lokale Determinans **unter-** im Widerspruch zum metaphorischen Modell Freuds steht[216]. Dieser Gedankengang erscheint überzeugend, und es ist fraglich, weshalb überhaupt eine synonymische Variation angeboten werden sollte. Auch im Experteninterview wurde deutlich, dass der Terminus *Unbewusstes*

---

211 Peters führt verschiedene Varianten unter Zuhilfenahme des Apostrophs an: *Marchiafava-Bignam'sche Krankheit*, *Marchiafava-Bignami'sche Krankheit* sowie *Marchiafava'sche Krankheit* (Peters 2007, S. 333).

212 Peters 2007, S. 137.

213 Haubl / Habermas 2008, S. 147.

214 Pschyrembel 2002, S. 1876.

215 Pons 2002, S. 988.

216 Frick: online, 27.11.2009.

mittlerweile das fachsprachliche Pendant zum gemeinsprachlichen *Unterbewussten* denotiert[217]. Verwunderlich ist jedoch, dass auch in der Gemeinsprache häufig das Adjektiv *unbewusst* und nicht *unterbewusst* Verwendung findet[218].

In diesem Zusammenhang ist auch die **Verhaltensforschung** erwähnenswert, die bekanntlich in der deutschen Forschungslandschaft ihren Ursprung fand. Zahlreiche Arbeiten wurden zur damaligen Zeit auf Deutsch publiziert, und auch Kongresse hielt man auf Deutsch ab. Ergo fand sich eine entsprechende Menge an deutschem Terminusinventar auf dem internationalen Wissenschaftsmarkt[219]. Als konkretes Beispiel für die gesamte Medizin führt Wickler die Terminologie der systematischen **Genetik** an. Diese etablierte sich zu Beginn des 20. Jahrhunderts in Deutschland, was noch heute an der Terminologie zu erkennen ist[220].

Es zeigt sich, dass die deutsche Wissenschaftssprache selbst zuweilen von hohem Prestige begleitet war und sprachliche Spuren in den entsprechenden Fachdisziplinen wie der Psychiatrie hinterließ. Mittlerweile hinterlassen vorwiegend Forschungsergebnisse aus den USA ihre Spuren im psychiatrisch-psychotherapeutischen Bereich. Wie sich in einem Experteninterview herausstellte, finden auch dort vermehrt Forschungsaktivitäten auf US-amerikanischem Raum statt. Erkennbar wird dies an der Tatsache, dass aus den USA stammende Behandlungsformen wie *Eye Movement Desensitization and Reprocessing* (*EMDR*) ausschließlich in der englischen Benennung geführt werden[221]. Auch die Lokalisation der Datenbasen, welche sich zum größten Teil auf den amerikanischen Raum beschränkt, deutet auf eine führende Position der Forschungsinstitutionen hin. Hieraus lässt sich schlussfolgern, dass das Englische als Fachsprache in den Wissenschaften ein unersetzliches **Erkenntnisinstrument** darstellt, wie dies von Fluck bereits allgemein für Fachsprachen konstatiert worden ist[222].

---

217 Experteninterview, 23.11.2009.

218 Auf weitere Aspekte der Freudschen Konzepte wird unter der Betrachtung therapeutischer Paradigmen noch einmal eingegangen (s. S. 293).

219 Wickler 1986, S. 80-81.

220 Tölle 1999, S. 9.

221 Experteninterview, 28.08.2009.

222 Fluck 1995, S. 34.

2.3.2.7 Plurizentrische EU-Arbeitssprache

Den US-amerikanischen Raum verlassend eröffnet sich ein weiterer Fokus: Die europäische Ebene. Das Englische befindet sich auf dem ersten Rang der **EU-Arbeitssprachen**; dem folgt Französisch und diesem mit großem Abstand das Deutsche[223].

Nach Busse hat sich das Englische zu einer „plurizentrischen Sprache“ entwickelt, welche – von Dynamik und Flexibilität geprägt – im Distributions- und Ausbreitungsprozess je nach Bedürfnis adaptiert wird[224]. Diese Tatsache spiegelt sich auch in den sprachpolitischen Entwicklungen innerhalb der EU wider. Hier wird der Gefahr der Monolingualität durch das **Mehrsprachigkeitsprinzip** entgegengewirkt, in welchem Sprachpflege und Fremdsprachenerwerb sowie Erhaltung und Entwicklung europäischer Sprachen und Sprachvarietäten gleichermaßen von Bedeutung sind.

Auch die mittlerweile etablierte Benennung **Euro-English**[225] resultiert wohl aus der starken Rolle des Englischen im europäischen Raum. Dies belegt unter anderem Mollin, indem sie diverse Funktionen des Englischen in Europa bespricht, wie z. B. als Verwaltungs- oder Mediensprache[226]. Desweiteren widmet sie sich einer empirischen Studie zur speziellen Lexik und Grammatik des Euro-English zur Rechtfertigung der Abgrenzbarkeit einer europäischen Verwendung englischen Sprachmaterials[227].

Laut Zhao gewinnen allerdings auch deutsche Fachsprachen besonders im Alltag der EU neben den Hauptarbeitssprachen Englisch und Französisch immer mehr an Gewicht[228]. Dennoch scheint der Kurs des Englischen als dominierende EU-Sprache unaufhaltsam.

Auf den Internetseiten des Auswärtigen Amtes wird die Bedeutung dieser Sprache noch einmal verdeutlicht, da man dort von einer vornehmlichen Ver-

223 Ammon 2007, S. 103-105.

224 Busse 2007, S. 165.

225 Mollin 2006b, S. 53 ff.

226 Mollin 2006b, S. 53 ff.

227 Mollin 2006b, S. 88 ff.

228 Zhao 2002, S. 14.

wendung des Englischen und auch des Französischen ohne Verdolmetschung oder Übersetzung spricht[229]. Auch die Übersetzungsarbeit der EU-Kommission belegt den weltweiten englischen Einfluss, denn die Zahl der Literatur mit englischer AS ist mit hohem Abstand vor allen anderen Sprachen die Höchste[230].

Das Englische als EU-Sprache spielt – wie bereits mehrfach angedeutet – in der Logistik eine besonders überragende Rolle, da sich englische Termini nicht nur durch e-kommunikative Verbindungen, sondern besonders durch den europaweiten grenzüberschreitenden Verkehr in deutschen Fachsprachen niederschlagen. Diese Tatsache erklärt möglicherweise das massive Anglizismenaufkommen im Bereich der Wirtschaft und stimmt zudem mit Zhaos Aussage überein, dass eine „wichtige Triebfeder für das Erlernen von Fremdsprachen" auf dem Bedürfnis nach aktiven Handelsbeziehungen basiert[231].

2.3.2.8 Publikationssprache

Der Einfluss massenmedialer Sprachverwendungsformen auf die Gemeinsprache kann an dieser Stelle als hinlänglich bekannt hypostasiert werden. Diesem Aspekt wurde bisher in zahlreichen Arbeiten ein hohes Maß an Aufmerksamkeit geschenkt. Mit dem Englischen als Publikationssprache befasst sich z. B. Wilss und bezeichnet die **Massenmedien**, insbesondere die Tages- und Wochenpresse, als Impulsgeber für Prozesse des Sprachwandels[232]. Bei Fluck finden sich ähnliche Gedankengänge in Bezug auf fachsprachliche Entwicklungsvorgänge[233].

Während – wie auch aus dem vorangegangenen Kapitel abzuleiten ist – das Deutsche zu Beginn des 20. Jahrhunderts an oberster Stelle der Publikationssprachen in den Naturwissenschaften lag, machten englische Neuerscheinungen im Jahre 1996 bereits 90 % aller Neupublikationen aus[234].

---

229 Auswärtiges Amt: online, 09.08.2009 (Stand: 26.01.2006).

230 Stoll [Megasprache]: online, 09.11.2009. Siehe hierzu auch Bálint / Sterbling 2009.

231 Zhao 2002, S. 14.

232 Wilss 2001, S. 181.

233 Fluck 1995, S. 42.

234 Stoll [Megasprache]: online, 09.11.2009.

Das Englische hat sich somit eindeutig zu einer dominierenden **Forschungs- und Publikationssprache** entwickelt. Markl gibt schon 1985 an, dass er relevante Arbeiten ausschließlich auf Englisch veröffentlicht[235], wenngleich die Absolutheit dieser Aussage sicherlich zu diskutieren ist. Anzumerken bleibt, dass sich die Ebene der Publikationssprache in erster Linie auf den theoretisch-abstrakten Wissenschaftsbereich bezieht, welcher nicht mit der Verbraucherebene gleichgesetzt werden kann[236]. Will man in Zeitschriften veröffentlichen und an der internationalen wissenschaftlichen Kommunikation mitwirken, muss das Material wegen der wachsenden Internationalisierung der Wissenschaften grundsätzlich ins Englische übersetzt werden. Da die Rezeption von Originaltexten schneller erfolgen kann als die von Texten, welche erst übersetzt und als Übersetzung noch einmal produziert werden müssen, werden die meisten Publikationen in elektronischer Form, in Zeitschriften oder auf Kongressen zuerst auf Englisch verfasst[237]. Dabei korreliert die stetig steigende Publikationsfrequenz zwangsläufig mit einem sinkenden Übersetzungsvolumen. Einem Wissenschaftler ohne ausreichende Englischkenntnisse wird die Rezeption neuester Forschungsergebnisse jedoch durch hohe sprachliche Hürden immens erschwert. Hier gilt es abzuwägen, in welchem Verhältnis der „Anschaffungspreis“ (s. S. 52 ff.) für das Englische zur Rezeption der aktuellen Forschungsergebnisse steht, denn laut Experteninterview zeigt sich in der psychiatrischen Praxis, dass Texte zu neuen Konzepten umgehend ins Deutsche übersetzt werden müssen, sobald die Inhalte verifiziert und abgesichert sind[238].

Die Rolle des Englischen im Bereich der Medizin wird in einem im *Deutschen Ärzteblatt* veröffentlichten Artikel von Christopher **Baethge** deutlich. Dieser bezeichnet das Englische gar als „internationale Stimme der Medizin“[239]. Aus dem Artikel geht hervor, dass die im Kern der medizinischen Forschungs- und

---

235 Markl 1986, S. 20.

236 Ausführlicher hierzu Schmitt 1985, S. 214.

237 Dressler / Schaeder 1994, S. 20-21.

238 Experteninterview, 28.08.2009. Exemplifiziert wird diese Tatsache an der Zeitschrift *NeuroTransmitter*, welcher ein Abschnitt in der vorliegenden Arbeit gewidmet ist (s. S. 311).

239 Baethge: online, 01.09.2009.

Fortbildungsliteratur befindlichen englischsprachigen Zeitschriften an ihrer Peripherie zwar von nationalsprachigen Zeitschriften umgeben sind, dass die Zahl der nicht-englischen signifikanten Forschungsbefunde jedoch sinkt. Die so genannten *randomisierten kontrollierten Studien* werden seit den 1990er Jahren nicht mehr auf Deutsch publiziert. Baethge postuliert für das Englische somit karrierefördernde Aspekte („Impact-Factors für die Karrieren"), doch betont er, dass sowohl die Arzt-Patienten-Interaktion als auch der Kontakt unter deutschen Ärzten auf Deutsch stattfinden. An konkreten Zahlen wird hier die Bedeutung des Englischen auf medizinischer Publikationsebene belegt. So ist im amerikanischen Zeitschriftenkatalog *Index Medicus / Medline* eine Zunahme des Anteils englischsprachiger Journale in den letzten 130 Jahren von 35 % auf 89 % verzeichnet worden, wohingegen die Anzahl deutscher Zeitschriften von knapp 25 % auf 1,9 % gesunken ist. In einer Auflistung der wichtigsten medizinischen Fachblätter erscheint erst an 44ster Stelle eine nicht-englischsprachige Zeitschrift, nämlich die spanische *Medicina Clinica* aus Barcelona. In Baethges Artikel wird ebenso deutlich, dass sich selbst traditionsreiche deutsche Zeitschriften der englischen Sprache zuwenden. Hierzu zählt das *European Archives for Psychiatry and Clinical Neuroscience*, welches bis vor kurzer Zeit noch *Archiv für Psychiatrie und Nervenkrankheiten* hieß. Das *Deutsche Ärzteblatt* hingegen publiziert seit 2008 zweisprachig und versucht so, seiner gesamten Leserschaft gerecht zu werden und dabei sowohl englische als auch deutsche Wissenschaftssprachen ausreichend zu würdigen[240]. Auch diese Bilingualität der medizinischen Wissenschaft steigert konstant die Wahrscheinlichkeit einer weiteren Manifestation englischer Termini.

Laut Weinrich liefert die Verwendung der englischen Sprache letztendlich **keine Garantie für eine Rezeption** im amerikanischen Forschungsraum, was er daran belegt, dass die Umbenennung der Zeitschrift *Psychologische Forschung* in *Psychological Research* die Leserzahl nicht signifikant verändert hat[241]. Hier scheinen also weitere Faktoren maßgeblich zu sein. Dass das Englische als Pub-

---

240 Baethge: online, 01.09.2009.

241 Weinrich 1986, S. 174.

likationssprache nicht mehr wegzudenken ist, kann durch die Ausführungen Baethges allerdings sehr deutlich gezeigt werden.

2.3.2.9 Übersetzungsfehler

Neben den bisher angeführten Einflussfaktoren konstatiert Schmitt kausale Zusammenhänge zwischen der Etablierung von Anglizismen und Übersetzungsfehlern. Als häufig auftretenden falschen Freund führt er den englischen Terminus *control* an. Dieser wird im Deutschen oftmals als Äquivalent zu *Kontrolle / kontrollieren* betrachtet, ohne dass hierbei der vollständige semantische Gehalt (z. B. in der Bedeutung von *Steuerung*) in der Gebersprache Berücksichtigung findet[242].

Eben diese **Teiläquivalenz** erhöht die Wahrscheinlichkeit der falschen Verwendung sowie der daraus resultierenden Fehlerfossilierung und folglich auch der Lexikalisierung um ein Vielfaches. Ein weiteres Beispiel hierfür ist das englische Lexem *drug*, welches gelegentlich in Anlehnung an das deutsche Lexem *Droge* als Rauschmittel betrachtet wird, jedoch im Englischen zudem jede Art von Medikament denotiert. Eine Ursache für Teiläquivalenzen bietet wohl auch die Vielzahl möglicher Interferenzeffekte, die beispielsweise bei Toury Erwähnung findet und die bei ihm zur Differenzierung zwischen „adequacy“ mit dem Ausgangstext und der „acceptability“ in der Zielkultur führt. Durch eine Berücksichtigung dieser Konzepte kann der Translationsprozess offensichtlich in eine bestimmte Richtung gelenkt werden, die möglicherweise zur Vermeidung von Übersetzungsfehlern beiträgt[243].

Schmitt widmet sich auch der Systematisierung der Fehlertypen. Er differenziert einzelne **Defektkategorien** wie **Tippfehler**, die letztendlich schwerwiegende semantische Konsequenzen nach sich ziehen können[244]. Besonders hoch scheint die Gefahr bei sich ähnelnden Termini wie den wirtschaftsfachsprachlichen Vokabeln *stockist* (dt. *Fachhändler*) und *stock list* (dt. *Bestandsliste*) zu

---

242 Schmitt 1985, S. 28-32. Weitere Ausführungen zu Ursachen, Konsequenzen und Kategorien von Übersetzungsfehlern finden sich bei Schmitt 2000, 1998b und 1998e.

243 Toury 1995, S. 60.

244 Schmitt 1999e, S. 148 ff.

sein, die sich lediglich durch ein Graphem und das Leerzeichen unterscheiden. Zu Defekten im Ausgangstext zählen auch falsche **Maßangaben**[245]. Diese beruhen unter anderem auf divergierender Sprachverwendung in BE und AE. So entspricht z. B. die Einheit *gallon* (dt. *Gallone*) im AE einer geringeren Literzahl als im BE.

Für den Bereich der Übersetzungsarbeit differenziert Schmitt qualitative und quantitative **Fehlerquellen**, welche in der Manifestation neuer Termini resultieren. Zu den **quantitativen Parametern** zählt er die hohe Zahl zu bearbeitender **Textmengen**, denen der Übersetzer sich gegenüber sieht sowie die Anfertigung der Translate unter **Termindruck**[246]. Häufig ist allerdings nicht erkennbar, worauf dieser Termindruck beruht bzw. weshalb er überhaupt zustande kommt. Aller Wahrscheinlichkeit nach wird der Arbeitsaufwand des Übersetzers als oftmals letztes Glied einer langen und komplexen Prozesskette, die sich wiederum aus zahlreichen Tätigkeitsbereichen zusammensetzt, beträchtlich unterschätzt.

Als **qualitative Ursachen** benennt Schmitt die hohen Schwierigkeitsgrade bestimmter Textinhalte und eine möglicherweise fehlende **Übersetzerqualifikation**[247]. Außerdem äußert er sich zum hohen Frauenanteil am Übersetzerberuf, welcher durchaus im Widerspruch zu „maskulinen" Textsorten wie technischen Bedienungsanleitungen steht[248]. Die allgemein bekannte Diskrepanz zwischen **Sprachbegabung** und naturwissenschaftlich-technischem Verständnis scheint grundsätzlich eine Erschwernis für translatorisches Handeln ebenso wie für den Spracherwerb durch Naturwissenschaftler und Techniker darzustellen[249]. Den-

---

245 Schmitt 2000, S. 63.

246 Schmitt 1985, S. 28-32.

247 Sicherlich ist hier auch die Tatsache zu berücksichtigen, dass sich beispielsweise freiberuflich tätige Übersetzer durchaus gezwungen sehen, Texte in Auftrag zu nehmen, die mit ihrer Fachgebietsorientierung nicht unbedingt übereinstimmen.

248 Schmitt 1985, S. 28-32. Eben diese Textsorten zählen nach Schmitt zu den „typischen Textsorten" im Bereich des Fachübersetzens, welcher wiederum den größten Anteil auf dem Gebiet der übersetzerischen Arbeit ausmacht (Schmitt 1999b, S. 4).

249 Es sei jedoch auf den hohen Grad der Technisierung im Bereich der Fachübersetzung hingewiesen. Siehe hierzu Schmitt 1999h.

noch müssen sich (scheinbar) widersprechende Fähigkeiten einander nicht zwangsläufig ausschließen. Auch in den Expertenbefragungen zeigte sich, dass die Thematik der Anglizismen sowohl im Bereich der Psychiatrie als auch in dem der Logistik durchaus auf Interesse stoßen kann (wenngleich Interesse zweifelsfrei nicht mit Begabung gleichzusetzen ist). Um die Manifestation eines falsch übersetzten Terminus zu verhindern, ist die Zusammenarbeit zwischen Sprachexperten und den Spezialisten bestimmter Fachgebiete ohnehin unumgänglich.

Die Quantität der durch falsche Übersetzung entstehenden Termini wird für den logistischen und auch den psychiatrischen Bereich in der vorliegenden Arbeit als gering bewertet. Doch auch geringen Mengen an Fehlübersetzungen wohnt das Vermögen inne, drastische Auswirkungen nach sich zu ziehen. Beispiele werden an dieser Stelle lediglich für die Psychiatrie angeführt, da zur Logistik keine entsprechenden Termini auffindbar waren. Im Bereich der Psychiatrie erwies sich das bereits mehrfach erwähnte Lexikon von Peters als äußerst gewinnbringend, da sich auch dieses der Thematik der Übersetzungsfehler widmet, indem es die als potenzielle Fehlerquelle fungierenden Rückübersetzungen behandelt[250].

So lautet das im Deutschen zuerst benannte Störungsbild der *Abstumpfung der Affekte* nach einer **Rückübersetzung** aus dem Englischen *affective bluntness* nun *affektive Abstumpfung.* Die Übersetzung stellt nach Peters jedoch keine Entsprechung mehr zum ursprünglichen Terminus dar und beruht auf Übersetzungsäquivalenten wie *Affektlahmheit* oder *Affektmattigkeit.* Die – zumindest anteilige – Verantwortung für eine Etablierung solcher Scheinäquivalente liegt nach Peters in den Kodifizierungssystemen (s. S. 141), durch welche auch fehlerhafte Termini einen rechtsverbindlichen Status erlangen. Peters kritisiert unter anderem den deutschen Terminus *affektive Störungen,* welcher seiner Meinung nach kein Äquivalent zum im Klassifikationssystem DSM III-R (s. S. 143) eingeführten Terminus *mood disorders* darstellt, da hier das durch den Psychiater Emil **Kraeplin** (1856-1926) beschriebene Phänomen der *Affektlosigkeit* benannt wird, was der Terminus *affektiv* im Deutschen semantisch nicht transportiert. Somit existieren zwei sich widersprechende Termini mit scheinbar identischem

250 Peters 2007.

Bedeutungsgehalt, denn ohne das fachliche Hintergrundwissen wird im deutschen Sprachraum *Affektivität* vorrangig mit Gefühlsbetontheit assoziiert. Peters schlägt als Übersetzung Termini wie *Gemütsstörungen* vor, da das Lexem *Gemüt* seiner Meinung nach die größte Deckungsgleichheit mit dem Lexem *mood* aufweist. Als weitere Alternative bietet er das Mischkompositum *Mood-Störungen* an[251]. Der Vorschlag *Mood-Störungen* scheint aus linguistischer Sicht jedoch befremdlich und es ist fraglich, ob im psychiatrischen Kontext *Affektivität* tatsächlich falsch verstanden werden kann. Gegen die Verwendung des Lexems *mood* spricht zudem die häufige Beibehaltung der deutschen Auslautverhärtung im Deutschen, welche zur Homophonie mit dem deutschen Lexem *Mut* und einer möglichen Modifikation des Terminus zu *Mut-Störungen* mit völlig neuem Bedeutungsgehalt führen würde.

Ein weiteres Störungsbild, das im deutschen Sprachraum zuerst diagnostizierte *Gefühl der Kraftlosigkeit*, wurde durch Rückübersetzung zur *Sensation motorischer Schwäche*. Das Lexem *Sensation* lässt hier als Terminus durch falsche Übersetzung eine Bedeutungsveränderung erkennen und kann ausschließlich in diesem Kontext den entsprechenden semantischen Gehalt transportieren[252].

Peters moniert zudem den Bedeutungswandel von deutschen psychiatrischen Konzepten und Begriffen, welchen diese durch die Anglisierung erfahren. Als Beispiele führt er Termini wie *Paranoia*, *psychotisch*, *Psychotherapie*, *Psychiatrie* oder *Schizophrenie* an. Die Benennung *Schizophrenie* stammt aus einer Arbeit des Schweizer Psychiaters Eugen **Bleuler** aus dem Jahre 1911, in welcher dieser das von Kraeplin zuvor beschriebene Störungsbild mit einer Benennung versah.

Auf diagnostischer Ebene kritisiert Peters den Umgang mit dem Terminus *Autismus*, welcher nach Bleuler als Grundsymptom der Schizophrenie gilt[253]. Im

251 Peters 2007, Vorwort.

252 Peters 2007, Vorwort. Im Experteninterview zeigte sich allerdings, dass der Terminus nicht nur in diesem Zusammenhang im psychiatrisch-psychotherapeutischen Bereich Verwendung findet (Experteninterview, 23.11.2009).

253 Peters 2007, Vorwort.

Deutschen existieren – anders als im Englischen – drei Formen des Autismus, nämlich

1. das Störungsbild als eigenständige Diagnose
2. das von Bleuler beschriebene Symptom der Schizophrenie
3. der außerpsychiatrische Terminus in Bleulers Werk: *Das autistisch-undisziplinierte Denken in der Medizin und seine Überwindung*, in welchem dieser das unreflektierte Denken der Medizin seiner Zeit kritisiert[254]

Bei Peters wird deutlich, dass der englische Terminus *autism* ausschließlich das Grundsymptom der Schizophrenie denotiert, weshalb dort die Benennung *social withdrawal* für das deutsche Grundsymptom *Autismus* eingeführt wurde. Durch Rückübersetzung als *sozialer Rückzug* erfolgte eine Bedeutungserweiterung im Sinne selbst gewählter Einsamkeit, welche mit dem Terminus *Autismus* nur partielle semantische Deckungsgleichheit aufweist[255]. Im Experteninterview wurde der *soziale Rückzug* nicht als eigenständiger Befund, sondern als Verhaltensweise beschrieben. Eine angemessene Rezeption des Terminus ist dem Experten somit kontextabhängig auf fachlicher Ebene durchaus möglich, solange dieser *autism* als Grundsymptom der Schizophrenie versteht[256].

Aus translatorischer Sicht besteht das Problem eben darin, dass sich Übersetzer häufig in ihnen fremde Fachgebiete einarbeiten müssen und ein deutscher Sprachmittler, welcher der englischen Sprache auf gemeinsprachlicher Ebene mächtig ist, den Terminus *withdrawal* durchaus falsch interpretieren kann. Naheliegender wäre die Übernahme der Grundbedeutung von *withdrawal* im Sinne von *Entzug* (en. *withdrawal treatment* / dt. *Entziehungskur*), da diese Bedeutung keine Freiwilligkeit transportiert, wie dies bei *sozialer Rückzug* der Fall ist. Freiwilligkeit impliziert der Terminus allerdings eindeutig in der militärischen Fachsprache. So kann ein *Truppenrückzug* im Englischen mit *withdrawal of troops* bzw. *troop withdrawal* wiedergegeben werden[257].

---

254 Die Ausführungen hierzu entstammen einem ausführlichen Experteninterview zu dieser Thematik (23.11.2009).

255 Peters 2007, Vorwort.

256 Experteninterview, 23.11.2009.

257 Pons 2002, S. 750.

Die inhaltlich korrekte Anfertigung eines Translats erfordert folglich die unbedingte Einarbeitung in das Störungsbild, welche nicht zwangsläufig erfolgt, wenn der Übersetzer der Auffassung ist, den Terminusbestand korrekt zu rezipieren. Diese Tatsache beruht auch auf dem von Schmitt angeführten Faktor **Termindruck**, welcher die Arbeit des Übersetzers begleitet und als Fehlerquelle durch die Diversität der Fachtexte multipliziert wird[258].

Es darf zudem nicht vergessen werden, dass sich Übersetzer häufig auch bereits defekten Ausgangstexten gegenübersehen, deren Fehler inhaltliche Modifikationen nach sich ziehen können. Zudem wird aufgrund der Tatsache, dass sich „überall jemand findet, der Englisch spricht", häufig nicht ausreichend Wert auf **qualitätssichernde Maßnahmen** gelegt, wenngleich der Bedarf für professionelle Übersetzungen mit der anglophonen Globalisierung auch laut Stoll sogar eher steigen müsste[259]. Hier zeigt sich also ein durchaus schwer zu lenkender Einfluss des Englischen anhand eines Fachgebietes, welches grundsätzlich von einem hohen Grad an Normiertheit gekennzeichnet ist.

2.3.2.10 Memorierbarkeit

Ein weiterer Einflussfaktor, welcher in kausalem Zusammenhang mit dem Gewicht des englischen Morpheminventars steht, ist der vergleichsweise niedrige **Schwierigkeitsgrad** bei der Memorierung. Es ist anzunehmen, dass eine Anglizismenverbreitung durch die vergleichsweise vielen einsilbigen Lexeme im englischen Lexeminventar gefördert wird[260], da diese im Gegensatz zu mehrsilbigen Lexemen eine breitere Basis für hochproduktive Wortbildungsmuster darstellen. Die **Lexemkürze** liefert allerdings keine zufriedenstellende Begründung, denn in diesem Fall müssten z. B. Tonsprachen wie Twi oder das Chinesische neben zahlreichen anderen Sprachen ebenso einfach zu handhaben sein.

Diese Annahme bestätigen Ausführungen Wüsters, nach denen in Bezug auf die Memorierung auch die **Buchstabenkombination** von Bedeutung ist[261]. So

---

258 Peters 2007, Vorwort.

259 Stoll [Megasprache]: online, 09.11.2009.

260 Yang 1990, S. 136.

261 Wüster 1970, S. 89-91.

unterscheiden sich die slawischen Sprachen deutlich von zahlreichen afrikanischen Sprachen, welche wesentlich vokalreicher wirken, was letztendlich aber durch die Anordnung der Vokale bedingt sein kann. Es wäre beispielsweise zu untersuchen, ob slawische Sprachen nicht wesentlich häufiger durch einen Konsonanten „geschlossen“ werden[262]. Interessanterweise findet sich auch bei Stoll ein Hinweis darauf, dass in der Aussprache des **Black English** Konsonantenanhäufungen (*consonant clusters*) oftmals durch Vereinfachungen umgangen werden. Dies resultiert z. B. in einer bei Stoll angeführten, gewiss nicht intendierten Homonymisierung von Lexemen wie *asks*, *axe* und *ass*[263].

Eindeutig belegt ist der niedrige Komplexitätsgrad der englischen **Grammatik** im Vergleich zu den anderen europäischen Hauptsprachen. Die Untersuchung grammatikalischer Phänomene tritt allerdings in terminologischen Untersuchungen häufig in den Hintergrund. Dennoch konstatierte schon Wüster ein geringes Kompositionsvermögen für slawische und romanische Sprachen und auch die Derivationsfähigkeit englischer Verben von Substantiven ist nach Wüster außergewöhnlich hoch[264]. An dieser Stelle bietet sich eine weitere Zitation des italienischen Schriftstellers Umberto Eco an, welcher allerdings politisch-historische Variablen eindeutig vor linguistische Einflussfaktoren setzt, denn er ist der Ansicht,

> [...], dass die Expansion des Englischen in gewissem Maße dadurch erleichtert worden ist, dass es besonders viele, kurze einsilbige Wörter hat, dass es fremde Termini leicht absorbieren und dass es unschwer Neologismen erzeugen kann, aber wenn Hitler den Krieg gewonnen hätte, und die Vereinigten Staaten zu einer Konföderation von Kleinstaaten mit nicht mehr Stärke und Stabilität als die mittelamerikanischen Staaten reduziert worden wären, – könnte man dann nicht annehmen, dass heute die ganze Welt mit derselben Leichtigkeit Deutsch spräche [...]?[265].

---

262 Die Vermutung basiert auf subjektiver Beobachtung der Autorin und bezieht sich auf afrikanische Sprachen wie Yoruba (Nigeria) oder Douala (Kamerun).

263 Stoll [Black]: online, 09.11.2009.

264 Wüster 1970, S. 89-109.

265 Eco 1994, S. 336.

Diese Annahme Ecos wird kaum zu verifizieren sein, obgleich es sein mag, dass unter bestimmten Umständen die ganze Welt Deutsch spräche – doch mit derselben Leichtigkeit? Natürlich helfen Analogiebildungsprozesse auf der Basis konstanter Wortbildungsmuster dabei, sowohl den Lern- als auch den Übersetzungsprozess zu erleichtern. Dennoch scheinen hierfür Phänomene wie die einfachen Strukturen im grammatikalischen Grundsystem und außerdem die polyseme Weitung einiger elementarer Lexeme eine Voraussetzung zu bilden.

Die leichte Memorierbarkeit der englischen Sprache liefert durchaus Argumente, welche z. B. aus Sicht der Fremdsprachendidaktik Berücksichtigung finden müssen, denn die Englischkenntnisse im deutschen Sprachraum reichen nicht zwangsläufig aus und gerade in der Wissenschaft sind präzise Formulierungen von grundlegender Bedeutung. Missverständnisse aufgrund mangelnder Sprachkenntnisse können im wissenschaftlichen Bereich verheerende Folgen nach sich ziehen. Die für eine Wissenschaft ohnehin hochkomplexen Denkprozesse als erstes in einer Fremdsprache zu fixieren, erscheint auch nicht sinnvoll. Zudem hat jede Wissenschaft den freien Zugang für die muttersprachliche Allgemeinheit zur obersten Prämisse[266].

In einem von Wüster durchgeführten Fremdwortdiskurs argumentiert dieser gegen die entlehnten Bestandteile anhand der Tatsache, dass fremde Benennungen der Vokabelmemorierung wenig dienlich sind. Zudem bemängelt er insbesondere die fehlende Klarheit in den Graphem-Phonem-Relationen des Englischen[267].

2.3.2.11 Synopse der Wirkfaktoren

Es erscheint lohnenswert, die kausalen Zusammenhänge zwischen historischen und sprachlichen Gegebenheiten an dieser Stelle synoptisch darzustellen. In einer solchen Graphik können sowohl komplexe Zusammenhänge als auch gegenseitige Abhängigkeiten zwischen den einzelnen Wirkfaktoren widergespiegelt

---

266 Markl 1986, S. 20-25, 28.

267 Wüster 1970, S. 272. Es sei daran erinnert, dass sich Wüsters Arbeiten nicht auf den nunmehr aktuellen Sprachgebrauch beziehen. Dennoch zeigen seine Ausführungen, dass auch der englischen Sprache durchaus ein nicht zu unterschätzender Schwierigkeitsgrad innewohnt.

werden. Die Graphik unterscheidet nicht zwischen Ursache und Folge, da die Interdependenzen sich äußerst komplex gestalten, denn einige Wirkfaktoren können ebenso als Konsequenz anderer Faktoren eingestuft werden.

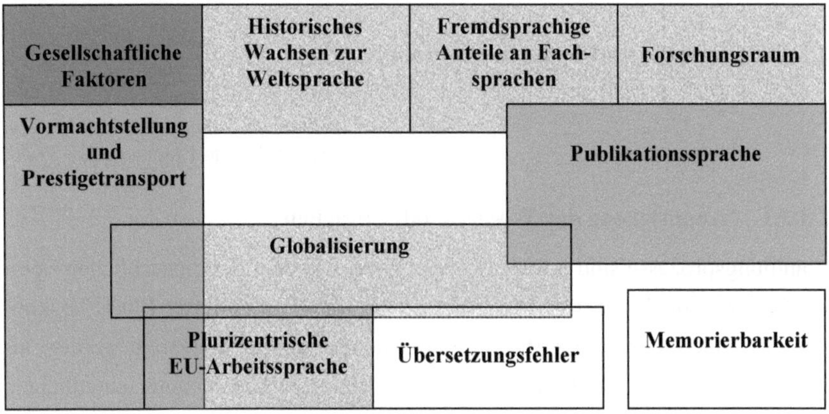

Abbildung 4: Ursachen für Anglizismeneinflüsse (Quelle: Eigene Darstellung)

Die Synopse dient nicht als vollständige Auflistung aller Ursachen, sondern zur Darstellung der en détail besprochenen **Abhängigkeitsverhältnisse**, welche letztendlich in verschiedener Weise darstellbar und interpretierbar sind. Während beispielsweise die **Memorierbarkeit** eindeutig eine Ursache für den Einfluss des Englischen darstellt, zeigt die Überlappung der **Übersetzungsfehler** und der **Globalisierung**, dass sprachliche Fehlleistungen unter anderem auf der Kommunikationsgeschwindigkeit basieren, welche durch Globalisierungsmittel wie dem Internet gefördert werden. Die **fremdsprachigen Anteile** an Fachsprachen grenzen direkt an den **Forschungsraum**, da sie diesen letztendlich immer widerspiegeln, wenn ihm bestimmte Konzepte und Termini entstammen. Das **historische Wachsen zur Weltsprache** steht vermutlich in engem Zusammenhang zum **Prestige** der Sprache sowie zu politischen und historischen Aspekten.

Es gilt nun abzuwägen, inwiefern welche Kategorie tatsächlich mit einer anderen interferiert. Auch hier spielen subjektive und temporäre Faktoren eine Rolle. Somit ist davon auszugehen, dass je nach Zeitpunkt und Perspektive starke Verschiebungen in der Synopse stattfinden, Kategorien hinzuzufügen oder zu entfernen sind, sich möglicherweise auch weitere Subgruppen oder Verschmelzungen derselben ergeben. Inwiefern die angesprochenen Variablen sich im historischen Verlauf miteinander vermischen, soll am Beispiel von Sprach- und Bedeutungswandelprozessen dargelegt werden.

2.3.3 Sprach- und Bedeutungswandel

Language is the archives of history.
(Ralph Waldo Emerson. *The Poet.*)

2.3.3.1 Anglisierung der Wissenschaftssprachen

Wandlungsprozesse sind in **offenen Systemen** wie dem der menschlichen Sprache unvermeidlich. Ebenso wie Emerson in *The Poet* bewertet Fluck lexikalische Veränderungen, die z. B. durch bedeutende Ereignisse geprägt werden, als Spiegel der Zeit[268]. Bestimmte Ereignisse schlagen sich in unterschiedlichem Maße in den einzelnen Anteilen eines Gesamtsprachsystems nieder und besonders die Wissenschaftssprachen sind seit ihrer Existenz von fremdsprachigen Einflüssen betroffen. Nach Möhn / Pelka stellen z. B. bestimmte Erfindungen in einem wissenschaftlichen Fach das Resultat „erheblicher lexikalischer Schübe" dar[269].

Auch bei Halliday / Martin findet sich der erwähnenswerte Hinweis: „The evolution of science was [...] the evolution of scientific grammar."[270]

In den bisherigen Darstellungen zeigte sich bereits, welche Folgen der Bedeutungswandel für synchrone Sprachzustände in Fachsprachen nach sich ziehen kann. So bietet die englische Sprache mittlerweile großen Raum für Beschreibungen von Sprachwandlungsprozessen im terminologischen Bereich. Für derartige Veränderungen kann jedoch laut de Saussure **keine Panchronie** konstatiert

268 Fluck 1995, S. 165.
269 Möhn / Pelka 1984, S. 133.
270 Halliday / Martin 1993, S. 12.

werden[271], wie das Beispiel des diskontinuierlichen, aber dennoch nie endenden englischen Einflusses zeigt. Die einzelnen Epochen sind temporal und lokal begrenzt und selten auf dieselben Parameter zurückzuführen.

Der englische Lehneinfluss auf das Deutsche findet ergo seit dem 17. Jahrhundert nicht ununterbrochen, aber unaufhaltsam statt[272]. Ein erster Anglizismennachweis wird sogar schon für das 16. Jahrhundert konstatiert. Es handelt sich um den *Peterspfennig* von *Peter's pence*, dem angelsächsischen Vorläufer des **Denarius Sancti Petri**. Das englische Lexem benannte "in medieval England, an annual tax of a penny paid by landowners to the papal treasury in Rome", durch welchen die Verbundenheit gegenüber der Kirche übermittelt werden sollte[273]. Begründet durch die Ausbreitung des Lexems in der katholisch-europäischen Welt ist es als Anglizismus zu betrachten.

Eine Abschwächung des englischen Einflusses in naher Zukunft scheint nicht zu erwarten und ebenso wenig ist davon auszugehen, dass sich derzeitige sprachliche **Tendenzen** von nun an kontinuierlich fortsetzen. Laut Kirkness wird der Anglizismengebrauch im Deutschen sogar überschätzt. Nach seinen Angaben machen Anglizismen lediglich 26 % der Europäismen im deutschen Wortschatz aus[274]. Allerdings ist es fraglich, inwieweit diese Aussage für die vorliegende Untersuchung überhaupt relevant sein kann, da es sich bei zahlreichen Entlehnungen – insbesondere im fachsprachlichen Bereich – eher um Internationalismen bzw. Amerikanismen zu handeln scheint. Dass derartige Einflüsse im fachsprachlich-terminologischen Bereich auch von sich ändernden gesellschaftlichen Wert- und Moralvorstellungen begleitet sind, wurde bereits deutlich und soll am nun folgenden Beispiel der Psychiatrie näher beleuchtet werden.

---

[271] Zur Panchronie in der Sprachwissenschaft äußert sich de Saussure ausführlicher. Nach ihm existiert dort nämlich keine Panchronie, d. h. es können keine „immergültigen“, beständigen Gesetze aufgestellt werden (de Saussure 1967, S. 113).

[272] Busse 2001, S. 131.

[273] Encyclopædia Britannica: online, 12.11.2009.

[274] Kirkness 2001, S. 105.

2.3.3.2 Historische Einflüsse auf Fachsprachen

2.3.3.2.1 Entwicklung der Psychiatrie

Die ältesten Spuren der wissenschaftlichen Medizin stammen von deren Begründer Hippokrates aus der Zeit der **Antike** (1200 v. Chr.-800 n. Chr.). Auf ihn sind auch die ersten Aufzeichnungen über psychische Störungen zurückzuführen. Hierauf basiert die Tatsache, dass es sich bei den ältesten terminologischen Inventarbestandteilen der wissenschaftlichen Medizin um griechisches Morphemmaterial handelt.

Die Behandlungsansätze der hippokratischen Schule ähnelten den heutigen Therapiemethoden sehr viel mehr als denen in der christlich-europäischen **Welt des Mittelalters** (6.-15. Jahrhundert), welche von Inhumanität gegenüber psychisch kranken Individuen geprägt war. Die mittelalterlichen psychologischen Ansätze waren größtenteils dämonologischer Art und behandelten psychiatrische Phänomene als eine Art „Bestrafung Gottes". Die Therapie psychisch Kranker erfolgte damals in erster Linie durch Verwahrung in Gefängnissen, aber auch in umfunktionierten Klöstern und Kirchen sowie durch Behandlungsformen wie Exorzismus oder körperliche Züchtigung[275]. Ein Grund hierfür war sicher die Unwissenheit über hippokratische Erkenntnisse aufgrund mangelnder Textausbreitung bzw. einer (nicht-existierenden) Informationsverbreitung, welche im Zeitalter der Globalisierung fernab aller Vorstellungskraft des Sprachnutzers liegt. Im Mittelalter spielte das Griechische eine recht geringe Rolle, denn zu dieser Zeit verstärkte sich der Einfluss des Klassischen Latein und mit ihm die Latinisierung zahlreicher griechischer Termini. Zugleich erfolgte ein Intermezzo arabischer Einflüsse[276].

Besonders zu Zeiten der **Renaissance** (15.-16. Jahrhundert) und des Humanismus besann man sich auf das antike medizinische Schrifttum zurück. Es folgte die Entstehung zahlreicher klinischer, physiologischer und biochemischer Termini aus griechischem Morphemmaterial, und so dienen gräkolateinische Fremdaffixe noch heute als hochproduktive Wortbildungsmodelle in den wis-

---

275 Rössler 2005, S. 6.

276 Gaebel 2004, S. 10 / 15.

senschaftlichen Terminologien (s. S. 217). Erkennbar wird dies in der anatomischen Fachsprache an Termini wie *Diencephalon* (dt. *Zwischenhirn*) oder *Mesencephalon* (dt. *Mittelhirn*). Gleichzeitig muss festgehalten werden, dass auch zu dieser Zeit den Erkenntnissen aus der Antike wenig Beachtung geschenkt wurde und noch immer Maßnahmen wie Hexenverfolgungen stattfanden[277].

Zum Zeitalter der **Aufklärung** (17-18. Jahrhundert) führten zahlreiche wissenschaftliche Erkenntnisse, so z. B. die von **Paracelsus** (1491-1541), welcher Geisteskrankheiten als natürliche Krankheitsform betrachtet hatte[278]. Der für die vorliegende Arbeit besonders gewichtige griechische Terminus *Psyche* erfuhr zu dieser Zeit einen Bedeutungswandel, welcher unter anderem durch die „dualistische Sichtweise" des französischen Philosophen René **Descartes** (1596-1650) hervorgerufen worden war. Während die ursprüngliche Bedeutung *Atem* bzw. *Hauch* lautete, gilt *Psyche* heute als Synonym für *Seele*. Diese Differenzierung führte später zur Verwendung der englischen Termini *mind* und *brain*[279].

Auch die **französische Wissenschaftslandschaft** hinterließ sprachliche Spuren in der psychiatrisch-psychotherapeutischen Fachsprache. Exemplarisch hierfür kann der Terminus *tic* angeführt werden, welcher zunächst – wahrscheinlich durch seine Verwendung als *Tick* auf Ebene der Gemeinsprache – englisch anmutet und zu diversen Kombinationen führt, so z. B. *Kratztic* (en. *scratching tic*), *spastischer Tic* (en. *spasmodic tic*) oder *Fazialistic* (en. *facial tic*)[280]. Auffällig ist, dass einer der wenigen in der deutschen psychiatrisch-psychotherapeutischen Fachsprache etablierten französischen Termini aus nur einer Silbe bzw. drei Graphemen besteht. Dies verstärkt die Vermutung der leichten Memorierbarkeit als Ursache für terminologische Einflüsse. Auch Syntagmen mit diesem Terminus sind anzutreffen: Das Störungsbild *komplexe oder einfache vokale oder motorische Tics*[281] bildet den Begriff zur appellativischen

---

277 Gaebel 2004, S. 10 / 15.

278 Müller-Spahn 2004, S. 28 / 34.

279 Müller-Spahn 2004, S. 29 / 35.

280 Peters 2007, S. 555; Mijnwordenboek: online, 10.10.2009; IATE: online, 20.08.2009.

281 Institut für Psychosomatik und Verhaltenstherapie Graz: online, 10.10.2009.

Benennung *Tourette-Syndrom* nach dem französischen Arzt Georg Gilles **de la Tourette** und spielt vorwiegend in der Kinder- und Jugendpsychiatrie eine Rolle. Der Terminus ist, wie oben angedeutet, nach seiner Integration als *Tick* in der syntaktischen Fügung mit dem Verb *haben* in die deutsche Gemeinsprache eingegangen, wird aber auf umgangssprachlicher Ebene auch mit dem Anglizismus *Spleen* wiedergegeben. Weitet man die Betrachtung auf das Gesamtgebiet der Medizin aus und stuft den psychiatrischen *Spleen* als Terminus ein, handelt es sich um einen intraterminologischen falschen Freund der Medizin, da der englische Terminus *spleen* eine Benennung für das Milzorgan darstellt.

In der Zeit der **Französischen Revolution** (1789) wurden die Ansätze humaner und schließlich zeigten sich erste Befürworter der Gleichstellung psychischer und somatischer Erkrankungen. Schon im 18. Jahrhundert wurde durch die Franzosen Philippe **Pinel** (1745-1826) und Jean-Etienne **Esquirol** (1772-1840) die europäische klinisch orientierte Psychiatrie begründet. Es finden sich allerdings auch Anglizismen, die bereits aus diesem Zeitraum stammen, z. B. die in England begründete *No-Restraint-Therapie* als einer der ersten human erscheinenden Behandlungsansätze[282]. Letztere spielten in zahlreichen weiteren europäischen Ländern eine Rolle. So setzte sich in Deutschland der bereits erwähnte Psychiater Reil ebenso wie dessen italienischer Zeitgenosse Vincenzo Chiarugi in Italien für eine „menschlichere“ Behandlung psychisch Kranker ein[283].

Zu moderneren sprachlichen Spuren in der Forschungslandschaft führte das psychoanalytische **Modell Freuds** im 19.-20. Jahrhundert. Es bildete die Grundlage für die später entwickelte Psychoanalyse und die psychodynamischen Paradigmen von **Neofreudianern** wie Alfred Adler (1870-1937) oder Carl Gustav Jung (1875-1961)[284]. Dieses Paradigma spielt sowohl im psychologischen als auch im psychiatrischen Bereich eine beachtliche Rolle. Zur damaligen Zeit gewann vor allem der Dualismus **Leib – Seele** an Bedeutung. Man unterschied zwischen

---

282 Gaebel 2004, S. 10 / 15. Es ist anzunehmen, dass *Restraint* sich auf das Übersetzungsäquivalent *Gewahrsam* aus der juristischen Fachsprache bezieht (siehe hierzu Pons 2002, S. 761).

283 Marneros 2004, S. 1 / 5.

284 Wittchen / Hoyer 2006, S. 16-17; Davison / Neale 2007, S. 28-31.

Somatikern und Psychikern und es kam zur Herausbildung von Teildisziplinen wie der Psychobiologie und der Psychophysik. In diesen Zeitraum fällt zudem die Begründung des **Behaviorismus** durch John Watson (1878-1958) und die **Konzeption der Bedingten Reflexe** sowie die damit verbundene physiologisch basierte Psychologie nach Ivan P. **Pavlov** (1849-1936)[285].

Seit dem **Zweiten Weltkrieg** gewinnen Anglizismen in der medizinischen Fachsprache zunehmend an Bedeutung und nachweislich werden immer mehr Texte auch von deutschsprachigen Ärzten auf Englisch verfasst (s. S. 88). Wenngleich die vorliegende Arbeit eine Untersuchung zu Anglizismen darstellt, erscheinen vor allem gräkolateinische Einflüsse äußerst relevant, da diese auch in Anglizismen ihren Niederschlag gefunden haben (s. S. 69)[286]. Die hier besprochenen sprachlichen Spuren spiegeln immer auch veränderte Behandlungsparadigmen wider. Die Tatsache, dass die Therapie psychischer Störungen von sich stark verändernden Perspektiven und Weltbildern abhängen kann, zeigen die mittelalterlich anmutenden Behandlungsansätze im Rahmen des nationalsozialistischen **Euthanasieprogramms**, bei welchem mehr als 100.000 psychisch kranke Menschen getötet oder zwangssterilisiert wurden, obwohl schon in der ersten Hälfte des 19. Jahrhunderts gewichtige Erkenntnisse entwickelt worden waren, welche diesem Vorgehen von Grund auf widersprechen. Die Paradigmenverschiebung im psychiatrischen Bereich scheint also durchaus mit wechselnden sprachlichen Einflüssen vergleichbar zu sein.

Auch die **Unterbringung** psychiatrischer Patienten ist hierfür signifikant. Ab der zweiten Hälfte des 19. Jahrhunderts bis in die 1970er Jahre hinein wurden Erkrankte vornehmlich in Großkrankenhäusern und Pflegeanstalten behandelt, welche sich damals in den entlegenen Gebieten weitab der Großstadtperipherien befanden und zum Teil noch heute dort befinden (z. B. Pfalzklinikum in Klingenmünster), wenngleich die damaligen Behandlungsparadigmen mit den heutigen nicht verglichen werden sollen. Die Aufbewahrungs- und Behandlungsformen resultierten zumeist in Hospitalismus, Langzeitaufenthalten, fehlender Rehabilitation und ausbleibender beruflicher Reintegration sowie einer auffällig

---

[285] Müller-Spahn 2004, S. 27 / 33.

[286] Faller 1999, S. 551-558.

starken Isolation[287]. Im Experteninterview wurde allerdings deutlich, dass diese abgelegenen Modellanstalten (z. B. „die Illenau“ in der Nähe des südbadischen Achern) aus der Vorstellung heraus errichtet wurden, dass psychische Störungsbilder eine Folge der Industrialisierung sowie der Verstädterung darstellen und daher am besten in einer ländlichen Umgebung therapiert werden können.

Der isolative Kolateralnutzen ist dennoch (auch nach Expertenansicht) offensichtlich[288]. Für die gesellschaftliche (Re-)Integration entwickelte der Psychiater und Internist Wilhelm **Griesinger** am Ende des 19. Jahrhunderts das Konzept der **Stadtasyle**, in welchen Patienten in ihrer vertrauten Umgebung behandelt wurden und werden. Die Frage der Isolation steht im starken Kontrast zu „konsumenten“freundlichen Wirtschaftsaktivitäten und vermutlich korreliert diese Hürde auch mit dem geringen Eindringen fachsprachlichen Inventars in die Gemeinsprache. Ebenso scheint der umgekehrte Fall, nämlich ein Eindringen von Anglizismen, hierdurch verringert. Wissenschaftliche Erkenntnisse schlagen sich in diesem Fall weniger in einzelnen terminologischen Benennungen als vielmehr in deren Bewertung nieder.

Besonders ab den **1950**er Jahren waren psychiatrische Ansätze von starkem **Wandel** geprägt. Der therapeutische Fokus erweiterte sich auf einen polykausalen Blickwinkel und berücksichtigte nun auch kulturelle und soziale Parameter. Es wuchs die Forderung nach einer Kodifizierung gestörter Funktionsmuster und psychischer Störungen in etablierten diagnostischen Klassifikationssystemen, welche Wissensinhalte zum Vorgehen bei der Diagnostik und der Therapie sozusagen auf den kleinsten gemeinsamen Nenner reduziert vermitteln und so eine standardisierte Befunderhebung ermöglichen sollten und dies bis heute auch tun[289].

Die in den **1950**er bis **1970**er Jahren entstandene **Psychopathologie** kam vorwiegend in Kombination mit psychopharmakotherapeutischen Maßnahmen zum Einsatz. Ihr folgte die **Antipsychiatrische Bewegung**, welche massiv gegen die Stigmatisierung der Patienten durch (die für die Sprachnormung so

287 Wittchen / Hoyer 2006, S. 14; Paulitsch / Karwautz 2008, S. 16-21.

288 Experteninterview, 21.06.2009.

289 Wittchen / Hoyer 2006, S. 34.

wichtigen) Klassifikationssysteme (s. S. 141) kämpfte. Die psychiatrische Zwangsunterbringung gilt mittlerweile sogar als Freiheitsberaubung und ist durch diverse Unterbringungsgesetze geregelt[290].

Die **1970**er Jahre waren geprägt von einer gesundheitspolitischen **Reformbewegung** im psychiatrischen Bereich auf der Basis einer stärkeren Differenzierung der Behandlungslokalitäten sowie kürzerer Aufbewahrungszeiten mit Hilfe moderner Psychopharmaka und Soziotherapie. Es erfolgte eine intensivierte Gleichstellung von psychisch gegenüber physisch kranken Menschen[291]. Um diese Zeit wurde auch ein mittlerweile wieder abgeschaffter Pflichtkurs *Terminologie* für Mediziner eingeführt, welcher die zahlreichen gräkolateinischen Elemente vermitteln sollte. Sprachliche Veränderungen in diesem Bereich sind laut Janzarik durch erhöhte Sachlichkeit und Prägnanz gekennzeichnet[292].

Seit Beginn des **21. Jahrhunderts** fallen im psychiatrisch-psychotherapeutischen Bereich besonders **neurobiologische Variablen** ins Gewicht, da durch die starke Entwicklung bildgebender Verfahren sowie genetischer und neurobiologischer Forschungsmethoden bedeutende Erkenntnisse über psychopathologische Korrelate des Transmitterstoffwechsels und der Hirnplastizität belegt werden können[293]. Zudem erfährt die Forschung zunehmende **Internationalisierungsprozesse** durch globale Kooperation und weltweit vernetzte Kommunikation, welche in der vorliegenden Untersuchung bereits in kausalem Zusammenhang mit Anglizismen behandelt wurde.

Ein in der Psychiatrie vorherrschendes Paradigma formt mittlerweile die **methodische Pluridimensionalität**, welche das komplexe Netzwerk pathogenetischer Interdependenzen berücksichtigt. Die Umsetzung dessen geschieht unter anderem durch das biopsychosoziale Modell, welches nach Gaebel vor allem auf neurowissenschaftlichen Fortschritten und gesundheitspolitischen Prämissen basiert[294]. Auf diesem Modell beruhen neuere Therapieansätze, nach denen sich

---

290 Paulitsch / Karwautz 2008, S. 30-32, 75.

291 Paulitsch / Karwautz 2008, S. 23.

292 Janzarik 2006, S. 197-200.

293 Wittchen / Hoyer 2006, S. 12-20.

294 Gaebel 2004, S. 9 / 14.

der behandelnde Arzt nicht auf eine bevorzugte Methode bei der Behandlung und Diagnostik beschränkt, sondern die vorhandenen Mittel bestmöglich kombiniert bzw. ausschöpft[295]. Derzeit dominiert vor allem das **Leib-Seele-Modell** mit in ihm enthaltenen Theorien wie dem psychophysischen Parallelismus, der Identitätslehre und dem empirischen Dualismus. Psychophysischer Parallelismus basiert auf der These, dass Leib und Seele unabhängig voneinander, jedoch nebeneinander funktionieren. In der Identitätslehre werden Leib und Seele sozusagen als zwei „Seiten einer Medaille" betrachtet, und der empirische Dualismus berücksichtigt eine mögliche Trennung von physischen und psychischen Vorgängen ebenso wie eine gegenseitige Beeinflussung. Diese Paradigmen resultieren wiederum in entsprechenden Konsequenzen für Diagnostik und Therapie.

Dass die Vielzahl der therapeutischen Maßnahmen und Behandlungsmethoden nicht zwangsläufig auf einheitlichen Perspektiven basiert, offenbart sich besonders bei der Bestimmung der inhaltlichen Seite des Benennungsbildes *Krankheit* sowie bei der Differenzierung von *Gesundheit*, *Störung* und *Krankheit*, welche in Abhängigkeit vom Grad kulturbedingter Divergenzen in AS und ZS spätestens im Rahmen translatorischer Aktivitäten zu Schwierigkeiten führen kann. So basiert beispielsweise die Differenzierung zwischen *Krankheit* (en. *illness*), *Erkrankung* (en. *disease*), *Störung* (en. *disturbance*) oder *deviantem Verhalten* (en. *deviant behavior*) nicht in jeder Sprache und auch nicht bei jedem Individuum einer Sprachgemeinschaft auf denselben Parametern[296].

Ebenso schwierig erscheint die Übersetzung einzelner Termini. Exemplarisch hierfür kann *double insanity* angeführt werden. Als Lexem[297] wird der Terminusanteil *insanity* nach subjektiver Einschätzung aus gemeinsprachlicher Sicht eher als „zweifache Verrücktheit" bewertet, während er im psychiatrischen Bereich laut Umfrage die Komorbidität oder das gleichzeitige Auftreten von Stö-

---

295 Tölle 1999, S. 12-13.

296 Die in Klammern angeführten englischen Termini werden von der Autorin selbst als jeweiliges Hauptäquivalent zum deutschen Terminus betrachtet, wenngleich kontextabhängige Verschiebungen zu erwarten sind.

297 Die Differenzierung zwischen *Terminus* und *Lexem* entspricht nach Ansicht der Autorin der Differenzierung zwischen *Fach-* und *Gemeinsprache*.

rungsbildern (z. B. psychotischen Störungen) im Rahmen einer Suchterkrankung benennt (s. S. 433). Basierend auf der Tatsache, dass psychische Störungen immer komplexer behandelt werden, ist grundsätzlich davon auszugehen, dass auch die psychiatrisch-psychotherapeutische Fachsprache an Komplexität gewinnen wird.

2.3.3.2.2 Entwicklung der Logistik

Ebenso wie im Fall der Medizin sind die Wurzeln des Wirtschaftsgeschehens in der alten Geschichte verankert. Laut Zhao stammt der älteste Buchhaltungsbeleg in Form einer Tontafel mit kaufmännischen Daten gar aus der Zeit des Alten Orients. Den Charakter einer Lehre nahm die Wirtschaft jedoch sehr viel später an, nämlich unter den griechischen Philosophen **Xenophon** (ca. 428-354 v. Chr.)[298] und **Aristoteles** (384-322 v. Chr.)[299]. Hier liegt der Ursprung wirtschaftswissenschaftlicher Bereiche wie der Finanzwirtschaft, noch nicht aber der ausdifferenzierten Logistik.

Zur Entstehung des Terminus Logistik existieren unterschiedliche Thesen. Als verbreitet gilt die, dass der Logistikbegriff zum ersten Mal vom Schweizer Militärwissenschaftler und General Antoine-Henri **de Jomini** (1779-1869) im **Militärwesen** angewandt worden sei. Die Begriffsverwendung leitet sich offensichtlich vom französischen Verb *loger* (dt. *einquartieren, verstauen*[300]) ab, welches sich in der deutschen Gemeinsprache im Sinne von *logieren* manifestiert hat. Im militärischen Zusammenhang impliziert die Logistik alle Arbeiten, die sich auf die Materialversorgung und Truppenquartierung beziehen. Die inhaltliche Komponente der Logistik ist jedoch sehr wohl im Altertum verwurzelt, wenn nicht im Beginn der Menschheit, spätestens aber im Beginn menschlicher Handelsaktivitäten[301]. Im Laufe der Zeit erlaubten immer stärkere Verkehrsmittel (z. B. die gesteigerte Tragfähigkeit von Schiffen) sowie erweiterte Wegnetze den Fabrikanten und Händlern einen stetig wachsenden Materialbezug und -vertrieb über

---

298 Howatson 2006, S. 684.

299 Howatson 2006, S. 74.

300 Leo: online, 06.06.2010.

301 Zu den Ursprüngen des Wirtschaftsbegriffes siehe Zhao 2002, S. 22 ff.

immer weitere Strecken. Besonders im 19. Jahrhundert, dem Zeitalter der **Industrialisierung**, spielte die Wahl der Transportwege eine entscheidende Rolle bei der Rohstoffbeschaffung und Produktverteilung.

Die Untersuchung der hierfür verwendeten Wirtschaftsfachsprache wurde besonders im Rahmen der **Wirtschaftslinguistik** der **1920**er bis **1930**er Jahre (parallel zum Entstehungszeitraum der Terminologielehre) intensiv betrieben. Schon 1932 kam ein Sammelband zur Wirtschaftslinguistik von Ewald Messing in Rotterdam heraus[302]. Im selben Jahr erschien zudem das von Alfred Schirmer verfasste Werk *Die Wirtschaftssprache als Spiegel der Wirtschaftsgeschichte*. Es zeigt sich also, dass schon damals wirtschaftliche Gegebenheiten aus linguistischer Sicht untersucht und reflektiert behandelt wurden.

Während sich der Begriffsinhalt des Terminus *Logistik* bis in die **1960**er Jahre hinein größtenteils auf den **Bereich des Militärwesens** beschränkte, weitete er sich in der Folge sogar auf die Gemeinsprache aus und etablierte sich laut Oldenburg zunächst in den USA in der **zivilen Wirtschaft** (besonders in Produktion und Handel). Dies geschah vor allem in Form von distributiven Aktivitäten (*physical distribution*) in Verbraucherrichtung und somit der Kundenversorgung. In der Folge kam es zu einer zunehmenden Ausdehnung auf Materialbeschaffungs- und Lagerungsaktivitäten. Die seit Ende der 1960er Jahre verstärkt aufkommende **Fachsprachenforschung** behandelte jedoch Untersuchungen der Wirtschaftssprache eher am Rande[303]. Dennoch spielte die Wirtschaftslinguistik eine bedeutende Rolle in der Terminologielehre. Ihre Entstehung verdankt sie den sprachlichen Bedürfnissen europäischer Handelshochschulen, und in einigen ihrer Ausprägungen wird sie gar als Vorläuferin der modernen Angewandten Linguistik betrachtet[304].

Bereits in Gunstons wirtschaftssprachlichem Wörterbuch aus dem Jahre 1977 findet sich eine beträchtliche Menge an Anglizismen. Hierzu zählen *cross-selling*, *cross-trade*, *fair average quality* oder *without recourse*[305]. Dass zeitwei-

---

302 Baumann 1992, S. 12.

303 Zhao 2002, S. 21-34.

304 Oldenburg 1997, S. 8-9.

305 Gunston 1977, S. 230, 365, 28.

se auch anderssprachige Länder auf das Wirtschaftsgeschehen Einfluss ausübten, wird an **Romanismen** wie *Bankenenquete*, *Bijouterievaloren*, *Budget*, *Etat*, *culpa in contrahendo*, *clausula rebus sic stantibus*, *current ratio* oder *in dubio pro fisco*[306] erkennbar, wenngleich diese bei genauerem Hinsehen eher der Finanzwirtschaft bzw. sogar der Gemeinsprache (*Budget*, *Etat*) zuzuordnen sind. Im Bereich der Logistik scheint allerdings der Beginn einer differenzierten Fachsprachenverwendung zugleich den Beginn des englischsprachigen Einflusses darzustellen.

Heute beinhaltet das Fach die physische Versorgung eines Unternehmens mit Ressourcen, d. h. mit Gütern, Dienstleistungen und Informationen. Zur Erfüllung dessen erbringt die klassische Logistik **TUL-Leistungen** (s. S. 38), welche zumeist durch selbständige Speditionsunternehmen übernommen werden[307]. Einhergehend mit der Erweiterung des Begriffsumfangs durch die außermilitärische Verwendung des Terminus entstanden die ersten **Logistiklehrstühle**, und so wurde die Logistik zum Gegenstand universitärer Ausbildung, wenngleich sie bis dato noch nicht einheitlich als eigenständige Wissenschaft anerkannt ist. Dennoch scheint sie sich aufgrund ihres starken Bedeutungszuwachses und der rapide wachsenden Verbreitung in der Hochschul- und Forschungslandschaft auf einem sicheren Weg dorthin zu befinden. Schließlich beinhaltet die Logistik wesentliche Merkmale, welche eine Wissenschaft als solche auszeichnen, denn sie enthält empirische, methodologische, theoretische sowie philosophische Elemente und bildet zudem den Schnittpunkt zahlreicher Fachdisziplinen wie der Informatik, der Produktionstechnik oder der Kybernetik[308].

Ab **1980** zeigte sich ein erheblicher logistischer Bedeutungszuwachs in den Bereichen Computer-, Industrie- und Versorgungswesen. Globalisierung und **Märkteverschmelzung** sowie die rasanten Entwicklungen in Technik und Gesellschaft führten zu immensen Veränderungen und steigenden Möglichkeiten im Personen- und Gütertransport. Innerhalb der Fachsprachenforschung widmete man wirtschaftslinguistischen Fragen seit Ende der 80er Jahre vermehrt Auf-

---

306 Gunston 1977, S. 127, 190, 245, 680, 227, 230, 747.

307 Lucke / Wölfel 2006, S. 105.

308 Krampe / Lucke 2006a, S. 17-31.

merksamkeit. Dieser Sachverhalt spiegelte sich auch in der Tatsache wider, dass neben den herkömmlichen **harten Faktoren** (Finanzen, Steuern, Kostenrechnung oder Beschaffung) im Rahmen wirtschaftlicher und somit auch logistischer Ausbildung immer mehr Aufmerksamkeit auf die **weichen Faktoren** (Kultur und Kommunikation) gerichtet wurde[309]. Hier zeichnet sich eine ähnliche Tendenz wie in der Psychiatrie ab.

In den **1990**er Jahren vollzog sich ein starker Wandel der Wirtschaftsmärkte aufgrund der zunehmenden Beteiligung osteuropäischer Länder am Weltwirtschaftsgeschehen und der Entstehung des europäischen Binnenmarktes, dessen Erweiterung einen verstärkten Bedarf an interkultureller Wirtschaftskommunikation hervorrief[310]. Seit Mitte der 1990er Jahre findet eine nahezu explosionsartige Entwicklung im Bereich der Forschungsarbeiten zur **Interkulturellen Wirtschaftskommunikation** statt. Die Bedeutung der Logistik unterliegt Veränderungen aufgrund des Einwirkens diverser Impulse auf die Logistikbranche, die auch als **Megatrends** in der Logistik betrachtet werden[311]. Hierzu zählt in erster Linie die Globalisierung der Produktion und des Wirtschaftsverkehrs. Diese wurde besonders begünstigt durch die fallenden Handelsbarrieren nach der Bildung des europäischen Binnenmarktes im Jahre 1993 und der **EU-Ost-Erweiterung** sowie der Schaffung der europäischen **Wirtschafts- und Währungsunion** (WWU) zum 01.01.1999 bzw. der endgültigen Einführung des Euro als Währungsmittel im Jahre 2002, welche eine Gleichstellung von Im- und Export mit dem Binnenhandel nach sich zogen[312]. Seit **Ende des 20. Jahrhunderts** erfährt die Logistik eine rasante Entwicklung und gilt auf-

309 Zhao 2002, S. 32-69. Harte und weiche Faktoren beziehen sich laut Expertenbefragung auf in der Wirtschaft wichtige Erfolgsfaktoren, welche anhand ihrer Quantifizierbarkeit in *hart* (objektiv quantifizierbar) und *weich* (offen für Interpretationen) differenziert werden (Experteninterview, 25.01.2010).

310 Krampe / Lucke 2006a, S. 17-23; Schulte 1999, S. 23.

311 Vahrenkamp 2007, S. 3-7. Es scheint sich bei *Megatrends* nicht um eine festgelegte Größe zu handeln. Laut Expertenbefragung basiert die Benennung *Megatrend* möglicherweise auf dem Buchtitel von John Naisbitt: *Megatrends: Ten New Directions Transforming Our Lives.* Warner Books, 1982.

312 Vahrenkamp 2007, S. 3-7; Experteninterview, 22.12.2009.

grund ihres Marktvolumens und der Kosteneinwirkungen auf Industrie- und Handelsunternehmen als einer der nunmehr bedeutendsten Wirtschaftszweige. Sie ist sowohl für Bereiche wie Finanz- und Immobilienwirtschaft als auch für die Belieferung von Katastrophengebieten mit Hilfsgütern, die Unterstützung von Wahlkämpfen in Ländern wie den USA oder bei Truppeneinsätzen in Krisenherden von Bedeutung[313].

Seit **Beginn des 21. Jahrhunderts** sind es in erster Linie internetbasierte Technologien, welche die Entwicklung dieses global orientierten Faches in einer immensen Geschwindigkeit vorantreiben. Die hierbei transportierte Menge englischer Termini erwies sich bei der Erstellung der Terminusliste für die Befragung der Logistikexperten als äußerst gewichtig, und auch die Befragung selbst brachte zahlreiche Hinweise zum Sprachgeschehen in der Logistik ein. Diese Tatsache spiegelt sich lebendig in einer Email an die Autorin wider, welche als Reaktion auf die Fragebogenversendung erfolgte. Hierin wird auf eine humoristische Persiflage der **Anglizismenverwendung mittels** des Gesellschaftsspiels **Bingo** verwiesen. Dieses wurde offensichtlich in der Zeit einer erkennbar erhöhten englischsprachigen Verwendung „manchmal in Meetings gespielt, als alle diese englischen Ausdrücke in der Logistik noch sehr frisch waren". Nach den Ausführungen des Verfassers listeten die Teilnehmer dabei Anglizismen auf und strichen die durch den Referenten verwendeten Termini von dieser Liste. Das Ziel bestand offensichtlich in der Streichung aller Termini durch die Zuhörer. Zudem erfolgte im Rahmen der Befragung der Hinweis darauf, dass „diese Ausdrücke aber schon sehr im täglichen Sprachgebrauch vorhanden" seien[314].

Ein ebenso deutliches Beispiel liefert der folgende Beitrag über die so genannte *Balanced Scorecard* aus einer Internetseite zum *Controlling*:

> Geheimnis Balance [sic] Scorecard (BCS): Sie geistert seit einigen Jahren durch unsere Managementetagen. Ehrfürchtiges Schweigen, wenn jemand den Begriff „Balanced Scorecard" in den Raum wirft. Umsetzungen hört man aber eher nur sporadisch. Ist dies nun eine neue Unternehmensführungsstrategie oder nur ein Modebegriff aus den Vorstandsetagen? Wir haben diesbezüglich Erfahrungen mit Konzepten und Theorien wie Outsourcing, Change Management, Lean Manage-

---

313 Krampe / Lucke 2006a, S. 17-27.

314 Email an die Autorin vom 29.08.2009.

> ment oder Business reengineering gemacht, die entweder wild wuchern oder von denen man heute nicht mehr viel hört[315].

Auch diese Form der Sprachreflexion spiegelt auf interessante Weise den aktuellen Sprachgebrauch im Bereich der Logistik wider. In gewisser Hinsicht verweist sie auf das persönliche Verhältnis der Sprachnutzer zu Anglizismen auf deren Fachgebiet, aber auch auf jene non-indigenen Lexeme, welche auf gemeinsprachlicher Ebene verwendet werden. Derartige Informationen dienen somit als Basis zur Betrachtung von Sprachgebrauchstendenzen.

2.3.4 Aktueller Anglizismendiskurs

Pragmatik ist besser als Sprachpurismus.
(Stoll [Megasprache]: online, 09.11.2009)

Wie alles Neue oder Fremde erregen Anglizismen sowohl im Bereich der deutschen Fachsprachen als auch in dem der Gemeinsprache grundsätzlich ein hohes Maß an Aufmerksamkeit, wodurch sie im Grunde ein Charakteristikum menschlicher **Sprachreflexion** widerspiegeln. Fachsprachen allein werden auf gemeinsprachlicher Ebene oft schon zum Anlass genommen, Unverständnis anhand des Einsatzes von Lexemen wie *Ärztelatein* oder *Fachchinesisch* zu äußern. Spezialisiertes Wissen ist ohnehin aufgrund hoher Wissensansprüche nur den Experten zugänglich. Auf englischer Sprache belassene Termini stellen möglicherweise eine doppelte Herausforderung dar, vor allem wenn der Sprachnutzer nicht in der Lage ist, die englischen Termini in korrekter Form zu rezipieren oder phonetisch wiederzugeben. Den Mitgliedern einer Sprachgemeinschaft stellt sich unter anderem aus diesem Grund häufig die Frage, ob Neuzugänge im Lexeminventar zur Bereicherung oder aber zur Verarmung des Sprachsystems beitragen, da zahlreiche deutsche Äquivalente zunehmend in die Peripherie des Gesamtsprachsystems gelangen. Obwohl bestimmte Benennungen zur Begriffsbildung durchaus existieren, finden sie keinerlei Verwendung mehr. Diese Tatsache kann bei den Teilhabern der Sprachgemeinschaft durchaus auf Ablehnung stoßen. Stoll betrachtet dieses Phänomen für das Englische als **Anglophoniepho-**

---

315 Controlling-Portal.de: online, 08.08.2009.

bie, allerdings unter Verweis auf die Tatsache, dass diese nur *einen* Bestandteil ausmacht in unserer letztendlich „geschrumpften Welt“, in welcher der „Skinhead, der im Haus nebenan wohnt“ weiter von uns entfernt ist, als Kollegen aus anderen Kontinenten und in welcher Globalisierungsbestrebungen auf kontradiktorischem Fundament errichtet sind: „Der Kampf gegen die Globalisierung wird global mit den Mitteln der Globalisierung geführt“[316].

Die Frage der **Fremdwortpolitik** bezeichnet Günther Pflug als „das älteste Thema der deutschen Sprachpflege“, das bis ins 17. Jahrhundert zurückreicht. Er spricht sogar von Zeiten, „in denen die Bekämpfung der Verwendung von Fremd-, ja selbst von Lehnwörtern mit dem Eifer eines heiligen Kreuzzuges betrieben wurde“[317]. Ein Beispiel hierfür liefert der Kampf gegen fremdsprachige Elemente in den Wissenschaftssprachen des 18. Jahrhunderts.

Tendenzen gegen die Anglizismen finden sich in Hermann Dungers 1899 erschienenem Aufsatz *Wider die Engländerei in der deutschen Sprache*, und sowohl das Band der Anglizismeneinflüsse als auch jenes sprachpflegerischer Aktivitäten zieht sich unaufhaltsam bis in die heutige Zeit hinein.

Auch Wüster stellt fest, dass Veränderungen im Sprachsystem nicht von jedem Nutzer desselben positiv aufgefasst werden. Er gibt ebenso zu bedenken, dass ein Widerspruch zum gewohnten Sprachgebrauch nach dem Empfinden einzelner Sprachteilhaber gar mit Hässlichkeit verbunden sei[318]. Hier wird deutlich, dass das Fremde und Neue auf nicht-wissenschaftlicher Basis noch mehr als auf der wissenschaftlichen Ebene selbst zumeist emotionalisiert betrachtet wird. Negative Einstellungen gegenüber Sprachwandelprozessen äußern sich häufig in einer verwendeten **Metaphorik** zur Beschreibung derselben in kritischen Medientexten. Hier finden Metaphern wie die Bezeichnung von Sprachwandel als „Krankheit“ oder die Beschreibung von Entlehnung als „Flut“[319], „Erdrutsch“[320] oder „Umweltbelastung“ Verwendung. Letztere Metapher stammt von Heckhau-

---

316 Stoll [Megasprache]: online, 09.11.2009.

317 Pflug 1986, S. 144.

318 Wüster 1970, S. 119, 268-269, 289.

319 Spitzmüller 2007, S. 188 ff.

320 Kalverkämper 1986, S. 83.

sen, welcher zur Untermalung seiner Forderung nach gutem Deutsch folgendes Beispiel aus der psychologischen Fachkommunikation anführt:

> Wir hatten eine sprachliche Umweltbelastung in den fünfziger und sechziger Jahren, als unsere jungen Wissenschaftler von 'reinforcen' oder von 'responsen' sprachen; es gibt inzwischen nicht wenige Fachtermini, die diese Entwicklung in aller Lächerlichkeit auch verdeutlichen: Zum Beispiel wird bei uns häufig 'geratet' – 'to rate' heißt 'einschätzen' – und dann steht in deutschen Publikationen 'der Rater'. Ich halte die Autoren an, dass sie, wenn bereits englisch-terminologisch, dann doch gleich den ganzen Beitrag in englischer Sprache schreiben und dann – konsequent rückübersetzt – den 'Beurteiler' als 'Guesser' bezeichnen sollen[321].

Kirkness moniert den hohen **Emotionalisierungsgrad** in der Diskussion über Anglizismen und konstatiert durchaus positive Aspekte für einen gemischten Wortschatz[322]. Auch nach Gardt wird allzu selten berücksichtigt, dass – abgesehen von „manipulativem Imponiergehabe" – die Lehngutverwendung auch als lexikalische Bereicherung betrachtet werden kann[323].

Ein gewisses Maß an Emotionalisierung war besonders im Rahmen persönlicher Gespräche der Autorin mit Wirtschaftsexperten zu erkennen. Hierbei wurde sehr deutlich, dass ein verstärkter Einsatz von Anglizismen in der anglizismenreichen Wirtschaftsfachsprache durchaus als „wichtigtuerisch" verstanden werden kann und das Vermeiden von Anglizismen gelegentlich explizit als persönliche Stärke bewertet wird.

In eine **positive Perspektive** versucht Stickel zu lenken, indem er äußert: „Ich meine, es ist weder nötig, noch angebracht, die deutsche Sprache vor den Anglizismen zu schützen"[324]. Das so genannte Imponiergehabe bezeichnet Spitzmüller in Anlehnung an Bühlers Dreifundamentschema als „eine Variante der Ausdrucks- oder der Appellfunktion" (s. S. 60), bei welcher die Absicht des Senders lediglich darin besteht, etwas über seine Einstellung zu einem Begriff zu über-

---

321 Heckhausen 1986, S. 171.

322 Kirkness 2001, S. 106.

323 Gardt 2001, S. 48.

324 Stickel 2007, S. 137.

mitteln[325]. Diese Funktion spielt im Idealfall allerdings keine Rolle für die Fachkommunikation. Spitzmüller betrachtet Anglizismen nicht als Kommunikationsbarriere, da sie seiner Meinung nach zumeist aus dem Kontext erschlossen werden können[326]. Zumindest auf fachsprachlicher Ebene ist dem zuzustimmen, da sich Laien hier ohnehin auf für sie fremdem Gebiet bewegen. Drozd / Seibicke bezeichnen fremdsprachiges Morphemmaterial sogar als etwas sehr Typisches für die Fachstilschicht und sprechen von Terminologien, in welchen eine bewusste Abkehr einheimischer Elemente zu beobachten sei, wie dies z. B. in der bereits erwähnten Genetik der Fall ist[327].

Laut Gardt scheint die Akzeptanz so genannter Fremdwörter besonders hoch, wenn diese **Bezeichnungslücken** im Wortschatz schließen[328]. Auch dies stellt den Idealfall auf fachsprachlicher Ebene dar und scheint vor allem bei neuen Termini der Fall zu sein.

Nach Ickler sinkt die Akzeptanz der fremden Termini allerdings, je stärker eine Fachsprache im öffentlichen Interesse steht[329]. In der vorliegenden Arbeit stellt sich jedoch das gegenteilige Bild dar, da ein steigender **Öffentlichkeitsgrad** offensichtlich die Anglizismenakzeptanz fördert. Dies mag am Zeitpunkt der Untersuchung liegen oder aber an der interpretierbaren Auffassung Icklers zum öffentlichen Interesse, möglicherweise auch lediglich an der Auswahl der Fachgebiete für die vorliegende Untersuchung, welche letztendlich am sprachkritischen Anglizismendiskurs nicht partizipieren soll. Die Maxime besteht in einer wertfreien Betrachtung und Verwendung englischer Termini. Wenn überhaupt ein Augenmerk auf den Anglizismendiskurs gerichtet wird, dann auf die aktuelle Fragestellung, ob auf Anglizismen beruhende lexikalische Veränderungen als temporäre Entlehnungswellen oder langfristig wirksame Phänomene zu betrachten sind. Auch sprachpolitische Fragen sollen in dieser Arbeit nicht übermäßig thematisiert werden, sondern angemessene Erwähnung finden.

---

325 Spitzmüller 2007, S. 188-194 ff.

326 Spitzmüller 2007, S. 188-194 ff.

327 Drozd / Seibicke 1973, S. 99.

328 Gardt 2001, S. 38.

329 Ickler 1997, S. 322.

3. Translatologisch-terminologische Betrachtung

3.1 Einleitende Bemerkungen

Nachdem im vorangegangenen linguistischen Fachteil einige Grundfragen zu **Anglizismen** auf der Basis diverser Forschungsarbeiten beleuchtet wurden, stellt der folgende Abschnitt einige Grundkomponenten der Terminologiearbeit vor. In erster Linie scheint eine Differenzierung des Phänomens **Terminus** von Bedeutung zu sein. Auch dem Umgang mit terminologischem Inventar durch sprachsteuernde Maßnahmen und hieran beteiligte Institutionen soll Aufmerksamkeit geschenkt werden.

Dem folgen Differenzierungs- und Schichtungsmodelle der Fachsprachen, welche eine Möglichkeit bieten, die in der späteren fachgebietsbezogenen Terminusbetrachtung untersuchten Aspekte besser einordnen zu können.

Einen weiteren Grundbaustein dieser translatologisch-terminologischen Betrachtung bildet die **Textebene**, denn die jeweiligen Teildisziplinen der Fächer bedienen sich unterschiedlicher Textsorten, welche in der Regel sich ähnelnde Texttypen beherbergen. Hierbei spielen Regularisierungsprozesse eine Rolle, welche ebenfalls zur Manifestation englischer Termini beitragen. Diese Tatsache wiederum wird im fachbezogenen Abschnitt zur Logistik besonders deutlich (z. B. an *Incoterms*).

3.2 Zum Terminus

3.2.1 Abgrenzung

Den kleinsten gemeinsamen Nenner aller Fachsprachen bilden isolierte Termini. Ebenso wie gemeinsprachliche Lexeme basieren sie auf Wortbildungseinheiten (Morphemen) als essenziellem Bestandteil und gleichzeitig kleinster bedeutungstragender Komponente der menschlichen Sprache.

Morpheme sind in freie und gebundene Morpheme zu differenzieren. **Freie Morpheme** gelten aufgrund ihrer Basis- bzw. Kompositionsgliedfähigkeit als Basismorpheme bzw. lexikalische Morpheme. **Gebundene Morpheme** können im Deutschen vor und nach der Basis stehen. Zu ihnen zählen grammatische Morpheme wie **Flexionsmorpheme** (Plural, Kasus) und **Affixe** (Präfixe, Suffixe). **Suffixe** determinieren das Genus sowie die Wortart bzw. alle dazugehörigen Flexionseigenschaften und spielen in Fachsprachen aufgrund ihrer komprimierenden Eigenschaft eine besonders wichtige Rolle. Morpheme dienen insbesondere zur Bildung von Lexemen bzw. Termini.

Bei der Kombination von Morphemen und Lexemen können laut Drozd / Seibicke drei wesentliche Benennungsformen unterschieden werden, nämlich Einwortbenennungen, komplexe Benennungen und Mehrwortbenennungen[330]. Zu den **Einwortbenennungen** zählen sie an erster Stelle Simplizia. Den **komplexen Benennungen** sind neben den von Drozd / Seibicke angeführten Komposita und Derivaten sicher auch Blends zuzuordnen. Zu **Mehrwortbenennungen** werden vor allem syntaktische Fügungen wie Phraseologismen (z. B. *eine Diagnose stellen*) gezählt[331].

Dem widerspricht in gewisser Hinsicht die Information der DIN-Normen, nach der lediglich zwischen **Ein-** und **Mehrwortverbindungen** unterschieden wird, wobei das Zuordnungskriterium die „Trennung der Benennungsteile durch Leerstellen" darstellt. Demnach wären den Einwortbenennungen im Deutschen auch Komposita und Blends zuzuordnen, und zwar auch dann, wenn diese lediglich durch einen Bindestrich verknüpft sind[332]. Die Kategorie der Mehrwortbenennungen scheint ausgesprochen sinnvoll zu sein, da durch sie Wortbildungsformen wie Derivativa oder Blends einfacher zuzuordnen sind. Die Wortbildungsmuster führen zur Entstehung von Termini oder Lexemen. In den grundlegenden Betrachtungen zur terminologischen Wortbildung wird an späterer Stelle gelegentlich von Lexemen die Rede sein, wenngleich die Resultate sich nicht auf die Gemeinsprache beziehen, jedoch auf dieser basieren.

Lexeme werden in der vorliegenden Untersuchung als grundsätzlich in einer Sprache etabliert betrachtet, während **Wörter** auch durch nicht-lexikalisierte

---

330 Drozd / Seibicke 1973, S. 167.

331 Nach Schmitt bestehen Mehrwortbenennungen aus „mindestens zwei getrennt geschriebenen, syntaktisch-syntagmatisch verbundenen" Lexemen oder Termini (Schmitt 2000, S. 306).

332 Wüster 1970, S. 14; DIN 2342 Teil 1, 3.1.2 „Benennung"; DIN 2330, 2.4 „Einwortbenennung".

Einheiten darstellbar sind. Zudem können ganze Lexemverbände durch Lexikalisierungsprozesse eine Isolierung gegenüber ihren einzelnen Lexemanteilen erfahren, wenn es zur Entstehung von Phraseologismen (im terminologischen Bereich Fachphraseologismen) kommt und diese aufgrund ihrer Idiomatizität nicht aus den einzelnen Konstituenten erschließbar sind[333].

Ein Lexem, das im fachsprachlichen Bereich Verwendung findet, wird unter bestimmten Voraussetzungen als **Terminus** eingestuft. Nach Schmitt finden sich für diesen Zeichentyp Synonyme wie *Fachwort*, *Fachausdruck* und *terminus technicus*, wobei er auf eine weitere Differenzierung, nämlich die zwischen *Terminus* und *Fachwort* verweist. Beide Differenzierungsformen scheinen sich durch den Terminologisierungsgrad und ihre Definiertheit zu unterscheiden, doch gibt Schmitt zu bedenken, dass die semantische Eindeutigkeit in der fachsprachlichen Praxis selten ein tatsächlich existentes Phänomen darstellt[334]. In der vorliegenden Arbeit soll sich auf den *Terminus* beschränkt werden. Als redundant zu bewerten scheint die Denotation *Fachterminus*, wie sie z. B. von Budin verwendet wird[335]. Allerdings beruht diese Entscheidung nicht auf einer Definition dieser Verwendungsform, sondern lediglich auf der Betrachtung von Budins kontextuellem Sprachgebrauch.

Termini unterscheiden sich in einigen wesentlichen Punkten von gemeinsprachlichen Lexemen. Im Gegensatz zu Lexemen werden für Termini Charakteristika wie **Kontextresistenz**, **Systemgebundenheit** und **Monosemantik** konstatiert[336]. Allgemeinsprachliche Wortbedeutungen sind im Gegensatz zu fachsprachlichen zudem nicht grundsätzlich per definitionem festgelegt[337], wenngleich das Lexeminventar der Fachsprache nicht minder von sprachlicher Dynamik betroffen ist als das der Gemeinsprache. Ein Hauptziel bei der Festlegung von Termini besteht in der Erreichung der folgenden **Gütemerkmale**, welche durchaus gegenläufige Eigenschaften repräsentieren:

---

333 Schippan 1992, S. 80-95.

334 Schmitt 1985, S. 21; Fluck 1995, S. 47.

335 Budin 1996, S. 136.

336 Drozd / Seibicke 1973, S. 44, 53, 55.

337 Ickler 1997, S. 41.

- Fachbezogenheit (Zugehörigkeit zu einer spezifischen Fachsprache)
- Begrifflichkeit (Zuordnung einer Inhaltsseite zu einem Ausdruck)
- Exaktheit (Abgegrenztheit gegenüber anderen Termini)
- Eindeutigkeit (Zuordnung eines Begriffs zu einer Benennung)
- Eineindeutigkeit (1:1-Relation zwischen Ausdruck und Inhalt)
- ästhetische Neutralität (Ausdruckslimitierung)
- expressive Neutralität (Verzicht auf Klangschönheit)
- modale Neutralität (Vermeidung konnotativer und augamentativer Wirkung)

Alle angeführten Postulate bilden die oberste Prämisse der Terminologiearbeit und der Fachsprachenlinguistik. Die bestmögliche Sicherung der Postulate wird durch Normungsarbeit sowie Systeme und Richtlinien zur Verwendung des Terminus im fachsprachlichen System gewährleistet. Bei Ickler finden sich zudem Hinweise auf zwei weitere Charakteristika, nämlich die **Entrhetorisierung** und die **Entpoetisierung**, welche er als Grundlage zur Wahrung des Neutralitätspostulats betrachtet, da rhetorische und poetische Mittel diesem widersprechen und somit aus wissenschaftlichen Abhandlungen auszuschließen sind[338].

Das Postulat der Eindeutigkeit differenziert Wüster zudem in **absolute** und **relative Eindeutigkeit**[339]. An dieser Stelle ist zu betonen, dass Eindeutigkeit und Eineindeutigkeit zwei semantisch gleichwertige Postulate darstellen, die nicht in resultativem Zusammenhang stehen. So beinhaltet das Postulat der Eindeutigkeit die Forderung, dass jedem Begriff genau eine Benennung zugeordnet ist, während Eineindeutigkeit erfordert, dass jedem Begriff genau eine Benennung und umgekehrt jeder Benennung auch nur ein Begriff zugeordnet ist[340]. Wie sich im Laufe dieser Arbeit jedoch zeigen wird, sind all die angeführten Punkte im realen Sprachgebrauch schwer zu erfüllen, wenngleich dies nach Wüster kein Problem darstellen muss, da ein Terminus oft im Zusammenhang

---

338 Ickler 1997, S. 199.

339 Bei Drozd / Seibicke wird die semantische Eindeutigkeit als produktivitätssenkender und produktivitätssteigernder Wortbildungsfaktor betrachtet, da die Quantität der Verwendungsmöglichkeiten durch Terminologisierungsprozesse eine Einschränkung erfährt, sich aber terminologisierte Lexeme in syntaktische Felder einbauen lassen, die in der Gemeinsprache nicht existent sind (Drozd / Seibicke 1973, S. 56-57).

340 Mertens / Servos / Stadler 1973, S. 416 ff.

erkennbar und dadurch eben **relativ eindeutig** wird[341]. Häufig sind Termini überhaupt erst im Kontext als solche auszumachen. Dieser Thematik ist das folgende Kapitel gewidmet.

3.2.2 Identifizierung

Ebenso wie Anglizismen bzw. Lehnwörter sind auch Termini nicht in jedem Kontext und nicht durch jedermann automatisch identifizierbar. Im Grunde stellt sich die Frage, ob und wodurch ein Terminus vom gemeinsprachlichen Lexem unterschieden werden kann[342]. Nach Schippan besteht z. B. die Besonderheit terminologischer Denotate im Fehlen einer graduellen historischen Entstehungsgeschichte[343]. Allerdings bietet diese Aussage keinerlei Ansatzpunkt zum synchronen Vorgehen im Rahmen terminologischer Untersuchungen. Eine Grundlage hierfür liefert die Differenzierung von Mertens / Servos / Stadler, welche diese anhand semantischer Unterschiede zwischen Lexemen und Termini vornehmen. Die Differenzierung resultiert in einer Einteilung in Einfachbelege, Doppelbelege und deckungsgleiche Belege[344].

Zur Kategorie der **Einfachbelege** zählen Termini, welche lediglich auf fachsprachlicher Ebene Verwendung finden bzw. mit geringer Wahrscheinlichkeit in diese übernommen werden, auch wenn es sich hierbei um Komposita handelt, deren Einzelkomponenten in der Gemeinsprache zum Einsatz kommen. Diese Kategorie beinhaltet Zusammensetzungen mit Eigennamen (s. S. 279).

Der Gruppe **Doppelbelege** werden **teildeckungsfähige Belege**[345] zugeordnet, welche in Gemein- und Fachsprache unterschiedlichen oder nur teilweise identischen Bedeutungsgehalt transportieren, wenn z. B. eine von zwei Bedeutungen eines (gemeinsprachlichen) Lexems der eines (fachsprachlichen) Terminus ent-

---

341 Wüster 1970, S. 95.

342 Weitere Lexemvarianten (z. B. soziolinguistisch verwendetes Wortmaterial) finden an dieser Stelle keine Berücksichtigung.

343 Schippan 1992, S. 230.

344 Mertens / Servos / Stadler 1973, S. 416 ff.

345 Schmitt 1985, S. 22.

spricht. Als **deckungsgleiche Belege** gelten Termini mit gleichem Bedeutungsumfang in Gemein- und Fachsprache[346].

Schmitt wendet dieses Modell auf die **Kerntechnik** an und kommt zu dem Schluss, dass **97 %** der dortigen Termini in die **erste Kategorie** einzuordnen sind und somit ausschließlich im kerntechnischen Bereich Verwendung finden, da sie kaum Überschneidungen mit der Gemeinsprache aufweisen[347].

Auf die in der vorliegenden Untersuchung behandelten Termini ließe sich diese Einteilung in gewissem Maße anwenden. So zählt zur **ersten Gruppe** der psychiatrisch-psychotherapeutisch relevante Terminus *multiple chemical sensitivity illness.* Aus der Logistik lassen sich *Continuous Replenishment*, *Bill of Loading* und viele weitere Beispiele anführen. Bei Betrachtung der Terminuslisten (s. S. 433 ff.) fallen zahlreiche Komposita auf, welche als Simplizia nur Lexeme darstellen, in Komposition jedoch nur Termini. Hierzu zählen *Blind Storage*, *Cross Docking* oder *Efficient Consumer Response*, aber auch Zusammensetzungen wie *Overnight Service* oder *Overnight-Zustellung.*

Für die **zweite Gruppe** gilt ein gemeinsames Charakteristikum in Fach- und Gemeinsprache als Voraussetzung. Hierzu ließe sich möglicherweise der Terminus *User* zählen. Dieser wird auf gemeinsprachlicher Ebene zumeist als Internetnutzer betrachtet, während in der Psychiatrie ein Drogenkonsument und in der Logistik ein Kunde benannt wird.

Da der **dritten Gruppe** Termini zugeordnet sind, die in Fach- und Standardsprache nur gemeinsame Bedeutungen haben, könnte man hierzu vermutlich *Overachievement* und *Postponement* zählen. Allerdings ist nicht auszuschließen, dass die Termini auf beiden Ebenen nur scheinbar deckungsgleich sind. Das Differenzierungsmodell soll in der vorliegenden Untersuchung lediglich richtungsweisend wirken, da nicht zu jedem Terminus definitive Aussagen gemacht werden können und für den interterminologischen Vergleich zudem eine weitere Kategorisierung zu interterminologischen Überschneidungen wünschenswert wäre. Pauschal kann jedoch festgestellt werden, dass bereits ohne ausreichende Recherche wesentlich mehr englische Termini aus dem Bereich der Logistik der

---

346 Mertens / Servos / Stadler 1973, S. 416 ff.

347 Schmitt 1985, S. 22.

ersten Gruppe zugehörig erscheinen. Diese Thematik wird im Glossar am Ende der Untersuchung veranschaulicht.

Es stellt sich die Frage, wohin Termini einzuordnen sind, die möglicherweise für das **öffentliche Interesse** entwickelt wurden. Der bereits erwähnte Zusammenhang zwischen Gesellschaft und publik gewordenen (auf psychiatrischen Störungsbildern basierenden) Straftaten scheint hierbei eine Rolle zu spielen. So war in einer Samstagabendsendung im Rahmen einer Fallbesprechung zur Pädophilie auffallend häufig von *Long-Stay-Einrichtungen* für pädophile Straftäter die Rede. Es handelt sich hierbei auf den ersten Blick um ein Lexem, welches an die Mediensprache adaptiert wurde. Die Vermutung liegt nahe, dass aufgrund der aktuellen Thematik zur Pädophilie und der Aufgebrachtheit öffentlicher Stimmen verstärkt nach Zugang zur Bevölkerung durch Experten gesucht wird. Diese Form der Unterbringung wird jedoch tatsächlich durch den Terminus benannt, da das Konzept ein (besonders im niederländischen) Maßregelvollzug konkretes Vorgehen benennt, bei dem eine Sicherheitsverwahrung des Täters an die „erfolglose" Beendigung einer Therapie anschließt[348].

Letztendlich scheint es in vielen Fällen nur den Experten der jeweiligen Fachgebiete möglich, Termini von Lexemen zu differenzieren. Auch die Erstellung der Terminuslisten erwies sich hierbei als diffizil, da die **Absicherung des Terminuscharakters** letztendlich eine ausgiebige Beschäftigung mit dem entsprechenden Fachgebiet erfordert und erst die Umfrage Differenzierungsschwierigkeiten erkennen ließ. Am hilfreichsten erscheinen Fachwörterbücher, wenn sie den entsprechenden Verweis auf den Terminus oder das spezielle Gebiet führen. An vielen Stellen zeigte sich jedoch in der empirischen Phase der vorliegenden Untersuchung bezüglich der Zuordnung eine starke Uneinigkeit unter Experten, während gelegentlich überraschende Übereinstimmungen in Erscheinung traten. In gewisser Hinsicht scheinen in die Zuordnung letztendlich auch bei einem hohen Grad an Definiertheit subjektive Faktoren einzufließen. Der Eindämmung subjektiver Wirkfaktoren dienen Normungsaktivitäten, welche im folgenden Kapitel beleuchtet werden.

---

348 *Beckmann.* ARD: 02.04.2010, 21.45 Uhr.

3.3 Normative Terminologiearbeit

If you can find something everyone agrees on, it's wrong.
(Morris K. Udall[349])

3.3.1 Terminologische Sprachsteuerung

3.3.1.1 Sprachsteuerungsversuche auf Ebene der Gemeinsprache

Das Phänomen Sprache bildet die Basis der menschlichen Kommunikation, welche besonders durch kollektive Aktion einem stetigen, von Prozesshaftigkeit geprägten Wandel unterworfen ist. Wie bereits erwähnt, sollen sprach- oder fremdwortpuristische Diskurse nicht mehr als am Rande gestreift werden. Von hohem Interesse sind jedoch die verschiedenen Ansätze zur Lenkung der nationalen Gesamtsprachsysteme im Vergleich zu den Fachsprachen. Auch auf nationalsprachlicher Ebene gab und gibt es weltweit noch immer aktive Bemühungen, diese vor normfremdem Sprachgebrauch und fehlender Sprachreflexion zu schützen.

Als Beispiel für eine Institution zum Schutz der deutschen Sprache kann der 1943 abgeschaffte **Allgemeine Deutsche Sprachverein** angeführt werden. Sein englisches Pendant bildet die 1946 aufgelöste **Society for Pure English**[350]. Der englische Sprachpurismus konnte sich allerdings schon durch die politische Unabhängigkeit der USA im Jahre 1776 unmöglich durchsetzen[351]. Eine präskriptive Beeinflussung durch offizielle Standardisierungsinstanzen scheint ohnehin auch bei einer geringeren und weniger heterogenen Sprecherzahl nicht durchführbar zu sein, da Vorhaben dieser Art der hohen Dynamik in den meisten Sprachsystemen des Informationszeitalters widersprechen. Ein gesundes Maß an Sprachpflege – basierend auf der Erforschung und Dokumentation von Sprachveränderungsprozessen – scheint aber durchaus auf allen Ebenen angemessen und nötig, denn auch eine Vernachlässigung der Sprache ist nicht empfehlenswert. Nach Drozd / Seibicke sollte **Sprachpflege** daher unter kritischen,

---

349 In: Kumar 2008, S. 5.

350 Wüster 1970, S. 270.

351 Coulmas 1985, S. 186.

analytischen, beratenden, lenkenden, planenden und regelnden Aspekten geschehen[352].

Beispielgebend für die Pflege sprachlicher Konventionen ist heute der in Dortmund ansässige **Verein Deutsche Sprache** (VdS), welcher seit 1997 existiert und einmal jährlich durch eine Mitgliederabstimmung den „Sprachpanscher des Jahres“ wählt[353]. Im Jahre 2009 erhielt diesen „Preis“ der Deutsche Turnerbund für Kreationen wie *Slacklining*, *Gymmotion*, *Speedjumping* oder *Speedminton*[354]. Zu dessen Nachfolger wurde am 27. August 2010 der ehemalige WDR-Intendant Fritz Pleitgen gewählt. Hierdurch übertrug man ihm die Verantwortung für Anglizismen wie *Volunteers*, welche unter seiner Geschäftsführung der Kulturhauptstadt *Ruhr.2010* Popularisierung erfuhren[355].

Auch in anderen Ländern existieren sprachpflegerische Gesetze und Institutionen, so z. B. das 1985 gegründete **Icelandic Language Council**[356] oder die **Académie française**. In Frankreich wurde zudem im Jahre 1994 das Gesetz *Loi relative à l'emploi de la langue française*[357] verabschiedet, welches als offensichtlich „anglophoniephobes“[358] *Loi Toubon* dem Schutz des Französischen, aber auch der europaweiten Vielsprachigkeit dienen soll. Wie durchsetzungsfähig diese Form der präskriptiven Sprachsteuerung auf gemeinsprachlicher Ebene ist, sei an dieser Stelle dahingestellt.

Zu den Charakteristika des Informationszeitalters zählen auch internetgestützte sprachpflegerische Aktivitäten. Einige Internetdatenbanken konnten gar zur Absicherung als Sekundärquellen im Rahmen der Terminusselektion für die empirische Phase der vorliegenden Untersuchung genutzt werden. Eine solche Datenbank ist das **Online-Wortschatz-Informationssystem Deutsch** (OWID). Es

---

352 Drozd / Seibicke 1973, S. 173.

353 Stoll [Megasprache]: online, 09.11.2009; Stickel 2007, S. 134; Law 2002, S. 68.

354 Die Welt: online, 09.11.2009.

355 Die Welt: online, 27.08.2010.

356 Kvaran / Svavarsdóttir 2004, S. 86.

357 Es handelt sich hierbei um das europaweit bekannte und durchaus umstrittene Gesetz zum französischen Sprachgebrauch.

358 *Anglophoniephobie* in Stoll [Megasprache]: online, 09.11.2009.

handelt sich hierbei um ein allgemeinsprachliches Neologismenwörterbuch des **Instituts für Deutsche Sprache** (IDS) in Mannheim. Im OWID erfolgt eine detaillierte Darstellung manifester Lexeme der Gemeinsprache, deren Entstehungszeitraum sich auf die 1990er Jahre bezieht[359]. Dort sind gelegentlich Angaben zu Neologismentyp, Schreibung, Aussprache, Worttrennung etc. verzeichnet. Das Wörterbuch wurde in die Korpuserstellung einbezogen, da es auch einige Termini beinhaltet (z. B. das *E-Business* aus dem Bereich der Wirtschaft). Für diesen Terminus werden folgende Angaben verzeichnet:

> **Neologismentyp**: Neulexem
> **Schreibung und Aussprache** – Nichtnormgerechte Schreibung: e-Business, e-business
> **Worttrennung**: E-Busi|ness, Aussprache: [ˈiːbɪznɛs][360]

Wenngleich die vorliegende Untersuchung nicht die Zahl der in der Gemeinsprache manifestierten Termini zu eruieren beabsichtigt, so kann die Überprüfung einer schriftlichen Fixierung zumindest aber als Nachweis für die Manifestation eines Anglizismus dienen. Wünschenswert – wenn auch nicht oder nur unter hohem Aufwand umsetzbar – erscheint eine solche Datenbank für einzelne Fachgebiete oder alle auffindbaren Lexeme und Termini unter Kennzeichnung der Systemzugehörigkeit. Ein solches Projekt für die einzelnen Fachsprachen anzulegen, wäre sicherlich ein äußerst zeit- und kostenaufwendiges Vorhaben, wenngleich besonders im Rahmen der Terminologieforschung und -arbeit sehr gewinnbringend.

3.3.1.2 Schwerpunkte terminologischer Sprachsteuerung

Eine Normierung der Sprache ist auch im fachsprachlichen Bereich nur bedingt möglich. Mehr als in der Gemeinsprache sind dabei neben der Dokumentation auch teilweise präskriptive Maßnahmen von grundlegender Bedeutung. Wie bereits mehrfach angedeutet, bilden feste Rahmenbedingungen ein wesentliches Ziel in der reibungslosen mündlichen und schriftlichen Verständigung einzelner Fachgruppen.

---

359 Institut für Deutsche Sprache Mannheim: online, 19.11.2008.

360 Institut für Deutsche Sprache Mannheim: online, 28.08.2009.

Mit der Frage nach terminologischer Steuerung befasst sich unter anderem Maratschniger und entwickelt das so genannte **Sandfluss-Modell** unter Konstatierung einer ununterbrochenen Selbstorganisation im terminologischen Inventar gemäß chaostheoretischer Konzepte. Dieses Postulat wird unter anderem von Budin durch das Gegenargument eines fehlenden Gleichgewichts an Neologismen und Archaismen in zahlreichen Fachgebieten verworfen. Maratschniger gibt jedoch zu bedenken, dass das rasche Anwachsen mancher Terminologiebestände sich durch eine ebenso schnelle Ausdifferenzierung in andere fachsprachliche Bereiche reguliert. Allerdings geschieht dies in den Terminologien aufgrund systematischer Benennungs- und Normungsaktivitäten weitaus kontrollierter als dies chaostheoretische Prozesse erlauben[361]. Inwiefern der Fachsprachennutzer auf selbstregulatorische Prozesse im fachsprachlichen Diskurs vertrauen sollte, ist daher fraglich. Die Erfüllung der Eindeutigkeitspostulate und die Sicherung restringierter sprachlicher Codes scheinen durch unkontrollierte Terminusentstehung und der hieraus resultierenden Koexistenz interferierender Sprachstrukturen gefährdet. Besonders in Bereichen mit hoher Begriffsfluktuation wird die Vertrautheit mit der jeweiligen Vorzugsbenennung durch mangelnde Determiniertheit oder übermäßige semantische Diversität (z. B. durch Synonymie)[362] aufgrund starker horizontaler intra- und interterminologischer Differenzierung erschwert. Der Vorbeugung dessen ist die normative Terminologiearbeit dienlich. Ziel derselben ist die eindeutige und verbindliche Zuordnung einer Benennung zu einem Begriff. Wie bereits erwähnt, gilt ein großes Verdienst hierbei der Wüsterschen Sprachbetrachtung und der daraus resultierenden Vereinheitlichung von Begriffen und **Begriffssystemen**[363]. Letztere werden verstanden als: „Entsprechend der Begriffsbeziehungen geordnete Menge

361 Budin 1996, S. 226.

362 Synonymie basiert auf der Zuordnung konkurrierender Benennungen zu einem Begriff. Hierbei handelt es sich um ein intralinguales Phänomen; im Gegensatz zur Äquivalenz, welche sich auf interlinguale Übereinstimmungen bezieht (Schmitt 2000, S. 307).

363 Ickler 1997, S. 39.

von Begriffen eines Begriffsfeldes, wobei jeder einzelne Begriff durch seine Position innerhalb des Begriffssystems bestimmt ist“[364].

Die sich mit Begriffssystemen auseinandersetzenden terminologischen Sprachsteuerungshandlungen wurden im Laufe der vergangenen Jahre konkretisiert und ausdifferenziert[365] (z. B. in Terminographie, terminologische Lexikographie bzw. Fachlexikographie als fachlinguistisches Gegenstück zur Lexikographie). **Terminographische Arbeit** besteht darin, terminologische Inhalte systematisch zu sammeln und zu fixieren[366]. Der Wesenszug der hierdurch entstehenden Terminologien liegt nach Schmitt im „Ordnen, Speichern und Transportieren von Fachwissen“, wodurch sie zum „Rückgrat fachsprachlicher Kommunikation“ werden[367]. Zusammenfassend werden die Grundlagen der Terminologiearbeit in der DIN-Norm 2342 formuliert, wonach diese in erster Linie die Erstellung, Bearbeitung, Verarbeitung, Darstellung und Verbreitung von Terminologien beinhaltet[368].

Eine besondere Herausforderung für Sprachsteuerungshandlungen stellt heute die hohe Geschwindigkeit dar, in welcher neue Erkenntnisse gewonnen werden, die wiederum einen **erhöhten Benennungsbedarf** nach sich ziehen, welchem Linguisten und Fachgebietsexperten auch in enger Zusammenarbeit nur schwer gerecht werden können. Die umgehende Erfassung neu entstandener bzw. sich manifestierender Termini ist von höchster Bedeutung, da zahlreiche Forschungsgebiete auf einer starken terminologischen Fluktuation basieren. Dies ist an der wachsenden Menge logistischer Anglizismen gut zu erkennen.

Eine weitere „Hürde“ stellt der bereits angesprochene **Systemcharakter** der Terminologien dar. Termini können, wie dies besonders bei Budin postuliert wird, zwar isoliert behandelt werden, verlieren jedoch durch Vernetzung im terminologischen System atomare Merkmale. Semantische Modifikationen einer terminologischen Einheit und Veränderungen in deren Stellenwert können in

---

364 DIN 2342 Teil 1, 2.9 „Begriffssystem“.

365 Knapp 2004, S. 436.

366 Budin 1996, S. 140-144.

367 Schmitt 1998b, S. 4.

368 DIN 2342 Teil 1, 5.2 „Terminologiearbeit“.

Abhängigkeit vom Grad der Interdependenz der einzelnen Systembestandteile Verschiebungen im gesamten Komplex nach sich ziehen und erneute normative Eingriffe erforderlich machen[369]. Oksaar schlägt daher vor, erst dann einen neuen Terminus einzuführen, wenn hierfür tatsächlich Notwendigkeit besteht[370]. Die hohe synonymische Bandbreite in diversen Fachsprachen zeigt allerdings, dass dieser Vorschlag im besten Fall als Richtlinie gelten kann, denn die Wahrnehmung der Notwendigkeit erfolgt letztendlich auf subjektiver Ebene. Vermutlich existieren ähnliche Forderungen in Bezug auf Anglizismen und gewiss sind diese nicht minder schwer umsetzbar. Doch besonders im Bereich der Terminologiearbeit sind die Erstellung von Richtlinien und die Normung terminologischer Sprachanteile von essenzieller Bedeutung[371].

3.3.1.3 Koordinierende Maßnahmen

3.3.1.3.1 Isolative Terminologiearbeit

Die fachsprachliche Normung hat ihren Ausgangspunkt in der **Industrienormung**. Sie stellt die bewusste präskriptive Beeinflussung des Sprachgebrauchs durch Festlegung der Inhaltsseite eines neu besetzten und lemmatisierten Terminus dar und basiert vor allem auf einer deskriptiven Bestandsaufnahme des usuell werdenden Terminologiebestandes (z. B. in Form von Fachwörterbüchern oder Glossaren)[372]. Die integralen Bestandteile der Terminologiearbeit[373] tragen dazu bei, dass sowohl auf nationaler als auch auf internationaler Ebene unterschiedliche Wissensstände und Sprachzustände angeglichen werden können[374]. Die **nationale Normung** bildet allerdings eine Grundvoraussetzung für die

---

369 Budin 1996, S. 16, 121-183; Schippan 1992, S. 230.

370 Oksaar 1986, S. 105.

371 Laut Schmitt besteht das Ziel normierender Eingriffe im Definieren aktueller Gegebenheiten zur Vermeidung von Polysemien und Synonymien (Schmitt 2000, S. 319).

372 Arntz / Picht 2002, S. 5.

373 Hierzu zählen vor allem die Normung von Begriffszeichen sowie die Beseitigung synonymischer Varianten und die Festlegung von Definitionen (Schmitz 2004, S. 431; Wüster 1970, S. 132).

374 Peters 2007, Vorwort.

Harmonisierung (Angleichung) und Festlegung internationaler Normen[375]. Die Steuerung des terminologischen Inventars erfolgt zunächst auf atomarer Ebene, wenngleich terminologische Begriffsinhalte und sprachliche Werte[376] nur im entsprechenden System zu ermitteln sind und der Fokus sich heute mehr auf den Fachtext als auf das Fachwort richtet. Zunächst aber werden neue Termini durch die Zuordnung von Begriffen und Zeichen als obligate Denotate festgelegt, wodurch sie daran anschließend eine entsprechende Determinierung im fachsprachlichen System durchlaufen können.

Ein Grundstein für Sprachnormungsprozesse kann durch kontrastive Fachtextanalysen und die Untersuchung von **Referenztexten** gelegt werden, welche oftmals auch die Basis im Übersetzungsprozess bilden. Dieses Vorgehen bildet eine Grundvoraussetzung für die Erfassung adäquater Übersetzungsäquivalente[377]. Wie auch die vorliegende Untersuchung zeigen soll, bildet genormtes terminologisches Inventar die Basis jeder fachsprachlichen Kommunikation, zumindest innerhalb bestimmter Fachgebiete.

Ein wesentlicher Bestandteil der isolativen Normungsarbeit liegt zunächst jedoch in der definitorischen Beschreibung der Begriffe[378]. Hierbei werden die **komplexen Merkmale** eines Terminus in formelhaftem Charakter zusammengefasst. In der Terminologiearbeit ist ein derart präskriptives Vorgehen unumgänglich, um semantischer Diversität und daraus resultierenden Missverständnissen bestmöglich vorzubeugen[379].

---

375 Oldenburg 1997, S. 37.

376 Zum sprachlichen Wert (*valeur linguistique*) siehe de Saussure 1967, S. 132 ff; Halliday / Martin 1993, S. 16.

377 Zu Textsortenkontrastierungen im Rahmen von Paralleltextvergleichen und Übersetzungsvergleichen siehe Göpferich 1999a.

378 Hierbei erfolgt zumeist die Beschreibung eines Definiendums durch einen Kopulasatz (Schippan 1992, S. 231; Arntz / Picht 2002, S. 61-62).

379 Internationales Informationszentrum für Terminologie: online, 29.03.2009.

Dies wird auch bei J. R. Martin deutlich, welcher feststellt: „Definitions are important, because they relate known common-sense terms or previously defined technical terms to new technical ones."[380]

Für den Bereich der Terminologielehre unterscheiden Arntz / Picht zwischen Inhalts- und Umfangsdefinition[381]. Bei **Inhaltsdefinitionen** wird laut DIN ein Oberbegriff zusammen mit distinktiven Merkmalen angegeben. Für die hier untersuchten Fachgebiete könnte eine solche Definition wie folgt beginnen:

> Die Logistik ist ein Teilgebiet der Wirtschaft, bei welchem Güterströme im Mittelpunkt stehen.
>
> Die Psychiatrie ist ein Teilgebiet der Medizin, welches sich mit seelischen Störungen befasst.

Zu Inhaltsdefinitionen zählen vermutlich die meisten Definitionen im *Pschyrembel* oder in *Gablers Wirtschaftslexikon.* **Umfangsdefinitionen** hingegen beinhalten die Wiedergabe des gesamten Begriffsumfangs[382]. Das bedeutet, es werden lediglich alle Unterbegriffe aufgezählt.

3.3.1.3.2 Nomenklatur

Nomenklaturen sind terminologische **Benennungssammlungen**, die einen ganz bestimmten Themenbereich abdecken, diesen jedoch nicht definitorisch umschreiben. Als Urvater der internationalen Wissenschaftsnomenklatur wird der schwedische Arzt und Naturwissenschaftler Carl **von Linné** (1707-1778) aufgrund der von ihm entwickelten botanischen Nomenklatur betrachtet[383].

Zum Terminus *Nomenklatur* finden sich in der wissenschaftlichen Literatur Uneinigkeiten. So bezeichnet Ickler diese Form der Systematisierung als **Thematische Reihe**. Hierzu zählt er insbesondere Termini mit gleichem „Sach- oder Wirklichkeitsbezug", also solche, deren Sachbereiche anhand festgelegter

---

380 Martin 1993, S. 203.

381 Arntz / Picht 2002, S. 64-67; DIN 2330, 5.2.1.2 „Umfangsdefinition".

382 Arntz / Picht 2002, S. 64-67; DIN 2330, 5.2.1.1 „Inhaltsdefinition".

383 Brockhaus 1970, 11. Band, S. 491.

Merkmale ausdifferenziert sind[384]. Dies entspricht der Definition von Nomenklaturen bei Arntz / Picht[385], weshalb die Thematische Reihe als Synonym zur Nomenklatur betrachtet und an dieser Stelle als eigenständige Kategorie nicht weiter Verwendung finden wird.

Nomenklaturen spielen besonders in den naturwissenschaftlichen Fächern wie der Medizin, aber auch für internationale Handelsvereinbarungen der Wirtschaft eine Rolle. Zu dieser Systematisierungsform zählen z. B. die medizinischen Ordnungssysteme **Systematized Nomenclature of Medicine** (SNOMED) oder die **International Nomenclature of Diseases** (IND)[386]. Nach Caspar weisen allerdings in der Medizin heute nur wenig Fächer „ausdifferenzierte" repräsentative Nomenklaturen auf, was er auf den hohen medizinischen Synonymreichtum zurückführt[387]. Im Bereich der psychiatrisch-psychotherapeutischen Fachsprache existieren ebenfalls zahlreiche Systeme (z. B. die ASDC-Nosologie)[388]. Logistisch relevante Nomenklaturen werden aufgrund ihres Anglizismenreichtums an späterer Stelle ausführlicher behandelt.

Diese Form der Systematisiertheit und die schriftliche Kodifizierung stellen laut Ickler auch die wesentlichen Merkmale eines **echten Terminus** dar[389]. Die Voraussetzungen für eine schriftliche Kodifizierung werden im folgenden Abschnitt betrachtet.

3.3.1.3.3 Klassifikation

Wie bereits angedeutet, können normativ erfasste Termini nur innerhalb des fachsprachlichen Systemkomplexes verwendet werden, wenn zunächst eine iso-

---

[384] Patocka 1999, S. 7; Wittchen / Hoyer 2006, S. 30-31; Caspar 2007, S. 4; Ickler 1997, S. 77; Drozd / Seibicke 1973, S. 90.

[385] Arntz / Picht verstehen unter Nomenklaturen „Systeme, die eine Vielzahl gleichartiger Dinge klassifizieren", wobei sie auf eine einheitliche Denotation der systematisierten Begriffe verweisen (Arntz / Picht 2002, S. 41).

[386] Graubner: online, 10.09.2009.

[387] Caspar 2007, S. 4.

[388] Es handelt sich hierbei um die Nomenklatur der Schlafstörungen des ***A**ssociation for **S**leep **D**isorders **C**enter* (Peters 2007, S. 50).

[389] Ickler 1997, S. 73.

lative Betrachtung und daran anschließend eine Klassifikation in Begriffssystemen stattfindet[390]. Durch die systematische Fixierung, Kodifizierung und Klassifizierung entstehen verbindliche **Ordnungssysteme**. Diese beschreiben Zusammenhänge, Analogien und Aufgliederungen einzelner Termini und terminologischer Verbände. Helmchen beschreibt die **Merkmale** einer Klassifikation wie folgt:

> Klassifikation ordnet Phänomene nach Kriterien, die der Taxonom empirisch aus der realen Welt extrahiert oder theoretisch konstruiert hat. [...] Sie hat wie jede Abbildung Einschränkungen: Sie reduziert die Vielfalt und Komplexität der Phänomene und sie sieht aus dem Blickwinkel des Klassifizierenden[391].

Derartige Klassifikationssysteme spielen besonders in Naturwissenschaften wie der Medizin eine enorme Rolle. Sie sind daher an späterer Stelle noch ausführlicher und kritischer zu betrachten.

Für die Erfüllung koordinierender Aufgaben existiert eine Vielzahl globaler, europaweiter und nationaler Institutionen. Das Ziel des folgenden Abschnitts besteht darin, internationale und nationale Normungsinstitutionen und Dachverbände zu beleuchten, welche steuernden und standardisierenden Einfluss auf die fokussierten Fachgebiete ausüben.

3.3.2 Institutionen

3.3.2.1 Globale Ebene

Ein wichtiger Beitrag zur Terminologiearbeit wird besonders durch das 1971 in Wien gegründete **Internationale Informationszentrum für Terminologie** (Infoterm) geleistet, welches die Koordination terminologischer Aktivitäten zur Aufgabe hat und mit seinem **TermNet** versucht, eine Gesamtübersicht über die weltweite Terminologiearbeit zu liefern. Auch Infoterm steht sehr eng in Verbindung mit dem Namen Eugen Wüsters, da es auf dessen Vorarbeiten basiert[392].

---

390 Felber / Budin 1989, S. 85.

391 Helmchen 2006, S. 202.

392 Felber / Lang / Wersig 1979, S. 73-164. Wüster war bis zu seinem Tod wissenschaftlicher Leiter des Infoterm.

Einen wesentlichen Beitrag zur Normung leisten auch die jeweiligen nationalen Dachverbände, welche ebenfalls kurz Erwähnung finden sollen[393].

Laut Infoterm sind heute weltweit mehr als 3.000 Kommissionen in unterschiedlichem Maße mit weltweiter Terminologienormung beschäftigt[394]. Die international bedeutendste Normungsinstitution ist die 1947 als **International Organization for Standardization** (IOS) gegründete **International Standard Organization** (ISO), welche den weltweit größten Herausgeber von Standardisierungssystemen darstellt und derzeit 159 Länder als Mitglieder vereint[395].

Zu den für die Terminologiearbeit wichtigen ISO-Publikationen zählen **ISO 1087** (*Terminology work: Vocabulary.* Part 1: *Theory and application*; Part 2: *Computer applications*)[396] und **ISO 704** (*Terminology work: Principles and methods*)[397]. Diese Normen enthalten aktuelle Grundprinzipien der Terminologiearbeit. Eine translatorisch bedeutsame Norm stellt ISO / R 9 dar, welche die Transkription und die Transliteration kyrillischer Schriften in die lateinische Schrift regelt. Auf andere ISO-Normen soll an dieser Stelle nicht eingegangen werden.

Der weltweite psychiatrische Dachverband, die **World Psychiatric Association** (WPA), wurde 1950 mit dem Ziel der Vereinheitlichung diverser psychiatrischer Paradigmen und Therapieschulen gegründet. Die WPA beherbergt zahlreiche nationale Dachverbände, organisiert weltweite Kongresse und publiziert Leitlinien für die psychiatrische Tätigkeit zum Schutz psychisch erkrankter Menschen. Ein durch sie hervorgerufenes Programm ist das bereits erwähnte Antistigmaprogramm *Open the Doors*, welches sich den Belangen psychisch Er-

---

393 Die für den Übersetzerberuf wichtigen Berufsverbände sind in Schmitt (1999c) angeführt. Hierzu zählen BDÜ und VDÜ (Schmitt (1998c), S. 18-19).

394 Internationales Informationszentrum für Terminologie: online, 29.03.2009.

395 International Organization for Standardization: online, 10.03.2010.

396 dt. Titel: *Terminologiearbeit – Begriffe* (Teil 1: *Terminologielehre und ihre Anwendung*; Teil 2: *Computeranwendungen*).

397 dt. Titel: *Terminologiearbeit – Grundlagen und Methoden.*

krankter widmet. Die Arbeit der WPA basiert auf einer Zusammenarbeit mit der **UNO** und der **WHO**[398].

Ein logistischer Verband auf globaler Ebene ist die 1966 gegründete **International Society of Logistics** (SOLE), welche aus der **Society of Logistics Engineers** hervorgegangen ist und noch immer die dazugehörige Abkürzung mit sich führt, wenngleich diese mit der Vollform nicht mehr übereinstimmt. Auch sie ist für die Verbreitung von Informationen zur Weiterentwicklung und Weiterbildung zuständig. Sie organisiert Programme, ist darum bestrebt, den Wettbewerb zu fördern und vereint Mitglieder zahlreicher Länder[399].

3.3.2.2 Europaweite Ebene

Auch auf europäischer Ebene existieren zahlreiche Institutionen, welche sich aktiv an der terminologischen Steuerung beteiligen. Hierzu zählt die **Europäische Kommission für Standardisierung** bei der Europäischen Union (EU). Die EU unterhält ein eigenes Terminologiebüro, welchem die multilinguale Datenbank **InterActive Terminology for Europe** (IATE) entstammt. Die Datenbank ist so konfigurierbar, dass zwischen Termini und Lexemen differenziert werden kann und zudem AS und ZS einstellbar sind. Auch IATE wurde in der vorliegenden Arbeit für die Terminusabsicherung genutzt. Um die im Deutschen manifestierten englischen Termini zu identifizieren, wurde das Deutsche als AS und ZS gewählt. So stellte sich schnell heraus, dass zahlreiche Termini der Psychiatrie sich mit denen der Elektrotechnik überschneiden, denn sehr häufig wurden ausschließlich Elektrotechnik oder Informatik als Fachgebiete angezeigt, obwohl der entsprechende Terminus psychiatrischer oder zumindest medizinischer Literatur entstammte (z. B. *Banding*[400], *Drop-Out*[401], *Flooding*[402] oder *Shaping*[403]).

---

398 World Psychiatric Association: online, 25.08.2009.

399 International Society of Logistics: online, 05.01.2010.

400 Pschyrembel 2002, S. 189.

401 Die Psychiatrie 1 / 2005, S. 65.

402 Wittchen / Hoyer 2006, S. 952.

403 Wittchen / Hoyer 2006, S. 958.

Leider zeigt IATE bei falscher Rechtschreibung oder einer Veränderung der Hilfszeichen (z. B. Bindestrich) keine Varianten an, sodass entweder alle Möglichkeiten eingeben werden mussten oder die Alternativen nicht erkennbar waren. Bei mehrgliedrigen Komposita werden in der Datenbank auch einzelne Bestandteile nicht immer angezeigt, wenn der erste nicht existiert. Dennoch ist diese Form der Datenbank als hilfreich zu bewerten, denn sie liefert Fachgebiets- und Quellenangaben, wie am Beispiel des Terminus *Chromosomal-meiotic-drive* aus dem medizinischen Bereich erkennbar wird:

> **Fachgebiet**: Medizinische Wissenschaften
> **Definition**: das Abweichen von der Zufallsverteilung bei der Segregation strukturell – veraenderter [sic] Chromosomen waehrend [sic] der Meiose, das die Haeufigkeit [sic] eines bestimmten Chromosoms oder Chromosomensegmentes in der Population rasch und stark in bestimmter Richtung (unabhaengig [sic] vom Gengehalt und daher nicht aufgrund von Selektion) veraendern [sic] kann
> **Terminus**: Chromosomal-meiotic-drive
> **Zuverlässigkeit**: 3 (Zuverlässig)
> **Quelle**: Reallex Med Datum 24/09/2003[404]

Auch der Deutsche Bundestag unterhält übrigens eine Terminologiedatenbank, welche sich allerdings vorrangig auf die politische Ebene konzentriert und daher im Rahmen der vorliegenden Untersuchung nicht näher beleuchtet wird[405].

Auf europäischer Ebene ist die im Jahre 2002 gegründete **European Psychiatric Association** (EPA) als Dachverband für die Psychiatrie zuständig. Sie stellt nach eigenen Angaben die größte europaweite psychiatrische Vereinigung dar.

Ihr Ziel besteht in der Schaffung einer Plattform für Experten auf dem Gebiet der Psychiatrie. Die EPA schafft zudem Voraussetzungen für Weiterbildung und wissenschaftlichen Fortschritt durch das Organisieren von Kongressen und die Veröffentlichung der offiziellen Zeitschrift *European Psychiatry.* Außerdem verfügt sie über 18 Suborganisationen zu den speziellen Teildisziplinen der Psychiatrie (s. S. 154)[406].

---

404 IATE: online, 28.07.2009.

405 Deutscher Bundestag: online, 06.03.2010.

406 European Logistics Association: online, 25.08.2009.

Der europäische Dachverband für die Logistik ist die **European Logistics Association** (ELA). Laut Experteninterview handelt es sich hierbei um eine Art Dachorganisation der nationalen Logistikverbände wie der Bundesvereinigung für Logistik (BVL) oder dem britischen **Chartered Institute of Logistics and Transport** (CILT). Laut Internetseite der Vereinigung beherbergt die ELA 30 nationale Organisationen West- und Mitteleuropas, um diesen eine Plattform für die Zusammenarbeit auf wirtschaftlicher Ebene zu bieten.

3.3.2.3 Nationale Ebene

Der nationale Normungsausschuss in Deutschland, welcher bereits in Verbindung mit Eugen Wüster Erwähnung fand, ist das 1917 gegründete **Deutsche Institut für Normung** (DIN), dessen 77 Normenausschüsse und Kommissionen in vertraglicher Bindung an die Bundesrepublik Deutschland zusammen mit Interessensvertretern für die wirtschaftlichen, staatlichen und gesellschaftlichen Bereiche Normungsaktivitäten auf Dienstleistungsebene durchführen[407]. Es handelt sich hierbei um die heute allseits bekannten und in der vorliegenden Untersuchung bereits mehrfach zitierten DIN-Normen für die industrielle Sprach- und Sachnormung, welche auf der Wüsterschen Schule basieren. Diese finden sowohl auf europäischer als auch auf internationaler Ebene Akzeptanz, wenngleich sie lediglich über Empfehlungscharakter verfügen. Internationalität und Europäisierung des DIN werden unter anderem gefördert durch Arbeitsgruppen bei der ISO (s. S. 134) und dem **Comité Européen de Normalisation** (CEN)[408], welches die europäische Ebene der Normungsinstitutionen darstellt. Von den zahlreich existierenden DIN-Normen sind für Terminologielehre und -arbeit DIN 2330 Teil 1: (*Begriffe und Benennungen*)[409] und 2342 (*Begriffe der Terminologielehre*) von besonderer Bedeutung.

---

407 Ickler 1997, S. 126. Die alleinigen Verkaufsrechte der DIN-Normen liegen aufgrund besonderer Schutzbestimmungen ausschließlich bei einem Verlag.

408 Die englische Benennung lautet *European Committee for Standardization* (Deutsches Institut für Normung e. V.: online, 22.01.2010).

409 Mit der Konzeption einer Neufassung dieser Norm beschäftigt sich Ingetraut Dahlberg (Dahlberg 1976, S. 81 ff.).

In **DIN 2342** sind wesentliche Grundbegriffe der Terminologielehre definiert. Im Laufe der bisherigen Ausführungen wurden einige hiervon angesprochen (z. B. Begriff, Benennung, Begriffssystem, Terminus, Nomenklatur und Terminologiearbeit). DIN 2342 bildet sozusagen das deutsche Pendant zur internationalen **ISO 1087**.

DIN 2330 ist etwas ausführlicher gestaltet und regelt die Grundprinzipien der Terminologiearbeit, d. h. Grundsätze und Voraussetzungen für die Bildung von Benennungen, Definitionen und die Darstellung von Terminologien. Diese Norm bildet das Pendant zu **ISO 704**. DIN 2342 und 2330 sind im deutschsprachigen Raum von fundamentaler Bedeutung für eine geregelte terminologische Arbeit. Sie bilden daher auch eine Basis für die vorliegende Untersuchung.

Der nationale psychiatrische Dachverband der Bundesrepublik Deutschland ist der **Berufsverband Deutscher Psychiater** (BVDP) mit seiner wissenschaftlichen Fachgesellschaft **Deutsche Gesellschaft für Psychiatrie, Psychotherapie und Nervenheilkunde** (DGPPN). Die DGPPN beherbergt etwa 5.000 Mitglieder[410]. Der BVDP ist unter anderem an der Publikation von Zeitschriften beteiligt, so z. B. dem auf S. 311 untersuchten *NeuroTransmitter*. Zudem entstehen hier die Leitlinien der Arbeitsgemeinschaft Wissenschaftlich-Medizinischer Fachgesellschaften (AWMF).

Eine anglophone Fachorganisation ist das **Royal College of Psychiatrists** (RCP), welches einen Dachverband für Psychiater in Großbritannien und Irland mit Hauptsitz in London darstellt. Derzeit gehören der Organisation etwa 15.000 Mitglieder an. Sie ist verantwortlich für berufliche Weiterbildung, Öffentlichkeitsarbeit und Informationsverbreitung durch Publikationen (z. B. *British Journal of Psychiatry*). Nach eigenen Angaben besteht ein wesentliches Ziel des RCP in der kontinuierlichen Behandlungsverbesserung, der Bewusstmachung bestimmter Störungsbilder und der Entstigmatisierung psychischer Erkrankungen. Das RCP organisiert zudem die Eignungsprüfung für Psychiater (MRCPsych). Die Umsetzung der Aufgaben erfolgt unter anderem in Kooperation mit der **British Psychological Society** und dem **National Collaborating**

---

410 Deutsche Gesellschaft für Psychiatrie, Psychotherapie und Nervenheilkunde: online, 25.08.2009.

Centre for Mental Health (NCCMH), welches 2001 vom **National Institute for Clinical Excellence** (NICE) gegründet wurde und maßgebende Behandlungsleitlinien entwickelt[411].

Die **American Psychiatric Association** (APA) stellt das Pendant zum britischen RCP dar. Diesem nationalen Dachverband der USA gehören rund 36.000 Mitglieder an. Er ist die wichtigste psychiatrische Vereinigung in den USA. Zur Eindeutigkeit in den Fachsprachen ist hier anzumerken, dass die **American Psychological Association** irritierenderweise dieselbe Kurzform führt. Da auf gemeinsprachlicher Ebene ohnehin nicht selten eine Differenzierung zwischen Psychiatrie und Psychologie ausgespart wird, besteht hier die Gefahr, dass ein Laie, welcher sich auf den Internetseiten einer der Gesellschaften informieren möchte, einem falschen Freund begegnet.

Der logistische Dachverband für die Bundesrepublik Deutschland ist die **Bundesvereinigung für Logistik** (BVL). Sie zählt derzeit ca. 9.500 Mitglieder und somit etwa doppelt so viele wie der psychiatrische Dachverband. Die BVL bietet ein Forum für Experten aus dem Bereich der Logistik. Ihr Wesenszug besteht in der Impulsgabe bezüglich bestehender und zukunftsträchtiger Logistikkonzepte, von denen einige auch im Rahmen der vorliegenden Untersuchung besprochen werden. Die Aktivitäten der BVL beinhalten z. B. einen monatlichen elektronischen Newsletter an seine Mitglieder. Dieser dient der Förderung eines deutschland- und europaweiten Netzwerkes zwischen Experten und entsprechenden Organisationen[412].

Die in Großbritannien zuständige logistische Vereinigung ist das **Chartered Institute of Logistics and Transport** (CILT). Es beschreibt sich selbst als: „professional body for everyone in the logistics, passenger transport, transport planning and related industries and is dedicated to supporting, developing and representing all specialisms at all stages of career development"[413]. CILT hat sich die

411 Die Informationen resultieren zum größten Teil aus der Emailkommunikation zwischen dem RCP und der Autorin.

412 Bundesvereinigung für Logistik: online, 25.08.2009.

413 Chartered Institute of Logistics and Transport: online, 18.02.2010.

Förderung von Bildung und Karriere auf dem logistischen Sektor durch Informationsbeschaffung und -verbreitung zum Hauptziel gesetzt.

Ein nationaler Dachverband der USA ist die **American Logistics Association** (ALA). Diese wurde im Jahre 1920 als **Quartermaster's Association** (QMA) gegründet und kam über die **Defense Supply Association** (DSA) zu ihrem heutigen Namen. Eine nähere Betrachtung der Internetseiten deutet jedoch auf eine rein militärisch fokussierte Einrichtung hin, weshalb die ALA an dieser Stelle lediglich aus Gründen der Vollständigkeit angeführt wird[414].

3.3.3 Sprachsteuerung in der Medizin

3.3.3.1 Klassifikationssysteme psychischer Störungen

3.3.3.1.1 Grundbausteine

Sowohl für Identifizierung, Diagnostik und Erforschung von Krankheiten als auch für die intra- und interdisziplinäre Kommunikation und die Interaktion zwischen Ärzten und Krankenkassen sind in der Psychiatrie eine **Kodierung** von devianten Verhaltensmustern und operationalisierten Diagnosen sowie eine einheitliche Systematisierung psychischer Dysfunktionen unverzichtbar[415]. Diese Tatsache beinhaltet jedoch durchaus kritische Aspekte. So zieht die Kodifizierung eines Verhaltensmusters immer auch eine Art Stigmatisierung nach sich. Gelegentlich kann sie jedoch auch die Suche nach (Nicht-)Verantwortlichkeit für bestimmte Verhaltensweisen unterstützen, indem z. B. eine Einordnung von Suchtverhalten in die Kategorie psychischer Störungen die Lösung der moralischen **Schuldfrage** bei übermäßigem Alkoholkonsum oder Kaufverhalten, aber auch bei Spielsucht mit sich bringt[416].

Es ist jedoch zu berücksichtigen, dass Qualifikationssysteme niemals völlig objektiv sein können. Daher ergeben sich **aus ethischer Sicht** immer auch Folgen für den Patienten als gesellschaftliches Individuum. Ein besonders drastisches

---

414 American Logistics Association: online, 09.10.2009.

415 Helmchen 2006, S. 202.

416 Wie Feer bemerkt, hängen von der Registrierung devianter Verhaltensmuster auch therapeutische Konsequenzen ab (Feer 1987, S. 12).

Beispiel stellt das Lexem *Homosexualität* dar. Bis 1992 galt Homosexualität im nachfolgend angeführten ICD-10 noch als Diagnose für psychiatrisch morbides Verhalten. Diese Tatsache implizierte gleichzeitig eine Bewertung homosexueller Orientierung als deviantes Verhaltensmuster und zeigt somit erneut sehr deutlich, dass Klassifikationssysteme kaum frei von subjektiver Wertung sind[417]. Derartige Formen der Kategorisierung können sich letztendlich auch in der Gemeinsprache niederschlagen. Aus linguistischer Sicht wäre somit der Terminus *Coming-Out* als determinologisierter Anglizismus zu betrachten, da er aus einem einstmals psychiatrischen Störungsbild resultiert und nunmehr auf Ebene der Gemeinsprache Verwendung findet. Hier zeigt sich, dass auch im terminologischen Bereich Neuerungsprozesse mit gesellschaftlichen **Moralvorstellungen** verknüpft sind. Ebenso bleiben stabile Klassifikationssysteme aufgrund sich ständig erneuernder Forschungsergebnisse und Einteilungskriterien eine illusorische (und vielleicht auch nicht sinnvolle) Wunschvorstellung. Zudem weist die Klassifikation im psychiatrischen Bereich ohnehin besondere Schwierigkeiten auf, da eine Differenzierung zwischen **gestörtem** (bzw. krankem) und **nicht-gestörtem** (bzw. gesundem) Verhalten nicht immer eindeutig festzulegen ist. Nach Müller-Spahn dienen die Klassifikationssysteme ohnehin lediglich der Orientierung, da sie parallel zu neuem Erkenntnisgewinn modifiziert werden müssen[418].

Die erste **systematische Klassifikation** beschriebener Störungsbilder wurde von Kraeplin konzipiert. Durch seine zusammenhängende Darstellung von Gesetzmäßigkeiten zwischen Störungen und bestimmten Symptomgruppen prägte er zudem den **Syndrombegriff**. Kraeplins Konzept bildete die Basis für alle ihm folgenden Klassifikationssysteme in der Psychiatrie.

Weitere Grundbausteine für die deskriptive Psychopathologie legte Kurt **Schneider** (1887-1967) durch die Beschreibung einzelner Krankheitssymptome[419]. In zahlreichen anschließenden Klassifikationssystemen wurden bis heute diverse Versuche unternommen, psychische Störungen in einer Systematik dar-

---

417 Helmchen 2006, S. 203.

418 Müller-Spahn 2004, S. 31 / 37.

419 Paulitsch / Karwautz 2008, S. 18.

zustellen. Doch der Handlungsbedarf in diesem Bereich ist noch immer außerordentlich hoch[420]. Mittlerweile werden psychische Störungen mittels **multiaxialer Klassifikationssysteme** beschrieben, um dem multimethodalen Ansatz des 21. Jahrhunderts gerecht zu werden, welcher neben der körperlichen Gesamtverfassung auch additive psychologische, verhaltensbezogene und soziale Merkmale in Diagnostik und Therapie einbezieht. Im Folgenden werden die wichtigsten Klassifikationssysteme aus dem medizinischen Bereich betrachtet.

3.3.3.1.2 Diagnostic and Statistical Manual

Besonders wichtige aktuelle Klassifikationssysteme sind die 4. Auflage des **Diagnostic and Statistical Manual of Mental Disorders** (DSM-IV) der APA und die 10. Revision des diagnostischen Systems der WHO, die **International Classification of Diseases** (ICD-10). Diese finden in den Nachbardisziplinen der Medizin und in Gesundheitsberufen (z. B. Physiotherapie) Anwendung[421]. Auf das aktuelle Klassifikationssystem DSM-IV soll nun eingegangen werden.

Eingeführt wurde dieses Instrument im Jahre 1980 durch die APA. Das DSM bietet eine multiaxiale Klassifizierung mit dem Ziel möglichst geringer Interpretationsspielräume und einer daraus resultierenden expliziten Diagnostik. Die Bedeutung der zeitgemäßen Klassifizierung zeigt sich darin, dass seit dem Jahre 2000 eine vorläufige, revidierte Form des 1994 veröffentlichten DSM-IV vorliegt. Dieses DSM-IV-TR gilt bis zur endgültigen Herausgabe des DSM-V im Jahre 2012. Es enthält nach Angaben der APA einige Fehlerkorrekturen und Änderungen in der Kodifizierung[422]. Im DSM wird deviantes Verhalten auf folgenden fünf Achsen beurteilt:

- I: psychische Störungen mit Ausnahme von Persönlichkeitsstörungen und geistiger Behinderung
- II: Persönlichkeitsstörungen und geistige Behinderung
- III: medizinische Krankheitsfaktoren

---

420 So kritisieren Wittchen / Hoyer, dass die Klassifikationssysteme trotz veränderter neurobiologischer Erkenntnisse und interdisziplinärer Fokussierung noch immer eher deskriptiver als erklärender Natur sind (Wittchen / Hoyer 2006, S. 50).

421 Wittchen / Hoyer 2006, S. 4-32.

422 American Psychiatric Association: online, 25.08.2009.

- IV: psychosoziale und umgebungsbedingte Probleme
- V: Funktionsniveau

Auf die Einteilung soll nicht näher eingegangen werden, da sie für die Untersuchung von Anglizismen kaum von Bedeutung ist und in Grundlagenwerken eingesehen werden kann[423]. Bei der Betrachtung einzelner Störungsbilder wird jedoch der Einfluss der englischen Sprache erkennbar. Wie in Hadlich 2007 bereits festgestellt wurde, scheint z. B. der amerikanische Terminus *Major Depression* die *endogene Depression* zu ersetzen[424].

Da es sich hierbei nicht um Ausdrucksökonomie als Ursache handeln kann, ist die Wahrscheinlichkeit, dass sich der englische Terminus *Double Depression*, welcher das gleichzeitige Vorliegen einer *Major Depression* und einer so genannten *Dysthymie* (etwa: *depressive Verstimmung*)[425] bezeichnet, auch bald in der deutschen psychiatrisch-psychotherapeutischen Fachsprache etablieren wird. Ebenso wahrscheinlich ist es, dass als eine Art Analogiebildung weitere derartige Komposita Einzug in diesen Bereich der Sprache finden (z. B. *permanent depression / Dauerverstimmung*)[426]. Laut Experteninterview kommt das DSM in Deutschland hauptsächlich im Forschungskontext zum Einsatz, während in der Praxis aus versicherungstechnischen Gründen das im Folgenden angeführte ICD-10 Verwendung findet[427].

3.3.3.1.3 International Classification of Diseases

Bei der aktuellen **International Classification of Diseases** (ICD-10) handelt es sich um das seit 1992 geltende, zum zehnten Mal revidierte diagnostische System der WHO. Es findet nach Expertenangaben in mindestens 95 % der Fälle Anwendung in der Psychiatrie und befindet sich wie das DSM-IV in einer erneuten Überarbeitungsphase. Im Gegensatz zum DSM ist das ICD weniger am amerikanischen Medizinmarkt, als vielmehr am globalen Netz orientiert. Es

---

423 Davison / Neale 2007, S. 58-63; Wittchen / Hoyer 2006, S. 36-37.

424 Hadlich 2007, S. 89.

425 Wittchen / Hoyer 2006, S. 952.

426 Peters 2007, S. 108.

427 Experteninterview, 23.11.2009.

wurde im Jahre 1893 als **Bertillon-Klassifikation** bzw. das **Internationale Todesursachenverzeichnis** eingeführt und 1948 von der WHO um Krankheitsbilder und Verletzungen erweitert. Mittlerweile enthält es mehr als 300 psychopathologische Kategorien, welche im so genannten **Kapitel V** (Abschnitt F) verzeichnet und nochmals in zehn Abschnitte untergliedert sind[428]. Die Unterteilung der Störungen im ICD-10 erfolgt durch Zuordnung zu Gruppen mit ähnlicher Symptomatik.

Interessant für die vorliegende Untersuchung war besonders die deutsche Übersetzung des ICD-10 zur Extraktion englischer Termini. So fand z. B. bereits 1980 der englische Terminus *Survivor guilt* als Traumakriterium Verwendung[429]. Eine Untersuchung jedes einzelnen Störungsbildes führt an dieser Stelle jedoch zu weit, obwohl sie gewiss eine nicht unerhebliche Anzahl etablierter Anglizismen zum Vorschein bringen kann. Interessante kritische Äußerungen über das ICD finden sich bei Peters in Bezug auf sprachliche Aspekte. So ist im Vorwort Folgendes zu lesen:

> Die 5. Auflage des Lexikons war 1999 erschienen. Darin konnte beim Stichwort International Classification of Diseases (ICD) gerade noch der Hinweis erbracht werden, dass dessen Gebrauch ab dem 1. Januar 2000 in der Bundesrepublik Deutschland für bestimmte ärztliche Zwecke gesetzlich vorgeschrieben sein werde, weil dieses Datum bereits vorher bekannt gewesen war. Niemals zuvor hatte ein Gesetzgeber in Theorie, Sprachbildung und Sprachschatz der Psychiatrie eingegriffen [...]. Aber die von den Verfassern erhoffte Vereinheitlichung der Sprache blieb aus[430].

Peters zweifelt zudem die Gültigkeit solcher Klassifikationssysteme an, da die Übersetzungsfehler der deutschen Fassung seiner Meinung nach nicht durch Gesetzeskraft Gültigkeit erlangen dürfen. Als Beispiel führt er die als F32.0 kodifizierte Kategorie der **Depression** an, welche im Deutschen komparativ in *leicht*, *mittelschwer* und *schwer* graduiert wird und somit nach Peters den irreführenden Anschein erweckt, es handle sich um die gleiche Art der Depression unter-

---

428 Wittchen / Hoyer 2006, S. 37-40; Experteninterview, 28.08.2009.

429 Dressler / Schaeder 1994, S. 20-21.

430 Peters 2007, Vorwort.

schiedlicher Quantität. Die ursprüngliche Definition der WHO nimmt eine qualitative Unterscheidung in *mild, moderate* und *severe* vor.

Peters betrachtet solche Sprachveränderungen teilweise als überflüssige Auslöser erhöhten Erklärungsbedarfs[431], wenngleich aus translatorischer Sicht zumindest die Differenzierungsformen der Depression im Englischen und Deutschen durchaus als Äquivalente betrachtet werden können, da die englischen Termini mit dem entsprechenden Fachwissen ebenso komparativ interpretierbar sind.

Zumindest aber ist die Terminologie im ICD-10 derart gesichert, dass zu jeder Störung auch veraltete Benennungen angeführt und als nicht mehr gebräuchlich markiert werden. Diese Handhabung ist für translatorisches Handeln von immenser Bedeutung, da der Übersetzer im ICD-10 auch bei älteren Texten keinen schwerwiegenden Missverständnissen begegnet und keine langwierigen Rechercheprozesse initiieren muss. Im Experteninterview wurde zudem angemerkt, dass sämtliche Diagnosen in Deutschland gegenüber den Kostenträgern (z. B. Krankenkassen) verpflichtend über dieses Diagnoseschema zu verschlüsseln sind[432].

Auch Phänomene aus „fremden“ Kulturkreisen versucht man unter bekannten Störungsbildern zu kodifizieren, wobei offensichtlich selten eine vollständige semantische Äquivalenz vorherrscht. Anglizismen, welche in diesem Kontext in Erscheinung treten, beruhen augenscheinlich auf der Tatsache, dass eine Übersetzung weder möglich noch nötig erscheint. So wird z. B. das in Nigeria beschriebene Störungsbild *Brain fag*, welches „chronifizierte Episoden ausgeprägten Unglücklichseins“ beschreibt, im Taschenführer zur ICD-10-Klassifikation unter *Neurasthenie* (F48.0) kodifiziert, aber auch als „mittelgradige depressive Episode mit somatischem Syndrom“ eingestuft. *Jumping Frenchmen* (Kanada) und *Lapp panic* (Lappland) werden als *neurotische oder dissoziative Störungen* klassifiziert (F48.8.) und unter *Latah* (s. S. 158 ff.) angeführt[433]. Somit ist zu bestätigen, dass diese Klassifizierungsansätze hilfreich und richtungsweisend, jedoch selten endgültig sein können.

---

431 Peters 2007, Vorwort.

432 Experteninterview, 23.11.2009.

433 Dilling / Freyberger 2005, S. 331-332.

3.3.3.1.4 Alternative Ansätze

Perspektivische **Klassifikationsversuche** sind auf eine Berücksichtigung komplexer Faktoren ausgerichtet, die sämtliche Einflussvariablen wie soziale und kulturelle Hintergründe berücksichtigen sollen. In Paulitsch / Karwautz wird betont, dass es therapeutisch wenig Sinn mache, eine Therapie unter einem einzigen Paradigma durchzuführen. Vielmehr müssen die Anteile einzelner Ansätze ineinander integriert werden, wie dies im **Gen-Umwelt-Interaktionsmodell** oder dem **Vulnerabilitätsmodell** der Fall ist. Dies schlägt sich im Idealfall in einer ursachenorientierten Klassifikation unter Berücksichtigung biologischer, psychologischer und psychosozialer Variablen nieder[434].

Bei Müller-Spahn findet sich der Hinweis auf ein *physiologically based classification system* als Projekt einer Arbeitsgruppe der APA und des **National Institute of Mental Health** (NIMH), bei welchem eine biologisch orientierte Klassifikation in den Fokus gerückt wird[435]. Es ist unklar, ob diese Form der Klassifikation durch die biologische Orientierung nicht möglicherweise andere Faktoren ausschließt und damit zur Unimodalität zurückführt sowie die paradigmatische Perspektive sehr einengt und somit weitere Systeme erforderlich macht. Eindeutig erkennbar scheint jedoch, dass die Zahl der relevanten Klassifikationssysteme überschaubar sein muss, um eine übereinstimmende Handhabung auch auf sprachlicher Ebene gewährleisten zu können.

Laut Expertenbefragung beruht diese erneute Einengung unter anderem auf dem Wunsch vieler Psychiater, sich auf biologische Korrelate beziehen zu können. Auch für Patienten stellen der biologisch basierte Beschreibungsaspekt psychischer Störungen und eine entsprechende medikamentöse Beeinflussbarkeit vertrauenswürdige Einflussfaktoren dar. Zudem beseitigt eine biologische Sichtweise belastende Faktoren wie die bereits erwähnte Frage nach Eigen- oder Fremdverschulden.

Nachdem im vorangegangenen Kapitel wesentliche Aspekte der Sprachsteuerung im psychiatrisch-psychotherapeutischen Bereich aufgezeigt wurden, wid-

---

434 Paulitsch / Karwautz 2008, S. 73-74.

435 Müller-Spahn 2004, S. 31 / 37.

met sich das folgende der Normungsarbeit in der Logistik, sodass die Merkmalsunterschiede der untersuchten Fachgebiete noch einmal deutlich werden.

3.3.3.2 Sprachsteuerung in der Wirtschaft

3.3.3.2.1 Grundbausteine

Die Ursprünge der Sachnormung liegen im Wirtschaftssektor, nämlich in den Zünften, welche viele Jahre lang das Wirtschaftsleben stark beeinflussten. Sie überwachten **Qualitätsstandards** sowie Zuständigkeiten und Einkommensfragen im Handel. Heute übernehmen die entsprechenden Kammern diese Aufgabe. Hierzu zählen sowohl Handwerks-, Apotheker- und Anwaltskammern als auch Ärztekammern, welche den Bereich der Psychiatrie mit einschließen[436]. In der Wirtschaft und somit auch der Logistik wird vor allem betriebliche Terminologienormung vorgenommen[437].

Logistische Normungsbestrebungen resultieren ebenfalls aus der Notwendigkeit einer einheitlichen und ökonomischen Kommunikation. Diese basiert vor allem auf der Normung der Gegenstände selbst. So sind vereinheitlichte **Mengenangaben** (z. B. *Tonne*, *Anzahl*, *Paar* oder *Liter*) von hohem Nutzen in den oft komplexen internationalen Handelsverflechtungen[438]. Ferner existiert eine **Geo-Nomenklatur**, welche für etwa 200 Länder einen dreistelligen Zahlen- oder den jeweiligen Buchstabencode führt[439]. In der logistischen Fachsprache spielen insbesondere die verschiedenen Formen von Liefervereinbarungen eine Rolle. Diese bezeichnen „Vereinbarungen zwischen Käufer und Verkäufer über

---

436 Ickler 1997, S. 13.

437 Laut Ickler scheint in großen Firmen die Erstellung betriebsspezifischer Nomenklaturen durch firmeninterne Sprachdienste üblich zu sein. Als bedeutendstes Beispiel führt er für den deutschen Sprachraum die Firma Siemens an, welche über die größte eigene Datenbank verfügt (Ickler 1997, S. 129). Auch nach Expertenbefragungen zählt Siemens zu den Unternehmen, welche firmeneigene Logistikwörterbücher publizieren (Experteninterview, 22.12.2009).

438 Zu Konventionen und Schwierigkeiten bei der Übersetzung von Maßangaben siehe Schmitt 1999f.

439 Statistisches Amt des Kantons Zürich: online, 10.10.2009.

die Lieferweise und Beschaffenheit der Waren"[440] und könnten ebenso im Zusammenhang mit Textsorten (s. S. 183) angeführt werden, da sie grundsätzlich nach einem bestimmten Muster aufgebaut sind, denn sie enthalten rekurrente Textelemente, wie der folgende Abschnitt belegen soll.

3.3.3.2.2 International Commercial Terms

Als normierender Eingriff im Bereich der Logistik ist vor allem die Erstellung so genannter *International Commercial Terms* (*Incoterms*) zu betrachten. Diese vertraglichen **Vereinbarungen** gelten für international durchgeführte Geschäfte und sind für Beschaffungsvorgänge zwischen Verkäufern und Käufern notwendig, denn sie beinhalten die Regelung für die Übernahme von Risiken und Kosten in der logistischen Transportkette. Die Lieferbedingungen wurden 1936 zum ersten Mal von der Internationalen Handelskammer in Paris publiziert und dienen heute vornehmlich in Industrieländern zur regulierten Durchführung von Außenhandelsgeschäften durch verbindliche (wenn auch nicht rechtskräftige) Regelungen.

Incoterms beinhalten **Vertragsklauseln**, welche in vier Gruppen eingeteilt sind und jeweils mit demselben Buchstaben beginnen. Die Gruppen werden immer genau in derselben Reihenfolge angeführt:

E-Klauseln, F-Klauseln, C-Klauseln, D-Klauseln

Die einzig existente ***E-Klausel*** ist durch die Benennung *Ex Works* (*EXW*)[441] denotiert. Diese Klausel besagt, dass die Ware *Ab Werk* verkauft wird und dem Käufer die Abholung am Ort des Verkaufs sowie die Übernahme von Kosten und Verantwortung für den gesamten Transport obliegen. All diese Fakten sind in dem entsprechenden Kürzel international verständlich und daher hochökonomisch für die Kommunikation im Außenhandelsverkehr vereint.

---

440 Wüster 1970, S. 136.

441 In mehreren Befragungen wurde *EXW* in unterschiedlicher Vollform angegeben, nämlich *ExWork* und *ExWorks*. Für die vorliegende Untersuchung wurde die häufiger genannte Variante (*ExWorks*) als gültig erachtet.

F- und C-Klauseln umfassen eine Teilübernahme der Fracht-, Zoll- und Versicherungskosten durch den Käufer und beinhalten recht spezielle Informationen, welche bei einer reinen Wiedergabe des deutschen Äquivalents nicht zwangsläufig rezipierbar sind. So wird *FOB* (*Free on Board*) definiert als „frei an Bord für Schiff im Verschiffungshafen, d. h. tatsächliches Überschreiten der Reling des Seeschiffes“[442]. Die Übersetzungen werden daher an dieser Stelle ausgespart, denn sie sind in der logistischen Fachliteratur einzusehen. ***D-Klauseln*** beinhalten die Übernahme der gesamten Transportkosten durch den Lieferanten. Der Gesamtbestand der Klauseln kann wie folgt dargestellt werden:

E	F	C	D
Ex Works (EXW)	*Free Carrier (FCA)*	*Cost and Freight (CFR)*	*Delivered at Frontier (DAF)*
	Free alongside Ship (FAS)	*Cost Insurance Freight (CIF)*	*Delivered ex Ship (DES)*
	Free on Board (FOB)	*Carriage Paid to (CPT)*	*Delivered ex Quay (DEQ)*
		Carriage and Insurance Paid to (CIP)	*Delivered Duty Unpaid (DDU)*
			Delivered Duty Paid (DDP)

Tabelle 1: *Incoterms (*Quelle: Eigene Darstellung basierend auf Mann / Krampe / Wirth, S. 229)

Bei entsprechendem logistischen Grundwissen handelt es sich hierbei um Termini mit relativ hohem Motiviertheitsgrad (s. S. 199 ff.). Wenngleich durchaus deutsche Äquivalente existieren, werden diese mit hoher Wahrscheinlichkeit und fortlaufenden technischen Neuerungen gänzlich durch die englischen ersetzt werden[443]. Die Ökonomisierung der Sprache erfolgt durch die Klauseln ebenso wie durch die Kodifizierungskürzel in psychiatrischen Klassifikationssystemen.

---

442 ten Hompel / Heidenblut [Logipedia]: online, 17.08.2010.

443 Mann / Krampe / Wirth 2006, S. 229.

3.3.3.2.3 Kombinierte Nomenklatur

Die **Kombinierte Nomenklatur** der EU wurde 1988 verankert und betrifft in erster Linie zolltarifliche und statistische Fragen, welche auch in der Logistik eine herausragende Rolle spielen. Es handelt sich hierbei um eine Weiterentwicklung der zuvor gültigen **Nimexe** und des **Gemeinsamen Zolltarifs** (GZT). Die Nimexe beinhalteten das Warenverzeichnis der EU-Außenhandelsstatistik. Sie galten für den Handel zwischen den einzelnen EU-Mitgliedsstaaten. In dieser Warensystematik wurden in 21 Abschnitten etwa 7.500 Produkte durch sechsstellige Zahlen kodifiziert und einmal jährlich in Anpassung an den aktuellen Entwicklungsstand revidiert.

Die aktuelle Kombinierte Nomenklatur enthält rein numerisch kodifizierte Positionen, welche zum Ende eines jeden Kalenderjahres revidiert werden[444]. Im Vergleich zur Psychiatrie erfolgen hier also wesentlich häufiger Modifikationen, was auf starke Normungsbestrebungen in der Logistik hindeutet. Die hohe Modifikationsfrequenz weist offensichtlich Parallelen zum Anglizismenaufkommen in der Logistik auf.

3.3.3.2.4 Standard International Trade Classification

Die **Standard International Trade Classification** (SITC) ist das internationale Warenverzeichnis der Vereinten Nationen und bezieht sich auf Fragen des Außenhandels. Hierin werden etwa 2.000 Produkte durch jeweils eine fünfstellige Zahl kodifiziert. Dabei erfolgt eine Untergliederung der Warenpositionen in 10 Abteilungen, 69 Abschnitte, 233 Gruppen und 786 Subgruppen[445].

Auch hier zeigt sich durch die Kategorisierung, dass die einzelnen Termini systemisch verbunden sind und bei Modifikationen aufgrund von Prozessen des Sprach- oder Bedeutungswandels jeweils aus veränderter Perspektive betrachtet und bearbeitet werden. Dabei verschieben sich nicht selten auch die Grenzen der Fachgebietszugehörigkeit, wie das folgende Kapitel erkennen lässt, in welchem die Fachsprache der Psychiatrie und die der Logistik aus horizontaler Perspektive beleuchtet werden.

---

[444] Statistisches Amt des Kantons Zürich: online, 10.10.2009.

[445] Statistisches Amt des Kantons Zürich: online, 10.10.2009.

3.4 Differenzierung und Schichtung der Fachsprachen

3.4.1 Horizontale Abgrenzung

Auf horizontaler Ebene können Fachsprachen korrespondierend mit den einzelnen Wissenschaftsbereichen, Fachgebieten und Berufsgruppen **fachgebietsspezifisch** binnendifferenziert werden, wobei eine Fachsprache nicht zwangsläufig auch einer Berufsgruppe entspricht. Der Geltungsbereich einzelner Termini erstreckt sich häufig über mehrere Fachgebiete. Die Grenze zwischen den einzelnen Bereichen ist oftmals ebenso verschwommen wie die zwischen einigen fachsprachlichen Registern und der Gemeinsprache[446].

Möhn / Pelka schlagen zur Vereinfachung eine **objektbezogene Fachgebietsdifferenzierung** vor, bei welcher in bestimmten Fällen „mehrere einzelne Berufe in ihrem intensiven Zusammenwirken auf ein bestimmtes Objekt hin“ subsumiert werden[447]. Ein solches Objekt kann eine psychische Erkrankung oder eine erkrankte Person sein. So bedarf es zur Diagnostik, Therapie und Reintegration mehrerer Berufsgruppen (Internisten, Psychotherapeuten, Sozialarbeiter), die für eine effektive Interaktion über gemeinsame Codes verfügen und deren Terminologien hierdurch mit hoher Wahrscheinlichkeit zahlreiche **Schnittpunkte** aufweisen.

Ebenso nehmen sich zahlreiche medizinische Zweige singulärer Schmerzformen an. Ein Bauchschmerz beispielsweise kann bekanntermaßen sowohl rein somatischer als auch psychischer Natur sein. Selbst ein Knochenbruch muss nicht ausschließlich die Sprache der Chirurgie beanspruchen, denn auch bei scheinbar rein körperlichen Krankheitsbildern besteht die Wahrscheinlichkeit, dass diese auf parasuizidalen bzw. destruktiven Verhaltensweisen psychisch erkrankter Menschen beruhen.

---

446 Laut Ickler existiert noch ein Argumentationswortschatz. Dieser beinhaltet fachtextinterne Lexeme, welche nicht einzelnen Fächern zugeordnet werden können und teilweise interdisziplinär, wenn nicht sogar allgemeinsprachlich Verwendung finden (Ickler 1997, S. 88). Hierzu scheinen Termini wie *Benchmarking* oder *Outlet* zu zählen. Diese sind im Glossar angeführt (s. S. 441).

447 Möhn / Pelka 1984, S. 34.

Zudem ist bei der Betrachtung eines logistischen Güterstroms aus gesamtsystemischer Sicht selten eine einzige Fachdisziplin involviert. Zahlreiche Berufsgruppen beinhalten eine große Bandbreite völlig unterschiedlicher Tätigkeitsfelder und Aufgabenprofile innerhalb einer Expertengruppe, welche sich ihre Fachsprache wiederum mit anderen Berufsgruppen teilt.

Eine Ursache hierfür ist die Tatsache, dass einzelne Fächer sich über lange Zeiträume hinweg auseinanderentwickeln und daher für geraume Zeit über gemeinsame Bestände verfügen. Die dabei entstehenden semantischen Verschiebungen basieren letztendlich auf unterschiedlichen **Entwicklungsgeschwindigkeiten**[448]. Die immer stärkere terminologische Differenzierung ist eine Folge zunehmender Spezialisierungsgrade in Wirtschaft und Wissenschaft sowie fortwährender Arbeitsteilung und der daraus resultierenden **Zersplitterung** einzelner Fachdisziplinen. Diese Faktoren bilden nach Oldenburg eine Ursache für die Bildung immer neuer Subfachsprachen[449]. Gleichermaßen ziehen interdisziplinäre Kooperationen reduktionistische Effekte auf die einzelnen Terminologien nach sich[450].

In gleichem Maße unterschiedlich können sich intradisziplinär auf derselben vertikalen Ebene immense Differenzen auftun. In der Medizin ist dies eher der Fall als in der Wirtschaft. Exemplarisch kann auch hier der **Krankheitsbegriff** angeführt werden, welcher von den somatisch orientierten Medizinern auf morphologische und funktionelle Störungen der Organe, von Psychiatern jedoch auf eine Abweichung vom Mittelwert im Rahmen der Gaußschen Normalverteilung zurückgeführt wird[451].

Eine Interferenzerscheinung fand sich zwischen Psychiatrie und Neurologie nach der Umfrage zum Terminus *Freezing*, denn dieser wird in der Psychiatrie verwendet, um ein emotionales Erstarren bei traumatisierenden Erlebnissen zu benennen. In der Neurologie hingegen benennt er „unvorhersehbare Bewe-

---

448 Zhao 2002, S. 24-26, 43; Ickler 1997, S. 87.

449 Oldenburg 1997, S. 14.

450 Ickler 1997, S. 17-18.

451 Feer 1987, S. 29.

gungsblockaden“ bei Parkinsonpatienten, wenn diese mit dem Medikament L-Dopa therapiert werden[452].

Eine besondere Schwierigkeit tritt in Erscheinung, wenn Vertreter weit voneinander entfernter Berufsgruppen sich scheinbar derselben Terminologie bedienen. Bei Ickler wird dies anhand der Kommunikation zwischen einem Juristen und einem Arzt verdeutlicht, wenn Letzterer als Gutachter vor Gericht fungiert. Der Unterschied hierbei besteht in divergenten Differenzierungen der Schweregrade bei Verletzungen. So werden in der strafrechtlichen Terminologie **schwere** und **leichte Verletzungen** anders voneinander unterschieden als in der medizinischen. Der Verlust eines Fingers stellt aus medizinischer Sicht eine leichte, aus juristischer Perspektive jedoch eine schwere Verletzung dar[453]. Diese Form der interterminologischen Differenz kann und wird durchaus auch im Übersetzungsprozess Konsequenzen nach sich ziehen.

3.4.2 Horizontale Betrachtung der Psychiatrie

Die Psychiatrie wurde nach ihrer Entstehung zunächst einmal durch Hippokrates von Philosophie, Theologie und Aberglaube abgegrenzt[454]. Auf diese Weise eröffnete sich die Möglichkeit der Etablierung zu einem medizinischen Fach. Die **Medizin** selbst ist auf horizontaler Ebene zunächst vergleichsweise deutlich differenzierbar, und zwar in einzelne Teilfachgebiete wie

> Anatomie, Chirurgie, Humangenetik, Innere Medizin, Neurologie, Pharmakologie, Psychiatrie etc.

Die einzelnen Bereiche erfahren eine unterschiedlich starke Zersplitterung und wie bereits angedeutet wurde, kann nicht jeder Disziplin eine eigene Fachsprache oder Terminologie zugeordnet werden. An dieser Stelle ist die bereits angesprochene **objektbezogene Betrachtung** hilfreich. Die einzelnen Körperorgane stellen aus unterschiedlichen Perspektiven den Fokus verschiedener Fachgebiete dar. In einem von Ickler angeführten Beispiel zur Differenzierung medizinischer

452 Peters 2007, S. 197.

453 Ickler 1997, S. 68-69.

454 Marneros 2004, S. 2 / 6.

Teilbereiche präsentiert er etwas überspitzt das Beispiel des Proktologen. Es handelt sich hierbei nach Ickler um

> [...] Fachärzte für den letzten Abschnitt des Verdauungskanals. Auch diese Spezialisierung lässt sich noch überbieten: eine Fachzeitschrift wie Coloproctology ist regelmäßig in Rubriken wie „Kolon“, „Rektum“ und „Anus“ gegliedert[455].

Im Grunde existieren für die Diagnostik und die Therapie jedes Organs Spezialisten aus unterschiedlichen Fachzweigen. So ist eine Behandlung des Gehirns aus anatomischer, chirurgischer, neurobiologischer oder psychiatrischer Sicht durchführbar. Auf chirurgischer Ebene findet dabei beispielsweise eine topographische Orientierung statt. Hieraus wiederum resultiert die endgültige Berufsbezeichnung in Abhängigkeit vom **Spezialisierungsgebiet** (z. B. Gefäßchirurgie, Neurochirurgie). Die Differenzierung ergibt dabei recht klare Grenzen. Anders verhält es sich bei einer Abgrenzung der Psychiatrie innerhalb der Medizin, denn die Grenzen zwischen der Psychiatrie und ihren Nachbardisziplinen sind ebenso unklar wie verschiebbar.

Zu einer Wissenschaft etablierte sich die Psychiatrie im 19. Jahrhundert. Sie blieb bis zum zweiten Drittel des 20. Jahrhunderts unter dem 1971 eingeführten Berufsbild **Facharzt für Nervenheilkunde** eng mit der Neurologie verbunden. Erst ab 1992 erfolgte eine Differenzierung zwischen Neurologen und Psychiatern. Mittlerweile verschwimmen die Grenzen zu den benachbarten Disziplinen wie Neurologie und Neuropsychologie wieder, da sich die Psychiatrie nun eher als eine angewandte Neurowissenschaft versteht[456].

Wesentlich schwieriger als die Trennung der Berufsbereiche gestaltet sich die Zuordnung der Termini zu einem Verwendungsbereich[457]. Die Psychiatrie basiert auf einer nicht geringen Zahl an **Grundlagenwissenschaften** (z. B. Psychologie, Pharmakologie, Sozialwissenschaft oder Epidemiologie). Die einzel-

---

455 Ickler 1997, S. 14.

456 Müller-Spahn 2004, S. 25 / 31.

457 Auch nach Gaebel sind grundlegende Fragen von der Identität des Faches Psychiatrie bis hin zur „Wiedervereinigung mit der Neurologie“ noch zu klären (Gaebel 2004, S. 9 / 14-11 / 16).

nen Bereiche sind von unterschiedlicher Bedeutung für die Psychiatrie. So werden in der **epidemiologischen Forschung** Häufigkeiten und Verteilungen von psychischen Störungen in einer bestimmten Population sowie die Häufigkeiten einhergehender Komplikationen und Behinderungen untersucht. Hierbei wird auch die Anzahl jener Störungen eruiert, welche vom Versorgungssystem anerkannt sind. Epidemiologische Untersuchungen können über geschlechtsspezifische, soziale oder kulturelle Variablen Aufschluss geben, die in Verbindung mit der entsprechenden Störung stehen[458]. Die Epidemiologie liefert eine recht hohe Zahl an Anglizismen, welche auf S. 296 angeführt und beleuchtet werden.

Auch innerhalb eines psychiatrischen Klinikbereiches sind zumeist mehrere verschiedene **Professionen** tätig. Die Untersuchungs- und Erhebungsverfahren zur Identifizierung psychiatrischer Erkrankungen unterliegen ebenfalls unterschiedlichen methodologischen Ansätzen und führen zu entsprechenden inhaltlichen und terminologischen Überschneidungen mit den benachbarten medizinischen Teildisziplinen, denn auch körperliche Befunde (z. B. zu Allgemeinzustand und Konstitution) müssen zumindest für den Ausschluss einer somatischen Störung Berücksichtigung finden. Bei der rein psychiatrischen Diagnostik hingegen werden nicht die körperlichen Veränderungen erfasst, sondern psychische Symptome auf verbaler und paraverbaler Basis ermittelt[459]. Zu den **verbalen Parametern** zählen pejorative, aber auch bestimmte syntaktische Sprachverwendungsformen. Sowohl die Wahl des Stils als auch der Einsatz derber Ausdrücke können auf bestimmte Verhaltensweisen auf Patientenseite hindeuten bzw. als Beeinflussung der Patientenseite dienen[460]. Ein hoher Energieaufwand für Paraphrasierungen des eigenen terminologischen Inventars durch den Psychiater ist hierbei unumgänglich.

---

[458] Wittchen / Hoyer 2006, S. 53-58; Davison / Neale 2007, S. 125; Paulitsch / Karwautz 2008, S. 15-16.

[459] Haupt / Jochheim / Remschmidt 1993, S. 197.

[460] Oksaar 1988, S. 171-172.

In einer konkreten **Binnendifferenzierung** der Psychiatrie sollen exemplarisch einige in Paulitsch / Karwautz[461] erläuterte psychiatrische Teildisziplinen graphisch dargestellt werden:

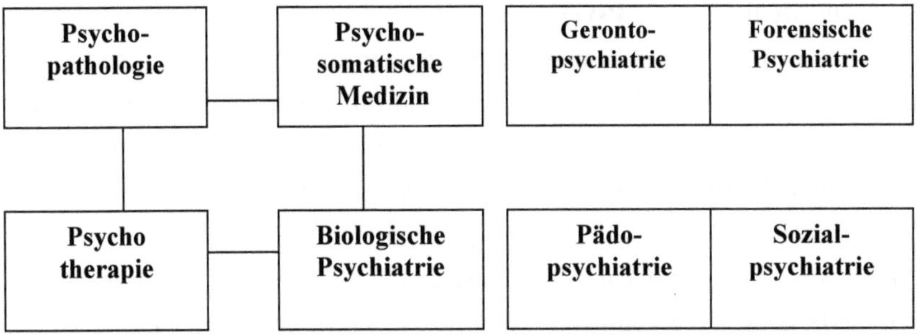

Abbildung 5: Horizontale Differenzierung der Psychiatrie (Quelle: Eigene Darstellung)

Das Schema zeigt Teilbereiche der Psychiatrie, die in unterschiedlichem Maße somatisch oder psychisch orientiert sind und sich somit mehr oder weniger das terminologische Inventar teilen. Auf der linken Seite der Graphik befinden sich vier miteinander verbundene Teildisziplinen, welche mit hoher Wahrscheinlichkeit Teil anderer spezifischer Teildisziplinen sein können, wie sie im rechten Abschnitt abgebildet sind. Die einzelnen Teilbereiche überschneiden sich gelegentlich in Abhängigkeit vom jeweiligen Krankheitsbild, können allerdings unter Umständen auch keinerlei Deckungsgleichheit aufweisen. Ebenso verhält es sich mit dem verwendeten terminologischen Inventar. Die Differenzierung sämtlicher Teilbereiche würde den Rahmen dieser Arbeit erheblich überspannen und wird daher ausgespart. Dennoch sollen einige Teilbereiche kurz erläutert werden. Als eine besonders wichtige Teildisziplin der Psychiatrie gilt die **Psychopathologie**. Diese befasst sich mit der Systematisierung psychischer Einzelsymptome und Krankheiten in Verbindung mit biologischen und sozialen Faktoren.

---

461 Paulitsch / Karwautz 2008, S. 13 ff.

Sie ist ihrerseits binnendifferenzierbar in phänomenologisch-verstehend, deskriptiv und dynamisch-interaktionell-progressiv[462].

Die Psychopathologie basiert auf den Grundprinzipien der Psychologie. Diejenigen Teilbereiche der Psychologie, welche für die Psychiatrie relevant sind, zählen zur **Medizinischen Psychologie**.

Im Rahmen der **Allgemeinpsychiatrie** ist der Fokus auf psychische Störungen im Erwachsenenalter gerichtet. Die **Gerontopsychiatrie** hingegen beschäftigt sich mit Erkrankungen im höheren Alter, auch wenn die Erkrankung schon seit jüngeren Lebensjahren besteht. Mit Patienten jüngeren Alters bis hin zur Volljährigkeit beschäftigt sich die **Pädopsychiatrie**.

Im Fokus der **Forensischen Psychiatrie** befindet sich neben der Behandlung auch die Begutachtung von psychisch kranken Straftätern. Dieser Zweig ist besonders diffizil, da sowohl die Unterbringung als auch die Therapie Straffälliger durch die Moralvorstellungen der Gesellschaft beeinflusst werden und forensisch orientierte Psychiater aufgrund dieser Tatsache überaus hoher Verantwortung und Kritik verpflichtet sind.

Die **Psychosomatische Medizin** stellt zwar ein eigenes Fachgebiet dar, ist jedoch ebenfalls aus der Psychiatrie hervorgegangen. Sie beschäftigt sich mit Interdependenzen zwischen psychischen und physischen Variablen in Bezug auf psychische Störungen[463] und repräsentiert somit den engen Zusammenhang zwischen Leib und Seele. Hierdurch wiederum wird deutlich, dass auch scheinbar entfernte Termini (z. B. Hormonbenennungen in der Psychiatrie, speziell der biologischen Psychiatrie) durchaus eine Rolle spielen und Grenzen immer subjektiv beeinflusst und verschiebbar sind. Dieser Aspekt kommt auch bei der im Folgenden behandelten Transkulturellen Psychiatrie zum Tragen.

3.4.3 Transkulturelle Aspekte

Linguistische Barrieren müssen nicht zwangsläufig auf Interdisziplinarität beruhen. Auch **geographische Komponenten** spielen eine Rolle, denn selbst Exper-

---

462 Tölle 1999, S. 2; Haupt / Jochheim / Remschmidt 1993, S. 188-201; Paulitsch / Karwautz 2008, S. 13.

463 Arztguide: online, 10.10.2009.

ten desselben Wissenschaftsbereiches sehen sich zeitweise terminologischen und fachlichen Grenzen gegenüber. Dies basiert auf der Kulturgebundenheit einzelner Krankheitsbilder und diverser Konzepte. Als fachgebietsrelevantes Beispiel dienen die verschiedenen medizinischen Ansätze unterschiedlicher Kulturkreise. Die Kenntnis über pflanzliche Heilmittel und deren Verwendung unterscheidet sich beispielsweise in Abhängigkeit vom ökologischen Umfeld einer Kultur und deren Wissenschaftsparadigmen. Terminologische Divergenzen können sich demnach auch zwischen Experten innerhalb bestimmter Fach- oder Sprachgebiete ergeben, da (abgesehen von der Unmöglichkeit einer klaren Abgrenzung) auch die jeweiligen Kommunikationsteilnehmer als einfließende Variablen zu berücksichtigen sind. Diese Tatsache kann in gänzlich unterschiedlichen Behandlungsansätzen resultieren, welche sich dann in lexematischen Unterschieden der einzelnen Terminologien widerspiegeln[464]. So wird in Peters gar die in Madagaskar zum Einsatz kommende Heilzeremonie *Bilo* als Lemmaeintrag geführt, wenngleich nicht davon auszugehen ist, dass diese im deutschsprachigen Raum jemals Anwendung finden wird[465].

Als weiterer Parameter erweist sich das zeitversetzte Verschwinden oder Verändern von Diagnosen in verschiedenen Kulturkreisen. So transportierte das Störungsbild der *Neurasthenie* in der östlichen Medizin hohen semantischen Gehalt als ihm in der westlichen Welt keine Bedeutung mehr beigemessen wurde. In Letzterer wurde der Terminus um 1900 für die Beschreibung von Störungen bestimmter Persönlichkeitsvarianten verwendet, nämlich solchen, die Symptombilder aufgrund besonders „schwacher Nerven" aufwiesen.

In China hingegen erlangte die Neurasthenie erst nach der Kulturrevolution in der zweiten Hälfte des 20. Jahrhunderts Bedeutung. Diese **Form des Wertewandels** schlägt sich nicht selten auch in der Diagnostik nieder, da das Augenmerk des Mediziners grundsätzlich auf aktuelle paradigmatische Faktoren gerichtet ist. Interessant wird diese Tatsache im Rahmen des Übersetzungsprozesses, welcher unter bestimmten Umständen durchaus eine Umbenennung im Translat erforderlich machen kann.

---

464 Lévi-Strauß 1972, S. 12.

465 Peters 2007, S. 78.

Mittlerweile findet im Zusammenhang mit Erschöpfungszuständen der Terminus *Chronic Fatigue Syndrom* Verwendung. Für diesen existieren sowohl aus diachroner als auch aus synchroner Sicht zahlreiche synonyme Varianten, die aber aufgrund lokaler Begrenztheit nicht immer vollständige semantische Deckungsgleichheit aufweisen, wie z. B. der mit der englischen Abkürzung für *Chronic Fatigue Syndrome* geführte Terminus *Chronisches Erschöpfungssyndrom* (*CFS*, Deutschland) sowie *Iceland-Disease* (1948, Akureyri, Island), *Neurasthenie* (1896, USA), *Lake-Tahoe-Disease* (1984, Incline Village, USA) und *Post-viral Fatigue Syndrome* (*PVFS*, GB)[466]. So besteht durchaus die Möglichkeit, dass **innerhalb eines Kulturkreises verschiedene Diagnosen** für dieselben Störungsbilder gestellt werden.

Helmchen erwähnt sogar einen in Los Angeles eingetretenen Fall, in welchem man für „asiatisch gebürtige Amerikaner" die Diagnose *Neurasthenie* stellte, während „kaukasische Amerikaner" mit derselben Symptomatik angeblich an einem *Chronic Fatigue Syndrom* litten[467]. Diese Tatsache deutet darauf hin, dass den Patienten de facto verschiedene Krankheitsbilder unterstellt wurden, da es sich nachweislich um zwei unterschiedliche Konzepte handelt. Hieran wird die kulturelle und historische Determiniertheit der Konzepte und Paradigmen erkennbar.

Ein in zahlreichen Variationen beschriebenes, **kulturgebundenes Syndrom** ist das im westlichen Kulturkreis als *Amok* bekannte Phänomen, dessen Ursprung offensichtlich kaum verifizierbar ist und für welches sich scheinbar keine eindeutige Definition finden lässt. Eine ausführliche Erläuterung zum Ursprung dieses Konzepts findet sich bei Pfeiffer. Dort wird Amok vor allem mit Termini wie dem aus dem Vorderindischen stammenden *amuco* oder *Hamùk* aus Java und dem Fernen Osten in Verbindung gebracht. Alle Konzepte beschreiben das Phänomen des Mordens nach Bewusstseinsveränderung, begleitet von einer Amnesie während Tat, welche wiederum zumeist zu einem suizidalen Ende

---

466 Helmchen 2006, S. 203. In der Umfrage wurde der Terminus *Chronic Fatigue Syndrome* als weiteres Beispiel präsentiert, und zwar unter dem Verweis auf den gebräuchlicheren Terminus *Chronic Fatigue.*

467 Facharzt: online, 13.12.2009; Helmchen 2006, S. 203.

führt. Der Terminus wird mittlerweile im europäischen Raum besonders auf Ebene der Gemeinsprache recht großzügig für jegliche Form eines durch eine Einzelperson begangenen „Massenmordes“ verwendet. Besonders in den Medien wird dieses Phänomen grundsätzlich als *Amoklauf* denotiert, obwohl die Planung einer Tat laut *Pschyrembel* dem Symptombild von Grund auf widerspricht, denn dort bezeichnet *Amok* einen reaktiven Erregungszustand, „bei dem es zu plötzlichen ungerichteten Gewaltausbrüchen“ kommt[468]. Es handelt sich also beim Terminus *Amok* offensichtlich um einen Pseudointernationalismus, da er nicht in jeder Sprache gleich bewertet wird. Die klare Festlegung des Terminus spielt aber nicht nur für die psychiatrische Ebene, sondern auch für die juristische eine bedeutende Rolle. So zieht eine Differenzierung zwischen dissoziativen Ausnahmezuständen und gezieltem Vorgehen letztendlich Konsequenzen bezüglich der Schuldfähigkeit oder einer möglichen Exkulpierung nach sich. Pfeiffer fordert daher zu Recht eine Präzisierung der Diagnosekriterien und der Terminologie[469].

3.4.4 Horizontale Betrachtung der Logistik

Die Logistik stellt eine Teildisziplin der zu den **Geisteswissenschaften** zählenden Wirtschaftswissenschaften dar[470]. Die Differenzierung der Wirtschaft als Wissenschaft führt – ebenso wie die der Medizin – zu Überschneidungen mit zahlreichen Nachbardisziplinen. So hat die Wirtschaftsfachsprache unter anderem Anteil an juristischem Vokabular, da dieses häufig eine Komponente wirtschaftlichen Handelns darstellt (z. B. *Cross-Border-Verträge*). Eine Binnendifferenzierung der Wirtschaft ergibt die Kernbereiche **Volkswirtschaftslehre** (VWL) und **Betriebswirtschaftslehre** (BWL). Letzterem ist die Logistik zuzurechnen, wenngleich nach Expertenbefragung hierbei die Berücksichtigung eines volkswirtschaftlichen Anteils zu überdenken ist[471]. Die Betriebswirtschaft

---

468 Pschyrembel 2002, S. 65. Aufgrund der erkennbaren Komplexität des *Amok* kann das Fachlexikon *Pschyrembel* mit seiner kurzen Ausführung nicht als präskriptive Fachgröße für diese Problematik betrachtet werden.

469 Pfeiffer 1994, S. 133, ff.

470 Zhao 2002, S. 21.

471 Vahrenkamp 2007, S. 252-276; Ickler 1997, S. 39.

(inklusive der Logistik) unterscheidet sich von der Volkswirtschaft durch ihre Behandlung wirtschaftlicher Aspekte aus Sicht eines einzelnen Unternehmens, während der volkswirtschaftliche Blickwinkel das Gesamtsystem aller Unternehmen auf einer breitgefächerten Ebene betrachtet[472]. Die horizontale Gliederung der Logistik resultiert in einer hohen Zahl an Teildisziplinen, kann jedoch auch anhand der fundamentalen Basiskomponenten beschrieben werden, welche in der folgenden Darstellung abgebildet sind:

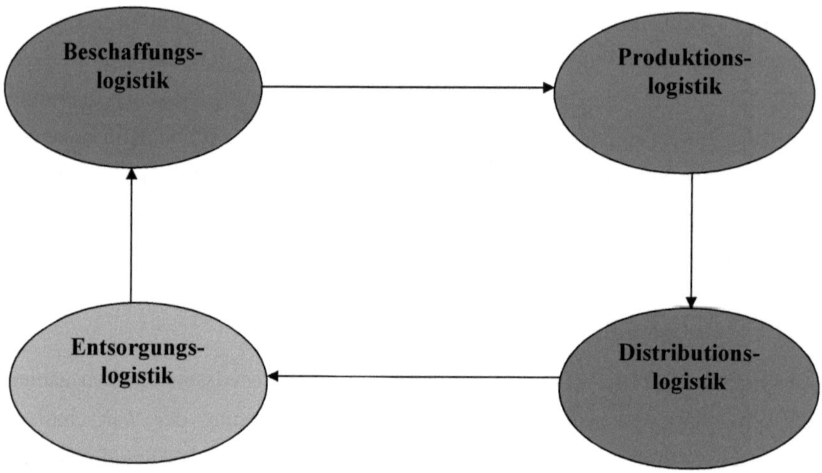

Abbildung 6: Horizontale Differenzierung der Logistik (Quelle: Eigene Darstellung)

Beschaffungslogistik, Produktionslogistik und Distributionslogistik zählen zu den logistischen Hauptzweigen[473]. Im Fokus der **Beschaffungslogistik** stehen Aktivitäten, welche der Versorgung des industriellen Herstellungsprozesses mit den hierfür erforderlichen Gütern und Dienstleistungen zur Verfügung stehen. Beschaffungslogistische Maßnahmen gehen den produktions- und den distributionslogistischen voraus. Erstere werden mittlerweile auch als *Procurement* oder *Sourcing* bezeichnet und die Vermutung liegt nahe, dass sich diese Benennun-

---

472 Laut Experteninterview (15.05.2010) zählen hierzu Themenbereiche wie Währungsfragen, Wechselkurse und Arbeitslosigkeit.

473 Mann / Krampe / Wirth 2006, S. 249-250.

gen in naher Zukunft – zumindest im wissenschaftlich-theoretischen Bereich – auch als manifeste Anglizismen etablieren werden[474]. Die **Produktionslogistik**[475] benennt jenen Teil der Logistik, welcher zwischen beschaffungs- und transportlogistischen Aktivitäten angesiedelt ist[476]. Der produktionslogistischen Ebene sind die erwähnten TUL-Prozesse (s. S. 38) zuzuordnen[477]. Hier wäre zu überprüfen, inwiefern die produktionsbezogene Terminologie eine Basis für produktionslogistische Aktivitäten bildet. Im Rahmen der **Distributionslogistik** kommen Verkauf und Verteilung der produzierten Waren vom Lieferanten an den Endverbraucher zum Tragen. Im *Gabler Wirtschaftslexikon* wird als Hauptcharakteristikum dieses Zweiges angeführt, dass es sich um ein „intraorganisatorisches Logistiksystem" handelt, welches zur Aufgabe hat, „den Logistikkanal vom Lieferanten zum Abnehmer hinsichtlich der Kosten und Leistungen unter Berücksichtigung von Servicezielen effizient zu gestalten"[478].

Ordnet man jedem einzelnen logistischen Bereich eine ausdifferenzierte Terminologie zu, so ist im Grunde eine Unterscheidung zwischen beschaffungslogistischem, distributionslogistischem und produktionslogistischem Terminusinventar zu treffen. Eine Einstufung des terminologischen Inventars als intra- oder interterminologisch hängt demnach auch innerhalb eines Wissenschaftszweiges von der jeweiligen Perspektive ab. Es stellt sich jedoch die Frage, ob die Differenzierung einzelner Bereiche überhaupt sinnvoll sein kann oder letztendlich nicht zu weit führt. Da z. B. die Distributionslogistik zu einem großen Teil auf transportlogistischen Konzepten basiert, bedient sie sich natürlicherweise derselben Termini. Zu derartigen Konzepten zählt das *Collaborative Planning, Forecasting and Replenishment* (*CPFR*), welches der Kooperation von Hersteller und Händ-

---

474 Mann / Krampe / Wirth 2006, S. 249-250.

475 Bei Einbetriebunternehmen wird dieser Zweig auch als *Intralogistik* bzw. *innerbetriebliche Logistik* bezeichnet.

476 Dieser Bereich beinhaltet „die Planung, Steuerung und Durchführung des Transports und der Lagerung von Rohmaterial, Hilfsstoffen, Betriebsstoffen, Kaufteilen, Ersatzteilen [...] innerhalb des Produktionssystems eines Unternehmens" (*Gabler Wirtschaftslexikon*. „Distributionslogistik": online, 24.05.2010).

477 *Gabler Wirtschaftslexikon*. „Produktionslogistik": online, 24.05.2010.

478 *Gabler Wirtschaftslexikon*. „Distributionslogistik": online, 24.05.2010.

ler auf der Basis des gemeinsamen Wissensbestandes dient[479]. Ein interessantes Untersuchungsobjekt könnte somit die Untersuchung der tatsächlichen Differenzierungsgrade einzelner Logistikzweige und der Konsequenzen für die entsprechenden Terminologien darstellen.

Neben den drei klassischen Logistikzweigen stellt vor allem die **Entsorgungslogistik** bzw. **Reverselogistik** einen wesentlichen Bestandteil der Logistik und auch des alltäglichen Lebens dar. Sie bildet das letzte Glied der logistischen Aufgabenkette und schließt den Kreislauf in beschaffungslogistische Richtung, denn die aus der Entsorgung gewonnenen Rohstoffe werden wieder in den logistischen Kreislauf eingeführt. Das Hauptaugenmerk ist hierbei auf die Aufbereitung und Beseitigung von Gütern auf der Basis von Lehrgutrücknahme und Abfallbeseitigung sowie auf die Rückführung von sekundären Rohstoffen in den industriellen Produktionsprozess gerichtet[480]. Ein Anglizismus, welcher dem Großteil der Bevölkerung vertraut sein dürfte, ist das *Recycling* in all seinen lexematischen Variationen (z. B. *Textilrecycling*[481]).

Während in der zuvor besprochenen Abbildung die Grundkomponenten der Logistik dargestellt sind, finden sich in der folgenden Graphik **Teilbereiche**, welche auf den besprochenen Komponenten basieren und ohne diese nicht funktionieren können, somit ergo nicht als gleichwertig zu betrachten sind. Die Grundkomponenten lassen jedoch vermuten, dass sie sich auf einem gemeinsamen terminologischen Fundament befinden.

---

479 Lucke 2006, S. 46-54.

480 Schulte 1999, S. 238; Krampe / Lucke 2006a, S. 26-27.

481 Industrie- und Handelskammer Erfurt, S. 32.

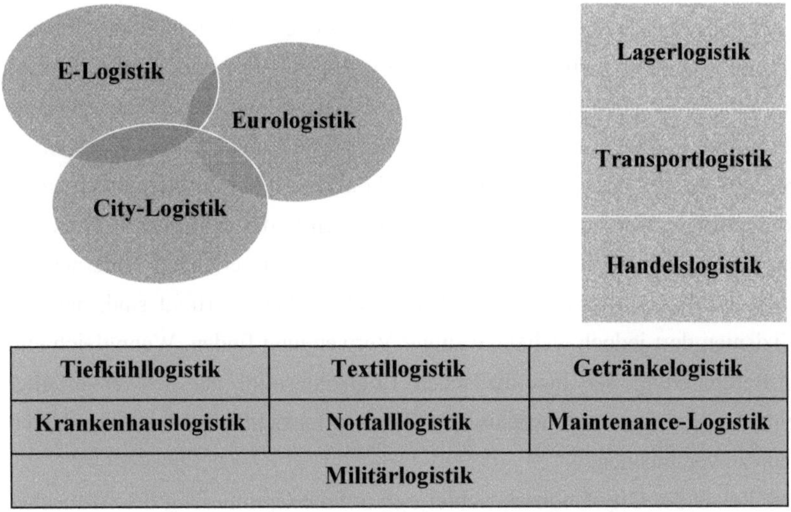

Abbildung 7: Logistische Teilbereiche (Quelle: Eigene Darstellung)

Die auf unterster Stufe abgebildeten Teildisziplinen deuten aus terminologischer Sicht auf hochdifferenzierte Teilbereiche hin, während besonders die oberen Teildisziplinen im Grunde mehrere Disziplinen in sich vereinen können. Umso weiter verbreitet sind demnach die darin enthaltenen Termini und umso höher ist die Wahrscheinlichkeit, dass sich mit steigendem Differenzierungsgrad die Verwendung des entsprechenden Vokabulars auf diesen Bereich beschränkt. Die bereits besprochenen TUL-Prozesse (s. S. 38) sind aus Gründen der Vollständigkeit noch einmal in der Graphik angeführt. Auf die weiteren Bereiche soll im Folgenden eingegangen werden.

Die **Eurologistik**, welche sich nach der Expansion logistischer Netzwerke und neuer Distributionsstrukturen auf dem europäischen Binnenmarkt sowie der daraus resultierenden Harmonisierung der Normen herausgebildet hat[482], repräsentiert im Grunde die Globalisierung und die hohen Kommunikations- und Transportgeschwindigkeiten als Wirkfaktoren für den Anglizismenreichtum in der Logistik. Für wirtschaftlich bedeutende Zweige (z. B. Pharmaindustrie) stellt

482 Schulte 1999, S. 123.

die zeitnahe Kundenbelieferung einen ausschlaggebenden Wettbewerbsfaktor dar, der hohe Geschwindigkeiten im Warenfluss und der Kommunikation sowie der Produktstandardisierung erfordert. Die weltweite Vernetzung führt aber am Ende immer auch neue Hürden mit sich. Die Erweiterung der EU um acht Länder in Mittel- und Osteuropa im Jahre 2004 und um Rumänien und Bulgarien im Jahre 2007 zeigte, dass westliche Logistikkonzepte nicht problemlos auf jedes Land übertragen werden können[483]. So stellte sich in der empirischen Phase der Untersuchung schnell heraus, dass auf Osteuropa ausgerichtete Unternehmen mit den erhobenen Items zwar auf theoretischer Ebene vertraut sind, dass die Anglizismen dort jedoch weitaus weniger Verwendung finden. Wenngleich eine Ausdifferenzierung der innerdeutschen Logistiktermini nur schwer möglich scheint, so sind im innereuropäischen Raum offensichtlich sehr starke Unterschiede zu verzeichnen.

Der Fokus der **City-Logistik** richtet sich auf die Optimierung der städtischen Güterversorgung sowie die Steuerung der entsprechenden Ver- und Entsorgungsverkehre für die einzelnen Unternehmen[484].

Einen neben der Produktionslogistik besonders wichtigen Zweig der Logistik stellt die **Handelslogistik** dar. Ihr Aufgabenbereich umfasst die bedarfsgerechte Konzeptionierung der Warenflüsse in Konsumentenrichtung. Das Hauptmerkmal der Handelslogistik besteht darin, dass an einem Produkt keinerlei Veränderungen mehr vorgenommen werden. Dieser Logistikzweig ist zudem in **Groß-** und **Einzelhandelslogistik** binnendifferenzierbar. Eine Großhandelsbetriebsform sind *Cash-and-Carry-Märkte*[485], bei denen das Konzept – erschließbar aus der Benennung – aus einer Barzahlung mit anschließendem Eigentransport der Ware besteht[486]. Besonders im Einzelhandelsbereich finden sich immer mehr

---

483 Nach Vahrenkamp beinhalten die neuen Distributionsstrukturen vor allem die Abschaffung der europaweiten singulären Umschlagknoten (Regionallager) und die vereinfachte Bewerkstelligung von Auftragsabwicklungen zwischen einzelnen Ländern (Vahrenkamp 2007, S. 126-132).

484 Schulte 1999, S. 49; Vahrenkamp 2007, S. 107.

485 Im Experteninterview wurde als Beispiel für *Cash-and-Carry-Märkte* die Firma *Metro* genannt (Experteninterview, 15.05.2010).

486 Fortmann / Kallweit 2007, S. 27-143; Wirtschaftslexikon: online, 06.09.2009.

englische Benennungen für diverse Betriebsformen (z. B. das Hybridkompositum *Lebensmitteldiscountmarkt* oder so genannte *Factory Outlets*). Bei genauerer Betrachtung scheint die Benennung einer Betriebsform auf Englisch gar eine Grundlage für die Konkurrenzfähigkeit auf dem Wirtschaftsmarkt zu verkörpern. Auch hier sind es besonders elektronische Systeme, welche das Anglizismenaufkommen erhöhen, wie dies beim Terminus *Personal Shopping Assistant* der Fall ist. Diese Benennung denotiert einen mobilen Minicomputer „mit Touchscreen und Barcode-Scanner [...]. Der Verbraucher scannt selbständig Waren und ermittelt beim Check-out“ den endgültigen Produktpreis[487]. Wie sich an den Lexemen *Touchscreen*, *Barcode-Scanner* und *Check-out* zeigt, scheint selbst die Beschreibung der Vorgänge nicht ohne Anglizismen möglich, da besonders die auf elektronischen Grundlagen basierenden Fachgebiete ein hohes Maß an Empfänglichkeit für Anglizismen repräsentieren, denn schließlich bildet der Bereich der Elektronik eine Grundvoraussetzung für die globale Vernetzung und den damit verbundenen Anglizismentransport.

Bei der **Transportlogistik** handelt es sich um einen Bereich, der stark in Konfrontation mit jenen Sprachteilhabern steht, welche sich nicht auf logistischem Sprachgebiet bewegen. Hauptbestandteil der Transportlogistik sind Verkehrssysteme (z. B. Straßen- und Schienengüterverkehr, Schifffahrt und Luftverkehr). Besonders der grenzüberschreitende Verkehr lässt eine hohe Anzahl englischer Termini erahnen. So erfolgt der Datenaustausch zwischen den einzelnen Bahnsystemen vor allem über elektronische Systeme wie das *European Train Control System* (*ETCS*)[488] oder das *Global System for Mobile Communication Railways* (*GSM-R*). Diese Termini sind fester Bestandteil logistischen Terminusinventars[489]. Wie die folgende einfache Darstellung zeigen soll, beinhaltet der transportlogistische Sektor wesentliche Bestandteile weiterer logistischer Teildisziplinen.

---

487 RFID ATLAS: online, 06.09.2009; Fortmann / Kallweit 2007, S. 27-143.

488 *ETCS* stellt einen relativ motivierten Terminus dar, der die Automatisierung des Schienengüterverkehrs benennt (Experteninterview, 15.05.2010).

489 Fortmann / Kallweit 2007, S. 11.

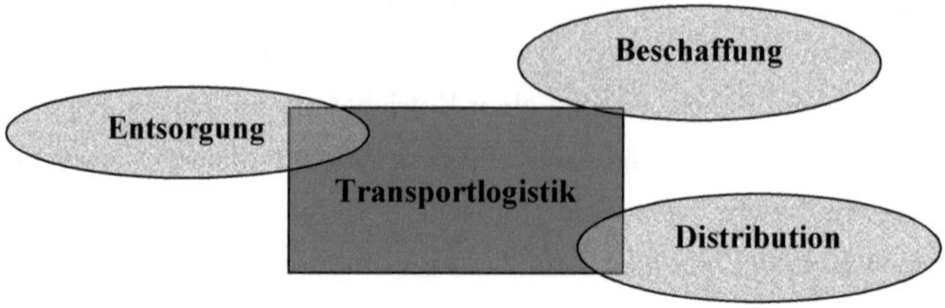

Abbildung 8: Transportlogistische Subgruppen (Quelle: Eigene Darstellung)

Deutlich gezeigt werden können auch an dieser Graphik die Variationen in der Abgrenzbarkeit und der Differenzierung, welche zu korrespondierenden Veränderungen in der Eingrenzung des Terminusinventars führen. Da transportlogistisches Vokabular beschaffungs-, distributions- und auch entsorgungslogistische Komponenten enthält, zeigen sich hier entsprechende Überschneidungen, welche in Abhängigkeit von der perspektivischen Position Modifikationen erfahren.

Ein Bereich der Logistik, welcher für ein hohes Anglizismenaufkommen prädestiniert scheint, ist die **Informationslogistik**. Ihre Aufgabe besteht im zeitgerechten Bereitstellen von Informationen auf der Basis elektronischer Kommunikationssysteme und Datenverarbeitungsprogramme[490]. An dieser Stelle sei auch auf Halliday / Martin verwiesen, die (allerdings in Bezug auf sprachwissenschaftliche Zusammenhänge) verlauten lassen: „(M)any of us no longer spend our time producing and exchanging goods and services; instead we produce and exchange information."[491]. Das Gebiet der Informationstechnologie überspannt allerdings den Rahmen der vorliegenden Untersuchung[492]. In Bezug auf den Warenhandel jedoch existieren einige Systeme, welche in der Logistik eine wesentliche Rolle spielen und kurz erwähnt werden sollen. So liefert der Bereich der automatischen Datenerfassung eine breite Palette an Anglizismen (z. B. *Barcode*, *Read*, *Scanner*,

---

490 Krampe / Lucke 2006a, S. 113-121.

491 Halliday / Martin 1993, S. 18.

492 Bei Schmitt wird deutlich, dass Anglizismen im gesamten Bereich der Hochtechnologie (Mikroelektronik, Computertechnik, Luft- und Raumfahrt) als „der translatorische Normalfall" zu betrachten sind (Schmitt 2000, S. 257).

Decoder, *Tag* oder *Pulkerfassung*)[493]. Der Terminus *Informationslogistik* und dessen Inhalte stehen somit für den engen Zusammenhang zwischen der elektronifizierten Welt und dem hierdurch geförderten Anglizismenaufkommen.

In den Aufgabenbereich der **Notfalllogistik** fallen Versorgungsaktivitäten bei unerwarteten Störungsfällen im Netzwerk der *Supply Side*. Zu den hierbei angewandten Qualitätssicherungs- und Problemerkennungsverfahren zählen *Failure Mode and Effects Analysis* (*FMEA*), *Quality Function Deployment* (*QFD*) und *Logistic Function Deployment* (*LFD*)[494]. Es ist nicht auszuschließen, dass diese Konzepte auch anderen Wirtschafts- oder Lebensbereichen zuzuordnen sind bzw. diesen entstammen. So wurde *FMEA* in Befragungen unter anderem der Automobilbranche zugeordnet.

Der Bereich der **Militärlogistik** bildet, wie bereits erläutert (s. S. 38), den Ursprung der Logistik als eigenständiges Fach. Der Terminus *Maintenance-Logistik* fiel ausschließlich in der Expertenbefragung, soll aber dennoch an dieser Stelle angeführt werden, da es sich um eine jüngere Benennung für den ursprünglichen Terminus *Instandhaltungslogistik* zu handeln scheint, welcher nunmehr durch einen Anglizismus denotiert ist[495].

Wie in diesem Kapitel sehr deutlich zu erkennen ist, resultiert eine Differenzierung der Logistik in zahlreichen mehr oder weniger gewichtigen Teildisziplinen. Eine Untergliederung muss nicht zwangsläufig aus der hier gewählten Perspektive erfolgen, denn gerade aus sprachwissenschaftlicher Sicht sind Beginn und Ende einzelner logistischer Aufgabenbereiche und Teildisziplinen schwer nachvollziehbar. Die einzelnen Subkategorien sind zudem sehr weit zersplittert und durchweg unklar differenziert. In der Umfrage zeigte sich, dass auch Logistikdienstleister nicht zwangsläufig mit den einzelnen Teilbereichen vertraut sind und dass sich einzelne Teildisziplinen erneut in sehr viele einzelne Bereiche untergliedern lassen, in welchen wiederum entsprechend versierte Fachsprachenteilnehmer tätig sind. Auf einer deutschen Firmenseite im Internet fanden sich beispielsweise als Dienstleistungen eines Logistikanbieters die durch folgende

---

493 Barcodat: online, 06.09.2009.

494 Mann / Krampe / Wirth 2006, S. 249-250; Experteninterview, 25.01.2010.

495 Experteninterview, 15.05.2010.

Termini denotierten Aufgabenbereiche: *Procurement, Customer Care, Warehousing, Debitoren-Management, IT / E-Shop, Reverse-Logistics* und *Distribution*[496].

Die horizontale Differenzierung im Bereich der Logistik bietet ebenfalls ein hohes Anglizismenaufkommen. Im Rahmen der Befragung fanden sich zahlreiche englische Benennungen in den Angaben zum Tätigkeitsbereich, z. B.

> *Produktionsmanagement, Teamleiter, Revenue Management, Logistik Management* [sic], *Cluster-Management, OR in Logistik, Automatic Material Handling-Systemintegrator, Business Development, Sales and Communication, Logistics Services (Logistikdienstleister), Principal in einer internationalen Logistikberatung, Offshore Netzanbindungen für Offshore Windparks* [sic], *Sales Manager Europe, Vice Director Logistikunternehmen, DIY-Branche*[497], *Sales Manager, Supply Chain Management, Containerterminals, Export Administration Manager*

Ein solches Anglizismenaufkommen auf Ebene der Psychiatrie scheint in den nächsten Jahren nicht zu erwarten. Derartige Benennungen psychiatrischer Dienste würden den Kontakt zum Patienten eher behindern als fördern. Auch hier besteht ein klarer Unterschied zur Logistik bzw. zur Wirtschaft, da eine Internetseite ohne Anglizismen in der Logistik undenkbar, in der Psychiatrie jedoch sehr wahrscheinlich ist.

3.4.5 Vertikale Schichtung

> In Wahrheit wechselt der begriffliche Zuschnitt mit jeder Sprache,
> und der Gebrauch mehr oder weniger abstrakter Ausdrücke
> hängt […] nicht von der intellektuellen Fähigkeit ab,
> sondern von den Interessen […].
> (Lévi-Strauß 1973, S. 12)

3.4.5.1 Schichtungsmodelle

Während die horizontale Differenzierung anhand lexematischer Charakteristika stattfindet, ergibt sich eine vertikale Aufgliederung der Fachsprachen aus unterschiedlichen **Abstraktionsgraden** stilistischer Merkmale[498]. Zur vertikalen

---

496 Loewe Logistics & Care: online, 13.08.2009.

497 *DIY = do it yourself.*

498 Schmitt 1985, S. 20.

Schichtung der Fachsprachen existieren zahlreiche Modelle, welche in erster Linie in Bezug auf die Wirtschaftsfachsprache entwickelt wurden. Die Komplexität einzelner Schichtungsmodelle ist allerdings immer im Zusammenhang mit dem wissenschaftlichen Rahmen zu sehen, in welchem diese Anwendung finden. Im Gegensatz zur horizontalen Differenzierung ist hier jedoch keine endlose Zersplitterung möglich, wie die folgenden Schichtungsmodelle zeigen.

a) Zweischichtige Modelle

Eine sehr grobe Einteilung der Fachsprachen wird von Edvard **Beneš** durch dessen Unterscheidung zwischen Theoriesprache und praktischem Sprachstil vorgenommen. Nach Beneš sind die beiden Ebenen durch ihre Art der Normiertheit gekennzeichnet: Während im theoriesprachlichen Bereich die Terminusbedeutungen per definitionem festgelegt sind, findet im Praxisbereich eine eher konventionelle Regelung der Begriffsverwendungen statt[499]. Analog dazu wird in der Psychiatrie der englische Einfluss eher für den akademischen Rahmen als für die versorgungsmedizinische Ebene konstatiert[500]. **Oldenburg** trennt zudem den Fachsprachenbedarf in Handel und Industrie und von dem in Wissenschaft und Forschung[501]. Ein Modell von **Schippan** führt zur Unterscheidung der Sprachverwendung zwischen forschenden Medizinern und behandelnden Ärzten. Ihre Einteilung beinhaltet wissenschaftliche Abhandlungen versus berufsspezifische Alltagslexik[502].

b) Dreischichtige Modelle

Eine dreischichtige Einteilung der Sprachverwendung findet sich bei mehreren Autoren (z. B. Oksaar). Die Modelle unterscheiden sich nur im Hinblick auf ihre metalinguistische Terminologie. Die **Schichtung** erfolgt z. B. in

499 Beneš 1969, S. 226; Schmitt 1985, S. 20; Ickler 1997, S. 192.

500 Experteninterview, 21.06.2009.

501 Oldenburg 1997, S. 15.

502 Schippan 1992, S. 233.

- fachintern, interfachlich, fachextern[503]
- innerfachlich, überfachlich, außerfachlich[504]

Die **fachinterne Schicht** beinhaltet ebenfalls differenzierbare Subkategorien:

- Theorie und Praxissprache
- praxisbezogene Umgangssprache

Der **Theorie- und Praxissprache** lassen sich z. B. Terminologien zuordnen, während die praxisbezogene Umgangssprache (Werkstatt-, Betriebs- oder Laborslang) beispielsweise Fachjargonismen enthält. Bei Markl findet sich zum englischen Fachjargon der Terminus: „*approximate Englisch* – das Rotwelsch, die Gaunersprache der Wissenschaft – und der Abkürzungs-Laborjargon“[505]. Markls Wortwahl „Gaunersprache“ deutet in gewisser Weise auf kollektive Normen in sozialen Varianten der Fachkommunikation hin. So können spezielle Fachjargonismen durchaus zur Demonstration von Gruppenzugehörigkeit eingesetzt werden[506]. Nach Ickler ist diese vulgarisierte Sprachvarietät bzw. „Gaunersprache“ im medizinischen Kontext auch als **OP-Jargon** oder in Verbindung mit psychologischen Fachjargonismen als **Psychojargon** einzustufen[507]. Dieser Sprachstil ist de facto von der konventionalisierten Schriftsprache und damit der Ebene der *langue* abzugrenzen[508]. Er zählt somit zur Alltagslexik auf Ebene der *parole*. Für die Gesamtsprache wird **Jargon** als eine „situationsabhängige Sprachform mit gemeinsprachlicher Grammatik, saloppem Sprachstil, emotionalen Wörtern und Wendungen“ definiert[509]. Die hierbei verwendeten fachsprach-

---

503 Möhn / Pelka 1984, S. 150.

504 Oksaar 1986, S. 104.

505 Markl 1986, S. 22.

506 Schippan 1992, S. 228-237. Während Mertens / Servos / Stadler 1973 (S. 416) den gesamten fachlich-praktischen Stil als zur Gemeinsprache gehörig betrachten, soll er für die vorliegende Untersuchung als Bestandteil der Fachsprache betrachtet werden, da die dabei verwendeten Termini im gemeinsprachlichen Bereich kaum mehr Verwendung finden können als in der Fachsprache.

507 Ickler 1997, S. 95.

508 Schmitt 1985, S. 62-65.

509 Fischer 1999, S. 2.

lichen Mittel sind allerdings weniger pejorativen Charakters als dies in der Gemeinsprache der Fall ist. Dennoch können sie dieselben Konnotationen auslösen und zur Ausgrenzung nichtfachsprachlicher Aktanten führen.

Zum **Fachjargon** zählt auch die bei Schippan als „berufsspezifische Alltagslexik" beschriebene Terminologie. Im Bereich der medizinischen Fachpraxis scheint es sich hierbei um ein sehr gebräuchliches Kommunikationsmittel zu handeln. Erkennbar wird dies an Benennungen von Krankenhauspatienten anhand des jeweils erkrankten Körperorgans („die Hüfte auf Zimmer 3") oder mittels Kurzformen (z. B. *Diffs* für *Differenzialblutbilder*, *Motten* für *Tuberkulose*, *Halsnagel* für *Oberhalsnagelung*, *Anzapfen* für *Blutabnehmen*)[510]. Interessant wäre sicherlich auch eine diesbezügliche Analyse der Logistik oder der Wirtschaftsfachsprache. Auch im Experteninterview fanden Termini Erwähnung, welche zunächst recht umgangssprachlich anmuten (z. B. *Kickoff-Meeting* für die Initiierung neuer Projekte)[511], jedoch in der Paraphrasierung bzw. im Übersetzungsversuch tatsächlich eine gewisse Notwendigkeit der Beibehaltung erkennen lassen.

Zur **interfachlichen Schicht** wird die Kommunikation zwischen den einzelnen Fachgebieten oder Teilfachgebieten gezählt, wie sie im Kontakt eines forensischen Psychiaters mit einem Pädopsychiater in der Therapie eines jugendlichen Straftäters zum Einsatz käme. Im Bereich der Logistik ließe sich die Kommunikation zwischen City-Logistikern und Entsorgungslogistikern anführen, da deren Arbeit, wie bereits im Kapitel zuvor betont wurde, zumindest auf städtischer Ebene, auf einer engen Kooperation beruht. **Fachexterne Kommunikation** impliziert die Verbreitungssprache (z. B. Verteilersprache, Werbung, Verkauf) zwischen Experten und Laien[512]. Die fachexterne Schicht wird bei **Möhn / Pelka** noch einmal in folgende Kommunikationsformen unterteilt:

- direkt (mündlich)
- indirekt (schriftlich)

510 Schippan 1992, S. 235-236.

511 Experteninterview, 30.05.2010.

512 Schippan 1992, S. 232.

- massenmedial (mündlich und schriftlich)[513]

Sowohl in Bezug auf das Fach Medizin als auch auf die Wirtschaft ist ein beträchtlicher massenmedialer Einfluss zu verzeichnen. Es steht wohl außer Frage, dass medizinische Informationen im Gegensatz zu Wirtschaftsinformationen eher im Spezialfall in Nachrichtensendungen und ähnlich informationsverbreitenden Formaten präsentiert werden. Auch im Fall der Psychiatrie scheint die fachexterne Schicht bis auf die Ebene der Arzt-Patienten-Interaktion wesentlich stärker abgegrenzt zu sein.

Eine „Dreiteilung“ der Logistik korreliert mit der in Zhao angeführten **Dreiteilung der Wirtschaftsfachsprachen** in

- wissenschaftlich-theoretische Fachsprachen
- wirtschaftsbezogene Berufssprachen
- konsumentenorientierte Sprachen[514]

Die erste Schicht bilden die Wirtschaftswissenschaften im Rahmen der Analyse und Entwicklung neuer Wirtschaftsmodelle. Eine weitere Schicht stellen die Wirtschaftsinstitutionen ebenso wie der konsumentenbezogene Wirtschaftsalltag dar. Auch hier wird also zwischen der wissenschaftlich-theoretischen Fachsprache und der wirtschaftsbezogenen Berufssprache differenziert. Letztere beinhaltet unter anderem die am Konsum orientierte, wirtschaftsbezogene Umgangssprache[515].

Ein weiteres dreischichtiges Modell stammt von Lutz **Mackensen**. Dieses ergibt eine Differenzierung von

- Fachsprache
- Werkstättensprache / Werkstattsprache
- Verbrauchersprache[516]

---

513 Möhn / Pelka 1984, S. 150.

514 Zhao 2002, S. 26-38.

515 Zhao 2002, S. 26-38.

516 Fluck 1995, S. 21; Ickler 1997, S. 186. Die Benennung *Werkstattsprache* wird von Schmitt kritisiert, weshalb sich bei ihm die im vorigen Kapitel angeführte *fachliche Umgangssprache* findet (Schmitt 1985, S. 20-21).

Mackensens Differenzierung basiert auf dessen Untersuchungen zur Fachsprache der Technik. Da das Modell in zahlreichen Arbeiten (z. B. bei Ickler und Schmitt) mehrfach modifiziert und kritisiert wurde, soll an dieser Stelle nicht ausführlicher darauf eingegangen werden[517].

c) Vierschichtige Modelle

Eine vierschichtige Gliederung findet sich (wie schon das exemplarisch angeführte zweischichtige Modell) bei **Beneš**. Dieser unterscheidet anhand funktionalstilistischer Parameter zwischen

- Kommunikationsbereich
- Fachlichkeitsgrad
- Medium
- Stilverfahren[518]

Zum Kommunikationsbereich zählen fachinterne Aspekte, während der Fachlichkeitsgrad sich auf Forschung und Lehre bezieht. Die Frage nach dem Medium entspricht der nach Mündlichkeit und Schriftlichkeit – die nach den Stilverfahren der nach den Sprechakttypen[519].

d) Fünfschichtige Modelle

Ein fünfschichtiges Modell findet sich bei **Veith**, welcher die einzelnen Schichten in Bezug auf eine mögliche Vertrautheit mit Fachvokabular lagert und die Sprachnutzer einteilt in

- Laien
- leicht Informierte
- gut Informierte

---

517 Mackensen 1959, S. 294. Ausgespart wird an dieser Stelle Ischreyts Abspaltung der *Verkäufersprache*. Diese behandelt z. B. Ickler 1997, S. 186. Schmitt äußert klare Kritik zur Wirklichkeitsferne zahlreicher Modelle, da diese die Hauptakteure auf fachlicher Sprachebene nicht ausreichend berücksichtigen (Schmitt 1985, S. 20-21). Vergleiche auch Halliday / Martin 1993.

518 Ickler 1997, S. 186.

519 Beneš 1969, S. 225-233; Ickler 1997, S. 186.

- fachlich Versierte
- Experten[520]

Dieses Modell ist aufgrund seiner geringen Komplexität sehr gut auf diverse Fachgebiete anwendbar. Wesentlich detaillierter verfährt **Hoffmann** in einem weiteren Gliederungsentwurf. Als Modell dient ihm die Wirtschaftsfachsprache für eine Einteilung in die **Stufen A-E**, wenngleich nicht jede Stufe in jeder Fachsprache eine Rolle spielen muss. Der Abstraktionsgrad erhöht sich in Umkehrung zur Buchstabenfolge im Alphabet. Somit stellt **E** in diesem Modell die niedrigste Abstraktionsstufe dar. Als nach obenhin differenzierende Variablen werden hierbei sowohl der Abstraktionsgrad als auch die Künstlichkeit der Sprache (Symbole) und die Spezialisierung des Nutzers (Wissenschaftler, Facharbeiter, Konsumenten) angeführt. Das Modell wurde in Hinblick auf wirtschaftsbezogene Interaktionskonstellationen entwickelt, scheint aber die Wirklichkeit zahlreicher Fachsprachen widerzuspiegeln[521]. Es verdeutlicht die zunehmende Spezialisierung des Wissens sowie den wachsenden Anspruch an die fachsprachliche Handlungskompetenz der Kommunikationsträger mit steigender Ebene, zeigt aber auch, dass sich die Modelle ab einem gewissen Differenzierungsgrad nur anhand einer bestimmten Fachrichtung entwickeln lassen, da z. B. die Konsumentenebene im medizinischen Bereich eher als Patientenebene zu betrachten ist. Die Steigung der Ebenen geht allerdings in sämtlichen Fachsprachen mit dem Ausschluss gemeinsprachlicher Aktanten bzw. Spezialisten anderer Wissenschaftsbereiche einher, wenngleich die Ebene, auf der sich ein Sprachnutzer bewegt, bekanntermaßen nichts über dessen Bildungsgrad oder Intellekt aussagt. Zudem erwirbt nicht jedes Individuum in seiner sprachlichen Identitätsbildung dieselbe kommunikative Kompetenz, um innerhalb des ihn umgebenden fachlichen Rahmens normgerecht agieren zu können. Unbestreitbar ist jedoch, dass vor allem die Sprachnutzer auf oberster Stufe ihre Sprachverwendung nach unten hin adaptieren müssen, da von ihnen die Fähigkeit vorausgesetzt wird, sich auf sämtlichen Ebenen zu bewegen. Im Gegensatz dazu kann

---

520 Veith 2002, S. 85-86.

521 Zhao 2002, S. 43.

von Sprachteilnehmern der **Stufe E** nicht zwangsläufig eine Adaption an den Kenntnisstand eines Wissenschaftlers erfolgen[522].

Bei **Krampe / Lucke** findet sich eine **graduelle Differenzierung** der an der logistischen Fachsprache Beteiligten. Die Einteilung hierbei erfolgt in

> Interessierte, Beginner, Fortgeschrittene und Profis[523].

Eine Übertragung dieser Differenzierung auf die Psychiatrie ergäbe als Interessiertengruppe sicherlich Patienten, welche der Verlauf ihrer Krankengeschichte zur Teilnahme an fachsprachlicher Kommunikation befähigt. Den „Beginnern" sind vermutlich Studenten (insbesondere Erstsemester) zuzuordnen, den Fortgeschrittenen Patienten, fortgeschrittene Studenten und spezialisierte Journalisten. Die Gruppe der Experten beinhaltet in erster Linie Ärzte und entsprechend ausgebildetes Krankenhauspersonal. Einen wichtigen Einflussfaktor stellt für beide Bereiche die Fachpresse dar, welche auf Ebene der Gemeinsprache für den Wirtschaftssektor stärker vertreten scheint, denn hier existieren zahlreiche Zeitschriften (*Capital*, *Wirtschaftswoche*, *Handelsblatt*), welche sowohl für „in der Wirtschaft tätige Fachkundige" als auch für Leser mit „geringen Fachkenntnissen" geschrieben sind[524]. Gleichzeitig enthalten gemeinsprachlich orientierte Tageszeitungen Wirtschaftsteile, aber auch medizinische Fachteile, welche die Verbindung der Fachsprachen zur Gemeinsprache herstellen.

Die **Asymmetrien** innerhalb der vertikalen Modelle können durch interkulturelle Aktantenkonstellationen unterstützt werden oder gar in kausalem Zusammenhang mit diesen stehen. Eine Rolle hierbei spielen auch Normen der jeweiligen Kultur, die zum Tragen kommen und den Kommunikationsprozess in gewisser Weise mitbestimmen. Hier scheinen Tourys Überlegungen zur Normenbeachtung im Übersetzungsprozess auf die Ebene der *parole* übertragbar: „Verbal

---

522 Markls Titel *Die Spitzenforschung spricht Englisch* beschreibt eben diese Sprachwahl auf der obersten Kommunikationsebene (Markl 1986, S. 20).

523 Krampe / Lucke 2006a, S. 29. Die Wahl der Benennungen *Beginner* und *Profi* soll an dieser Stelle nicht in Frage gestellt werden, wenngleich sie einen Zusammenhang zum Sprachverhalten in der Logistik (bzw. Wirtschaft) widerzuspiegeln scheint.

524 Zhao 2002, S. 40.

formulations of course reflect *awareness* of the existence of norms as well as of their respective significance"[525].

Und auch die Erkenntnis: "After all, significance is only attributed to a norm by the *system* in which it is embedded..."[526], scheint auf fachsprachlich beeinflusste Situationen wie psychotherapeutische Gespräche anwendbar.

Im Rahmen interpersonaler Kommunikation fungieren die Partizipanten immer auch als Rollenträger für bestimmte soziale Rollen, in welchen die Interaktionsbeteiligten einen bestimmten Habitus annehmen. Die unabdingbare fehlende Fachkenntnis des Laien, der Mangel eines muttersprachlichen Codes, heterogene Normen, Selbst- und Fremdkonzepte sowie Metaerwartungen im Rahmen des Wissenstransfers sind zwangsläufig von negativen Belastungen des Selbstbewusstseins auf Laienseite begleitet[527]. Hier kommt die soziolinguistische Perspektive zum Tragen, aus der fachsprachliche Aspekte ausschließlich die Ebene des Experten berühren. Dies bedeutet allerdings nicht zwangsläufig, dass grundsätzlich zwischen Experten und Laien differenziert werden kann, denn jeder Mensch ist auf mindestens einem Gebiet Experte[528] und somit oftmals in der Lage, sich mehrerer gruppenspezifischer Sprachverwendungsmuster zu bedienen. Die Konversationsmaxime zwischen Wissenschaft und Öffentlichkeit, zwischen Experten und Laien (auf einem bestimmten Gebiet) sollte auf eine Überwindung derartiger Hürden und terminologischer Unklarheiten durch asymmetrische Wissensstände gerichtet sein[529]. Fließende Nachrichtentransmissionen und adressatengerecht formulierte Kommunikationsinhalte haben somit im Idealfall folgende Resultate zur Maxime: „Der Patient versteht“ oder „Das Geschäft läuft“.

Die Rezeption durch den Patienten ist eine Voraussetzung für dessen erfolgreiches Therapieverhalten. Die bereits angesprochene Vertikalität in der **Exper-**

---

525 Toury 1995, S. 55.

526 Toury 1995, S. 62.

527 Zhao 2002, S. 24-26; Veith 2002, S. 85-86; Lévi-Strauß 1973, S. 50; Roelcke 1999, S. 43-44.

528 Ickler 1997, S. 15.

529 Diese Forderung wird auch bei Budin 1996, S. 91 und Veith 2002, S. 10-13 laut.

te-Laie-Kommunikation stellt dabei gelegentlich ein Hindernis dar, wenngleich das Vermeiden von Sprachverstehenskonflikten auf einem Grundinteresse des beteiligten Experten an der gelingenden Verständigung und einer daraus resultierenden Vermeidung von Fachvokabular basiert, obwohl dies für selbigen den Verlust an fachsprachlichen Wesenszügen (z. B. Präzision, Sprachökonomie) bedeutet.

Ein Beispiel für eine asymmetrische Kommunikationssituation liefert die Experte-Laie-Interaktion in Form von Arzt-Patienten-Gesprächen auf der Behandlungsebene, welche im Folgenden betrachtet wird.

3.4.5.2 Rollenverteilung in der Psychiatrie

Eine gleichwertige sprachliche Interaktion wird grundsätzlich nur ermöglicht, wenn die Handlungspartner mit Sprachsystemen ausgestattet sind, die sich miteinander vereinbaren lassen[530] und wenn fachsprachliche Elemente nicht intentional zur Markierung sozialer Faktoren genutzt werden. Die ausgeglichene **Rollenverteilung** zwischen den Partizipanten spielt besonders für jene Akteure eine Rolle, welche sich in einer asymmetrischen Konstellation auf der unteren Ebene befinden. Wie unter soziolinguistischen Aspekten bereits angedeutet wurde, sind auch fachsprachliche Mittel unter bestimmten Umständen als präzise und eindeutige **linguistische Indikatoren** (Signalwörter) zu bewerten. In diesem Fall handelt es sich im Grunde nicht mehr um fachsprachliche Termini, sondern um soziolinguistische Lexeme.

Eine Graduierung auf medizinischer Ebene, die auf Hoffmanns Modell basiert, stammt von Petra Löning. Hierbei werden die kommunikationsabhängigen Fachlichkeitsgrade nach der **Vertrautheit der Teilnehmer** differenziert. Löning unterscheidet vier mögliche Ebenen, nämlich die Kommunikation zwischen

1. Fachmann – Fachmann (Wissenschaftler – Wissenschaftler)
2. Fachmann – Halbfachmann (Lehrender – Student)
3. Fachmann – Laie (Arzt – Patient)
4. Laie – Laie

---

530 Meyer 2002, S. 4.

Bis auf die Laie-Laie-Interaktion, erscheinen die Kategorien bei Löning auf jeweils vier **Kommunikationsebenen** mit den entsprechenden Zielen (z. B. Vermittlung von Wissen) und Stilen (z. B. Belehrung, Aufklärung)[531]. Diese sind unterteilt in

- theoretisch-schriftlich
- theoretisch-mündlich
- praktisch-schriftlich
- praktisch-mündlich

Bei der Behandlung terminologischer Bestände kann die unterste Stufe allerdings ausgespart werden, da hier von gemeinsprachlicher Kommunikation auszugehen ist, wie sie im Wartezimmer unter Patienten stattfindet.

Die vertikale Schichtung der psychiatrisch-psychotherapeutischen Fachsprache reicht demnach von der theoretischen Wissenschaftssprache an oberster Stelle bis hin zur beinahe gemeinsprachlichen Verwendung auf unterster Stufe, wie sie wohl im Rahmen des Patientenkontaktes in Form von Psychotherapie stattfindet. Im Gegensatz zur jargonbehafteten medizinischen Alltagslexik beinhaltet diese Arzt-Patienten-Kommunikation ein auf Interaktion ausgerichtetes Handeln, bei dem die unterschiedlichen Wissensbestände zu sprachlichen Barrieren führen können[532]. Die **Rollenverteilung** ist hierbei klar überschaubar – der Patient ist in der Regel ein Laie und übernimmt vornehmlich die Rolle des Rezipienten. Diese Ebene der Interaktion erfordert vom Mediziner ein Höchstmaß an Gesprächsführungskompetenz unter einer auf der Kommunikationsintention basierten sprechaktinternen Aussparung des Fachwortschatzes[533]. De jure obliegt dem Arzt im Rahmen der oft lebenswichtigen Informationsvermittlung eine **adäquate Sprachverwendung** anhand gemeinsprachlicher Mittel, wodurch auch juristische Aspekte zum Tragen kommen, wenngleich die Pflicht zur Information kaum ausreicht, den latenten Konflikt im asymmetrischen Verhältnis zwischen dem stabilen und handlungsfähigen Mediziner und dem geschwächten, instabile-

---

531 Löning 1981, S. 83-84.

532 Roelcke 1999, S. 34-35; Caspar 2007, S. 4.

533 Zhao 2002, S. 62-63; Linke 2001a, S. 63.

ren Patienten zu bewältigen[534]. In der psychiatrischen Praxis gestaltet sich dies oft schwierig und laut Experteninterview ist es für den Mediziner gleichermaßen wichtig oder unwichtig, ob er den Patienten mit Anglizismen oder Latinismen konfrontiert[535].

Der Einsatz einer Fachsprache kann auf dieser Ebene (ebenso wie in anderen Fachsprachen) bekanntermaßen zur **Machtfrage** werden, wenn er trotz Bekanntheit der asymmetrischen Kommunikationsverhältnisse erfolgt[536]. Die Asymmetrie der Aktantenkonstellation wird zudem durch die Tatsache gefördert, dass der ohnehin „überlegene" Experte das Gespräch leitet und dessen Dauer bestimmt, was sich ebenfalls begünstigend auf subalternes Patientenverhalten auswirken kann.

Die Psychiatrie unterscheidet sich von anderen medizinischen Bereichen dennoch in einem wesentlichen Punkt, nämlich der Tatsache, dass zumindest kulturelle Asymmetrien in Bezug auf körperliche Untersuchungen weniger eine Rolle spielen. Hier jedoch sind Sprachbarrieren außerordentlich hinderlich. Gerade im Bereich der psychischen Störungen und Erkrankungen ist stets zu berücksichtigen, dass die Sprache als essenzielles Diagnose- und Therapiemittel gilt. Bei Patienten, deren Hirnaktivität z. B. über lange Zeiträume hinweg durch starken Rauschmittelkonsum beeinflusst wurde, ist eine Anpassung an das Fachvokabular zumindest in der therapeutischen Anfangszeit ebenso wenig vorauszusetzen wie ein ausreichendes Maß an *Compliance*. So wurde in mehreren Experteninterviews deutlich, dass psychiatrische Ärzte durchaus mit Bereichen wie dem Drogenjargon vertraut sein müssen, um sich mit dem Patienten verständigen und gar mit diesem eine **Vertrauensbasis** aufbauen zu können. Eine Konfrontation mit Lexemen wie *Shit*, *Dealer*, *clean*, *Trip*, *Junkie*, *Pot*, *Candy* oder *Peace Pill* stellt in der psychiatrischen Praxis somit keine Seltenheit dar[537].

Patientenorientierte Sprachverwendung ist besonders an den Namen der Internetseiten für Drogenentzugskliniken zu erkennen. Was hier vor allem auffällt,

---

534 Veith 2002, S. 91.

535 Experteninterview, 21.06.2009.

536 Ickler 1997, S. 37.

537 Peters 2007; Experteninterview, 21.06.2009.

ist der Einsatz evidenter Anglizismen wie in *cleanklick.de*, *foursteps-schorndorf.de* oder *projekt-chillout.de*[538]. Diese Art des Vokabulars spielt auch in der psychiatrisch-psychotherapeutischen Fachsprache eine Rolle und wird somit in der vorliegenden Untersuchung als terminologisches Inventar betrachtet.

Allerdings finden sich auf einigen **Internetseiten** auch Anglizismen, deren Verwendung auf den ersten Blick nicht nachvollziehbar scheint, wie in einem Text zum Dialog mit Borderlinepatienten erkennbar wird, nach dem „Kommunikationsprozesse mit Borderlinepersönlichkeiten durch die Botschaften Support (Unterstützung), Empathy (Mitgefühl) und Truth (Wahrheit) geprägt sein" sollen[539]. Der Auszug scheint eine Reflexion des anglizismenbeladenen Informationszeitalters darzustellen. Ebenso finden sich leicht verständliche Anglizismen auf diversen **Faltblättern** der Psychiatrien (z. B. *Mama-Care-Weekends* für Mütter, welche an postpartalen Depressionen leiden). Ein Stimmungstief nach der Geburt wird als so genannter *Baby-Blues* denotiert, welcher zunächst recht harmlos anmutet, letztendlich aber sogar zur Ablehnung des Kindes durch die Mutter führen kann. Die auf S. 73 hypothetisch postulierten zeitgenössisch bedingten Einflüsse scheinen sich somit als eine Ursache für Anglizismen in Fachsprachen zu bestätigen. Diese Form der Anglizismenverwendung bezieht sich auf den gesamten Bereich der Medizin. So werden Jugendliche zur Teilnahme an Gesundheitsprogrammen durch Faltblätter mit Titeln wie *Check this out* motiviert. Im Rahmen einer Untersuchung zu medizinischen Anglizismen stechen derartige Lexeme durchaus ins Auge. Sie sollen jedoch an dieser Stelle der Werbesprache zugeordnet werden.

Nachdem nun Anglizismen hinsichtlich einer Differenzierung und Schichtung der Fachsprachen betrachtet wurden, beinhaltet das folgende Kapitel eine kurze Beleuchtung fachspezifischer Textsortenmerkmale, wenngleich aus thematischen Eingrenzungsgründen kein eigener Typologisierungsversuch seitens der Autorin vorgenommen wird.

---

538 Projekt-chillout: online, 14.07.2009.

539 Borderline-Persönlichkeitsstörung Community: online, 24.10.2009.

3.5 Typologisierung von Fachtexten

3.5.1 Textsortenkonventionen

Eine wirklich gesicherte Textsortentypologisierung in den Bereichen Logistik und Psychiatrie ließ sich für die vorliegende Untersuchung nicht finden. Es existieren jedoch einige allgemeine Typologisierungsansätze für Medizin und Wirtschaft anhand standardisierter **Textmerkmale** der dort in Erscheinung tretenden Fachtexte. Letztere bezeichnen non-belletristische Textsorten, welche routinierte Kommunikationsmuster und hierin resultierende **Textsortenkonventionen** aufweisen, nach denen die Klassifizierung der Texte erfolgt[540].

Die Textsortengenese ist abhängig von Form und Funktion der Texte. Eine Rolle spielen hierbei die Kommunikationsteilnehmer, die Produktions- und Rezeptionsbedingungen sowie die Übermittlungsmodalitäten und damit verbundene Makrostrukturen. Textsorten werden bei **Göpferich** auf der Basis dieser Merkmale definiert als

> überindividuelle Sprech- und Schreibakttypen, die an wiederkehrende Kommunikationshandlungen gebunden sind und bei denen sich aufgrund ihres wiederholten Auftretens charakteristische Sprachverwendungs- und Textgestaltungsmuster herausgebildet haben[541].

Solche **Textsorten** umfassen jeweils individuelle **Texttypen** mit bestimmten **Merkmalsbündeln**[542]. Diese hängen auch von den medialen Bedingungen ab (Zusammenwirken von Praxisbezug und Theorie, schriftlicher und mündlicher Realisierungsform, zeitlicher und räumlicher Verschränkung etc.)[543]. Unter Bezugnahme auf bestimmte situative und strukturelle Merkmale können die Texttypen jeweils als **Referenztexte** zur Orientierung im Übersetzungsprozess dienen, sodass der Transfer normgerechter und adressatenorientierter konventionalisierter Makrostrukturen gewährleistet ist. Hierzu zählen funktionssignalisie-

---

540 Zur empirischen Typologisierung siehe Biber 1995.

541 Göpferich 1992, S. 62.

542 Klenk 1997, S. 32-33.

543 Zhao 2002, S. 24-26; Möhn / Pelka 1984, S. 41.

rende Indikatoren (z. B. textsortenspezifische Zusatzangaben wie Adressat und Absender, Ort und Datum)[544].

Die jeweiligen Texttypen weisen also immer bestimmte Gemeinsamkeiten bzw. Ähnlichkeiten auf. So stellt ein so genanntes **Abstract** in der Regel die Zusammenfassung einer größeren Arbeit dar. Im Rahmen medizinischer Abstracts besteht die Besonderheit darin, dass diese mittlerweile sehr häufig zweisprachig erscheinen. In der Fachzeitschrift *Die Psychiatrie* wird von allen deutschen Artikeln eine einleitende Zusammenfassung auf Deutsch und Englisch angeführt. An dieser Stelle ließe sich zwar eine lange Liste von **Texttypenbeispielen** anführen (z. B. Bericht, Protokoll, Vortrag, Absage, Bestellung, Antrag, Brief, Gebrauchsanweisung, Mahnung), dennoch kann eine konkrete Texttypologisierung immer nur in Bezug auf ein bestimmtes Fachgebiet entwickelt werden[545].

Es existieren unterschiedliche Modelle, die fachgebietsabhängig sehr weit und tief differenziert werden können[546]. Da die Erstellung eines einheitlichen Modells bei Psychiatrie und Logistik schwer möglich ist, sollen einige Konzepte unter Berücksichtigung der beiden Fachgebiete betrachtet werden. Eine universelle und klar differenzierte Texttypologie stammt von Katharina Reiß. Aufgrund ihrer Bedeutung für die Translatologie wird diese im Folgenden beleuchtet.

3.5.2 Textsorten nach Reiß

In Anlehnung an Bühlers Dreifundamentschema werden nach Reiß drei Textsorten entsprechend der kommunikativen **Hauptfunktion** unterschieden und dann in einzelne Texttypen differenziert. Reiß unterscheidet zwischen

- darstellenden / informativen Texten bzw. Gebrauchstexten
- ausdrucksbetonten / expressiven Texten
- appellbetonten / operativen Texten[547]

---

544 Zhao 2002, S. 24-26.

545 Zur Relevanz einzelner Textsorten im Bereich der Übersetzungsarbeit siehe Schmitt 1999b.

546 Zhao 2007, S. 247 ff.

547 Snell-Hornby et al. 1999, S. 205 ff.

Zu **darstellenden / informativen Texten** bzw. **Gebrauchstexten** zählen nach Reiß Geschäftskorrespondenzen[548], Bedienungsanleitungen[549], Lehrbücher oder Fachzeitschriftenartikel[550].

Ein auf Laienebene bedeutsames Beispiel für einen Gebrauchstext ist die **Packungsbeilage**. Diesem Texttyp widmet sich beispielsweise Schuldt recht ausführlich. Basierend auf ihren Untersuchungen soll auch an dieser Stelle etwas näher darauf eingegangen werden. Wie an Schuldts Literaturverzeichnis erkennbar wird, stellen Packungsbeilagen seit vielen Jahren den Knotenpunkt medizinischer, juristischer, psychologischer und anderer Kontroversen dar. Sie unterliegen äußerst strengen Richtlinien sowie juristischen Rahmenkriterien und damit besonders starken normativen Eingriffen zur Gewährleistung einer ordnungsgemäßen Arzneimittelversorgung der Informationsrezipienten (Arzneimittelverbraucher). Eine Schwierigkeit besteht – ebenso wie bei technischen Gebrauchsanweisungen – in der monologischen **Textrezeptionssituation**, die allerdings auf medizinischer Ebene verheerende Auswirkungen haben kann und besonders im Bereich der Psychopharmakologie diffizil ist. Anglizismen sind in diesem Bereich kaum vorstellbar, da sie unter Umständen eine weitere Erschwernis der Textrezeption darstellen[551].

Packungsbeilagen enthalten verbindliche Termini, die in der Regel in folgender **Anordnung** strukturiert sind:

- Zusammensetzung
- Anwendungsgebiete
- Gegenanzeigen

---

548 Zur Geschäftskorrespondenz und darin enthaltenen rekurrenten Textmerkmalen (z. B. Grußformeln) äußert sich z. B. Koch 1999, S. 209 ff.

549 Ausführungen zur Übersetzung von Anleitungen und Benutzerhinweisen (z. B. Mikro- und Makrostrukturen) finden sich bei Schmitt 1999a, S. 209 ff.

550 Den Fachzeitschriften wird bei Gläser ein besonderer Wert in der Paralleltextanalyse beigemessen, da hier der Übersetzer das aktuelle terminologische Inventar einsehen kann (Gläser 1999, S. 219 ff.).

551 Im Gegensatz zu anderen Industriebereichen existiert bei medizinischen Produkten aus der Pharmakologie zudem keine Mehrsprachigkeitsverpflichtung (Schuldt 1992, S. 21, 51).

- Nebenwirkungen
- Wechselwirkungen mit anderen Mitteln
- Dosierungsanleitung
- Art und Dauer der Anwendung[552]

Hinlänglich bekannt ist, dass diese Textform nicht ohne präzise muttersprachliche Inhalte funktionieren kann. Dennoch ist zu bedenken, dass viele Nutzer – mit oder ohne Anglizismen – häufig bei der Rezeption überfordert sind.

Aus rechtlicher Sicht spielen einzelne Termini hier eine besondere Rolle. So unterliegen z. B. die Häufigkeitsangaben der Nebenwirkungen einem absoluten Eindeutigkeitspostulat. Von **sehr selten** über **selten**, **gelegentlich**, **häufig** bis **sehr häufig** ist der Prozentsatz der Auftretenswahrscheinlichkeit genau definiert. Seltene Nebenwirkungen treten z. B. immer mit einer Wahrscheinlichkeit von 0,01-0,1 % auf[553]. Im psychiatrischen bzw. gesamten medizinischen Bereich scheint es daher von Bedeutung, dass der Patient auch durch den Arzt und am besten in seiner Muttersprache aufgeklärt wird, da andernfalls eine optimale Einhaltung der Angaben nicht gesichert werden kann.

Im Bereich der Logistik finden sich Gebrauchstexte in Form von **Artikeln der Wirtschaftspresse** und **Vorträgen**. Mit der Thematik der Wirtschaftspresse befasst sich Piirainen, welcher diese in drei Gruppen unterteilt, nämlich

Periodika, Zeitschriften, Wirtschaftsteile der Zeitung[554]

Logistische Gebrauchstexte beinhalten insbesondere Dokumente wie Frachtbriefe, Ladelisten, Rollkarten[555] und die *Bill of Loading* (dt. *Konnossement*). Letztere enthält laut HGB z. B. die folgenden Angaben:

---

552 Knipp-Selke: online, 30.07.2009.

553 Laut EU-Richtlinien zur Humanmedizin ist dieser Texttyp in allen EU-Mitgliedsstaaten verbindlich und daher besonders konventionalisiert (Bayerisches Staatsministerium: online, 10.10.2009).

554 Neben der Homogenität von Geschlecht, Bildungsstand, Familienstand etc. der Rezipientengruppe untersucht Piirainen identifizierbare Wortbildungsmuster innerhalb dieses Bereiches und stellt fest, dass Simplexbildungen, Zusammensetzungen und explizite Ableitungen 80 % der Wortbildungen ausmachen (Piirainen 1982, S. 34).

- Name des Verfrachters
- Name und Nationalität des Schiffes
- Name des Abladers
- Name des Empfängers oder des zu Benachrichtigenden[556]

Einige Textsorten (z. B. Lieferscheine) teilen sich die Bedeutung mit anderen Bereichen (z. B. Einkauf oder Buchhaltung). Eine genauere Betrachtung zeigt allerdings deutlich, dass ausführlichere Untersuchungen der Fachgebiete für die endgültige Differenzierung der jeweiligen Textsorten nötig sind. **Ausdrucksbetonte / expressive** Texte spielen weder für die Logistik noch für die Psychiatrie eine vorrangige Rolle, denn hierzu zählen literarische Werke. In der Psychiatrie könnten diese allenfalls für die Beurteilung devianter Verhaltensmuster von Romanhelden oder für die Analyse des jeweiligen Autoren von Bedeutung sein. **Appellbetonte / operative Texte** sind möglicherweise für die Wirtschaftsfachsprache interessant, da hierzu Texttypen wie Werbetexte zählen[557]. Die Sprache der Werbung wird allerdings in der vorliegenden Untersuchung auch in diesem Zusammenhang ausgespart.

3.5.3 Fachtexttypologie nach Göpferich

Göpferich nimmt eine Texttypologie von Fachtexten der Naturwissenschaften und der Technik vor. Sie kritisiert den Inhaltsverlust durch weit gefasste Einteilungen und die fehlenden Abstraktionsmöglichkeiten in zu eng differenzierten Modellen. Daher bietet Göpferich eine hierarchische Gliederung an, welche an oberster Stelle die **Kommunikationsabsicht** präzisiert und die Texttypen differenziert in

- juristisch-normativ
- fortschrittsorientiert-aktualisierend
- didaktisch-instruktiv
- wissenszusammenstellend

---

555 Rollkarten beinhalten Auflistungen über die von den Transporteuren anzufahrenden Adressaten (Roi International Management Consultants: online, 20.02.2010).

556 Padberg / Padberg / Werner 2010, § 643.

557 Göpferich 1999b, S. 63.

Bei Göpferich selbst ist die Differenzierung wesentlich komplexer dargestellt. Dennoch werden alle weiteren Ebenen in der vorliegenden Untersuchung ausgespart[558]. Da die Logistik bekanntermaßen ein Teilgebiet der Wirtschaft und somit der Geisteswissenschaften darstellt, welche nicht in Göpferichs Modell enthalten sind, soll ein Versuch der Anwendung auf dieses Modell nur andeutungsweise und auch nur auf die Psychiatrie erfolgen.

Bezugnehmend auf Göpferichs Differenzierungsmodell finden sich im Bereich der Psychiatrie **fortschrittsorientiert-aktualisierende Texte** (z. B. Versuchsprotokolle, Forschungsberichte, Fachzeitschriftenartikel, Dissertationen oder die bereits erwähnten Abstracts)[559]. Diese sind vorwiegend auf wissenschaftlicher Ebene aufzufinden, für welche Zhao einen hohen Homogenitätsgrad konstatiert[560]. **Didaktisch-instruktive Texttypen** im Bereich der Psychiatrie umfassen unter anderem diejenigen Texte, welche theoretisches Wissen vermitteln (z. B. Lehrbücher) aber auch die so genannte Aufklärungsliteratur für Patienten (z. B. Informationen über Medikamente oder medizinische Produkte). Hierzu zählen Packungsbeilagen oder Anwendungserklärungen. Den **wissenszusammenstellenden Texten** im Bereich der Psychiatrie werden Lexika, Formelsammlungen und Tabellenbücher zugeordnet[561]. In der ärztlichen Praxis häufig vertretene Texttypen dieser Art sind Arztbriefe sowie Arzt- und Fallberichte.

3.5.4 Medizinische Textsorten

3.5.4.1 Untergliederung nach Möhn / Pelka

Möhn / Pelka differenzieren Fachtexte funktionsabhängig und ordnen ihnen entsprechende Merkmale zu (z. B. unterschiedliche syntaktische Strukturen, Gebrauch des generalisierenden Präsens, Erscheinungsbild)[562]. Die Textsorten nach Möhn / Pelka sind demnach

---

558 Göpferich 1992, S. 195.

559 Göpferich 1992, S. 194-200.

560 Zhao 2002, S. 46.

561 Göpferich 1992, S. 194-200.

562 Möhn / Pelka 1984, S. 45-61.

deskriptiv, instruktiv, direktiv, metalingual, kontaktiv oder isolativ.

Wenngleich alle Differenzierungsformen ein interessantes Untersuchungsobjekt darzustellen scheinen, sollen an dieser Stelle nur die im Rahmen der spezifischen Themen relevanten Textfunktionen beleuchtet werden. Hierzu zählen **deskriptive Texte**, wie beispielsweise die im medizinischen Alltag regelmäßig zum Einsatz kommenden Arztberichte. In diesen vereinen sich mündliche und schriftliche Kommunikationsformen, was wiederum eine lokale und temporale Verschränkung nach sich zieht, wenn z. B. Arztberichte in elliptischer Form auf Band gesprochen werden. Der Mediziner nimmt die Aufzeichnung grundsätzlich erst einige Zeit nach dem Rezipieren vor. Zudem erfolgt eine weitere Verschränkung, da meist eine anschließende Verschriftung stattfindet.

Zu den Charakteristika **instruktiver Texte** zählen Möhn / Pelka die „finite Verbform des Infinitivs in Endstellung“ oder die Objektstellung an den Satzanfang. **Direktive Texte** haben die Regelung fachlichen Handelns zur Aufgabe, um jede mögliche Gefahr für lebende und materielle „Objekte“ abzuwehren. Diese Texte verfügen ebenfalls über ein hohes Maß an Verbindlichkeit[563]. Nach Hundt zielen sie auf die „Herbeiführung einer bestimmten Adressatenhandlung“ ab[564].

Möhn / Pelka zeigen aber auch, dass diese Differenzierung nicht ausreicht, da die Form der Instruktion, Deskription und Direktion in jeder Verwendungssituation variiert[565]. Sie äußern sich auch zu Fachtexten innerhalb der Medizin sowie zu den medizininternen Sprachverwendungssorten und betrachten zunächst die Diagnostik, deren schriftliche Fixierung die Grundlage für die darauffolgende therapeutische Intervention und die Information an weiterbehandelnde Ärzte darstellt. In ihrem Beispiel registrieren Möhn / Pelka eine komprimierte Syntax durch elliptische Formen und stark mit Attributen gefüllte Substantivgruppen. Bei ihnen findet sich die Untersuchung des Texttyps **Operationsbericht** mit der dominanten Funktion des Dokumentierens. Dieser Texttyp spielt allerdings im

---

563 Möhn / Pelka 1984, S. 63-67.

564 Hundt 2000, S. 645.

565 Möhn / Pelka 1984, S. 101.

Rahmen psychiatrischer Therapien keine wesentliche Rolle. Interessanter ist jedoch die ebenfalls von Möhn / Pelka untersuchte Textsorte **Begutachtung**, da psychiatrische Gutachten besonders im Bereich der Forensik oder der Sozialpsychiatrie eine herausragende Rolle spielen[566].

3.5.4.2 Untergliederung nach Wiese

Eine andere Form der Differenzierung nimmt Wiese vor. Sie unterteilt medizinische Textsorten in

- Textsorten in medizinischen Fachzeitschriften
- medizinisch-wissenschaftliches Schrifttum in Buchform
- Textsorten der medizinischen Praxis
- laienorientierte Textsorten

Zu **Textsorten in medizinischen Fachzeitschriften** zählt Wiese Originalien (Originalarbeiten), die als makrostrukturelle Elemente immer Einleitung und Zusammenfassung enthalten. Ebenso wird in diese Kategorie die **Kasuistik** (anonymisierte Fallbeschreibung) eingeordnet. Nach Wiese stellt diese „das schriftliche Pendant zum so genannten 'bedside-teaching' dar“[567]. Die Funktion dieser Textsorte besteht somit in der Erweiterung des ärztlichen Erfahrungsschatzes. Auch die bereits angesprochenen Abstracts werden als dieser Kategorie zugehörig erachtet. Dem **medizinisch-wissenschaftlichen Schrifttum in Buchform** ordnet Wiese insbesondere medizinische Hand- und Lehrbücher, klinische Leitfäden sowie medizinische Wörterbücher zu. Unter den **Textsorten der medizinischen Praxis** behandelt Wiese zunächst jene, welche die Dokumentation und das Formularwesen betreffen (z. B. Attest, Überweisungsschein, Mutterpass). Auch Schriftstücke bezüglich der Krankengeschichte sowie Arztbriefe zählt sie zu dieser Kategorie. Den **laienorientierten Textsorten** ordnet Wiese Flyer, Aufklärungsbogen und die Packungsbeilage zu. Die hier erwähnten Textsorten sind ohne Weiteres auf die Psychiatrie anwendbar. Darin enthaltene

---

566 Möhn / Pelka 1984, S. 115-120.

567 Dies bedeutet, dass der einzelne Fall beschrieben wird, als würde die Erfahrung des Mediziners selbst am Patienten gesammelt werden (Wiese 2000, S. 711).

Makrostrukturen werden bei Wiese ausführlich beschrieben und daher an dieser Stelle ausgespart[568].

3.5.5 Wirtschaftstextsorten

3.5.5.1 Untergliederung nach Zhao

Zhao nimmt eine Untergliederung der Textsorten auf Ebene der schriftlichen Wirtschaftskommunikation vor und untergliedert diese in

- Artikel der Wirtschaftspresse
- Geschäftsbrief
- Technische Dokumentation
- Geschäftsbericht
- Wirtschaftswerbung
- Andere

Zur **Wirtschaftspresse** zählt Zhao Texte, die von journalistischem Stil geprägt sind und einen vergleichsweise geringen terminologischen Fachlichkeitsgrad aufweisen, da sie ein möglichst breites Bevölkerungsspektrum erreichen sollen. **Geschäftsbriefe** sind zumeist stark konventionalisiert, denn sie werden durch formale Kriterien bestimmt. Sie sind durchaus weiter differenzierbar (z. B. in Angebot, Bestellung oder Rückfrage). **Technische Dokumentationen** beinhalten Produktbeschreibungen, Gebrauchsanweisungen oder technische Handbücher. Im medizinischen Bereich betrifft dies Gerätebeschreibungen. Hier zeigt sich die Abhängigkeit der Fachtexttypologisierung vom entsprechenden Fachgebiet, denn für die psychiatrisch-psychotherapeutische Fachsprache lassen sich keine Beispiele anführen, insofern man andere medizinische Bereiche strikt ausgrenzt. **Geschäftsberichte** bezeichnet Zhao als eines der wichtigsten Instrumente für die so genannte Public-Relations-Arbeit im Marketingsektor. Unter **Andere** subsumiert sie Protokolle, Bestellungen, Rechnungen, Verträge oder Rundschreiben[569]. Hier werden allerdings einige Überschneidungen zu Geschäftsbriefen deutlich. Auf die Sprache der **Wirtschaftswerbung** wird nicht näher eingegangen, da sie bereits an mehreren Stellen Erwähnung fand. Zhao behandelt

---

568 Wiese 2000, S. 710 ff.

569 Zhao 2002, S. 48-52.

auch mündliche Texttypen im Bereich der Wirtschaftskommunikation. Hierzu zählt sie vor allem Wirtschaftstelefonate, Geschäftsverhandlungen oder Bewerbungsgespräche[570]. Eine Analyse mündlicher Textformen scheint allerdings schwierig, da der Konventionalisierungsgrad hier wesentlich niedriger ist.

3.5.5.2 Untergliederung nach Hundt

Recht ausführlich gestaltet ist die Differenzierung der wirtschaftsbezogenen Fachtextsorten bei Hundt. Er konzentriert sich vor allem auf den Bereich der **Institutionen und Wissenschaften**[571]. Nach Hundt sind wirtschaftsbezogene Textsorten vor allem durch ihre Stabilität aufgrund von Standardisierung und Variationsarmut gekennzeichnet. Das Ziel besteht dabei in der Erreichung einer gefestigten Verfahrensstruktur bei minimaler Verwendung kommunikativer Instrumentarien. An Kontoauszügen und Lieferscheinen wird dies besonders gut erkennbar. Die von Hundt angeführte Gliederung der Fachtextsorten nach Sprechakttypen ergibt die Textsorten

Assertiva, Direktiva, Kommissiva, Expressiva und Deklarativa.

Assertiva (informationale Textsorten) bezeichnet Hundt zwar als relativ „unterrepräsentiert", dennoch liefert er hierfür zahlreiche Beispiele (z. B. Wirtschaftskommentar, Warenliste, Preisliste, Kontoauszug). Ein wesentliches Merkmal dieser Textsorte stellt das Ziel einer hohen, durch Komprimierung entstehenden Informationsdichte dar. Unter den auch bei Möhn / Pelka angeführten **Direktiva** subsumiert Hundt beispielsweise Auftrag, Rechnung und Mahnung. Als obligatorisch enthaltene Elemente hierfür benennt er beispielsweise Empfänger, Einzelpreis, Gesamtsumme und Datum. Den **Kommissiva** ordnet er solche Texte zu, die bestimmte Verhaltensweisen erwarten lassen (z. B. Verträge oder Bewilligungen). Zu den **Deklarativa** zählt Hundt Texte, die „Dokumentation und Ausführung wirtschaftlicher Transaktion" zum Ziel haben (z. B. Quittungsbeleg,

---

570 Zhao 2002, S. 52-55.

571 Bei Hundt findet sich zunächst eine allgemeine Untergliederung des Textsortenspektrums anhand von „Weltausschnitten" (Institutionen, Wissenschaften) und einer fachbezogenen Differenzierung (z. B. Handel) (Hundt 2000, S. 642).

Bescheinigung, Erklärung oder Euroscheck). Hierin lässt sich aus dem Bereich der Logistik die *Bill of Loading* einordnen. Eine Begründung für die Aussparung der **Expressiva** scheint an dieser Stelle hinfällig.

Kommissive und deklarative Textsorten sind nach Hundt in der Wirtschaft aufgrund der nötigen Verfahrenssicherheit überaus häufig vertreten. Es ist jedoch anzumerken, dass nicht jede Textsorte genau einer Kategorie angehören muss. Zumeist stellt die dominante Funktion des Textes das ausschlaggebende Moment dar. Diese institutionalen und wissenschaftlichen Textsorten setzt Hundt von denen im wirtschaftlichen Alltag ab. Als Vermittler zwischen den Ebenen sieht er die bereits angesprochenen Texte in den Wirtschaftsteilen einzelner Zeitungen und in Lehrbüchern[572]. Wie deutlich wurde, kann die Differenzierung der Textsorten im Grunde für jedes Fachgebiet sehr detailliert durchgeführt werden. Um die Wirkung eines Perspektivwechsels zu verdeutlichen, soll die Differenzierung anhand der entsprechenden Funktionalstile nach Horn-Helf beleuchtet werden.

3.5.6 Funktionalstile nach Horn-Helf

Eine weitere (wenn auch allgemeinere) Form der Differenzierung findet sich bei Horn-Helf. Diese soll aus Gründen der Vollständigkeit ebenfalls Erwähnung finden. Sie gliedert Fachtexte in

- amtlich-dokumentarisch, wissenschaftlich und beruflich-technisch.

Der **amtlich-dokumentarische Stil** (Geschäftsterminologie) beinhaltet nach Horn-Helf Verträge, amtliche Bescheide oder Anträge. Diese spielen eher in der Logistik als in der Psychiatrie eine Rolle, wenngleich natürlich auch hier Verträge zustandekommen (z. B. Behandlungsverträge bei der Aufnahme in ein Krankenhaus).

Im Bereich der Logistik finden sich besonders solche Textformen, die einen regelmäßigen Ablauf beinhalten und für welche zahlreiche Vordrucke aufzufinden sind. So werden logistische Prozesse (z. B. Angebotserstellungen) häufig nach einem einheitlichen linguistischen Prozedere vollzogen. Dass auch hier

572 Hundt 2000, S. 642 ff.

Vorgaben eingehalten werden müssen, zeigt der folgende Beitrag der Industrie- und Handelskammer (IHK):

> Abgabe einer falschen Lieferantenerklärung
>
> Lieferantenerklärungen stellen die Basis für im späteren Export auszustellende Warenverkehrsbescheinigungen EUR.1 dar. [...]. Zweifel führen zu einer Kontrolle der zu Grunde liegenden Lieferantenerklärungen durch den deutschen Zoll. Stellt sich diese als falsch heraus, wird im Ausland der normale Zollsatz erhoben. [...]. Weiterhin kann eine Mitwirkung an einer vom Aus- oder Einführer der Waren begangenen Steuerstraftat (z. B. Steuerhinterziehung) vorliegen[573].

Der **wissenschaftliche Stil** umfasst Lehrbücher, Fachbücher und wissenschaftliche Aufsätze. Es handelt sich hierbei also in gewisser Weise um die von Hundt beschriebenen, den „Alltag" und die Wissenschaft / Institutionen verbindenden Textsorten. Der **beruflich-technische Stil** beinhaltet in erster Linie technische Anleitungen oder technische Dokumentationen[574].

Zusammenfassend lässt sich sagen, dass eine Differenzierung der einzelnen Fachtextsorten aus unterschiedlichen Perspektiven und in unterschiedlicher Komplexität erfolgen kann. Wie bereits angedeutet, enthalten einige Texte rekurrente syntaktische Muster. Auf diese wird im Folgenden eingegangen.

3.6 Morphosyntaktische Fachtextmerkmale

Nachdem bereits das Gewicht auf die Textebene gelegt wurde, soll nun auch die **Satzebene** einbezogen werden. Auf ihr zeigt sich besonders deutlich, dass Fachsprachen sowohl vom isolierten Lexembestand der Gemeinsprache als auch von gemeinsprachlicher Syntax leben[575]. Meyer gibt sogar an, dass er in seiner Korpusarbeit kaum auf einen fachsprachlichen Satz ohne gemeinsprachliches Inventar gestoßen sei, dass aber zwischen den einzelnen Fachsprachen statistisch signifikante Unterschiede in der Wahl syntaktischer Konstruktionen aufzufinden

---

573 IHK Emden: online, 30.07.2009.

574 Horn-Helf 1997, S. 80.

575 Nach Schmitt bestehen bis zu 65 % technischer Fachtexte aus gemeinsprachlichem Zeicheninventar (Schmitt 1985, S. 19).

sind. Er spricht sich in einer von ihm vorgenommenen Studie über den fachsprachlichen Kommunikationsprozess dafür aus, dass terminologisches Vokabular nicht übermäßig mit gemeinsprachlichem Lexeminventar kontrastiert werden solle, da die Terminologien zu stark von gemeinsprachlichem Inventar leben. Gleichzeitig kritisiert er, dass Fachsprachen häufig mit Fachvokabular bzw. Terminologien gleichgesetzt würden, obwohl die Verwendung des Fachvokabulars ohne gemeinsprachliche Variablen wie Vokabular oder Syntax nicht möglich sei[576]. Zumindest Letzterem kann, wie im Laufe der Untersuchung schon einige Male angedeutet wurde, an dieser Stelle zugestimmt werden.

Die Gemeinsprache bildet somit besonders auf syntaktischer Ebene die Basis fachsprachlichen Handelns. So leben die hypotaktischen Satzkonstruktionen in der Fachsprache von subordinierenden Konjunktionen bzw. von Präpositionen (z. B. *trotz*, *wegen*, *zwecks*, *angesichts* oder *laut*)[577], welche de facto der Gemeinsprache entstammen. Nicht selten finden sich auch auf dieser Ebene **lehnsyntaktische Phänomene** aus dem Englischen[578], welche unter anderem durch Syntagmen (z. B. der mittlerweile häufigen Verwendung der Präposition *in* in Verbindung mit Jahreszahlen) hervorgerufen werden. Im umgekehrten Fall hinterlassen auch Fachsprachen unter Umständen syntaktische Spuren auf Ebene der Gemeinsprache. Dies geschieht weniger durch syntaktische Fachsprachenspezifika als vielmehr durch schriftsprachliche Charakteristika, zu welchen die erhöhte syntaktische Komplexität durch veränderte Wortbildungsmittel zu zählen ist. Laut Löning finden sich besonders im Aufklärungsstil hypotaktische Satzkonstruktionen, die durch **Nominalgruppen** und andere Reduktionsmechanismen komprimiert und auf Laienebene oftmals schwer zu erfassen sind[579].

Auf grammatikalischer Ebene beziehen sich Fachtextmerkmale insbesondere auf die Tempora. Als solche benennen Arntz / Picht z. B. die Verwendung von Prä-

576 Meyer 1997, S. 12 ff.

577 Ickler 1997, S. 169.

578 Ickler 1997, S. 157.

579 Löning 1981, S. 92.

sens und Passiv der Verben[580]. Passivkonstruktionen sind besonders auf fachsprachlicher Ebene von rhetorisch-psychologischem Nutzen, denn sie entstehen in Fachsprachen zumeist mit dem Ziel der **Entsubjektivierung** bzw. der **Entanthropomorphisierung**. Nach Ickler dient eine daraus resultierende Modifikation des Täter-Tat-Schemas (bzw. der Thema-Rhema-Gewichtung) in bestimmten Bereichen (z. B. dem juristischen oder dem medizinischen) der **emotionalen Neutralisierung** zugunsten des jeweiligen Akteurs auf Expertenseite aufgrund der agensfreien Ausdrucksmöglichkeit[581]. Auch Martin äußert sich hierzu: „...passive is after all an important resource for organizing Themes in the development of an effective text.“[582]

Auch Passivierung geschieht häufig anhand von Nominalisierungen, welche sich durch die Beseitigung langer Relativsätze komprimierend auf die Syntax der Texte auswirken[583]. Auf diese Weise wird die syntaktische Ebene zur Lexemebene[584].

Als weiteres Merkmal gilt laut Ickler die hohe **Gebrauchsfrequenz** der Termini. Diese Feststellung trifft er basierend auf seiner dichotomen Betrachtung fachsprachlicher **Frequenz- und Bestandsspezifika**. Im Gegensatz zum Stil der Belletristik gelten variationsfreie Formulierungsmuster und rekurrente syntaktische Einheiten zur Schaffung von Kohärenz in der Fachsprache als erstrebenswert[585]. Diese Regelhaftigkeit beinhaltet für die Terminusentstehung einen großen Vorteil, denn durch sie „sind Wortbildungsmuster sich selbst potenzierbare Kommunikationsformen, die durch ihren 'transitiven' Charakter einen weitgehend automatisierten (internalisierten) sprachlichen Mitteleinsatz ermöglichen“[586].

---

580 Arntz / Picht 2002, S. 54 ff.

581 Ickler 1997, S. 204-205; Patocka 1999, S. 12.

582 Martin 1993, S. 203.

583 Möhn / Pelka 1984, S. 21; Löning 1981, S. 86.

584 Ickler 1997, S. 105-166; Budin 1996, S. 224-225.

585 Meyer 1997, S. 12-13; Ickler 1997, S. 163; Fluck 1995, S. 212.

586 Wilss 1997, S. 334.

Besonders das bereits erwähnte Beispiel der Packungsbeilage ist von syntaktisch-stilistischer Präzision geprägt. So zählen zu den Charakteristika der Textsorte **Packungsbeilage** laut Schuldt:

- Präpositionalgefüge mit deverbativen Substantiven (nach der Einnahme)
- Nominalisierungen (die Einnahme, das Abklingen)
- Funktionsverbgefüge (Nebenwirkungen können auftreten)
- elliptische Satzkonstruktionen (Packungsbeilage sorgfältig aufbewahren)
- Passivkonstruktionen (Tabletten werden eingenommen)[587]

Zahlreiche hier vorkommende Merkmale gelten auch nach Fluck als Bestandteil fachsprachlicher Syntax[588]. Weiterhin spricht Löning von einer allgemeinen „Vernachlässigung des Verbs in der medizinischen Fachsprache“[589]. Hier ist allerdings zu berücksichtigen, dass sämtliche Merkmale fachgebiets- und textsortenabhängig variieren. So stellt Halliday für die Sprache der physikalischen Wissenschaft fest: „If so much of the lexical content is nominalized, what is left over for the verb?“[590]. Zudem verweist er auf die inhaltliche Bedeutungsverlagerung bei veränderter Thema-Rhema-Struktur durch Nominalisierung anhand konkreter Beispiele. „The explosion of gunpowder arises therefore from...“ legt z. B. stärkeres Gewicht auf die im Thema enthaltene *explosion*, während „Gunpowder explodes, because...“ lediglich das Lexem *gunpowder* im Thema enthält[591].

Vor dem Hintergrund des skizzierten Grundnetzes sollen nun terminologisierte Anglizismen im fachlichen Rahmen extrahiert und besprochen werden. Das folgende Kapitel widmet sich insbesondere der Terminusbetrachtung anhand von Wortbildungskategorien.

---

587 Schuldt 1992, S. 21 ff.

588 Fluck 1995, S. 55-56; Halliday / Martin 1993, S. 55 ff.

589 Löning 1981, S. 89.

590 Halliday / Martin 1993, S. 61 ff.

591 Halliday / Martin 1993, S. 61 ff.

4. Ansätze zur Terminuskategorisierung

4.1 Einleitende Bemerkungen

Das folgende Kapitel dient der Untersuchung der in den zu kontrastierenden Fachgebieten bestehenden Terminusinventare als Basis für die empirische Umfrage. Für die Einarbeitung in die Logistik war zunächst eine Auseinandersetzung mit fachlichen Grundbausteinen von Bedeutung, während im medizinisch-psychologischen Bereich in Hadlich 2007 bereits Vorarbeit geleistet wurde. Die fachlichen Informationen basieren daher auf den **wissenschaftlich-theoretischen Monographien** zu den einzelnen Gebieten. Diese wurden außerdem zur Terminusauswahl für die empirische Umfrage genutzt, da die hierbei in Erscheinung tretenden Anglizismen grundsätzlich erläutert werden und in den entsprechenden Verwendungsbereich eingeordnet werden können. Für eine weitere Auseinandersetzung scheinen allerdings auch Fachtexte (z. B. in Fachzeitschriften) eine nutzbare Quelle darzustellen, wie am Ende des vorliegenden Kapitels an den Beispielen *NeuroTransmitter* und *Logistik-Heute* gezeigt werden soll.

Das vorliegende Kapitel stellt in erster Linie einen **Kategorisierungsversuch** dar. Dieser erfolgt zu Beginn nach onomasiologischen, im Anschluss daran nach semasiologischen Gesichtspunkten. Zunächst wird demnach eine Kategorisierung anhand von Wortbildungsmustern durchgeführt, welche auch in der deskriptivstatistischen Evaluation und in den Glossaren Erwähnung finden. Hierbei finden neben den umfragerelevanten Termini bei bestehender Notwendigkeit auch Benennungen Verwendung, die in anderen medizinischen oder wirtschaftsfachsprachlichen Bereichen zum Einsatz kommen, denn es soll ein möglichst starkes Fundament an Beispielen geformt werden. Diese stammen neben den Monographien auch aus Lexika und diversen Internetseiten, welche durch die Internetsuchmaschine *Google* in Erscheinung traten. Die Quellen hierfür werden in den Fußnoten und in den Verzeichnissen angeführt. Zahlreiche Aspekte wurden zudem in Experteninterviews bestätigt oder eruiert. Diese werden anonymisiert, jedoch mit Datumsangabe in den Fußnoten angeführt. Die translatologisch-terminologische Betrachtung wird durch eine Überprüfung der Grundannahme abgeschlossen.

4.2 Fachsprachenbezogene Betrachtung

4.2.1 Terminologische Motiviertheit

Wenngleich Wortbildungsprozesse in enger Verbindung mit einer diachronen Sichtweise stehen, so können und müssen diese auch in einer synchronen Untersuchung nicht ausgespart werden. Eine tragende Rolle im terminologischen Bereich spielt die so genannte **Motiviertheit**. Diese basiert nach Glinz auf einer Assoziation zwischen dem Lautbild eines Terminus (oder auch Lexems) und anderen semantisch äquivalenten oder ähnlichen Zeichen, wodurch inhaltliche Aussagen abgeleitet werden können. **Nicht-motiviert** (nicht-sprechend) sind insbesondere Monomorpheme (z. B. *Arm*, *Bein*), während **motivierte** (sprechende) Zeichen zumeist auf Morphemkonstruktionen (z. B. *Beinbruch*) basieren. Motivierte Termini sind z. B. solche, die aus der Gemeinsprache terminologisiert wurden, die aber weiterhin zumindest partielle semantische Übereinstimmungen zum gemeinsprachlichen Lexem aufweisen (z. B. der *Markt* in der Wirtschaftssprache und der *Markt* in der Gemeinsprache)[592]. Die entsprechende Rezeption setzt allerdings bestimmte Wissensbestände auf Ebene der Gemeinsprache voraus.

Die Frage der Motiviertheit kann letztendlich immer nur **relativ**, nämlich in Abhängigkeit vom Wissensstand des Rezipienten beantwortet werden. Diese Tatsache betrifft auch Termini und ist von entscheidender Bedeutung für die Beschreibung der Terminusproduktion, denn nach Wüster sollten Begriffe und Benennungen eine leicht erkennbare und zudem logische Verbindung aufweisen[593]. Die Suche nach einer absoluten Motiviertheit, bei welcher die Lautgestalt jedem denkenden Individuum direkte Rückschlüsse erlaubt, scheint jedoch fruchtlos, denn grundsätzlich sind Lautbilder nur anhand zuvor erworbener Wissensbestände zu erschließen.

Auf terminologischer Ebene muss aufgrund spezifischer Wissensbestände von anderen **Motivationsbestrebungen** ausgegangen werden als auf gemeinsprachlicher Ebene. Drozd / Seibicke unterscheiden daher zwischen **nicht-**

---

592 Schippan 1992, S. 233-234.

593 Wüster 1970, S. 109.

wissenschaftlicher und **terminologischer Motiviertheit** und postulieren Letztere für die Großzahl der Termini[594]. Diese Perspektive scheint aber diskutierbar zu sein, da Terminusformen je nach individuellem Wissensstand des Sprachnutzers auch in der Gemeinsprache durchaus relativ motiviert sein können, wenn z. B. bei durchsichtigen Komposita aufgrund einzelner Konstituenten auf den Begriffsinhalt geschlossen werden kann. Eine wesentliche Rolle hierbei spielt das durch de Saussure konzipierte und später durch Wüster behandelte Grundprinzip der **Arbitrarität des Zeichens** (*arbitraire du signe*)[595], welches besagt, dass *signifiant* und *signifié* von ihrer Natur her nicht miteinander verbunden und somit nicht motiviert sind, sondern durch menschliches Handeln und Konventionalisierung zu einem Denotat verknüpft werden. Wenngleich der Willkür dabei Grenzen gesetzt sind, so bildet die Konventionalisierung doch eine Grundlage für das Prinzip der relativen Motiviertheit[596] auf der Basis regularisierender Vorgänge (z. B. Analogiebildung)[597]. Die Konventionalisierung kann also in Abhängigkeit vom Wissensstand des Sprachnutzers zu einer Motiviertheit des Terminus führen und ist in der Folge aufgrund der erhöhten Motivierbarkeit didaktisch verwertbar. Für diese Form der terminologischen Motiviertheit ist Wüsters Unterscheidung von inhärenten Terminusmerkmalen (Beschaffenheitsmerkmalen) und Relationsmerkmalen (Beziehungsmerkmalen) als Hilfsmittel zur Analogiebildung von Bedeutung[598]. **Inhärente Merkmale** (z. B. Größe,

---

594 Allerdings schließen Drozd / Seibicke Fremdwörter, Internationalismen und Abkürzungswörter hiervon aus (Drozd / Seibicke 1973, S. 62, 67, 129).

595 de Saussure 1967, S. 79 ff.

596 Glinz 1974, S. 58; Engell: online, 04.02.2009.

597 Dies weckt Assoziationen zu der in Chomskys GTG postulierten intuitiven Fähigkeit des kompetenten Sprechers, wenngleich diese terminologischen Sprachsteuerungshandlungen im ersten Moment widersprechen mag. In Anlehnung an Chomskys Theorie ist davon auszugehen, dass bestimmte Analogiebildungsmuster durch ein gewisses Maß an Motiviertheit gefördert werden (Chomsky 1995, S. 15 ff.).

598 Arntz / Picht 2002, S. 57. Ein Merkmal wird in der entsprechenden DIN-Norm betrachtet als „durch Abstraktion gewonnene Denkeinheit, die eine Eigenschaft

Form) sind jeweils „einer einem Gegenstand zugehörigen Eigenschaft zugeordnet", während **Relationsmerkmale** die Eigenschaften einzelner Objekte in Bezug auf die Eigenschaften anderer Gegenstände bezeichnen (z. B. Anwendung, Herkunft)[599]. Eine Verknüpfung von Begriff und Benennung im terminologischen Bereich sollte sich also durchaus an diesen Merkmalen des Terminus orientieren. Auch Drozd / Seibicke führen an, dass Motivationsbestrebungen von der jeweiligen Funktion des entsprechenden Terminus abhängen. So ist in der medizinischen Fachsprache auf praktischer Ebene besonders in der Arzt-Patienten-Interaktion eher ein durchsichtiger Terminus zu erwarten als auf wissenschaftlich-theoretischer Ebene[600]. Der Fachmann als Terminusanwender profitiert natürlich aufgrund seiner spezialisierten Wissensbestände von einem höheren Motiviertheitsgrad. Daher stellt sich beispielsweise auf Expertenebene nach Abschaffung des Latinums für Mediziner die Frage nach einem möglichen terminologischen Motivationsverlust, da einzelne Wortbestandteile in lateinbeladenen Terminologien (z. B. der Anatomie) wesentlich schwieriger abgeleitet und memoriert werden können[601]. Allerdings verursachen auch Variablen wie Bedeutungsverschiebung und Motivationsverlust aufgrund neuer wissenschaftlicher Erkenntnisse ein gewisses Maß an **Alogik** der Termini, wenn sich hierdurch Widersprüche und Disproportionalitäten herausbilden[602].

Verursacht wird ein derartiger **Motivationsverlust** zumeist durch Lexikalisierungs-, Demotivierungs- und Idiomatisierungsprozesse[603], wenn externe Syntagmen bzw. nicht-terminologisierte und damit zerlegbare Einheiten (z. B. *kleines Gehirn*) als terminologisierte Einheiten (z. B. *Kleinhirn*) durch Idiomatisierung eine allmähliche semantische Modifikation erfahren[604] (s. S. 231). Im Rahmen der terminologischen Normungsarbeit besteht das Ziel daher darin, das

---

von Gegenständen wiedergibt, welche zur Begriffsbildung und -abgrenzung dient" (DIN 2342 Teil 1, 2.2 „Merkmal").

599 Felber / Budin 1989, S. 70-71.

600 Drozd / Seibicke 1973, S. 171.

601 Glinz 1974, S. 57.

602 Drozd / Seibicke 1973, S. 125.

603 Glinz 1974, S. 60; Schippan 1992, S. 96-100.

604 Drozd / Seibicke 1973, S. 128-130, 158, 171.

Aufkommen alogischer Termini weitgehend einzudämmen. Dem widerspricht allerdings Ickler, indem er die Notwendigkeit motivierter Termini in Frage stellt, da er das Fachwissen des Experten als ausreichend für die Rezeption der Termini betrachtet[605].

Beispielhaft für einen relativ motivierten Terminus im Bereich der Medizin ist das Symptombild *Black heel* (dt. *schwarze Ferse*), denn es beschreibt tatsächlich Fersenhämatome, welche nach bestimmten Sportarten auftreten[606]. Ohne die entsprechenden Englischkenntnisse weist der Terminus jedoch keinerlei logische Verbindung zwischen Begriff und Benennung auf. Teilweise motiviert ist (zumindest für den englischsprachigen Nicht-Experten) der Terminus *Kinky hair syndrome*, welcher eine Genmutation mit spindelförmigen Haarveränderungen als Symptombild beinhaltet[607]. Der so genannte *knew-it-all-along-Effekt* bezeichnet das psychologische Phänomen der gefühlten Vorhersehung von Personen nach Eintreten eines Ereignisses und ist im Falle ausreichender Englischkenntnisse des deutschen Sprachnutzers relativ motiviert. Dies gilt auch für den Terminus *Death education*, welcher das zielgerichtete Vorbereiten von Teilnehmern auf eine Auseinandersetzung mit Themen wie Tod, Sterben und Trauer benennt. Der Terminus kann durchaus falsch interpretiert werden und so als falscher Freund wirken, indem er beim nicht-fachsprachlichen Rezipienten Assoziationen zur Ausbildung von Selbstmordattentätern auslöst. Eben derartige Interferenzen sind im Rahmen der Terminologiearbeit zu redigieren. Eine Maßnahme hierfür kann in der erneuten Terminusproduktion bestehen.

Die als grundlegend zu betrachtenden Wortbildungskategorien werden in den folgenden Abschnitten besprochen. Vorbereitend auf die Behandlung einzelner Terminusformen erfolgt zunächst eine Beleuchtung der terminologischen Integration von Anglizismen in das deutsche Sprachsystem.

---

605 Ickler 1997, S. 96-97. Diese Annahme scheint auf dem Wüsterschen Prinzip der relativen Eindeutigkeit zu beruhen (s. S. 118).

606 Pschyrembel 2002, S. 227.

607 Pschyrembel 2002, S. 934.

4.2.2 Assimilation der Anglizismen

4.2.2.1 Integrationswege

Die Integration von Lehngut wirft immer die Frage auf, inwieweit dieses mit dem nehmersprachlichen System kompatibel ist. Die Beantwortung dieser Frage spielte auch in der Untersuchung des psychiatrisch-psychotherapeutischen und des logistischen Terminusinventars eine Rolle und findet sowohl in der deskriptivstatistischen Evaluation als auch im Glossar Erwähnung.

Im Zusammenhang mit der Anglizismenassimilation äußert sich Sick zu der von ihm so genannten **Einbürgerung** des non-indigenen Sprachinventars[608]. Diese beginnt zumindest im fachsprachlichen Diskurs bei der Einführung der neuen bzw. erklärungsbedürftig erscheinenden Benennungen in den Text. Hierfür bieten sich verschiedene Möglichkeiten (Kursivschreibung, Klammersetzung oder Anführungszeichen). In der Fachzeitschrift *NeuroTransmitter* werden neue Lexemverbände (z. B. *First rank symptoms*) beispielsweise in Kursivschrift hervorgehoben[609].

Die Entlehnung aus einer Gebersprache ist nicht selten mit phonematischen, orthographischen, morphosyntaktischen, lexikalischen und semantischen Effekten verbunden und verursacht im Sprachwortschatz häufig Normverstöße gegen bestehende Strukturen. Im Rahmen der vorliegenden Arbeit liegt der Fokus auf lexikalischen und semantischen Aspekten. Durch Integrationsprozesse werden insbesondere die **Flexionsmerkmale** (Plural- / Kasusbildung, Konjugation, Komparation) entlehnter Lexeme in unterschiedlichem Maße deutschen Wortbildungsparadigmen unterworfen.

Wie bereits erwähnt wurde, gilt der Grad der Integration und der Assimilation gelegentlich auch als Kriterium für das Lexemverhalten von Anglizismen. Oeldorf unterscheidet hierfür die Kategorien

- integrierte Lehnwörter
- teilintegrierte Lehnwörter
- transferierte Lehnwörter

---

608 Sick 2005, S. 145.

609 Bundesverband Deutscher Nervenärzte, S. 199.

Als **Assimilationskategorien** wählt sie Schreibung und Morphologie (Pluralbildung, Kasus, Genuszuweisung)[610]. Im Falle einer engen Sprachverwandtschaft, wie sie zwischen den westgermanischen Sprachen Englisch und Deutsch besteht, fällt die Integration wesentlich leichter als beispielsweise zwischen dem Englischen und dem Koreanischen, da hier sowohl zwischen den Schriftsystemen als auch zwischen den Sprachstrukturen und der Syntax starke Differenzen liegen[611]. Bei **Wortbildungsmustern** wie Komposition, Präfigierung und Partikelbildung ergeben sich laut Eisenberg keine besonderen Hindernisse auf dem Integrationsweg. Exemplarisch benennt er nicht-native Präfixe, welche den Affigierungsmustern indigener Morpheme folgen. So lässt sich z. B. das im medizinischen Bereich häufig anzutreffende **ex-** genau wie das indigene **un-** mit Lexemen kombinieren. Auf Betonung und Akzentverhalten nicht-nativer und indigener Präfixe soll an dieser Stelle nicht eingegangen werden[612].

4.2.2.2 Morphologische Integration

4.2.2.2.1 Genuszuweisung

Ein wesentliches Charakteristikum integrierter Anglizismen stellt die erfolgreiche Genuszuweisung dar. Diesem Thema und den Zuordnungsgründen widmen sich Mackensen, Carstensen (für die Gemeinsprache) und Schmitt (für die Fachsprache der Kerntechnik)[613], die in ihren Arbeiten deutlich machen, dass die Genuszuweisung im Deutschen nicht problemlos systematisiert werden kann.

Es sind jedoch einige grobe **Richtlinien** durch semantische oder morphologische Analogien sowie Unterschiede in der Verwendung gemeinsprachlicher und

---

610 Oeldorf 1990, S. 42-43.

611 Eine ausführliche Untersuchung zu diesem Beispiel findet sich bei Kim (Kim 2005, S. 141).

612 Eisenberg 2001, S. 190-191.

613 Schmitts Untersuchung basiert auf der Befragung von drei Gruppen, und zwar Viertklässlern (ohne Englischkenntnisse), Studenten und Fachgebietsexperten. Als Items wurden 70 unterschiedlich stark terminologisierte Anglizismen gewählt (Schmitt 1985, S. 96 ff.; 1999, S. 257 ff.).

fachsprachlicher Anglizismen erkennbar[614]. An dieser Stelle soll sich auf den Bereich der Fachsprache beschränkt werden.

Als wesentlich für die Genuszuweisung werden **formale und semantische Übereinstimmungen** des Lehnguts zu indigenen Termini betrachtet. Schmitt stellt fest, dass sich bei der Genuszuordnung häufig eine Anlehnung an morphologisch ähnliche oder äquivalente Wörter im Deutschen zeigt.

Zu den wichtigsten morphologischen Faktoren zählen z. B. Wortendung oder Silbenanzahl. So bevorzugen **einsilbige Substantive** offensichtlich das Maskulinum. Deutsche Lexeme, welche auf einem **unbetonten -e** enden, werden häufig als Feminina behandelt und nach diesem Muster erfolgt zumeist auch die Genuszuweisung für einen auf gleiche Weise endenden Anglizismus. Nach Schmitt kommen fehlende Englischkenntnisse spätestens an dieser Stelle zum Vorschein – wenn nämlich nicht klar ist, dass bestimmte Termini im Englischen nur in geschriebener Form aus zwei Silben bestehen[615] (z. B. *Side* oder *Sale*). Für Lehnwörter „ohne typische Endung“ konstatiert Schmitt eine „Tendenz zum Maskulinum“[616]. Summa summarum stellt er fest, dass **Aussprachekenntnisse** mehr als die Vertrautheit mit Ausdrucksbedeutungen ein ausschlaggebendes Kriterium bei der Genuszuweisung darstellen[617].

Auch Schlick äußert sich zu **Mechanismen** der Genusermittlung in der deutschen Sprache und kommt dabei auf **Konkurrenz** und **Regelrivalität** zu sprechen. So stellt er fest, dass auch vor langer Zeit entlehnte Termini / Lexeme (z. B. der im psychiatrischen Glossar angeführte *Trip*) fest integriert, aber in der linguistischen Forschungsliteratur noch immer nicht endgültig erforscht sind. Die von Schlick durchgeführte Untersuchung zur Genusdistribution führt ihn zur Erkenntnis, dass auch **-er**-Genera maskulin sind[618]. Bestätigt werden kann dies im Rahmen der vorliegenden Untersuchung anhand von Beispielen aus der Ter-

---

614 Schmitt 2000, S. 259.

615 Schmitt 1985, S. 118-122.

616 Schmitt 2000, S. 275.

617 Schmitt 2000, S. 278.

618 Schlick 1995, S. 193-200.

minusliste (z. B. *Tranquilizer*). Es finden sich dort jedoch auch Termini wie *Center* (n) oder *Order* (f), auf welche diese Aussage nicht zutrifft.

Weiterhin konstatiert Schlick eine **semantische Analogiebildung** bei Lexemen, welche durch **-ing** suffigiert sind. Analogiebildungen scheinen bei diesem Suffix durchaus naheliegend, da auch im Deutschen hier eine der seltenen festen Regeln für die Genusdistribution konstatiert werden kann, denn sämtliche auf **-ung** endenden Substantive stellen Feminina dar und Anglizismen auf **-ing** besetzen grundsätzlich das Neutrum[619].

Was Schmitt in Bezug auf die Flexion äußert, trifft mit Sicherheit auch auf die Genuszuweisung zu – nämlich, dass „die meisten engl. Lehnwörter nicht isoliert, sondern zumeist in hybriden Wortverbänden oder Komposita auftreten“[620]. Ein Hauptgrund liegt wohl darin, dass sich bei einem deutschen Determinatum Fragen zur Genuszuweisung und zur Flexion der entlehnten Termini erübrigen. Dieses **Vermeidungsverhalten** wirkt sich laut Schmitt auch auf syntaktischer Ebene aus, wenn Sätze z. B. umgestellt werden, um der Notwendigkeit einer Deklination vorzubeugen[621].

4.2.2.2.2 Flexionsverhalten

a) Pluralbildung

Das Flexionsverhalten nicht-nativer Substantive weist einige Besonderheiten gegenüber indigenen Flexionsmustern auf, wobei vor allem die Pluralbildung einen Schwerpunkt darstellt. Wenngleich ein Großteil der Anglizismen den englischen Plural beibehält, erfolgt die Bildung bei einigen Anglizismen durch Anhängen von **deutschen Allomorphen** (*Monitor* / *Monitore*)[622]. Die zur Verfü-

---

619 Schmitt 1985, S. 117-120. Weitere „ausnahmslos mit einem bestimmten Genus“ verbundene Suffixe finden sich z. B. bei Schmitt 2000, S. 260.

620 Schmitt 1985, S. 117-120.

621 Schmitt 2000, S. 280.

622 Das hier genannte Beispiel *Monitor*, welches in der Bedeutung *Mahner*, *Berater* etc. nachweislich der lateinischen Sprache entstammt (Löwe 1986, S. 258), wird an dieser Stelle als *hard word* betrachtet, da es in seiner Bedeutung *Bildschirm* vermutlich über die englische Computerfachsprache ins Deutsche gelangt ist.

gung stehenden Bildungsformen unterscheiden sich in beiden Sprachsystemen, denn der Plural englischer Lexeme wird in den meisten Fällen durch Anhängen der Endung **-s** gebildet, während im Deutschen neben der **s-Flexion** die Endungen **-en** und **-er** dominieren[623]. Der **s**-Flexionstyp beinhaltet den mit **-s** markierten Plural und den Genitiv bestimmter Maskulina und Neutra sowie den Plural bestimmter Feminina. Zu diesem Muster zählen Lexeme, welche auf einen Vokal enden (außer Schwa) sowie Abkürzungen, Kurzwörter und Eigennamen[624]. Eine Integration ist insofern schwierig, als z. B. Maskulina mit offener Schwa-Silbe im Deutschen die Pluralendung **-n** besetzen. Auch zu entlehnten englischen Termini, welche ihren Plural beibehalten, besteht keine feste Regelung. Dies hat zur Folge, dass für einen Terminus auch beide Pluralformen bis zu dessen ausreichender Integration Verwendung finden.

Dieser Fakt kommt in den beiden Pluralformen *suppliers* / *supplier* zum Tragen (siehe *integrated supplier* im Glossar) oder in *Clusters* / *Cluster*. Auch bei der Endung **-y** bestehen häufig Unsicherheiten zwischen **-ies** und **-ys**[625] (z. B. *Cities* oder *Citys*).

Die bereits erwähnten maskulinen Entlehnungen auf **-er** bilden im Deutschen den **Nullplural** durch ein Nullallomorph (*der Dealer* / *die Dealer*, *der User* / *die User*, *das Center* / *die Center*). Interessant wäre im Zusammenhang mit letzterem Terminus möglicherweise eine Überprüfung der Pluralendung für die Variante *Centre* (BE).

Hier wird besonders deutlich, dass die Gründe für die zahlreichen Hybridbildungen im fachsprachlichen Bereich auch in den Integrationsschwierigkeiten liegen, denn oftmals ist die letzte Komponente eines Kompositums genusbestimmend. Daher kann durch Anfügung deutscher Determinata (z. B. *Prinzip*, *Modell*) die Problematik der Genus- und Flexionszuweisung umgangen werden.

---

623 Yang 1990, S. 159.

624 Eisenberg 2001, S. 195-200. Zur Übersetzung von Eigennamen siehe Kelletat 1999, S. 297 ff.

625 Schmitt 1985, S. 91; Viereck 1986, S. 114. Allerdings genügen bei diesem Beispiel minimale Englischkenntnisse zur Vermeidung der falschen Pluralverwendung, insofern die Lexeme oder Termini als Anglizismen erkannt werden.

Zusammenfassend lässt sich hierzu sagen, dass keine systematische Darstellung der Pluralbildung möglich ist. Dennoch bestehen deutliche Tendenzen zur Verwendung von Pluralformen in Verbindung mit bestimmten Endungen.

b) Deklination

Entlehnte Anglizismen werden mit der Genuszuweisung einem bestimmten Deklinationstyp zugeordnet. Wenngleich die Thematik an dieser Stelle nicht ausführlich behandelt werden kann, soll doch betont werden, dass die meisten Anglizismen nach denselben Regeln dekliniert werden wie die deutschen Termini. So orientiert sich die Deklination der **Neutra** laut Schmitt fast ausschließlich am Deklinationstyp III. Neutra auf **-um**, aber auch Maskulina nehmen im Genitiv Singular somit zumeist die Endung **-s** an (z. B. *des Cerebellums*). **Deverbativa auf -ing** bilden gelegentlich Ausnahmen, indem sie einen endungslosen Genitiv Singular führen (was der ausgangssprachlichen Deklination entspricht), in der Umgangssprache oder als Doppelbelegung aber auch das deutsche Genitiv-**s** anhängen. Eine solche Ausnahme bildet *Recycling*, welches im Genitiv *des Recycling*[626] lautet.

Wie bereits angemerkt wurde, macht man sich auch **Hybridbildungen** zunutze, um orthographische Schwierigkeiten zu umgehen. Diese Vermeidung erfolgt ebenso bei entlehnten Adjektiven, indem der prädikative Gebrauch ausgespart wird[627]. Ein aktuelles Beispiel liefert das sich augenscheinlich ins Deutsche manifestierende Lexem *busy*.

c) Konjugation

Ein morphologisches Charakteristikum der Entlehnung englischer Verben bildet das Anfügen des **Infinitivmorphems -(e)n** (z. B. *managen, recyceln*). Zur Übernahme der englischen Verben stellt Schmitt fest, dass alle in der Regel schwach konjugiert werden[628] (z. B. *ich manage, du managst, gemanagt*). Die im Deutschen usuellen Personalendungen bereiten gelegentlich Integrations-

---

626 Schmitt 1985, S. 120.

627 Carstensen 1965, S. 68.

628 Grotte / Schütte 2000, S. 60.

probleme bei der Schreibung oder bei einer morphologischen bzw. syntaktischen **Trennung** der Bestandteile (*ich downloade* oder *ich loade down*). Da aus dem Englischen entlehnte Verben im Bereich der Wirtschaft und besonders auch in der Logistik anzutreffen sind, steigt hier die Wahrscheinlichkeit der Analogiebildung[629]. Wie unschwer zu erkennen ist, ergeben sich auch Kernfragen zur **Partizipbildung**. So entstehen partizipiale Anglizismen wie *recycled* oder *recycelt*, wobei die Variante *recycelt*, erkennbar an der Endung **-t**, offensichtlich bereits einen Integrationsprozess durchlaufen hat. In syntagmatischen Verbindungen mit indigenen Bestandteilen wird vermutlich verstärkt auf die integriertere Form zurückgegriffen. So führt Eisenberg das Beispiel *recyceltes Papier* an. Nicht selten werden solche Formen nebeneinander verwendet. Die finite Variante müsste nach indigenem Wortbildungsmuster *recyceln* lauten, ist aber auch als *recyclen* anzutreffen[630]. Diese Art von Schwierigkeit scheint sowohl auf Ebene der Gemeinsprache als auch auf der der Fachsprache nicht ohne Weiteres lösbar, da sich Normungsaktivitäten im terminologischen Bereich eher selten mit dieser Integrationsform befassen.

4.2.2.2.3 Graphemintegration

a) Groß- und Kleinschreibung

Wird ein englischer Terminus in die deutsche Sprache übernommen, erfolgt zumeist eine **Modifizierung** von Groß- und Kleinschreibung, denn im Englischen herrscht – im Gegensatz zur deutschen Sprache – Kleinschreibung vor. Nach Schmitt ist jedoch zu beachten, dass auch die Großschreibung von Anglizismen kein sicheres Indiz für die Manifestation eines Anglizismus in ein neues Sprachsystem darstellt[631]. Dem kann an dieser Stelle beigepflichtet werden, da im Verlaufe der Terminusselektion auffiel, dass Termini häufig auch bei scheinbar starker Manifestation auf unterschiedlichen orthographischen Regeln basieren.

---

629 Verben, die mittlerweile zahlreich Verwendung finden und auch in der Gemeinsprache einen festen Platz haben, sind bei Eisenberg angeführt, nämlich *managen, recyclen, upgraden* und *downloaden* (Eisenberg 2001, S. 82).

630 Eisenberg 2001, S. 82.

631 Schmitt 1985, S. 89.

Besonders deutlich wird dies am Terminus *Burnout*, welcher in zahlreichen **orthographischen Varianten** anzutreffen ist (s. S. 433). Diesen Schwerpunkt abschließend kann festgestellt werden, dass in Fachwerken wie dem Fachwörterbuch *Pschyrembel* und diversen Fachzeitschriften entlehnte Termini zwar mit Großbuchstaben begonnen werden, dass in kompositorischen Verbindungen jedoch alle weiteren Komponenten zumeist kleinzuschreiben sind (z. B. *Death education*[632]).

Bei der intensiven Auseinandersetzung mit der orthographischen Integration von Anglizismen tut sich aufgrund der deutlich erkennbaren **Inkonsequenz** beinahe der Verdacht auf, dass die Orthographie gelegentlich mit den Einstellungen der Computerprogramme zusammenhängt, die im Deutschen nicht selten eine automatische Umwandlung der Anfangsbuchstaben in Großbuchstaben bei der Verwendung in Tabellen und Aufzählungen enthalten.

b) Ersetzung

In zahlreichen Fällen ist bei der Integration entlehnter Termini eine Ersetzung anhand bestehender **Muster** zu verzeichnen. So lautet die auf lateinischer Entlehnung basierende englische Endung **-ia** im Deutschen zumeist **-ie** (z. B. en. *schizophrenia* / dt. *Schizophrenie*)[633]. In vielen Fällen erfolgt bei der Übernahme von Anglizismen in die deutsche Gemeinsprache eine **Graphemersetzung** von <c> zu <k> oder <z>[634] (z. B. ***C**ompliance* zu ***K**ompliance*) oder <sh> / <ch> zu <sch> (z. B. *shock* zu *Schock*)[635]. In der bereits zitierten Fachzeitschrift *NeuroTransmitter* wird z. B. der *Hippocampus* als *Hippokampus* angeführt, wenngleich bei diesem Terminus ebenso eine Ersetzung des lateinischen <c> in der deutschen Sprache konstatiert werden kann[636]. Laut Ickler macht sich allerdings

---

632 Bundesverband Deutscher Nervenärzte, S. 199.

633 Schippan 1992, S. 261.

634 Hierbei ist allerdings abzuwägen, ob der Terminus als *hard word* zu betrachten ist, da er andernfalls keinen Anglizismus, sondern einen Gräkolatinismus darstellt.

635 Schmitt 1985, S. 91; Viereck 1986, S. 114.

636 Müller-Spahn 2004, S. 31 / 37. Es handelt sich in den angeführten Beispielen nicht um das gesamte Kontingent an zur Verfügung stehenden Ersetzungsmus-

der Einfluss des Englischen auch in der abweichenden Orthographie gräkolateinischer Termini bemerkbar (z. B. *Iod* statt *Jod*)[637].

c) Verknüpfungs- und Hilfselemente

Eine weitere Herausforderung bei der terminologischen Integration bilden **Fugen-** und **Hilfszeichen**. Zu den wesentlichen Unterschieden zwischen dem englischen und dem deutschen Sprachsystem zählt das Zusammenfügen von Kompositionselementen in der jeweiligen Sprachnorm. Im Gegensatz zu englischen Komposita können bei deutschen die einzelnen Komponenten laut Sprachnorm nicht getrennt aneinandergereiht werden[638], weshalb Unklarheiten in der Muttersprache und der Gebersprache nicht selten in **Verbindungen** resultieren, die auf orthographischer Ebene weder der Geber- noch der Nehmersprachnorm entsprechen. So ist bei Ollenschläger im Deutschen von *post-traumatic stress dis-order* die Rede[639]. Der Bindestrich zwischen *post* und *traumatic* entspricht in keiner Form der deutschen Orthographie. Zudem erschließt sich bei Betrachtung des gesamten Terminus keine Begründung für diese Form der Verknüpfung im Deutschen. Ebenso können Leerzeicheneinfügungen variieren, wie sich in den Benennungsvarianten für einen Luftfrachtbrief zeigt, denn hier finden sich die Denotate *Airway Bill*, *Airwaybill* und *Air Waybill*[640].

Der **Bindestrich** kommt vor allem aus Gründen der Übersichtlichkeit zum Einsatz und spielt demnach in kompositorischen und derivativen Hybridverbindungen eine Rolle. Während die Bindestrichverwendung im Deutschen normiert ist, finden sich im Englischen besonders bei Komposita eher lose Aneinanderreihungen, die mittlerweile auch ins Deutsche Einzug halten. Je mehr Glieder in einem Kompositum enthalten sind, umso höher ist die Wahrscheinlichkeit einer fakultativen Bindestrichverwendung. Sowohl in der Logistik als auch in der

---

tern. Weitere repräsentative Beispiele und Muster finden sich bei Schmitt (Schmitt 1985, S. 92).

637 Ickler 1997, S. 103-105.

638 Arntz / Picht 2002, S. 116-121.

639 Ollenschläger et al. 2004, S. 826.

640 ten Hompel / Heidenblut [Logipedia]: online, 20.10.2009.

Psychiatrie fällt auf, dass die Getrenntschreibung englischer Komposita in deutschen Fachtexten oft **orthographische Varianten** innerhalb eines Textes von einem Autor nach sich zieht[641]. Als **Unterschied** zwischen der deutschen und der englischen Bindestrichverwendung benennt Schmitt die (regelwidrige) deutsche Tendenz, den Bindestrich bei Mehrfachkomposita in mehrgliedrigen Determinansgruppen auszusparen und lediglich zwischen Determinans und Determinatum zu setzen[642], sodass z. B. die in der vorliegenden Untersuchung mehrfach erwähnte *High-Risk Forschung* zur *High Risk-Forschung* wird. Yang konstatiert eine obligatorische Bindestrichsetzung für Komposita, welche in Verbindung mit Initialwörtern (*E-Commerce*, *M-Business*, *V-Commerce*, *E-Consulting*)[643] oder Zahlen und Ziffern (*1-tier*) bzw. in Terminusverbänden (*Built-to-Order*[644], *Time to Market*[645]) stehen.

Wie sich aber an den orthographischen Varianten der Umfrageergebnisse zeigte, liegen sowohl in der recht normierten psychiatrisch-psychotherapeutischen als auch in der anglizismenbeladenen logistischen Fachsprache erhebliche Unsicherheiten in der Bindestrichsetzung vor.

Neben der Bindestrichverwendung stehen diverse weitere Bildungsmechanismen zur Verknüpfung von Determinans und Determinatum zur Verfügung: Einerseits die **Direktverknüpfung** (z. B. *Outsourcing*), andererseits die Verwendung von **Nullmorphemen** (z. B. *Angel Dust*). Zu den zur Verknüpfung verwendbaren **Kompositionsfugen** im Deutschen zählt die Genitivendung bzw. die Pluralendung des Determinans (**-s**, **-e**, **-en**)[646]. Den Verzicht auf Fugenzeichen konstatiert Schmitt für Hybridbildungen mit englischen Morphemen oder Lexe-

641 Sağlam 2004, S. 124 ff.; Schmitt 2000, S. 283.

642 Schmitt 1985, S. 148 ff. In Schmitt 2000 sind zahlreiche Regeln zur englischen und deutschen Bindestrichverwendung aufgelistet. Als Gemeinsamkeit stellt Schmitt fest, dass bei Rezeptionsschwierigkeiten in beiden Sprachen eine Mehrwortbenennung von rechts nach links erschlossen werden kann (Schmitt 2000, S. 294).

643 Zimmermann: online, 28.08.2009.

644 ten Hompel / Heidenblut [Logipedia]: online, 14.10.2009.

645 ten Hompel / Heidenblut [Logipedia]: online, 10.08.2009.

646 Wüster 1970, S. 92-93; Zhu 1987, S. 97-99.

men / Termini bei der Hauptvariante „evidenter Anglizismus als Determinans" (z. B. *Batchdaten*), was er auf die Flexionslosigkeit des Englischen zurückführt. Der seltene Fall, dass das Determinatum aus dem Englischen stammt, führt gelegentlich zum Gebrauch eines deutschen Fugenzeichens (z. B. *Elektronenspin*)[647].

Ein weiteres Mittel zur Verknüpfung stellt der **Apostroph** dar. Dieses Hilfszeichen weist Tendenzen einer sinkenden Regelkonformität bei steigendem Anglizismeneinfluss auf. So entwickelt sich mittlerweile im Deutschen die Variante des Stammformapostrophs in Verbindung mit dem Genitiv zum Usus. Als eine Hauptursache werden an dieser Stelle die auf die Gesellschaft einfließenden Ökonyme bezeichnet (*McDonald's*). Hieran orientieren sich auch kleinere Unternehmen, welche auf diese Apostrophverwendung in Verbindung mit deutschen Propria zurückgreifen und somit zur Manifestation einer neuen Verwendungsform beitragen[648]. Für Fachsprachen sind besonders die Adjektivbildungsapostrophe relevant, aber auch diese sind nicht obligatorisch und führen daher zu Terminusvariationen. In der vorliegenden Arbeit wurde die Variante ohne Apostroph gewählt[649].

4.2.2.3 Phonetisch-phonologische Integration

Die phonetisch-phonologische Integration soll lediglich aus Gründen der Vollständigkeit an dieser Stelle kurz gestreift werden, da sie sich auf den mündlichen Sprachgebrauch bezieht und in der Untersuchung nicht schwerwiegend zum Tragen kam. Sie ist wohl von besonderen Schwierigkeiten begleitet, denn die Unterschiede zwischen englischen und deutschen **Graphem-Phonem-Relationen** sind nicht für jeden Sprachnutzer erkennbar und nachvollziehbar

---

647 Schmitt 1985, S. 148.

648 Ein Gegenstück zum Stammformapostroph ist der Elisionsapostroph, welcher in der vorliegenden Untersuchung allerdings nicht in Erscheinung trat. Er markiert das Genitiv-s wie in *Marx' Kapital*. Eine ausführliche Erläuterung zum Thema Apostroph findet sich bei Camenzind (Camenzind 2007, S. 356).

649 Daher wurde aus Termini (z. B. *Bechterewsche Krankheit*, *Schottmüllersche Krankheit*) der Apostroph entfernt.

und die Kenntnis phonologischer Aspekte einer speziellen Terminologie kann nicht zwangsläufig vorausgesetzt werden. Wenngleich die Datenerhebung im Rahmen der vorliegenden Arbeit auf schriftlichem Weg erfolgte, seien an dieser Stelle dennoch zumindest die Hauptaspekte der phonologischen Integration von Anglizismen in die deutsche Sprache erwähnt.

Als Hauptmerkmale für die Integration der englischen Fremdphoneme ins deutsche **Lautsystem** nennt Sağlam beispielsweise

- progressive Assimilation stimmhafter Obstruenten im Silbenanlaut (*Kick**b**oard*)
- Wechsel vom englischen Halbvokal [w] zum labiodentalen Frikativ [v]
- Quantität, Anspannung, Gespanntheit und Öffnungsgrad der Vokale[650]

Die Integration ist vermutlich eine Folge jener Barrieren, die Schmitt durch **sprachsoziologische Faktoren** begründet sieht. Hierzu zählt er die Beibehaltung einer muttersprachlichen Phonologie trotz Kenntnis der Aussprache im Englischen, welche er auf das Empfinden der Sprachgemeinschaft gegenüber bestimmten Aussprachefehlern zurückführt, die sich bei den meisten Teilnehmern einer Sprachgemeinschaft ähneln, wenn diese Fremdsprachen sprechen[651]. Ein häufig auftretendes Problem ist die Integration von <sp> und <st> (z. B. *Spleen*, *Stalking*). Hierbei wird die Aussprache nicht immer einheitlich gehandhabt und kann auch nicht von jedem Sprachteilnehmer intuitiv erschlossen werden[652].

Eine weitere Herausforderung im Deutschen stellen englische **dentale Frikative** dar (z. B. das stimmlose dentale Phonem /θ/ und das stimmhafte dentale /ð/). Besonders problematisch für den deutschen Muttersprachler ist wohl die Tatsache, dass beide Phoneme mit dem oben angeführten Graphem <th> wiedergegeben werden. Auch die **Semivokale** /l/ und /r/ erfahren häufig eine deutsche Phonemrealisation, z. B. indem der englische alveolare Frikativ [ɹ] im

650 Sağlam 2004, S. 124.

651 Schmitt 1985, S. 95.

652 Mackensen 1972, S. 9. Das Vorgehen hängt wahrscheinlich auch von innerdeutschen gemeinsprachlichen Varietäten ab, da besonders im Norden Deutschlands eine Tendenz zur Separierung von <st> und <sp> zu verzeichnen ist.

Deutschen mit dem uvularen Frikativ [ʁ][653] bzw. dem Vibranten [ʀ][654] wiedergegeben wird. Bei [l] verzichtet man zudem im Deutschen weitgehend auf die im Englischen verwendete Differenzierung zwischen „dunkler" und „heller" Aussprache[655]. Zudem kann sich der Muttersprachler bei Verwendung englischer Termini nur schwer von der für das Deutsche typischen **Auslautverhärtung** lösen. Auch fällt auf Satzebene häufig die Beibehaltung des *glottal stop* auf. Allerdings führen diese Aspekte kaum zur Behinderung der Kommunikation, da sie besonders in der theoretischen Wissenschaftssprache keinen übermäßigen Einfluss ausüben. Aufgrund der Tatsache, dass es in den hier untersuchten Fachgebieten laut Experteninterviews kaum reine Theoretiker gibt, weil diejenigen, welche in Lehre und Forschung tätig sind, zumeist auch praktizieren, kann dieser Aspekt jedoch durchaus eine Rolle spielen.

Nachdem Anglizismen als Phänomen nun eingehend beleuchtet wurden, soll im Folgenden eine Untersuchung fachgebietsrelevanter Termini nach morphologischen und im Anschluss nach semantischen Kategorien stattfinden. Für Letztere werden distinktive Kapitel aus Psychiatrie und Logistik unter Fokussierung der darin enthaltenen Anglizismen erarbeitet. Zum besseren Verständnis erfolgt somit auch eine Berührung psychiatrischer und logistischer Grundfragen.

4.2.3 Terminologisches Lehngut

4.2.3.1 Signifikante Benennungsarten

Die Erweiterung einzelner Terminusbestände kann in Abhängigkeit von Funktion und Sprachsystem durch das Gesamtreservoir sprachlicher Elemente auf der Basis verschiedener **Nominationsverfahren** mit formalen und semantischen Sprachmitteln des Deutschen, aber auch des Englischen (inklusive der Einführung von Lehnwörtern) erfolgen.

Laut Drozd beherbergt das Morpheminventar einer jeden Sprache „nur einige Tausend Wortelemente" für die Benennung von „Millionen von Begriffen"[656].

---

[653] Geriebenes Zäpfchen-r.

[654] Zäpfchen-r mit mehreren Vibrationen.

[655] Zu Phonetik und Phonologie siehe Lyons 1969, S. 100 und IPA.

[656] Drozd 1975, S. 111.

Aufgrund quantitativer Differenzen erfolgt die Denotation neuer Begriffe zumeist durch eine Neukombination bestehender Morpheme oder durch die Übertragung einer neuen Bedeutung[657]. Eine wesentliche Besonderheit der Terminusproduktion besteht allerdings darin, dass hierfür ein zwingender Bedarf vorhanden sein muss, wenn beispielsweise neue Konzepte in der Psychiatrie (z. B. *double insanity*) oder der Logistik (z. B. *Make-or-Buy*) entwickelt werden. Dennoch ist auch hier eine „modische Motiviertheit" nicht auszuschließen.

Da die Betrachtung von Wortbildungsmustern vor allem einen diachronen Blickwinkel erfordert, wird zur Wahrung der Synchronizität der Blick auf die Resultate der Wortbildungsprozesse gerichtet. Hier zeigt sich noch einmal, dass die von de Saussure postulierte Dichotomie **Synchronie** – **Diachronie** nicht gänzlich untrennbar ist[658]. Die Betrachtung der Wortbildungsmittel scheint per se den diachronen Blickwinkel zu eröffnen.

Wie nun bereits deutlich wurde, stellt die Anglizismenentlehnung einen wichtigen Weg der Terminusentstehung in den Wissenschaftssprachen dar. Terminologisches Lehngut zählt zwar als Resultat der Entlehnung selbst zu den Wortbildungsmitteln, wird aber in dieser Untersuchung nicht wie bei Schmitt oder Drozd / Seibicke als gleichwertiger Kategorisierungsansatz behandelt. Hierdurch soll der Tatsache Rechnung getragen werden, dass Entlehnungen selbst in der Nehmersprache phonetisch-phonologische, semantische sowie morphologische Veränderungen erfahren, die auf den jeweiligen Wortbildungsmustern basieren.

Eine grobe Differenzierung der in Frage kommenden Wortbildungsmuster liefert Peter **von Polenz**, welcher die von ihm so bewerteten „großen" Gruppen der deutschen Wortbildungsverfahren als Gegenpole betrachtet, nämlich die konstruktive Wortbildung (Derivation, Komposition) und die reduktive Wortbildung. Dazwischen siedelt er die Konversion an[659]. Eine detailliertere Klassifizierung findet sich bei **Kirkness**. Aus seiner Lehngutunterteilung anhand der deutschen Wortbildungsarten ergeben sich

---

657 Drozd 1975, S. 111.

658 Auch nach Horn-Helf bildet eine „synchrone Bestandsaufnahme" die Basis für eine Untersuchung der Wortbildungsmuster (Horn-Helf 1997, S. 52-53).

659 Greule 1996, S. 198.

> Komposita, Konfigierungen, Prä- und Suffigierungen, Rückbildungen, Kürzungen, Konversionen und Blends.

Kirkness stellt auf der Basis dieser Kategorisierung fest, dass Entlehnungen gegenüber Komposita seit den 90er Jahren des 21. Jahrhunderts eine starke Zunahme erfahren[660]. Diese korrespondiert mit dem Anglizismenzuwachs in zahlreichen Fachsprachen. Ein differenziertes Modell im fachsprachlichen Bereich findet sich bei **Schmitt**. Er unterscheidet zunächst zwischen

> Terminologisierung, Subterminologisierung und Neubildung.

Die in der vorliegenden Untersuchung angeführten Wortbildungsformen (Wortableitung, Konversion, Wortkürzung und Zusammensetzung) sind bei Schmitt unter **Neubildung** zusammengefasst[661].

Neben den tradierten Wortbildungsmustern existiert die **Wortschöpfung**[662], deren Entstehungsweg nicht in der Motivation bzw. Assoziation zu anderen Lautgruppen, sondern in einer autonomen Neuprägung von Lautgruppenkombinationen begründet liegt[663]. Pflug betrachtet diese Form der Wortbildung neben Metaphorik und Fremdwortadaption als eine der drei Hauptformen der Terminusentstehung auf wissenschaftlicher Ebene[664].

Künstliche Nominationsverfahren finden in der vorliegenden Untersuchung als Benennungen für Krankheitsbilder in der Psychiatrie sowie als Ökonyme in der Logistik Berücksichtigung. Andere Formen der Wortschöpfung

---

660 Kirkness 2001, S. 105-114.

661 Schmitt 1985, S. 24. Barz kritisiert, dass diese etymologischen Klassifikationen die herkömmliche Kategorisierung *Wortbildung – Wortschöpfung* nicht thematisieren und sprachliche Artefakte hierdurch in unangemessener Form marginalisiert werden (Barz 2001, S. 158).

662 Als synonymische Varianten für den Terminus *Wortschöpfung* benennt Elsen *Coining*, *Kunstwort* und *absolute Neubildung* (Elsen 2005, S. 142).

663 Wortschöpfungen werden von Elsen ausführlicher besprochen. Er kritisiert unter anderem die Vernachlässigung der Wortschöpfung als Wortbildungsmuster in der linguistischen Forschung (Elsen 2005, S. 142).

664 Pflug 1986, S. 145-146.

werden jedoch ausgespart, da im vorliegenden Rahmen kaum eruiert oder festgelegt werden kann, ab wann es sich tatsächlich um neue Wortschöpfungen handelt, denn auch hier zeigen sich Widersprüche[665]. Es folgt der Versuch einer Kategorisierung des terminologischen Lexikons durch eine Exemplifizierung anhand grundlegender Bildungsmuster.

4.2.3.2 (De-, Trans-)Terminologisierung

4.2.3.2.1 Erläuterung

Der folgende Abschnitt beschreibt Interferenzen zwischen Gemein- und Fachsprache, welche häufig eine Folge von Entlehnungen und einer darauffolgenden Einbettung in einen neuen sprachlichen Kontext sind. Diese Art der **Verschiebung** basiert auf Bedeutungswandelprozessen durch

- Spezialisierung
- Generalisierung
- Neubewertung
- Tabuisierung
- Usualisierung

Die Vorgänge lassen den Terminus bzw. das Lexem aus der oder in die Peripherie oder das Zentrum einer Fachsprache bzw. Sprache rücken[666]. Der dabei wirkende gegenseitige Einfluss von Fachsprache und Gemeinsprache wird in zahlreichen Arbeiten behandelt. Ein Beispiel liefert Weinrich, welcher klar zwischen diesen beiden Phänomenen bzw. zwischen Terminus und Lexem unterscheidet[667]. Eine Form der **graduellen Abstufung** findet sich bei Schmidt, denn dieser unterteilt den Fachwortschatz in

- standardisierte (genormte) Termini
- nichtstandardisierte Termini

---

665 Barz 2001, S. 156-160.

666 Schippan 1992, S. 241; Ickler 1997, S. 95; Lewandowski 1994a, S. 146; Drozd / Seibicke 1973, S. 56, 123.

667 Weinrich 1986, S. 17.

- Halbtermini (Professionalismen)
- Fachjargonismen[668]

Besonders Halbtermini deuten auf Terminologisierungsprozesse aus gemeinsprachlichem Lexeminventar hin. Dies wird durch die Aussage von Drozd / Seibicke belegt, denn

> [...] Fachsprachen, die sich aus der gesamtgesellschaftlichen Kommunikation allmählich herausgelöst haben, bewahren dennoch immer Bestandteile der gemeinsprachlichen Grundlage, wie umgekehrt der allgemeine Sprachgebrauch in jedem einzelnen Sprecher stets auch fachbezogenen Wortschatz einschließt[669].

Als Zwischenstufe bzw. gleitenden Übergang bezeichnet Ickler die **Amateursprache**[670]. Augenscheinlich tut er dies in Anlehnung an Wüster, welcher dieser Ebene eine starke Tendenz zur Aufnahme von Fremdwörtern zuspricht[671]. Interessant wäre die Untersuchung der Frage, ob sich bei Fachsprachen mit Erweiterung des Amateurbereiches auch ein erhöhtes Anglizismenaufkommen verzeichnen ließe. In der Logistik scheint nämlich der Amateurbereich wesentlich mehr Sprecher zu beherbergen als in der Psychiatrie[672]. Ickler nimmt eine Unterteilung in Kern- und Sachwortschatz vor. Zum **Kernwortschatz** zählt er Form- und Funktionswörter (z. B. Pronomina, Konjunktionen), die der Sprachteilnehmer im Normalfall mit Leichtigkeit zu verwenden vermag. Zum **Sachwortschatz** zählt Ickler potenzielle Termini, die mit steigender Spezialisierung ins Zentrum einer Fachsprache rücken[673]. Einen hohen **Verschmelzungsgrad** mit der Gemeinsprache konstatiert Zhao für die wirtschaftsbezogenen Fachsprachen. Sie sieht hierin insbesondere auf der Konsumptionsebene eine Besonderheit der Wirtschaftsfachsprache. Ebenso stark ist die Verflechtung mit anderen Fach-

---

668 Schmidt 1969, S. 19; Arntz / Picht 2002, S. 25; Fluck 1995, S. 22.

669 Drozd / Seibicke 1973, S. 32-33.

670 Ickler 1997, S. 77.

671 Wüster 1970, S. 132.

672 Auf diesen Sprachbereich beziehen sich vermutlich auch Möhn / Pelka mit ihrer Feststellung, dass an Fachsprachen auch „fachlich Interessierte teilhaben" können (Möhn / Pelka 1984, S. 26).

673 Ickler 1997, S. 86.

sprachen, weshalb nach Zhao die einzelnen wirtschaftsfachsprachlichen Zweige nicht zu einem Ganzen summiert werden können[674]. An der Fachsprache der Logistik wurde dies im Laufe der Terminusselektion und der empirischen Phase sehr gut erkennbar.

Summa summarum ist festzustellen, dass das terminologische Gesamtlexikon selten ausschließlich einer fachsprachlichen Kommunikantengruppe zugeordnet werden kann, da die Experten sich immer auch auf weiteren sprachvarietätischen Ebenen bewegen. Hierauf beruht die Tatsache, dass zahlreiche Termini in die Gemeinsprache Einzug finden, dieser entstammen sowie partitive oder vollständige semantische Übereinstimmungen mit dem morphologisch identischen Denotat in der Gemeinsprache aufweisen[675]. Derartige Bedeutungswandelprozesse können sich auf unterschiedliche Weise vollziehen. Grundsätzlich ist eine Differenzierung zwischen lexikalischem und semantischem Wandel möglich.

Lexikalischer Bedeutungswandel führt zum quantitativen Gewinn oder Verlust im Lexikon einer Sprache. Dies geschieht, wenn Lexeme aus dem Kern über die Peripherie verschwinden oder vice versa neue hinzukommen, wie dies bei der hier behandelten Entlehnung aus dem Englischen der Fall ist. Ebenso gelangen deutsche Lexeme immer wieder in das Inventar anderer Sprachsysteme. So wurde z. B. das Lexem *Schadenfreude* im Jahre 1852 aus dem Deutschen ins Englische übernommen[676]. Auch im Russischen finden sich übrigens Lexeme aus dem Deutschen (z. B. *Landschaft* bzw. *ландшафт*)[677]. Dass sich hierbei Systemverschiebungen in lexikalischen Feldern ergeben können, wurde bereits angesprochen. Solche Systemveränderungen werden auch durch bestimmte Formen der Verknüpfung mit existierenden Begriffen hervorgerufen, welche erkennbar wer-

674 Zhao 2002, S. 36. Dennoch wird in der vorliegenden Untersuchung der Singular geführt, da nicht die Sprache selbst, sondern das Phänomen behandelt wird, welches durchaus mehrere Subkategorien enthält, die zweifelsfrei wiederum als Grund für die Pluralverwendung akzeptierbar wären.

675 Schmitt 1985, S. 22.

676 Meyer 2002, S. 97-98.

677 Die Aussprache entspricht dem ausgangssprachlichen deutschen Äquivalent *Landschaft*, weshalb auf Transliteration bzw. Transkription verzichtet werden kann.

den, wenn man die semantische Seite der Termini anhand von Begriffsbeziehungen wie den Folgenden beschreibt[678]:

- Determination (Begriffspräzisierung)
- Konjunktion (Inhaltsvereinigung)
- Disjunktion (Aufpaarung)

Bei der **Determination** wird ein Ausgangsbegriff durch einen Merkmalsbegriff spezifiziert[679]. Hierzu ließe sich die semantische Einengung der *Depression* zur *Manischen Depression* oder zur *Major Depression* zählen. Eine **Konjunktion** beinhaltet die reine Summierung zweier Begriffe[680], wie dies im wirtschaftsfachsprachlichen Terminus *Roll-on-roll-off-Transport* der Fall ist. **Disjunktion** basiert auf der Vereinigung von Teilbestandteilen zu einem gemeinsamen Oberbegriff (z. B. die transportlogistisch bedeutsamen Fahrzeuge *Schiff*, *Auto*, *Eisenbahn* zu *Verkehrsmittel*)[681].

a) Terminologisierung

Terminologisierung beinhaltet nach Drozd / Seibicke jenen Vorgang, der die „Differenzierung zwischen Nichtfachwort und Fachwort" benennt[682]. Hierbei erfolgt die Neubelegung eines gemeinsprachlichen Lexems mit fachspezifischen Inhalten und eine Eingliederung des Terminus in das fachsprachliche Gesamtsystem[683]. Aus der Terminologisierung resultieren entsprechende grammatikalische Veränderungen, wie dies bei der fachsprachlichen Pluralverwendung gemeinsprachlicher **Singulariatanta** (z. B. *Accounts Receivable*, *Verkehre*, *Körperfette*) der Fall ist.

Ein weiteres Zeichen fachsprachlicher Verwendung ist der grammatische **Genuswechsel**, wobei auch hier beide Formen wieder die Fachsprachen verlassen und in die Gemeinsprache übergehen können. So findet sich im finanzwirt-

---

678 Felber / Budin 1989, S. 77-78.

679 Felber / Budin 1989, S. 78.

680 Felber / Budin 1989, S. 78.

681 Arntz / Picht 2002, S. 54-62.

682 Drozd / Seibicke 1973, S. 50, 147.

683 Drozd 1979, S. 283.

schaftlichen Bereich *das Gehalt* im Gegensatz zum Lexem *der Gehalt*, ebenso wie *die Steuer / das Steuer*[684]. Terminologisierungsprozesse verursachen besonders im psychiatrisch-medizinischen Bereich häufig **fachsprachliche Dubletten** zu gemeinsprachlichen Lexemen[685]. In den meisten Fällen gilt dies bisher für gräkolateinische Synonyme (z. B. *Intoxikation* und *Vergiftung*), seltener für Anglizismen. Möglicherweise ist die Quantität der Anglizismen auf diesem Fachgebiet noch zu gering bzw. deren Auftreten noch zu latent. Dubletten führen gelegentlich zu Missverständnissen, wenn synonymische Termini in asymmetrischen Gesprächskonstellationen (z. B. auf Ebene der Arzt-Patienten-Interaktion) verwendet werden. So erfahren Adjektive wie *sympathisch* oder *opportunistisch* auf fachlinguistischer Ebene eine semantische Veränderung, sodass für den Laien auf der Basis gemeinsprachlichen Vorwissens die syntaktische Fügung *sympathische Nerven* im Grunde keinen Sinn ergibt[686], da sich das Adjektiv *sympathisch* im Fachkontext auf den *Sympathikus* als Teil des vegetativen Nervensystems bezieht.

b) Determinologisierung

Television has done much for psychiatry by spreading information about it, as well as contributing to the need for it.
(Alfred Hitchcock[687])

Der Aussage Hitchcocks soll an dieser Stelle keine wissenschaftliche Komponente unterstellt werden. Dennoch beschreibt sie in gewisser Weise eine Bedingung für Determinologisierungsprozesse, da das Fernsehen als bedeutendes Massenmedium an der Verbreitung sprachlicher Neuheiten und somit grundlegend an Determinologisierungsprozessen beteiligt ist – „by spreading information".

Der Vorgang der **Determinologisierung** (bzw. Popularisierung) beschreibt den Übergang eines Lexems aus der Fachsprache in die Gemeinsprache. Ein

---

684 Ickler 1997, S. 124.

685 Patocka 1999, S. 9; Schmitt 1985, S. 24.

686 Ickler 1997, S. 68-69.

687 In: Kumar 2008, S. 237.

Teil dieses Vorgangs wird besonders in fernsehabendlichen Kriminalserien deutlich, in denen Dialoge wie der folgende ihren Teil zur Sprachverbreitung beitragen:

> „Sie hat […] einen psychotischen Schub."
> „Was heißt das?"
> „Sie ist unberechenbar."[688]

Auf diese Weise erlangt das Störungsbild der Psychose für den gemeinsprachlichen Nutzer durchaus eine beängstigende Komponente, da der psychotische Schub in dem angeführten Dialog auf einen bevorstehenden und einen begangenen Mord hindeutet.

Die Intensität des terminologischen Einflusses auf die einzelnen Bereiche der Gemeinsprache kann hochgradig variieren. So konstatieren Möhn / Pelka eine stärkere Einwirkung durch lebensnahe Bereiche (z. B. die Medizin). Auch auf syntaktischer Ebene stellen sie Auswirkungen der Fachsprache auf die Gemeinsprache fest (z. B. die erhöhte Nominalisierungstendenz)[689]. Eine Schnittstelle für den Übergang von Termini zu gemeinsprachlichen Lexemen liegt vermutlich in der **Praxissprache**, wie sie z. B. in der Arzt-Patienten-Interaktion, in Patientenbroschüren auf medizinischer Ebene oder im wirtschaftsfachsprachlichen Bereich auf Verbraucherebene im Konsument-Experte-Kontakt zum Einsatz kommt. Besonders in Industrieländern erfahren Determinologisierungsprozesse starke Förderung durch **Massenmedien**, da der Großteil der Menschen hier mit terminologischem Inventar konfrontiert wird. Gleichermaßen ist davon auszugehen, dass Termini als gemeinsprachliche Lexeme Verwendung finden, wenn diese Dramatik transportieren sollen (z. B. für Schlagzeilen in der Boulevardpresse). Der Bedeutungswandel entsteht dadurch, dass die Quasiäquivalente in der Gemeinsprache häufig semantisch modifiziert werden. Bei Mackensen finden sich einige Beispiele für Pendants in Gemein- und Fachsprache (z. B. *Krupp / Kehlkopfdiphterie* oder *Mumps / Ziegenpeter*).

---

688 „Das Mädchen auf dem Schwebebalken". *SOKO Leipzig*. ZDF: 20.08.2010, 21.15 Uhr.

689 Möhn / Pelka 1984, S. 142.

Gelegentlich kommen Termini auch auf jargonhafte Weise in der Gemeinsprache zum Einsatz. Hierzu zählen im Alltag gebräuchliche Bezeichnungen für bestimmte psychische Störungen:

- neurotisch sein
- paranoid reagieren
- eine Depression haben
- schizophren sein
- Amok laufen

Laut Wittchen / Hoyer sind bei Menschen, die im Alltag anhand solcher Diagnosen mit einer Art **Etikett** versehen werden, auf fachlicher Ebene häufig keinerlei pathologische Befunde erhebbar[690]. Im umgekehrten Fall werden Patienten nach tatsächlicher Diagnosevergabe im Alltag stigmatisiert, da Krankheitsbilder wie Schizophrenie oder Suchtstörungen in der Regel negativ konnotiert sind und potenziell gesellschaftlich isolative Wirkung beherbergen. Letztendlich enthält die Gemeinsprache wesentlich mehr psychiatrisch-psychologisches Vokabular, als den Sprachteilnehmern vermutlich bewusst ist. Es stellt sich die Frage, ob nicht gar der so genannte *Freudsche Versprecher* als determinologisierter Terminus zu betrachten ist.

Determinologisierungsprozesse haben nicht selten eine semantische Fehlübertragung zur Folge. Die Gefahr hierbei besteht in der **Quasisynonymie**, wie die Termini *Trauma*, *Stress* oder *Amok* deutlich erkennen lassen. Ebenso hat sich der Terminus *Alzheimer* in der Gemeinsprache (anders als in der Fachsprache) als Äquivalent zur Demenzerkrankung etabliert[691]. Besonders in der Sprachverwendung der **Presse** werden derartige Termini häufig semantisch modifiziert in die Gemeinsprache eingeführt. So bezeichnet man mittlerweile einen Großteil schockierter oder an Unglücken beteiligter Menschen unabhängig vom Symptombild als *traumatisiert*. Diese Form öffentlicher Fehldiagnosen manifestiert sich auch im gemeinsprachlichen Lexeminventar und führt somit zu einer Art Quasisynonymie. Letztendlich zieht Bedeutungswandel ergo auch terminologische Konsequenzen nach sich. So verschieben sich in den Klassi-

690 Wittchen / Hoyer 2006, S. 26.

691 Wittchen / Hoyer 2006, S. 26.

fikationssystemen ganze Kategorien und Benennungen für einzelne Symptombilder. Einstmals etablierte Termini wie *manisch-depressives Irresein* sind heute ebenso undenkbar wie die Benennung einer psychiatrischen Klinik als *Irrenanstalt*[692].

Ein weiteres Beispiel für diese Form der semantischen Erweiterung bzw. **Generalisierung** und eine erhöhte Wahrscheinlichkeit der Determinologisierung findet sich im Vorwort zur 6. Auflage des bereits erwähnten Psychiatrielexikons. Hier wird der terminologische Wandel am Beispiel des Terminus *Persönlichkeitsstörungen* als „vor 1980 in kaum einem Text zu finden, aber lange bekannt" und „heute einer der am häufigsten benutzten Begriffe"[693] beschrieben. Die Termini *psychopathisch* oder *hysterisch* finden sich mittlerweile in determinologisierter Form als **pejorative Verwendungsformen** in der Gemeinsprache wieder. Während *hypo chondrium* ursprünglich *unter dem Rippenbogen*[694] bedeutete, gilt als *Hypochonder* heute im gemeinsprachlichen Gebrauch eine Person, deren Krankheitsgefühl sie täuscht. Auch dieser Typus determinologisierter Beispiele wird mit hoher Wahrscheinlichkeit durch die **Wesenszüge des Informationszeitalters** gefördert. Die gemeinsprachliche Bevölkerung wird sehr viel häufiger über Kriminalfälle in Verbindung mit psychischen Störungsbildern informiert als vor Zeiten des starken Rundfunkaufkommens bzw. der Rundfunkexistenz. Aufgrund der Informationsmengen erfolgt die Rezeption jedoch häufig an der Oberfläche, wodurch Diagnosen im Schneeballeffekt Bedeutungswandelprozesse durchlaufen.

Der Bedeutungsgehalt kann sich zudem unter Beibehaltung des Lautbildes ändern. So hat unter anderem der Terminus *Borderline* sowohl einen Lautbild- als auch einen Bedeutungswandel erfahren. Der Ursprung liegt in dem 1884 erstmals vom britischen Psychiater C. H. **Hughes** beschriebenen Terminus *borderland*, welcher sich in seiner Entwicklungsgeschichte auf diverse Störungsbilder bzw. deren Grauzonen zu beziehen schien. So wurde er mit den Termini *multiple Persönlichkeit*, *Hysterie*, *Neurose* und *Psychose* in Verbindung gebracht.

---

[692] Experteninterview, 28.08.2009.

[693] Peters 2007, S. V.

[694] Helmchen 2006, S. 202-204.

Zeitweilig existierten die Termini *borderland* und *borderline* wohl im selben Zeitraum, bis sich das Störungsbild *Borderline* durchsetzte[695]. Allerdings liegt die Ursache für den Bedeutungswandel hier nicht in Terminologisierungsprozessen, sondern in intrafachlichen Vorgängen[696]. Der Terminus *Borderline* findet sich zudem in anderen medizinischen Zusammenhängen, z. B. als *Borderline-Tumor*, welcher eine nicht-invasive Geschwulst denotiert[697].

c) Transterminologisierung

Die Transterminologisierung lehnt an Schmitts Kapitel der **Subterminologisierung** an und beschreibt die interterminologische Übernahme eines Terminus, welcher sich im empfangenden Fachgebiet nach Schmitts Differenzierung mit dortigen fachinternen Termini vermischt. Da im Rahmen der vorliegenden Untersuchung die Betonung auf dem gleichwertigen Übergang in eine andere Fachsprache liegt, wird hierfür der präfixiale Anteil **Sub-** durch **Trans-** ersetzt.

Die Transterminologisierung führt zu Schwierigkeiten in der Differenzierung einzelner Fachsprachen durch **interdisziplinäre Homonyme** und scheint auch ein Gradmesser für die Interferenzerscheinungen einzelner Wissenschaftsbereiche zu sein[698]. So transportiert der Terminus *Trauma* in der Chirurgie eine andere Bedeutung als in der Psychiatrie. Aus distanzierter Perspektive ist auch der deutsche medizinische Terminus *Diagnose* als transterminologisiert zu betrachten, da er metaphorisch sehr häufig in der Wirtschaftssprache zum Einsatz kommt. Ein hochinteressantes Beispiel fiel im Rahmen einer Befragung zur psychiatrisch-psychotherapeutischen Fachsprache auf, wenngleich es allerdings nicht in die Untersuchung einfließen sollte, da die Terminologie des Experten auf einer sozialpädagogischen Tätigkeit basiert. Hier fiel der informationstechnologisch unentbehrliche Terminus *offline gehen* als Denotat für „emotionales

695 Die Variationen in der Groß- und Kleinschreibung entsprechen den Informationen der angeführten Literatur. Das Störungsbild *Borderline* ist unter F 60.31 im ICD-10 verschlüsselt (World Health Organization 1993, S. 261).

696 Dulz / Schneider 1999, S. 3-7.

697 Pschyrembel 2002, S. 253.

698 Horn-Helf 1997, S. 48.

Abschalten". Dieser Terminus scheint auch in der psychologisch basierten Fachsprache zum Einsatz zu kommen und kann somit als aus der Informatik transterminologisiert betrachtet werden[699].

d) Beispiele

Als eine die wirtschaftsbezogenen Fachsprachen mit der Gemeinsprache vernetzende Ebene betrachtet Zhao die der Konsumption[700]. Interessanterweise findet sich bei Fluck ein Hinweis darauf, dass Termini besonders in wirtschaftsbezogenen Bereichen wie denen der Warendistribution trotz fehlenden Bedarfs großzügig eingesetzt werden[701]. Diese Form der Sprachverwendung initiiert Determinologisierungsprozesse, welche in der psychiatrisch-psychotherapeutischen Fachsprache weitaus weniger vorstellbar erscheinen.

Bei näherer Betrachtung nominalisierter Formen finden sich im Bereich der (De-, Trans-)Terminologisierung deverbale Derivate (s. S. 254) mit dem Suffix **-ing**, welche im Bereich der Psychiatrie und auch auf Ebene der Gemeinsprache eine Rolle spielen. Hierzu zählen *Stalking*, *Screening*, *Doping* und *Mobbing*[702]. *Stalking* ist dem gemeinsprachlichen Nutzer in der Regel ein Begriff und wurde auch im Experteninterview als für die Psychiatrie bedeutungstragend erachtet. Ebenso verhält es sich beim Terminus *Screening*, welcher durch Werbemaßnahmen zur Prävention bestimmter Erkrankungen auf die Ebene der Gemeinsprache transportiert wird. Der Terminus bezeichnet diagnostische Vortests zur Identifizierung behandlungsbedürftiger Merkmale[703]. Er spielt sowohl für die Therapie psychiatrischer Störungsbilder als auch in anderen medizinischen Bereichen (z. B. für das *Screening* zur Schlaganfallprävention) eine Rolle. Das deverbale Derivat *Doping*[704] bezeichnet den rechtswidrigen Substanzgebrauch zur

699 Experteninterview, 29.05.2010.

700 Zhao 2002, S. 40-43.

701 Die im Bereich der Wirtschaft eingesetzten werbesprachlichen Mittel werden bei Fluck allerdings nicht zu den Fachsprachen gezählt (Fluck 1995, S. 169).

702 Peters 2007, S. 673; Experteninterview, 21.06.2009.

703 Wittchen / Hoyer 2006, S. 958.

704 Pschyrembel 2002, S. 415.

sportlichen Leistungssteigerung (z. B. durch Stimulanzien, Anabolika, Peptidhormone) und ist in dieser Form auch auf Ebene der Gemeinsprache bekannt. Der Terminus wird nach subjektivem Empfinden häufig im Rahmen massenmedialer Sportübertragungen determinologisiert. Die erwähnten Beispiele finden sich in der psychiatrisch-psychologischen Fachliteratur und werden daher im vorliegenden Rahmen als Bestandteil der entsprechenden Terminologie behandelt. Beim Terminus *Mobbing*[705] zeigt sich noch einmal deutlich, dass eine Paraphrasierung auf Deutsch äußerst zeit- und platzbeanspruchend ist, denn im Deutschen kann er nur durch eine solche wiedergegeben werden. So findet sich bei IATE die Umschreibung *Psychoterror am Arbeitsplatz*[706].

Bei (De-, Trans-)Terminologisierungsprozessen spielen vor allem metaphorische Komponenten eine Rolle. Sie dienen der Verbalisierung abstrakten Wissens, denn durch Metaphorisierungsprozesse erfolgt eine Umkodierung basierend auf semantischen Parallelen der Benennungsmotive. Laut Störel stellen diese **Fachmetaphern** eine Grundkomponente der einzelnen Terminologien dar[707]. Auch Ickler und Schippan konstatieren für Metaphern ein hochfrequentes Auftreten in den einzelnen Fachsprachen[708]. Nach Löning treten Metaphern „in der Fachsprache häufig dann auf, wenn für eine bestimmte Erscheinung noch kein Terminus zur Verfügung steht“[709]. Diese Annahme scheint allerdings für sämtliche fachsprachlichen und auch gemeinsprachlichen Wortbildungsmittel gültig zu sein[710].

Zu den Metaphern finden sich im medizinischen Bereich einige Beispiele, welche in syntaktischen Fügungen oder Komposita manifestiert sind (*Letzte Wiese*, *Blutbank*). Im psychiatrischen Bereich zu erwähnen sind *Depression* (lat. *deprimere*, en. *to depress*, dt. *niederdrücken*), *psychische Abhängigkeit*, *Spal-*

---

705 Peters 2007, S. 346.

706 IATE: online, 20.09.2009.

707 Störel 1992, S. 219.

708 Ickler 1997, S. 100; Schippan 1992, S. 253.

709 Löning 1981, S. 87.

710 Eine Klassifizierung der Metaphern findet sich bei Vural-Kara 1977, S. 238 ff.

tung, *Pilz im Nacken*, *Projektion*, *Verdrängung*, *Introversion*, *Umkehr* oder *Tiefenpsychologie*[711].

Wie an späterer Stelle noch verdeutlicht wird, stellt die metaphorische Verwendung des Terminus *Depression* einen Schnittpunkt der medizinischen Fachsprache und der Wirtschaftsfachsprache dar, denn auch die Wirtschaftsfachsprache weist einen großen Reichtum an Metaphern auf. Besonders interessant für die vorliegende Arbeit sind Beispiele wie das aus dem medizinischen Bereich stammende Lexem *Befund*, welches in der Wirtschaft in ähnlichem Zusammenhang verwendet wird, nämlich als Resultat der Diagnose einer Wirtschaftslage. Durch solcherlei metaphorische Komponenten ergeben sich nach Ickler Konstruktionen wie „Der Befund ist seit dem Sommer nahezu gleich" oder „Die Wirtschaft dümpelt sozusagen vor sich hin" usw.[712]. Auch nach Malmquist dominiert im Bereich der Wirtschaft das **Krankheitsschema**[713]. Hierbei entstehen gelegentlich Lexeme, welche determinologisierte Bestandteile aufweisen (z. B. *Konsumfieber*, *Kaufrausch*, *Kaufsucht*, *Einkaufsmanie*, *Konsumwahn* oder *Handyritis*). Bei all diesen Lexemen besteht das Determinatum aus einem medizinischen Terminus, welcher auf diese Weise entweder in die Wirtschaft transterminologisiert oder in die Gemeinsprache determinologisiert wird.

4.2.3.2.2 Euphemismus und Asymmetrie

Determinologisierung im medizinischen Kontext erfolgt nicht selten durch die Demotivierung einer Benennung mit euphemistischer Intention. Hierdurch schwindet der „emotionale Beigeschmack" gesellschaftlich gefürchteter oder anstößig wirkender Krankheitsbilder (z. B. *Fettsucht* / *Adipositas*)[714]. Der Nutzen der terminologischen **Neutralität** wird also durchaus auch auf gemeinsprachlicher Ebene wertgeschätzt. Dies ist besonders interessant, wenn die Krankheitsbilder Assoziationen zum letalen Ausgang hervorrufen (z. B. *Krebs* /

---

711 Feer 1987, S. 32-52.

712 Ickler 1997, S. 45.

713 Malmquist 2006, S. 20.

714 Schippan 1992, S. 235-236.

Karzinom) oder wenn sich gesellschaftliche Veränderungen vollziehen und Diagnosen neu bewertet werden.

Als das Krankheitsbild des Mongolismus von seinem Entdecker, dem britischen Neurologen John L. H. **Langdon-Down** (1828-1896), benannt wurde, diente dieser Terminus offensichtlich zur Beschreibung eines typischen Symptombildes. Aufgrund seiner abwertenden Wirkung bzw. der mit ihm verbundenen negativen Konnotationen benannte man den Mongolismus jedoch später nach seinem Entdecker als *Down-Syndrom* bzw. als *Trisomie 21*[715].

Ein vergleichsweise positiv konnotierter Terminus findet sich in *Burnout-Syndrom.* Dieses benennt einen Typus der depressiven Störungen anhand des Bildes einer ausgebrannten Rakete. Von dem Symptombild sind zumeist Menschen betroffen, welche zunächst „raketenartig“ all ihr Potenzial in eine ihnen alle Energien abverlangende, zumeist gesellschaftlich hoch geschätzte Arbeit investieren und in der Folge „ausbrennen“[716]. Derartige Termini finden recht schnell ihren Weg in die Gemeinsprache. In der Umfrage zeigte sich zudem deutlich, dass eine Übersetzung des Terminus zu vage wäre, da das einzig in Frage kommende Äquivalent in der Regel das Symptombild der *Fatigue* benennt.

Wie sich im Experteninterview herausstellte, kann z. B. in der Psychiatrie die „patientengerechte“ Sprachverwendung zu einer Manifestation neuer Bedeutungsgehalte führen. Auch hier lässt sich die am stärksten stigmatisierte Erkrankung, die **Schizophrenie**, anführen. So bürgerte sich offensichtlich unter dem sozialpsychiatrischen Paradigma der 1970er Jahre eine scheinbar „patientengerechte“ Umbenennung in *Psychose* ein, was eine semantische Gleichbehandlung der Termini *Schizophrenie* und *Psychose* zur Folge hatte, obwohl die Schizophrenie in Wirklichkeit lediglich eine Subkategorie der Psychosen darstellt. Durch die Degeneration des Terminus *Psychose* wird nun auch im Fachjargon häufig irrtümlicherweise keine Differenzierung zwischen *Psychose* und *Schizophrenie* vorgenommen. Aus denselben Gründen fand auch die terminologisch

---

715 Kinderärzte im Netz: online, 29.01.2009.

716 Eine ausgedehnte Erläuterung des Störungsbildes erfolgte von Expertenseite im Rahmen eines Interviews (Experteninterview, 21.06.2009).

anmutende Benennung *Morbus Bleuler* Verwendung, die sich jedoch nur auf Ebene der *parole* (vorübergehend) etablierte.

Auch für neurologische Termini wurden im Experteninterview Euphemismen bzw. ein zeitweise recht **paternalistisches Medizinverständnis** als Ursache für Bedeutungswandelprozesse konstatiert. So ersetzten medizinische Experten bis vor einigen Jahren den negativ konnotierten Terminus *multiple Sklerose* (*MS*) im Gespräch mit Patienten durch den weniger „belasteten" Terminus *entzündliche Erkrankung des Zentralnervensystems*, da dieser Terminus weniger mit dem Bild des Patienten im Rollstuhl assoziiert wurde. Somit muss ein sinkender Motiviertheitsgrad nicht zwangsläufig euphemistische Effekte aufgrund von Verdunklung nach sich ziehen.

Deutlicher wird die verschleiernde Wirkung durch den Terminus *Enzephalomyelitis disseminata* (*ED*)[717], welcher sich dem Laien, wenn dieser neben fehlenden Medizinkenntnissen auch keine Lateinkenntnisse aufweisen kann, als in höchstem Maße undurchsichtig präsentiert.

4.2.3.3 Komposition

4.2.3.3.1 Erläuterung

Die Komposition (Zusammensetzung) stellt eines der ökonomischsten und produktivsten sowie wichtigsten synthetischen Wortbildungsverfahren in den Fachsprachen des Deutschen dar[718]. Das Verbinden kompositorischer Elemente beinhaltet die **Bedeutungsvereinigung** bzw. syntaktische Verbindung von mindestens zwei freien lexikalischen Morphemen, wobei ein Morphem in der Lage ist, das andere einzuschränken und zu determinieren. Komposita bestehen sehr häufig aus folgenden Kollokationen mit zumeist austauschbaren Komponenten:

- Substantiv + Substantiv
- Verb + Verb
- Substantiv + Adjektiv

---

717 Experteninterview, 23.11.2009.

718 Elsen 2005, S. 148; Patocka 1999, S. 9. Nach Schmitt treten die meisten terminologischen Anglizismen in Komposita auf, weniger jedoch in isoliertem Zustand (Schmitt 1985, S. 120).

- Adjektiv + Adjektiv
- Substantiv + Verb
- Reduktion + Substantiv
- Zahlwort + Substantiv

Wie erkennbar wird, finden sich im Deutschen häufig zweigliedrige lexematische Komposita (Binaritätsprinzip) nach der Formel: **Lexem + Lexem**. Besonders in der deutschen Gemeinsprache treffen wir zumeist auf binäre **Determinativkomposita** bestehend aus Determinans (Bestimmungswort) und Determinatum (Grundwort)[719]. Determinativkomposita implizieren in der Regel eine hypotaktische Subordination zwischen Determinans und wortartbestimmendem Determinatum (z. B. *Belastungsstörung*), während die eher selteneren parataktischen **Kopulativkomposita** eine Koordination der einzelnen Lexeme beinhalten (z. B. *zähflüssig*)[720]. Die hieraus resultierende komprimierende Wirkung aufgrund der Aussparung attributiver Nebensätze ist in den hochökonomischen Fachsprachen aufgrund der immer weiteren Differenzierung von grundlegender Bedeutung[721]. Eine Vielzahl substantivischer Komposita beherbergt die **Wirtschaftsfachsprache** (z. B. *Feasibility-Studie* oder *Batchdaten*). Ein rein verbales Kompositum (Verb + Verb) ist der oft zitierte Terminus *spritzgießen*[722]. Auf Substantiv-Adjektiv-Kollokationen treffen wir in medizinischen Termini (z. B. *sauerstoffarm* und *Kleinhirn*).

Eine rein adjektivische Zusammensetzung findet sich in *dünnhäutig*. Substantiv-Verb-Kollokationen sind solche Termini wie die psychologisch basierten *Brechreiz* oder *Weinkrampf*, aber auch Partizipialkonstruktionen wie *schmerzlindernd* (Substantiv + Partizip I) oder *zwangsgestört* (Substantiv + Partizip II).

Besonders im Bereich medizinischer **Diagnostik** existieren substantivische Verbindungen mit reduzierten Termini wie *EKG-Kurve* oder *n-affiliation* für *need affiliation* (dt. *Gesellungsbedürfnis*)[723], aber auch in der Logistik, z. B.

---

719 Zhao 2002, S. 59.

720 Horn-Helf 1997, S. 96. In der vorliegenden Arbeit wird diese Differenzierung ausgespart.

721 Zhu 1987, S. 28; Schmitt 1985, S. 144.

722 Drozd / Seibicke 1973, S. 148.

723 Psychology48: online, 14.08.2009.

durch die Verbindung eines Zahlwortes als Determinans (z. B. in *1-tier*[724], welches als *first tier* phonetisch realisiert wird[725]).

Nach Horn-Helf besteht terminologisches Inventar zu einem großen Teil aus mehrgliedrigen Syntagmen, welche aufgrund der Exaktheitspostulate nicht kurz sein können[726]. Während auf Ebene der Gemeinsprache das **Binaritätsprinzip** regiert, erfolgt die **Univerbierung** (und daraus resultierende Inhaltsspezifizierung) auf fachsprachlicher Ebene häufig durch polymorphematische Nominalkomposita aufgrund des erhöhten terminologischen Präzisionsbedarfs. Hier entstehen durch Rechts- und Linkserweiterungen oft ausgedehnte Komposita, welche aus mindestens vier Grundmorphemen bestehen, wie z. B.

- *Restriktionsfragmentlängenpolymorphismus*
- *Außenhandelsverkehrsbescheinigung*[727]
- *Lohnsteuerjahresausgleichsantragsverfahren*[728]

Schmitt bewertet die „Schmerzgrenze" für die Ausdrucksverdichtung durch Kompositionsgliedhäufungen als „bei vier Wortgliedern" liegend[729]. Ein polymorphematischer Anglizismus findet sich z. B. in der deutschen Fachsprache der Inneren Medizin in *mixed connective tissue disease* [sic][730].

Neben den auf Englisch benannten Entlehnungen enthalten die deutschen Fachsprachen zahlreiche Hybridbildungen. Hierbei können sowohl Determinans (z. B. in *Bedside-Test*) als auch Determinatum (wie in *Medikamenten-*

---

724 Krampe / Lucke 2006a, S. 19-49.

725 Es handelt sich hierbei um ein logistisches Konzept mit direkter „Lieferung von Systemen oder Baugruppen an einen Original Equipment Manufacturer (OEM)" (ten Hompel / Heidenblut [Logipedia]: online, 20.02.2010).

726 Horn-Helf 1997, S. 210. Spezielle Untersuchungen zu Maximalkompositionen finden sich bei Fleischer (Fleischer 1997, S. 14-15).

727 Horn-Helf 1997, S. 210.

728 Fluck 1995, S. 49.

729 Schmitt 1985, S. 151.

730 Pschyrembel 2002, S. 1171. Dieser Terminus stellte sich sowohl im Experteninterview als auch in der Psychiatrie als bekannt heraus (Experteninterview, 21.06.2009).

Compliance) mit dem entsprechenden deutschen Bestandteil kombiniert werden. Mittlerweile ist die terminologische Wortbildung, bei welcher englisches Morpheminventar als substantivisches, adjektivisches oder verbales Determinatum oder Determinans dient, recht häufig zu verzeichnen[731]. Der in der Befragung untersuchte Terminus *Compliance* eignet sich besonders gut zur Veranschaulichung dieser Tatsache:

> *Über-Compliance / Over-Compliance, Tabletten-Compliance, Patienten-Compliance, Therapeuten-Compliance, Initial-Compliance, Kurzzeit-Compliance* und *Langzeit-Compliance, Patienten-Non-Compliance*[732]

Wie sich zeigt, ist der Terminus bis dato eine Vielzahl von Verbindungen eingegangen und es ist nicht auszuschließen, dass sich die Liste verlängern ließe.

4.2.3.3.2 Komposita in der Psychiatrie

Es sollen im Folgenden einige Beispiele für kompositorische Wortbildungsmuster in der Psychiatrie bzw. auf dem Gesamtgebiet der Medizin beleuchtet werden. Hierfür sind aufgrund ihres evidenten Charakters insbesondere Formen der Nullsubstitution und der Hybridbildung von Bedeutung.

a) Nullsubstitution

Nullsubstitutionen in Form von Komposita finden sich im Bereich der Psychiatrie eher weniger. Dennoch konnten einige identifiziert werden, welche allerdings auch anderen medizinischen Teildisziplinen angehören (z. B. *Beam's-eye-view*, *Buffy coat*, *Christmas disease*, *Flashback*, *Survivor guilt* oder *trauma state*). Das terminologische Kompositum *Beam's-eye-view* ist in den Bereich der Strahlenmedizin einzuordnen, denn es benennt die Perspektive des Strahlenquellpunktes im Rahmen einer strahlentherapeutischen Behandlung[733]. *Buffy coat* denotiert eine aus Leukozyten und Thrombozyten bestehende Plasmaschicht[734], welche

---

731 Schmitt 1985, S. 144 ff.; Schippan 1992, S. 263-264.

732 Schuldt 1992, S. 24.

733 Pschyrembel 2002, S. 198.

734 Pschyrembel 2002, S. 271.

möglicherweise aufgrund der Farbe zu ihrer Benennung (wörtlich: *lederfarbener Überzug*) kam. Der Terminus *Christmas disease*[735] scheint ein Klischee zu bedienen, indem er etwas zur Weihnachtszeit Typisches transportiert, nämlich eine mögliche Weihnachtsproblematik und die Tatsache, dass ihm etwas „Amerikanisches“ anhaftet. Auch in der Umfrage wurde mehrfach angegeben, dass der Terminus eine Form der Störung bei hohem Erwartungs- bzw. Harmoniedruck an besonderen Festtagen benennt. Tatsächlich handelt es sich jedoch um eine seltene Form der Hämophilie, welche 1952 erstmals diagnostiziert wurde, und zwar an einem Patienten namens *Stephen Christmas*[736]. Eine Analogiebildung findet sich in dem hybridgebildeten *Christmas-Faktor*[737]. Auch der Terminus *Flashback*, welcher sich aufdrängende Erinnerungen aus traumatisch erlebten Ereignissen bezeichnet[738], wird gelegentlich in der Gemeinsprache in modifizierter Form für Phänomene wie das *Déjà-vu* verwendet. Ein weiterer Terminus, nämlich *Survivor guilt*, bildet im DSM-IV eine Symptomgruppe der Posttraumatischen Belastungsstörungen. Auf der Tatsache, dass die Benennung in dieser Form im deutschen DSM fixiert wurde, basiert folglich deren verbindliche Verwendung in der deutschen psychiatrisch-psychotherapeutischen Fachsprache[739]. *Trauma state* bezeichnet einen traumatischen Bewusstseinszustand[740]. Hier scheint eine Analogiebildung zu *Ego state* vorzuliegen, bei dem es sich jeweils um eine bestimmte Gegenwart in dem von Freud behandelten **Ich-Konzept** handelt.

b) Hybridbildung

Auf dem gesamten Fachgebiet der Medizin findet sich eine ausgesprochen hohe Zahl an Hybridbildungen. Einen Bestandteil deutscher Termini darstellend werden sie als im Bereich deutscher Fachsprachen etabliert betrachtet. Beispiele hierfür sind *Child-Guidance-Klinik*, *Cluster-Kopfschmerz*, *Gate-Theorie*, *On-*

---

735 Pschyrembel 2002, S. 319.

736 About.com: online, 15.11.2009.

737 Pschyrembel 2002, S. 319.

738 Herman 1993, S. 58-64.

739 Nyberg 2001, S. 19-20.

740 Herman 1993, S. 58-64.

off-Phänomen und *Parallel-Response-Modell.* Der Terminus *Child-Guidance-Klinik* findet sich bei Peters als Synonym zum Terminus *Erziehungsberatungsstelle* bzw. als Äquivalent zum englischen Terminus *child guidance clinic*[741]. Die Varianten widersprechen allerdings dem psychologischen Internetlexikon, in welchem angegeben ist, dass es sich bei *clinic* in diesem Fall nicht um die *Klinik* im deutschen Sinne handelt. Daher ist die Integration des Terminus, wenngleich er im Lexikon als Synonym für *Erziehungsberatungsstellen* angeführt wird, eher irreführend und trägt durch den Eintrag zur Etablierung des Terminus und somit möglicherweise zur semantischen Fehlinterpretation bei[742]. *Cluster-Kopfschmerz* (en. *cluster headache*) bezeichnet ein Störungsbild, bei welchem der Schmerz anfallartig bzw. in Phasen (*Clusters* / *Clustern*) auftritt[743]. Auch hier finden sich orthographische Varianten, wie an der abwechselnden Bindestrichverwendung und der Direktverknüpfung (z. B. *Clusterkopfschmerz*) deutlich wird[744]. Die Hybridbildung mit *Cluster* führt zu weiteren Analogiebildungen (z. B. *Clusteranalyse*)[745], und die Diversität der terminologischen Verwendungsformen für *Cluster* verursacht Überschneidungen mit dem Bereich der Logistik, denn dort bezeichnen *Cluster* Netzwerke der Mitglieder einer Wertschöpfungskette[746]. Die *Gate-Theorie* wird im Englischen mit *gate-control theory* wiedergegeben. Es handelt sich hierbei um eine Theorie zur Entstehung bestimmter Schmerzformen, welche auf der Annahme basiert, „dass ein besonderer Nervenmechanismus im Hinterhorn des Rückenmarks vorhanden ist", der in

---

741 Peters 2007, S. 183.

742 Der Terminus benennt therapeutisch orientierte Erziehungsberatungsstellen, die sich der Prävention neurotischer Erkrankungen bei Kindern aus Familien mit entsprechender Krankengeschichte widmen (Peters 2007, S. 183; Psychology48: online, 14.10.2009). Bei IATE wird der Terminus auch im Deutschen sogar in seiner ursprünglichen orthographischen Variante *Child Guidance Clinic* geführt (I-ATE: online, 28.09.2009).

743 Peters 2007, S. 97.

744 Koptagel-Ilal / Ozkan 2008, S. 24.

745 Psychology48: online, 14.10.2009.

746 Experteninterview, 16.04.2010.

schmerzmodulierender Form wie ein Tor für Nervenimpulse funktioniert[747]. Bei der *On-off*-Komposition sind reihenbildende Tendenzen (und orthographische Varianten) zu verzeichnen. Das *On-off-Phänomen* (en. *on-off phenomenon*) bezeichnet Bewegungsabläufe bei einer fortgeschrittenen Parkinsonerkrankung. Dabei steht die Komponente *on* für *Hyperkinese* bzw. pathologisch erhöhte Motorik und *off* für *Akinese* bzw. fehlende Motorik[748]. *On-off-Antworten* denotieren neuronale Reaktionen in der Netzhaut des Auges. Hier benennt die Komponente *on* die Erregung der Ganglienzellen und *off* deren Hemmung[749]. Auch bei IATE sind terminologische Komposita wie *On-off-Fluktuation* und *On-off-Effekt* lemmatisiert[750]. Das *Parallel-Response-Modell* benennt einen Ansatz zur Interpretation so genannter Angsttabellen[751] und wird in der Evaluation der Terminusliste noch einmal besprochen. Ebenso sind weitere Hybridbildungen im Glossar enthalten und werden dort erläutert. Wie sich bereits zeigte, führen kompositorische Wortbildungsformen häufig zu analogiebildenden Mustern. Einige im Rahmen der Untersuchung aufgefallene terminologische Formen werden im folgenden Abschnitt besprochen.

c) Analogiebildung

Wie ein tabellarischer Visualisierungsversuch zeigen soll, erweisen sich auch im Bereich der Psychiatrie zahlreiche terminologische Bestandteile als überaus kompositionsgliedfähig und einige davon zudem als reihenbildend. Der jeweilige zur **Reihenbildung** führende Terminus ist fettgedruckt in einer separaten Spalte der Tabelle enthalten. Innerhalb einer Zeile befinden sich die Bestandteile eines Kompositums, welche durch die einzelnen Spalten getrennt werden. Die Zahl der besetzten Spalten in einer Zeile entspricht also der Komponentenzahl des jeweiligen Kompositums. Je nach Intensität des Fachlichkeitsgrades und der Spezifizierung erfolgt eine weitere Parzellierung mit entsprechender **Rechts-Links-Erweiterung**. Die Komponenten sind in der Regel durch Leerzeichen

747 Peters 2007, S. 204.

748 Pschyrembel 2002, S. 1314.

749 Psychology48: online, 14.10.2009.

750 IATE: online, 12.08.2009.

751 Psychology48: online, 14.10.2009.

oder Bindestriche verknüpft. Bindestriche zwischen zwei Komponenten werden nach dem entsprechenden Determinans in derselben Spalte geführt. Unter jeder Tabelle erfolgt die Erläuterung einiger exemplarischer Termini, welche durch die Autorin nach subjektivem Bedeutungsempfinden als relevant erachtet werden. Die Reihenfolge der Erläuterung geschieht mehr nach semantischen Aspekten und weniger nach alphabetischer Ordnung. Innerhalb der Tabellen findet unter Orientierung an der ersten Komponente des jeweiligen Terminus eine alphabetische Anordnung Platz.

Acquired	*Immune*	*Deficiency*	***Syndrom / Syndrome***
bobble-	*head-*	*doll-*	
Low-	*cardiac-*	*output-*	
	Battered	*Child*	
	Bing-	*Hornton-*	
	Kinky	*Hair*	
	Whistling	*Face*	
		Burnout-	
		Briquet-	
		Othello-	
		Rebound-	

Tabelle 2: Komposition mit *Syndrom/ syndrome*

Wie **Tabelle 2** zeigt, existieren zahlreiche Kompositionsmöglichkeiten mit dem Terminus *Syndrom*. Er wird mittlerweile in deutscher und englischer Form verwendet und führt zu einer schwer greifbaren Zahl kombinatorischer Varianten (z. B. in Zusammensetzung mit Appellativa). Sind die appellativischen Komponenten auf Englisch benannt, werden diese in der vorliegenden Arbeit als Anglizismen betrachtet. Eine mögliche Spalte nach dem Determinatum *Syndrom* wird offensichtlich in der Regel nicht durch Anglizismen belegt, da hier *of* bzw. der Genitivartikel und dann die Krankheit folgen (z. B. *syndrome of / Syndrom des*). Diese terminologische Variante scheint eher selten eine Rolle zu spielen und konnte im Rahmen der Untersuchung nicht identifiziert werden. Das *Acquired Immune Deficiency Syndrome* (*AIDS*) ist auf Ebene der Gemeinsprache hinlänglich bekannt. Aufgrund der Auswirkungen, vor allem wegen des gesellschaftlichen Umgangs mit unheilbaren und / oder infektiösen Krankheiten, tragen solche Termini auch in der Psychiatrie ein hohes emotionales Gewicht. Das *bobble-*

head-doll-syndrome [sic] findet sich als neuropädiatrischer Terminus zur Benennung eines Krankheitsbildes, welches von Bewegungen des Kopfes begleitet ist, die denen einer Wackelpuppe (en. *bobble head doll*) ähneln[752]. Dieser Terminus wird aufgrund seiner hohen Motiviertheit angeführt. Das *Low-cardiac-output-Syndrom* benennt eine bestimmte Form der niedrigen Herzleistung und zählt damit zunächst in erster Linie zur Fachsprache der Inneren Medizin[753]. Dem psychiatrischen Lexikon entstammen die Termini *Briquet-Syndrom* und *Bing-Hornton-Syndrom*[754]. Hier ist das Determinans jeweils durch ein Appellativum dargestellt. Der erste Terminus bezeichnet das Phänomen einer durch „Hysterie" verursachten Kurzatmigkeit und gilt (ebenso wie der Terminus *Hysterie*) als veraltet. Er stellt demnach auf den ersten Blick keinen Bestandteil der psychiatrisch-psychotherapeutischen Fachsprache dar, wird aber im Rahmen der vorliegenden Arbeit als belangreich für die psychiatrische Diagnostik erachtet. Das *Kinky hair syndrome* wurde bereits unter dem Aspekt der Motiviertheit betrachtet (s. S. 199). Der Terminus *Burnout-Syndrom*[755] existiert in verschiedenen orthographischen Varianten (*Burn-out-Syndrom, burned out, burnt out*)[756]. Diese basieren möglicherweise auf der Tatsache, dass es sich hierbei um einen Terminus in der Determinologisierungsphase handelt. Die Diagnose des psychischen Ausgebranntseins wird immer häufiger auch ohne ärztliche Symptombewertung auf Laienebene gestellt und auf diese Weise semantisch modifiziert. Zumeist entfällt das Determinatum *Syndrom* und der Terminus wird als *Burnout* bezeichnet. Der Terminus *Othello-Syndrom* bezeichnet in Anlehnung an das klassische Werk Shakespeares krankhaftes Eifersuchtsverhalten. Laut Experteninterview gilt er als veraltet[757], was im Grunde den Faktor **Zeitgeist** für sprachliche Einflüsse bestätigt. Das *Othello-Syndrom* findet sich kaum mehr in aktueller psychiatrischer Fachliteratur[758]. Der Terminus *Rebound-Syndrom*[759] wird in der

---

752 Witkowski et al. 2003, S. 1283; Experteninterview, 21.06.2009.

753 Pschyrembel 2002, S. 1066.

754 Peters 2007, S. 79 ff.

755 Pschyrembel 2002, S. 274.

756 IATE: online, 14.10.2009.

757 Experteninterview, 21.06.2009.

758 Gehring: online, 14.10.2009.

Terminusliste ausführlicher besprochen. Das *whistling face syndrome* entspricht in der fachsprachlichen Übersetzung dem *Syndrom des pfeifenden Gesichts*[760].

Mini-	*mental-*	*state-*	**Test**
	Binet-	*Simon-*	
	Thematic-	*Apperception-*	
		Bedside-	
		Benton	
		Token-	

Tabelle 3: Komposition mit *Test*

Aus **Tabelle 3** wird ersichtlich, dass psychologische Tests in Verbindung mit proprialen Komponenten (Familiennamen)[761] häufig zu Appellativa (s. S. 279) werden (z. B. *Benton Test* [sic][762], *Token-Test*[763], *Binet-Simon-Test*[764]). Aber auch andere Kombinationen treten in Erscheinung. Zumeist verfügen sie über einen hohen Motivationsgrad (z. B. *Thematic-Apperception-Test*[765] oder *Mini-mental-state-Test*[766]). Letzterer Terminus bezeichnet einen Test, welcher in der Diagnostik und der Therapie seniler Demenz für die Überprüfung des geistigen Leistungsvermögens zum Einsatz kommt. Er ist somit in erster Linie in den Bereich der Gerontopsychiatrie einzuordnen. Die Benennung der Tests verweist insbesondere bei appellativischen Komponenten auf die geographische Konzentration der Forschungslandschaft.

759 Wittchen / Hoyer 2006, S. 958.

760 Pschyrembel 2002, S. 1957.

761 Die Kurzformen der Termini werden aus Gründen der Übersichtlichkeit und aufgrund fehlender Notwendigkeit ausgespart.

762 Peters 2007, S. 79 ff.

763 Pschyrembel 2002, S. 1820.

764 Peters 2007, S. 79 ff.

765 Tölle 1999, S. 37.

766 Pschyrembel 2002, S. 1165.

Anglizismen scheinen bei der Benennung der einzelnen Tests – im Gegensatz zu anderen Benennungsformen – barrierebeseitigend zu wirken, denn die Herkunft des Inhalts kann auf diese Weise problemloser eruiert werden, und ebenso spielen zur Bezugnahme in erster Linie Standardisierungs- und Vereinheitlichungsvorgänge eine Rolle. Häufig erfolgt eine Auswertung nach bestimmten Skalen, während sprachliche Ausdrucksformen und die Wortwahl des Patienten weniger relevant sind, wenn dieser einordnen soll, auf welcher Skala von 1-6 Angstzustände verspürt werden. Auch beim Terminus *Test* ist eine Erweiterung nach rechts durch Anglizismen eher selten oder unwahrscheinlich. In zahlreichen Testformen werden als Determinata auch andere Termini verwendet. Beispielhaft hierfür sind *Inventory* (z. B. *Eating Disorder Inventory*)[767] oder *Scale* (z. B. *Brief Psychiatric Rating Scale*)[768].

Eine Beibehaltung der ursprünglichen Benennungen für Tests oder Interviews erscheint sinnvoll, da sich im Translationsprozess durchaus Schwierigkeiten durch die oben angeführte terminologische Vielfalt bei Determinata ergeben können. Interviews und Tests sind häufig standardisiert und die Benennungen der Tests üben zudem keinen Einfluss auf die Ergebnisse aus. Daher erscheint es nachvollziehbar und naheliegend, die Benennung in der AS beizubehalten. Zudem ist besonders auf dieser Ebene eine eindeutige und möglicherweise auch besonders ökonomische Evaluation von Bedeutung, da es im Rahmen der Diagnostik sicherlich nicht vernachlässigt werden sollte, dem Patienten bei auftretenden Symptombildern, die er als Laie nicht einzuordnen vermag, schnellstmöglich eine gesicherte Diagnose zu „präsentieren“, sodass dieser im entsprechenden Rahmen therapiert werden kann.

Einige Test- und Fragebögen kommen (besonders als additives Werkzeug) regelmäßiger zum Einsatz als andere. Aufgrund ihrer Wichtigkeit für die Beurteilung von Krankheitsbildern ist die Aktualität von oberster Priorität, was einer Übersetzung der Titel ebenfalls nicht förderlich sein kann. Andererseits besteht kein Zweifel daran, dass der Inhalt solcher Bögen grundsätzlich in der Muttersprache des Patienten vorliegen oder für diesen in dessen Muttersprache über-

---

767 Davison / Neale 2007, S. 282.

768 Tölle 1999, S. 36.

setzt werden muss, da Sprachschwierigkeiten zu Fehldiagnosen führen und dadurch fatale Auswirkungen nach sich ziehen können. Im Grunde wird und muss ein solcher Test auf Ebene der Gemeinsprache ohnehin nicht zum Einsatz kommen. Ein Patient, welcher sich einem derartigen Test zu unterziehen hat, weiß unabhängig von einer englischen oder deutschen Benennung im Regelfall nicht, was ihn erwartet. Diese Art der Befragung ist grundsätzlich von ärztlichen Aufklärungsgesprächen begleitet, weshalb von einer Erklärung für den Patienten ausgegangen werden kann. Wie auch an den angegebenen Abkürzungen erkennbar ist, handelt es sich bei Zusammensetzungen mit dem Terminus *Test* häufig um Sprech- und Lesekürzungen. Dieser Thematik widmet sich das Kapitel zur Reduktion (s. S. 267).

<table>
<tr><td>Add-</td><td>back-</td><td rowspan="5">Therapy</td></tr>
<tr><td>Add-</td><td>on-</td></tr>
<tr><td>Cognitive</td><td>Processing</td></tr>
<tr><td>Ego-</td><td>State-</td></tr>
<tr><td>Fixed-</td><td>Role</td></tr>
<tr><td>Mutual-</td><td>Need-</td><td rowspan="5">Therapie</td></tr>
<tr><td>Personal-</td><td>Construct-</td></tr>
<tr><td>Social-</td><td>Influence-</td></tr>
<tr><td></td><td>Recall</td></tr>
<tr><td></td><td>Testimony</td></tr>
</table>

Tabelle 4: Komposition mit *Therapy* / *Therapie*

In **Tabellen 3** und **4** zeigt sich ebenfalls, dass eine Rechtserweiterung in dieser Terminusform der deutschen psychiatrisch-psychotherapeutischen Fachsprache eher selten oder unwahrscheinlich ist. Dies scheint gleichermaßen der Fall zu sein, wenn als Determinatum der deutsche Terminus *Therapie* und der englische Terminus *therapy* als kompositorische Bestandteile Verwendung finden. Die Tatsache, dass es sich im Englischen genauso verhält, mag auch an der Strukturiertheit der englischen Sprache liegen, die ebenso wie im Deutschen eine nähere Bestimmung des Terminus auf der rechten Seite durch eine Präposition anfügt und somit keine Komposition erlaubt.

Die meisten der in der Tabelle angeführten Therapieformen scheinen entweder auf US-amerikanischem Raum entwickelt worden zu sein oder einer längeren

Paraphrasierung zu bedürfen, welche sich auf sprachökonomischer Ebene vermutlich eher nachteilig auswirken würde. Da dem Patienten ohnehin jede mit ihm unternommene Therapie nahegebracht werden muss, stellt sich für diesen eine englische Benennung nicht unbedingt als erhöhtes Hindernis dar. Zudem ist es fraglich, ob Patienten überhaupt mit dieser Form der Therapiebenennung konfrontiert werden. Bei den heutigen Entwicklungsgeschwindigkeiten scheint es zumindest gewinnbringend zu sein, wenn der deutsche Experte Analogiebildungen wie *Add-on-Therapie* (en. *add-on therapy*) und *Add-back-Therapie* (en. *add-back therapy*) angemessen rezipiert[769]. Ist einmal bekannt, dass *Add-on-Therapie* das Denotat zu einer Form der aufstockenden pharmakologischen Intervention bildet[770], kann die *Add-back-Therapie* automatisch abgeleitet werden, wenn es sich hier um ein reihenbildendes Konstrukt handelt. Diese Therapieformen scheinen aber (ebenso wie die oben angeführten Termini *Mutual-Need-Therapie*, *Personal-Construct-Therapie*, *Recall-Therapie* und *Social-Influence-Therapie*[771]) mehreren paradigmatischen Ansätzen zu entsprechen und in einer personenbezogenen Behandlung als Benennung nicht ausschlaggebend zu sein. Für die deutsche Forschungslandschaft hingegen ist die umgehende Rezeption der auf US-amerikanischem Sprachraum entstandenen Konzepte auch in diesem Bereich von primärer Bedeutung. Diese Tatsache spiegelt sich in der *Ego-State-Therapie* wider, welche auf einem Ansatz basiert, bei dem die symptombeladenen *Ego-States* bearbeitet werden, um diverse innere Anteile der Psyche (*states*) in Kontakt zu führen[772]. Aufgrund des evidenten lateinischen Bestandteils *Ego* ist der Terminus den *hard words* zuzuordnen. Er zeigt aber auch, dass der Forschungsrahmen nicht immer eindeutige sprachliche Spuren hinterlässt, denn ursprünglich basiert dieser Therapieansatz auf den Arbeiten der deutschsprachigen Neofreudianer (s. S. 102 ff). Neuere Modelle werden laut Experteninterview selten übersetzt, so z. B. die kognitiv-behaviorale *Testimony Therapy*, welche in der englischen Schreibweise mit *testimony therapy* wiedergegeben wird[773].

---

769 Pschyrembel 2002, S. 18.

770 Peters 2007, S. 628.

771 Wittchen / Hoyer 2006, S. 411.

772 Reddemann 2004, S. 72-73.

773 Neuner 2003, S. 104.

Ebenso manifestiert sind die Benennungen *Cognitive-Processing-Therapy*[774] und *Fixed-Role-Therapy*[775]. Eine Schwierigkeit in der Übersetzung könnte die Differenzierung zwischen den Lexemen *Therapie – Behandlung* im Deutschen und *Therapy – Treatment* im Englischen aufgrund lexematischer Interferenzen darstellen. So wird z. B. die syntaktische Fügung *ambulante Behandlung* auch mit *out-patient treatment* wiedergegeben[776]. Es ist jedoch davon auszugehen, dass dem Experten die Sprachverwendungsmuster vertraut sind.

4.2.3.3.3 Komposita in der Logistik

a) Nullsubstitution

Im Bereich der Logistik findet sich eine auffallend hohe Anzahl englischer Kompositionen. Es sollen daher exemplarisch einige Beispiele angeführt werden, welche jedoch alle mit Quellenangabe in der Terminusliste enthalten sind und dort auch ausgewertet werden. Da für den Bereich der Psychiatrie Analogiebildungen vorwiegend als Hybridbildungen in Erscheinung traten, wurde dort anders verfahren. Aufgrund der hohen Menge englischer Termini in der Logistik sind im Gegensatz zur Psychiatrie nur solche Termini angeführt, die an anderer Stelle auch behandelt werden. Hierzu zählen *Bill of Loading / La-ding*[777], *Bill of Materials*[778], *Supply Chain, Cross Docking, Continuous Replenishment* und *Milkrun.*

Ein Blick auf das Glossar (s. S. 441) offenbart, dass eine Auflistung sämtlicher englischer Komposita für die Logistik nicht möglich ist. Auch die Urliste enthielt zum größten Teil diese terminologische Wortform.

---

774 Gotthardt 2003, S. 31-32.

775 Psychology48: online, 14.10.2009.

776 Die Bindestrichsetzung wurde in *Ego-State-Therapie*, *Cognitive-Processing-Therapy* und *Fixed-Role-Therapy* durch die Autorin angepasst, da für die Termini nur die ersten beiden Komponenten verbunden waren, sich gelegentlich jedoch auch andere orthographische Varianten fanden.

777 ten Hompel / Heidenblut 2006, S. 20.

778 ten Hompel / Heidenblut 2006, S. 20.

b) Hybridbildung

Ebenso auffallend hoch wie die Anzahl der Komposita ist erwartungsgemäß die Anzahl der Hybridbildungen (z. B. *Reofferpreis*, *Milkrun-Konzept*, *Travelling-Salesman-Problem*, *Pull-Prinzip*, *Push-Prinzip*, *On Demand-Welt*, *Outsourcing-Strategie* oder *Outsourcingumfang*)[779]. Diese Hybridbildungen wurden in der Befragung der Logistikexperten nicht verwendet, da sich (im Gegensatz zur Psychiatrie) eine ausreichende Menge nicht-hybrider Komposita fand[780]. Auch hier konnte auf Termini zurückgegriffen werden, welche bereits an anderer Stelle der vorliegenden Arbeit erwähnt sind. Dies war in der Psychiatrie in dieser Form nicht möglich.

Der *Reofferpreis*[781] wird in unterschiedlichen orthographischen Varianten geführt (z. B. *Reoffer-Preis*). Ein semantisch und lexikalisch verwandter Terminus ist das *Negotiated Fixed Price Reoffer-System*[782]. Das *Travelling-Salesman-Problem* denotiert das *Problem des Handlungsreisenden* bzw. *Rundreiseproblem* und benennt Optimierungsfragen für die Strecke, die ein Handelsvertreter vom Ausgangspunkt bis zum Endpunkt derselben zurücklegt[783]. Zu weiteren relativ motiviert benannten Tourenplanungsfragen zählen so genannte *Pick-up & Delivery-Probleme* sowie das *Chinese-Postman-Problem.* Für das *Pull-Prinzip*[784] findet sich in der deutschen Fachliteratur ein äquivalenter deutscher Terminus, das *Holprinzip.* Es bezeichnet das Vorgehen bei der Steuerung eines Güterflusses. Eine *pull-basierte Lieferkette* beinhaltet die nachfrageorientierte Deckung des Warenbedarfs durch Produktions- oder Nachschubaktivitäten auf

---

779 Auch im Bereich der Übersetzungsarbeit wird z. B. die Beschäftigung externer Auftragnehmer als *Outsourcing* bezeichnet (Schmitt 1998b, S. 6). In den oben angeführten Beispielen zeigen sich Tendenzen zur uneinheitlichen Verbindung der Komposita.

780 Dr. Hirsch Consulting: online, 12.08.2009.

781 Schulte 1999, S. 241.

782 Wirtschaftslexikon: online, 14.10.2009.

783 Schulte 1999, S. 397; Wirtschaftslexikon: online, 14.10.2009; ten Hompel / Heidenblut 2006, S. 231.

784 Krampe 2006, S. 27.

Anfrage des Empfängerzentrums. Als Gegenstück existiert das *Push-Prinzip* bzw. *Bringprinzip*, bei welchem sowohl Lagerung als auch Produktion unabhängig von der Nachfrage durchgeführt werden, wodurch z. B. ein erhöhter Lagerbedarf entsteht. Hieraus ergibt sich der Terminus *Push-and-Pull-Prinzip*, welcher zusammenfassend die Konzepte zur Nachschuborganisation von Gütern denotiert[785]. Allerdings finden laut Experteninterview die deutschen Äquivalente kaum Verwendung und für *Push-and-Pull-Prinzip* existiert kein Synonym von ebenso hoher Kürze und Prägnanz[786]. Die Verknüpfung der kompositorischen Bestandteile mit einer deutschen Komponente bei allen Termini ist als Beleg für die sich manifestierende Verwendung der englischen Bestandteile zu bewerten. Der Terminus *On Demand-Welt*[787] bezieht sich – erkennbar am Terminus *Demand* – auf den nachfrageorientierten Wirtschaftsmarkt[788].

Es kann festgestellt werden, dass zahlreiche Konzepte immer häufiger auf Englisch benannt werden. Daher liegt die Vermutung nahe, dass sich im Vergleich zwischen deutschen und englischen Benennungen quantitative Differenzen in zunehmendem Maße zugunsten des Englischen zeigen.

c) Analogiebildung

In den folgenden Tabellen soll noch einmal das wesentlich höhere Analogieaufkommen mit der weitaus höheren Zahl an Anglizismen im Bereich der Logistik verdeutlicht werden. Das Prinzip entspricht dem der vorangegangenen Tabellen. Ein realistischer Vergleich psychiatrischer und logistischer Analogiebildungsmuster ist nicht möglich, und es finden sich wesentlich mehr als die hier angeführten Beispiele. Dennoch zeigt sich, dass die im Rahmen dieser Untersuchung auffindbare Anzahl polymorphematischer Analogiebildungen in der Logistik wesentlich höher liegt. In **Tabelle 5** wird dies am Terminus *Supply* deutlich er-

---

785 Schulte 1999, S. 341; Wirtschaftslexikon: online, 14.10.2009.

786 Experteninterview, 25.01.2010.

787 ten Hompel / Heidenblut 2006, S. 157.

788 Bei der Absicherung des Terminus fand sich *on-demand* in IATE lediglich in der Kategorie *Medizinische Wissenschaften* als kompositorischer Bestandteil, nämlich in *on-demand-Analgesie-Computer* (IATE: online, 14.10.2009).

kennbar. Dieser trat bislang mehrfach in Erscheinung und soll daher nicht noch einmal inhaltlich erläutert werden.

<table>
<tr><td rowspan="5">Supply</td><td>Chain</td><td>Event</td><td>Management</td><td>Systeme</td></tr>
<tr><td>Chain</td><td>Execution</td><td></td><td></td></tr>
<tr><td>Chain</td><td>Management</td><td></td><td></td></tr>
<tr><td>Chain</td><td>Monitoring</td><td></td><td></td></tr>
<tr><td>Chain</td><td>Planung</td><td></td><td></td></tr>
</table>

Tabelle 5: Komposition mit *Supply*

Einer der wichtigsten analogieverursachenden Termini, nämlich *Supply Chain* (dt. *Wertschöpfungskette*, *Versorgungskette*, *Güterfluss*), resultiert nach dem Eingehen diverser Verbindungen in Syntagmen wie *Supply Chain Execution* (Ausführung einer konkret geplanten Lieferkette)[789] oder *Supply Chain Management* (*SCM*). Das letztere Konzept zählt zu den schnittstellenvernetzenden Konzepten im Rahmen der Logistikpolitik. Hierbei steht die Optimierung der Wertschöpfungskette durch die Zusammenarbeit der am Wertschöpfungsprozess partizipierenden Unternehmen im Fokus. Aufgrund der Kooperation aller Beteiligten ist eine gemeinsame, standardisierte Sprache der Mitglieder für die Integration und den Zugriff auf die notwendigen Daten in der *Supply Chain* essenziell[790]. Das Konzept *Supply Chain Monitoring* wird in der Kurzform durch das Graphem <o> vom *SCM* als *SCMo* differenziert, was auf ein reflektiertes Sprachverhalten im Bereich der Logistik hindeutet. Die Manifestation des Terminus *Supply Chain* wird in kompositorischen Verbänden (z. B. *Supply Chain Event Management-Systeme*)[791] oder logistischen Einzelaufgaben (z. B. *Supply-Chain-Planung* bzw. *Supply Chain Planning*)[792] deutlich.

---

789 ten Hompel / Heidenblut [Logipedia]: online, 28.12.2009.

790 Fortmann / Kallweit 2007, S. 27.

791 Lucke / Wölfel 2006, S. 99-101.

792 Wassermann AG: online, 02.08.2009.

<table>
<tr><td>Drive-</td><td>in</td><td rowspan="6">Warehouse</td></tr>
<tr><td>High-</td><td>bay</td></tr>
<tr><td></td><td>Bonded</td></tr>
<tr><td></td><td>Central</td></tr>
<tr><td></td><td>Data</td></tr>
<tr><td></td><td>Miniload</td></tr>
</table>

Tabelle 6: Komposition mit *Warehouse*

Tabelle 6 zeigt, dass die **Polymorphie** in Verbindung mit dem Terminus *Supply* keine Ausnahme bildet. *Warehouse*-Komposita scheinen allerdings eine Tendenz zur Linkserweiterung aufzuweisen. Die deutsche Benennung des Terminus *Warehouse* lautet *Lager*. Mit diesem Verständnis sind auch Termini wie *Drive-in Warehouse* (dt. *Einfahrregallager*)[793], *High-bay Warehouse* (dt. *Hochregallager*)[794] und *Bonded Warehouse* (dt. *Zolllager*)[795] semantisch erschließbar. Da sich für diese Termini deutsche Äquivalente finden, werden sie in der vorliegenden Untersuchung nicht als ins Deutsche manifestiert betrachtet. Auch die Termini *Central Warehouse* (dt. *Zentrallager*), *Data Warehouse* (dt. *Datenlager*)[796] und *Miniload Warehouse* (dt. *automatisches Kleinteilelager*)[797] sollen zunächst einmal Wortbildungstendenzen aufzeigen. Unübersehbar ist, dass der Terminus *Warehouse* manifestiert und reihenbildend in den Bereich der Wirtschaftsfachsprache integriert ist.

<table>
<tr><td>Article-</td><td>based</td><td rowspan="6">Order</td><td>-picking</td><td></td></tr>
<tr><td>Atomization</td><td>of</td><td>s</td><td></td></tr>
<tr><td>Built-</td><td>to-</td><td>-Prinzip</td><td></td></tr>
<tr><td>Computer-</td><td>Assisted</td><td>-ing</td><td></td></tr>
<tr><td></td><td></td><td>Fulfillment</td><td></td></tr>
<tr><td></td><td></td><td>-picking</td><td>Robot</td></tr>
</table>

Tabelle 7: Komposition mit *Order*

793 ten Hompel / Heidenblut [Logipedia]: online, 11.12.2009.

794 Roi International Management Consultants: online, 20.08.2009.

795 ten Hompel / Heidenblut [Logipedia]: online, 11.12.2009.

796 IATE: online, 29.07.2009.

797 ten Hompel / Heidenblut [Logipedia]: online, 11.12.2009.

In **Tabelle 7** wird erkennbar, dass eine Rechts-Links-Expansion im Bereich der Logistik gleichermaßen stattfinden kann und auch stattfindet. Der Terminus *Order* bezeichnet eine Anfrage bzw. Bestellung bestimmter Warenmengen[798]. Er wird durch zahlreiche Formen der Wortbildung (z. B. Derivation oder Komposition) erweitert.

Eine Betrachtung des Konzepts *Article-based Order-picking* erfolgt im Glossar (s. S. 441). *Atomization of Orders* bezeichnet den Vorgang der Verkleinerung (Atomisierung) von Aufträgen, welche häufig aus nur einer Position bestehen, wie dies z. B. im Internethandel der Fall ist[799]. Eine weitere Verbindung stellt der Terminus *Built-to-Order-Prinzip* dar, der die „Ausrichtung der Warenproduktion an den Verbraucherwünschen" benennt[800]. Der beschaffungslogistische Terminus *Computer-assisted Ordering* bezieht sich auf den computergestützten Bestellvorgang, der initiiert wird, sobald die Mindestanzahl eines Artikels unterschritten ist[801]. *Order Fulfillment* (dt. *Auftragsabwicklung*) und *Order-picking Robot* (dt. *Kommissionierroboter*) finden sich bei ten Hompel / Heidenblut mit deutscher Übersetzung und werden daher als nicht etabliert betrachtet[802]. Die Fixierung in einem derartigen Lexikon trägt jedoch mit hoher Wahrscheinlichkeit zur Manifestation der Termini bei. Der oben erwähnte Terminus *Pick*, welcher vermutlich der Lagerlogistik zugeordnet werden kann, wirkt mittlerweile auch in der deutschen Fachsprache der Logistik reihenbildend. So entstehen Termini wie *Pick by Light*, *Pick by Voice*, *Pick to Belt* oder *Pick & Pack*. *Pick by Light* bezeichnet die Vorgabe bestimmter Kommissioniereinheiten über so genannte *Pickanzeigen*, *Pick by Voice* die Kommissionierung durch Spracherkennungssysteme, *Pick to Belt* eine Kommissionierstrategie unter Benutzung eines Förderbandes und *Pick & Pack* den Kommissioniervorgang „direkt in einen Versandkarton oder ein Versandbehältnis"[803]. Es wird deutlich erkennbar, dass zwar bei einigen Termini deutsche Äquivalente existieren, dass

---

798 ten Hompel / Heidenblut 2006, S. 157.

799 ten Hompel / Heidenblut [Logipedia]: online, 28.12.2009.

800 ten Hompel / Heidenblut 2006, S. 31.

801 ten Hompel / Heidenblut [Logipedia]: online, 28.12.2009.

802 ten Hompel / Heidenblut [Logipedia]: online, 28.12.2009.

803 ten Hompel / Heidenblut [Logipedia]: online, 28.12.2009.

sich jedoch häufig nur Paraphrasierungen anführen lassen, welche die Übernahme der englischen Termini begründen. Dies wiederum führt zur Etablierung einzelner Terminusanteile unter Verlust des deutschen Äquivalents. Eine weitere Form der Terminusverbindung stellen Syntagmen in Form von Idiomen und Phraseologismen dar. Hierbei findet im Gegensatz zur Komposition im Deutschen keine direkte Verknüpfung der Bestandteile statt. Einige Beispiele werden im folgenden Kapitel erläutert.

4.2.3.4 Terminologische Syntagmen

4.2.3.4.1 Erläuterung

Häufig entstehen neue syntaktische Verbindungen (z. B. terminologische Phraseologismen) durch die konstante Verwendung eines bestimmten Substantivs mit einem spezifischen Verb[804]. Das Resultat sind **Topoi** (idiomatische Wendungen, Phraseologismen) wie *Trauma erleiden*. Drozd / Seibicke bezeichnen diese Syntagmen als **terminologisierte syntaktische Felder**[805]. Für deren Betrachtung scheint eine durch Coseriu vorgenommene Ausarbeitung des Chomskyschen Performanzkonzepts (s. S. 50) erwähnenswert, bei der Coseriu eine Unterscheidung der „Technik des Sprechens“ in **Technik der Rede** und **wiederholte Rede** vornimmt. Die Technik der Rede impliziert den willkürlichen Gebrauch lexikalischer und grammatikalischer Einheiten zuzüglich ihrer syntaktischen Kombinationsregeln. Wiederholte Rede beinhaltet Topoi, welche aus synchroner Sicht nicht analysierbar sind[806]. Diese spielen vermutlich auch für die Fachsprachen eine Rolle, da hier besonders das Phänomen der wiederholten Rede zu verzeichnen ist. Allerdings muss beachtet werden, dass eine **Rückparaphrasierung** komprimierter Terminusgruppen nur bedingt möglich ist, da zwischen der reduzierten Form und der syntaktischen Paraphrasierung Bedeutungsunterschiede auftreten können, denn die Konsequenz der Lexikalisierung syntagmatischer Gruppen besteht im Verlust der semantischen Eigenständigkeit

---

804 Arntz / Picht 2002, S. 34.

805 Drozd / Seibicke 1973, S. 56, 123.

806 Coseriu 1973, S. 27-39; Schwaika 2003, S. 25.

der Einzelkomponenten (Kompositio-nalitätsprinzip)[807]. Häufig ergeben sich hieraus Benennungsvarianten wie *kleines Gehirn* (en. *small brain*) und *Kleinhirn* (en. *cerebellum*). An dieser Stelle wird deutlich, dass eine Paraphrasierung keineswegs in semantischen Äquivalenten resultiert, da der eine Terminus die Größe des Gehirns, der andere eine Komponente desselben denotiert.

4.2.3.4.2 Topoi in der Psychiatrie

Medizinische Topoi kommen auch auf Ebene der Gemeinsprache zum Einsatz, werden jedoch als solche nicht automatisch wahrgenommen (z. B. *Schock erleiden, Blut abnehmen*). Diese Syntagmen sind daher auch den Nicht-Experten hinlänglich bekannt. Andere hingegen (z. B. *medikamentöse Compliance* oder *negative Compliance*) zählen eindeutig zum Bereich der Medizin (besonders den der Psychiatrie)[808].

Auf **syntaktischer Ebene** existieren Termini wie *maligner Clinch*[809]. Bei diesem stellt sich allerdings die Frage, ob er (wie der erste Blick vermuten lässt) als *hard word* zu betrachten ist, da *malign* einen evident lateinischen Terminus darstellt, welcher durch die Flexionsendung ins Deutsche integriert ist und somit nicht als durch den terminologischen Anglizismus *Clinch* transportiert betrachtet werden kann. Hier wäre die Benennung des Terminus auf Englisch zu überprüfen. Mittlerweile finden sich jedoch auch im psychiatrischen Bereich terminologische Verbände, welche aus synchroner Perspektive lediglich aus englischem Morphemmaterial bestehen (z. B. *no effect level*)[810]. Die so genannte *Good Clinical Practice* kommt als Terminus und Begriff nicht nur in der Psychiatrie zum Einsatz, bildet jedoch laut Experteninterview einen wichtigen Aspekt in der dortigen Fachsprache. Allerdings scheint mittlerweile der Terminus *Best Practice*[811] weitaus verbreiteter zu sein. Einen terminologischen Phraseologismus aus der

807 Zhu 1987, S. 138, 145.

808 Schuldt 1992, S. 24.

809 Psychology48: online, 14.10.2009.

810 Pschyrembel 2002, S. 1289.

811 Experteninterview, 21.06.2009.

Psychotraumatologie stellt das Konzept *Return of Fear* dar[812]. Dieses beinhaltet das Wiederauftreten von Ängsten nach einer als erfolgreich bewerteten Therapie. Weitere Anglizismen aus diesem Bereich, die durchaus ihren Weg zur Psychiatrie finden, sind *missed abortion*[813], *march of convulsion*[814], *low voltage*[815], *clinical pathways*[816] oder *restless legs*[817]. Der Terminus *low voltage* ist laut Experteninterview strenggenommen der Neurologie zuzuordnen. Wie aber bereits erwähnt wurde, ist die Trennung zwischen Neurologie und Psychiatrie ebenso unscharf wie die Differenzierung der Fachsprachen.

In Hadlich 2007 wurden ebenfalls einige syntaktische Fügungen aus dem Bereich der **Psychotraumatologie** angeführt (z. B. *frozen in time*[818], *hidden observer*[819], *dose-effect, building-block*[820], *missing link, Recall von Erinnerungen*[821]). Auch diese stellten sich in der Psychiaterbefragung als bekannt und in Verwendung befindlich heraus.

Der Terminus *missing link* bezeichnet auf psychiatrisch-psychotherapeutischer Ebene Lücken im autobiographischen Gedächtnis. In der Bedeutung *Fehlen einer Verbindung* ist er ebenso Teil anderer Fachsprachen und der Gemeinsprache. An dieser Stelle zeigt sich jedoch auch, dass bei der Auseinandersetzung mit einem Störungsbild sehr spezielle Anglizismen zu verzeichnen sind, selbst wenn diese nicht ausschließlich einem Fachgebiet zugeordnet werden können, da Behandlungen von Psychotraumata, welche im Rahmen einer psychiatrischen Unterbringung durchgeführt werden, dort auch psy-

---

812 Auch nach Wittchen / Hoyer handelt es sich hierbei um einen festen Bestandteil der deutschen psychotherapeutisch bezogenen Fachsprache (Wittchen / Hoyer 2006, S. 958).

813 Pschyrembel 2002, S. 1167.

814 Pschyrembel 2002, S. 1115.

815 Pschyrembel 2002, S. 1066; Experteninterview, 21.06.2009.

816 Pschyrembel 2002, S. 329.

817 Pschyrembel 2002, S. 1570.

818 Shapiro 1998, S. 42-44.

819 Reddemann 2006, S. 44.

820 Gotthardt 2003, S. 21.

821 Laux / Kapfhammer 2005, S. 1317.

chotherapeutische Mittel erfordern. Ebenso können Psychotraumata körperliche Spuren hinterlassen, welche dann Gegenstand unterschiedlicher medizinischer Teildisziplinen sind. Die Notwendigkeit einer objektbezogenen Untersuchung scheint sich also parallel zur steigenden Komplexität einzelner Störungsbilder deutlich zu erhöhen.

4.2.3.4.3 Topoi in der Logistik

Zu Wirtschaftsphraseologismen zählt Ickler terminologische Verbände wie den Phraseologismus *eine Anleihe begeben*[822]. Die vorliegende Untersuchung zeigte bereits in statu nascendi, dass die Zahl der syntaktischen Fügungen im Bereich der Logistik um ein Vielfaches höher liegt als in der Psychiatrie. Es fällt ebenso auf, dass wesentlich mehr nicht-hybride Lexemverbände in der Logistik in Erscheinung treten.

Eine häufige Form der terminologischen Verbindung im Bereich der Logistik erfolgt durch die **Verwendung des Partikels *to***. So entstehen syntaktische Fügungen wie der bereits angeführte Terminus *Built-to-Order*, die Kalkulationsart *Available to Promise*[823] sowie der Terminus *One face to the customer*[824] oder das den gesamten Produktentstehungszeitraum beschreibende Konzept *Time to Market*[825].

Eine Liste aller Kombinationsmöglichkeiten kann und soll hier nicht angeführt werden, denn bereits in den Analogietabellen zeigte sich die starke Tendenz zur Reihenbildung. Es scheint jedoch lohnenswert, an dieser Stelle einmal die Integration solcher Termini in ihren deutschen Kontext anhand von Internetseiten zu demonstrieren. So konnte der zuletzt genannte Terminus mit Bindestrichen verknüpft auf zahlreichen Seiten identifiziert werden. Diese waren grundsätzlich von einem hohen Anglizismenaufkommen geprägt, wie das folgende, an Unternehmen gerichtete Beispiel zeigt:

---

822 Ickler 1997, S. 18.

823 ten Hompel / Heidenblut [Logipedia]: online, 14.10.2009.

824 Schulte 1999, S. 241.

825 ten Hompel / Heidenblut [Logipedia]: online, 10.08.2009.

> Dabei agieren wir immer nach dem Prinzip **One-Face-to-the-Customer**. […] international agierender **Outsourcing**-Dienstleister […]. **Integrated. Support. Worldwide.** Unsere Leidenschaft sind integrierte Distributionslösungen für Sie, Ihre Kunden, Ärzte und Patienten. Sie profitieren von unserer Unterstützung entlang des gesamten **Order-to-Cash-Cycle**, denn wir **managen** effizient und zuverlässig sämtliche **Supply-Chain-**, **Customer-Relationship**- und Finanz-Prozesse. Die erfolgreiche Distribution Ihrer Produkte benötigt neben einer ausgefeilten Logistik sowohl ein effizientes **Customer Relationship Management** (CRM) als auch ein Finanzmanagement […]. Als **Full-Service-Provider** für die Pharma- und **Healthcare**-Industrie bieten wir genau das an: Integrierte Lösungen entlang der **Supply Chain** […][826].

Auf dieser Seite tritt neben den (durch Hadlich fett markierten) Anglizismen die syntaktische Fügung *Order-to-Cash-Cycle* in Erscheinung. Auch hier findet der Partikel *to* Verwendung.

Weitere syntaktische Fügungen, welche in der Logistik zum Einsatz kommen und auf anderen Verknüpfungselementen basieren, sind *Wear and Tear* (dt. *Verschleiß*), *Request for Proposal* (ein bestimmtes Beschaffungsdokument)[827] oder *Return on Investment* (dt. *Kapitalrendite*)[828]. Zahlreiche andere Beispiele befinden sich im Glossar und im Abschnitt zur so genannten *E-Logistik* (s. S. 307).

4.2.3.5 Derivation

4.2.3.5.1 Erläuterung

Einen weiteren Typ der kombinatorischen Wortbildung stellt die Derivation dar. Diese basiert auf Vorgängen der Neuprägung durch Wortableitung. Bei derivativen Wortformen ist zunächst einmal zwischen expliziter und impliziter Derivation zu unterscheiden[829]. **Implizite Derivativa** weisen kein sichtbares Ableitungsmorphem auf und sind zumeist mit der Transposition in eine andere Wortart verbunden (*essen / das Essen*). **Explizite Derivation** erfolgt durch Affigierung (z. B. Präfigierung oder Suffigierung) eines gebundenen Morphems an ein basisfähiges Morphem nach dem Muster

---

826 Arvato Services Healthcare: online, 10.08.2009.

827 ten Hompel / Heidenblut 2006, S. 187.

828 ten Hompel / Heidenblut 2006, S. 192.

829 Lewandowski 1994a, S. 23.

freies Morphem + gebundene Form

In Anlehnung an Wüster werden derivative Suffixe als **Ableitungselemente** und die der Flexion dienenden als **Flexionselemente** betrachtet. Letztere führen zu grammatischen Flexionsformen wie

en. *to download* + **-en** = dt. *downloaden*[830]

Im fachsprachlichen Bereich resultiert Derivation häufig in Hybridbildungen, welche in vielen Fällen auf griechischem oder lateinischem Wortmaterial basieren, jedoch mittlerweile häufig in Form von *hard words* einen Transport über das Englische ins Deutsche erfahren. Es kann grundsätzlich eine indigene Basis mit einem Fremdaffix oder umgekehrt eine fremde Basis mit einem indigenen Affix kombiniert werden.

a) Präfigierung

Der vermehrte Gebrauch von Präfixen stellt nach Fluck ein Hauptcharakteristikum der Fachsprachen dar[831]. Präfigierung vollzieht sich nach dem regelmäßigen Muster

Derivationsmorphem (Ableitungselement) + Stammwort

Da bei der Präfixbildung allerdings **kein Wortartwechsel** erfolgt, wird sie in Lewandowski als separates Wortbildungsmuster bzw. als dritte Hauptkategorie neben Derivation und Komposition eingestuft – in der vorliegenden Untersuchung jedoch nicht[832]. Die Schwierigkeiten der Differenzierung ergeben sich insbesondere bei der non-indigenen Wortbildung, nach Harras vor allem bei der Kategorisierung einzelner Morpheme. So sind die Präfixe **neo-** und **post-** aus gebersprachlicher Sicht im Grunde als eigenständige Lexeme zu betrachten. Im deutschen Sprachsystem sind sie allerdings ausschließlich als Affixe produk-

---

[830] Wüster 1970, S. 12, 70-71.

[831] Fluck 1995, S. 167.

[832] Lewandowski 1994a, S. 20.

tiv[833]. In dieser Form werden sie auch für die vorliegende Untersuchung behandelt. Ebenso denkbar ist dennoch auch eine lexematische Einstufung[834].

Im Folgenden werden einige Beispiele angeführt, welche sowohl im Englischen als auch im Deutschen Verwendung finden. Zu den **non-indigenen Präfixen**, welche unter anderem im medizinischen und auch im wirtschaftlichen Bereich produktiv sind, zählen lateinische und griechische Präfixe zur **Spezifizierung** der (a) Größe[835] sowie des (b) Ortes und der Zeit. Ebenso von Bedeutung sind (c) Multiplikatoren und (d) Negatoren[836]. Die deutschen Äquivalente der folgenden Beispiele finden sich in *Roche*[837]. Die entsprechenden Seitenzahlen hierfür sind intratextuell angeführt:

a) **makro-** (56), **medio-** (57), **mikro-** (59), **supra-** (87), **sub-** (87)
c) **ex-** (35), **hyper-** (43), **inter-** (45), **neo-** (61), **post-** (74), **trans-** (91)
b) **atto-**, **dezi-**, **exa-**, **giga-**, **milli-**[838]
d) **a-** (18), **dis-** (31)

Ebenfalls Verwendung findet das Präfix **co-** bzw. seine orthographisch integrierte Form **ko-** sowohl im psychiatrischen (z. B. *Co-Abhängigkeit*) als auch im logistischen Bereich (z. B. *Kooperation*).

b) Suffigierung

Suffigierung erfolgt zumeist mit dem Ziel der Kondensation zur Erreichung der bereits erwähnten **Sprachökonomie**[839]. Sie führt zur Bildung der fachsprachlich

---

833 Harras 1997, S. 116.

834 Die Entscheidung, ob es sich um ein freies oder gebundenes Morphem handelt, scheint nötig, um eindeutig festzulegen, ob ein Wortbildungsprodukt ein Derivat oder ein Kompositum darstellt.

835 Ickler 1997, S. 116-117.

836 Scholder 1997, S. 81.

837 Roche Lexikon Medizin [Roche].

838 Ickler 1997, S. 116-117.

839 Horn-Helf 1997, S. 151.

bedeutsamsten Wortart – den Substantiven[840]. Eine Form der Differenzierung dieses Wortbildungsmusters findet sich bei Kirkness, welcher die Resultate als **konfixiale Komposita** einstuft und sie somit sowohl der Derivation als auch der Komposition zuordnet[841]. Dieser Weg der Beschreibung scheint durchaus sinnvoll zu sein, wenn ein non-indigenes Morphem in der Nehmersprache nicht eindeutig zugeordnet werden kann, da auch einige Suffixe in der Gebersprache eigenständige Lexeme darstellen. Im Rahmen der vorliegenden Untersuchung gilt für den Vorgang der Suffigierung das Muster

Stammwort + Derivationsmorphem (Ableitungselement)

Derivative Vorgänge können sowohl an Verben, Phraseologismen und Adjektiven als auch an Nomen erfolgen. Den bei diesem Wortbildungsmuster verwendeten Suffixen wohnt eine Art **Indexfunktion** inne, da sie die **Transposition** der Termini in eine andere Wortklasse markieren (z. B. **-ing** nach Substantivierung im Englischen)[842]. Die Resultate können in mehr oder weniger differenzierter Form benannt werden. **Deverbale Derivate** bzw. Verbalnomina resultieren in **Nomina agentis** (z. B. *Operator*, *Supplier*, *Non-Responder*, *Rapid Cycler*, *Tranquilizer*, *User*) oder **Nomina instrumenti** (z. B. *Ventilator*)[843]. Dephraseologische Derivate finden sich sowohl in der Medizin als auch in der Wirtschaft. Hierbei werden verbale Phraseologismen wie *Gewicht verlieren* und *keeping books* zu **Nomina actionis** umgewandelt, nämlich zu *Gewichtsverlust* und *book-keeping*. **Deadjektivale Derivate** entstehen durch die Suffigierung von Adjektiven anhand von Derivationsmorphemen, so z. B. **-alis** oder **-aris**. Beide Suffixe beschreiben die Zugehörigkeit zu etwas Größerem[844] und können daher unter anderem in Verbindung mit Benennungen für Körperorgane als rei-

---

840 Zhu bezeichnet Substantive als „Hauptträger der Fachinformation" (Zhu 1987, S. 36). Hierin liegt vermutlich das hohe Anglizismenaufkommen in Fachsprachen begründet.

841 Kirkness 2001, S. 115.

842 Grimm 1991, S. 30 ff.

843 Horn-Helf 1997, S. 123.

844 Horn-Helf 1997, S. 126.

henbildende Muster zur Terminusbildung dienen (*dentalis, gastralis, cerebralis* etc.). Zu dieser Gruppe der Derivate zählen vermutlich auch die bei Horn-Helf im Russischen untersuchten **Nomina quantitativa** (z. B. dt. **-heit**, en. **-age**) und **Nomina qualificativa** (z. B. dt. **-ismus**, en. **-ism**)[845]. Sie kommen besonders in der Medizin bzw. Psychiatrie zum Tragen (z. B. *Benommenheit, emotionale Taubheit, Autismus)*. **Denominale Derivate** resultieren aus der Derivation von Substantiven und implizieren Wortbildungsmuster wie die Diminution. Sie werden durch Anfügung eines Diminutivsuffixes (z. B. **-chen** / **-lein** oder das französische **-ette**) oder aber durch Hinzufügung eines Präfixes (z. B. **mini-)** gebildet. Fachsprachliche Diminutiva stellen jedoch kein Stilmittel und keine emotionale Markierung dar. Hier findet sich lediglich eine morphologische Übereinstimmung mit dem gemeinsprachlichen Wortbildungsmuster. Vor allem in der Medizin sind solche **neutralisierten Diminutiva** von Bedeutung (z. B. *Körperchen*), wenngleich Terminologien insgesamt als diminutivarm gelten[846]. Die Ausführungen zur Derivation sollen in den folgenden beiden Abschnitten am Terminusinventar der Psychiatrie und der Logistik spezifiziert werden.

4.2.3.5.2 Derivation in der Psychiatrie

a) Präfigierung

Im folgenden Abschnitt werden einige der zahlreichen Beispiele für medizinisch (wenn möglich psychiatrisch) produktive Präfigierungsmuster exemplarisch aufgelistet. Diese stammen ebenfalls aus *Roche*[847] und werden mit den Seitenzahlen im Text angeführt. Hierzu zählen **ab-** (18), **de-** (30), **hyper-** (43), **ex-** (74), **psych-** (75) und **schizo-** (80). Zu sämtlichen Präfixen ließen sich zahlreiche terminologische Beispiele nennen, welche an dieser Stelle den Rahmen der Untersuchung überspannen würden. Schon beim Vergleich einiger englischer und deutscher Äquivalente zeigt sich die starke Basis gräkolateinischer Bestandteile:

---

845 Horn-Helf 1997, S. 159-175.

846 Wolanska-Köller 2005, S. 338 ff.

847 Roche Lexikon Medizin [Roche] 1990.

- en. *abreaction* / dt. *Abreaktion*
- en. *deescalation* / dt. *Deeskalation*
- en. *discordance* / dt. *Discordance*[848]
- en. *exposition* / dt. *Exposition*
- en. *hyperventilation* / dt. *Hyperventilation*[849]
- en. *schizophrenic* / dt. *schizophren*[850]

An den Endungen der hier angeführten Termini wird deutlich, dass diese gleichermaßen auf Präfigierung und Suffigierung basieren.

b) Suffigierung

Im Bereich der Medizin finden sich zahlreiche Suffixe, deren Kenntnis das Erlernen medizinischer Termini erheblich erleichtern kann. So steht das in der gesamten medizinischen Fachsprachenverwendung häufig in Erscheinung tretende Suffix **-ase** (en. **-asis**) grundsätzlich in Verbindung mit den international genormten Benennungen für Enzymklassen (z. B. *Hexokinase*, *Katalase*)[851]. Ist ein Terminus durch das Affix **-itis** suffigiert, kann von einem auf Entzündung hindeutenden Krankheitsbegriff ausgegangen werden, besonders, wenn der Stamm des Terminus einen Körperteil bezeichnet (*Bronchi*, *Bronchitis*)[852]. Weitere Beispiele für Suffixe finden sich in *Roche* in der deutschen Entlehnungsform für **-gen** (37) (en. **-genic**) und **-ose** (65) (en. **-osis**). Als Beispiele hierfür dienen ebenfalls zahlreiche Termini, z. B.

- en. *somatogenic* / dt. *somatogen*
- en. *diagnosis* / dt. *Diagnose*
- en. *psychosis* / dt. *Psychose*

Während der Terminusselektion zeigte sich deutlich, dass bestimmte Derivationsmuster besonders produktiv sind. Im Bereich der psychiatrisch-psychotherapeutischen Fachsprache fallen bezüglich der terminologischen Anglizismen die Suffixe **-ing**, **-er**, **-ment**, **-tion** und **-ity** auf. Für jedes Suffix werden

848 Peters 2007, S. 192.

849 Kinne 2000, S. 281.

850 Nortmeyer 2000, S. 268.

851 Pschyrembel 2002, S. 500.

852 Ickler 1997, S. 115.

einige Termini exemplarisch angeführt. Für diejenigen Termini, welche Bestandteil der Terminusliste sind, wurden ausschließlich dort die entsprechenden Quellenangaben verzeichnet.

Zu **-ing**-derivierten Termini, welche auch oder besonders in der Psychiatrie Verwendung finden, zählen *Fading*, *Numbing*, *Priming*, *Rebirthing* und *Shaping.* Die Substantive können auch bei ausreichenden Englischkenntnissen auf Laienebene kaum abgeleitet werden. So bezeichnet *Fading* (en. *to fade* / dt. *verblassen*) das allmähliche Zurücknehmen einer psychotherapeutischen Maßnahme und ist ohne Kontext oder Hintergrundwissen nicht erschließbar[853]. *Numbing* (en. *to numb* / dt. *abstumpfen*) bezeichnet das Phänomen der „emotionalen Taubheit" nach psychischer Überforderung durch Traumatisierung[854]. Besonders aus diesem Derivationsmuster resultieren zahlreiche syntaktische Verbände und Komposita auf psychiatrisch-psychotherapeutischer Fachsprachebene (s. S. 250). So kann der Terminus *Monitoring* (*Überwachung*, *Kontrolle* im medizinischen Sinne), welcher laut Experteninterview im gesamten medizinischen Bereich bekannt ist und auch für psychiatrische Fälle zum Einsatz kommt, zu *Self-Monitoring*, *Patientenmonitoring* etc. erweitert werden.

Andere terminologische Verbände sind *Feeding on demand* (nach Bedarf füttern als „Erziehungsmethode")[855], *Brainmapping* (Kartierung des Gehirns im Rahmen der Hirnforschung)[856] oder *Setting.* Der Terminus *Setting* kam im Experteninterview als Benennung für die therapeutische Sitzung auffallend häufig

---

853 Da Schmitt den Terminus *Fading* für den Bereich der Kerntechnik anführt, handelt es sich hierbei offensichtlich um eine interterminologische Interferenzerscheinung (z. B. Schmitt 2000, S. 259). Auch die Verschlechterung einer Bremswirkung wird übrigens als *Fading* bezeichnet, weshalb der Terminus ebenso in den Bereich der Kraftfahrzeugtechnik einzuordnen ist (Bosch, S. 808).

854 Wittchen / Hoyer 2006, S. 952-958.

855 Pschyrembel 2002, S. 556.

856 Pschyrembel 2002, S. 257. *Brainmapping* wurde im Experteninterview als bekannt und psychiatrierelevant bewertet, gleichzeitig aber als determinologisiert betrachtet (Experteninterview, 21.06.2009). Der Terminus *Mapping* wird von Schmitt ebenfalls im Rahmen der Untersuchung kerntechnischer Anglizismen behandelt (z. B. Schmitt, S. 1999, S. 259).

zum Einsatz und wurde erst nach Hinweis der Autorin überrascht als Anglizismus wahrgenommen[857].

Auch eine Suffigierung anhand des Morphems **-er** scheint äußerst produktiv zu sein. Beispiele hierfür fanden bereits Erwähnung (*Dealer*, *User*). Wie in den vorherigen Ausführungen verdeutlicht wurde, besteht die Fachsprache im psychiatrischen Bereich nach Ansicht der Autorin auch aus der Sprache der Patienten. Wenngleich die Lexeme nicht als Termini einzustufen sind, müssen sie dennoch als wesentlicher Bestandteil dieser Fachsprache betrachtet werden. Auch in IATE gilt zumindest *Dealer-Kette* als Terminus und wird der Kategorie „Medizin + Krankheit" zugeordnet[858]. Das hier besprochene Suffix bildet die Basis zahlreicher Termini wie *Reminder* (dt. *therapeutische Erinnerungshilfe*)[859] oder dem hybridgebildeten *Booster-Effekt* (dt. *Auffrischungseffekt*)[860]. Der Terminus *Booster-Effekt* kann sowohl für psychotherapeutische Maßnahmen als auch im Rahmen einer psychiatrisch relevanten Pharmakotherapie verwendet werden. Ebenso verhält es sich mit dem Derivat *Responder*[861], welches sowohl in der Psychiatrie als auch in anderen medizinischen Fachdisziplinen das Ansprechen auf eine Pharmakotherapie beschreibt. Derivate, die durch Anfügung des Suffixes **-ment** entstehen, sind beispielsweise (*mal*)*treatment* oder *movement*. Der Terminus *movement* stellt wiederum in der Sprechkürzung *REM-Schlaf* eine fest integrierte Komponente dar. Das aus einer reduzierten Form (*rapid eye movement*) und einem deutschen Determinatum hybridgebildete Kompositum *REM-Schlaf* wird laut Experteninterview nicht mehr als Anglizismus wahrgenommen[862]. *Movement* findet sich weiterhin in Verbindung mit *Periodic movements in sleep* (*PMS*) (auch *Restless-Legs-Syndrom*)[863] sowie der traumatherapeutischen Methode *Eye Movement Desensitization and Reprocessing* (*EMDR*). Das Suffix **-tion** ist Bestandteil von Termini wie *Exhaustion* (dt.

---

857 Experteninterview, 28.08.2009.

858 IATE: online, 13.10.2009.

859 Reddemann 2004, S. 113.

860 Pschyrembel 2002, S. 252.

861 Bundesverband Deutscher Nervenärzte, S. 60-63.

862 Experteninterview, 21.06.2009.

863 Peters 2007, S. 664, 157.

Erschöpfung) oder *Overprotection* (dt. *Überbehütung*) (s. S. 433 ff.). Hieraus ergeben sich die syntaktischen Fügungen *exhaustion delirium* (dt. *Delirium ex inanitione*), *exhaustion depression* (dt. *Erschöpfungsdepression*) und *exhaustion psychosis* (dt. *Erschöpfungspsychose*)[864]. Bei den kombinierten Formen ist allerdings bisher keine Übernahme der englischen Termini ins Deutsche zu verzeichnen. Derivate mit dem Suffix **-ity** sind *Ability*[865], *Accessibility-Konzept*[866] und *double insanity*. Der Terminus *ability* (dt. *Fähigkeit*) ist insofern von Bedeutung, als er zur Reihenbildung dient (z. B. *competitive ability*)[867]. Das *Accessibility-Konzept* bezeichnet ein Konzept der „Zugänglichkeit“ zu bestimmten Verhaltensmustern eines Patienten[868]. *Double insanity* wird bei Peters im Deutschen durch den französischen Terminus *Folie à deux* wiedergegeben[869]. Ein weiteres Suffix, welches allerdings nur in einem identifizierten Terminus in Erscheinung tritt, ist **-ness** in *Preparedness Hypothese*. Diese Hypothese beschreibt das Konzept, dass bestimmten Reizen eine reflexartige Angstreaktion folgt[870] (z. B. aufgrund erhöhter Alarmbereitschaft bei Traumaopfern). Mittlerweile werden auch hier sprachökonomische Tendenzen durch die Verwendung der gekürzten Variante *Preparedness*[871] deutlich.

Die bereits angesprochene **modale Neutralität** der fachsprachlichen Diminutiva lässt sich weniger am Beispiel der Psychiatrie als vielmehr an dem der Medizin konkretisieren. Im medizinischen Bereich werden Diminutivformen, welche auf allgemeinsprachlicher Ebene Konnotationen der Niedlichkeit mit sich führen, als neutral betrachtet. Hierzu zählen Benennungen für Sinnesorgane (z. B. *Mer-*

---

864 Peters 2007, S. 645.

865 Pschyrembel 2002, S. 48.

866 Pschyrembel 2002, S. 48.

867 IATE: online, 14.08.2009.

868 Pschyrembel 2002, S. 48.

869 Peters 2007, S. 642.

870 Wittchen / Hoyer 2006, S. 957.

871 Aus diachroner Sicht wäre zu untersuchen, ob es sich bei diesem Terminus – ebenso wie bei zahlreichen anderen – um ein Parasynthetikum handelt. Dies ist der Fall, wenn der Nominalstamm mit keinem der Derivationsmorpheme lexikalisiert ist.

kelsche Körperchen, Ruffinische Körperchen, Meißnersche Tastkörperchen[872], *Knötchen, Haarröhrchen*[873]). Diese Diminutiva stellen alle fachlichen Benennungen ohne emotionalen Assoziationsgehalt dar und sind in der Medizin relativ häufig als Benennung besonders kleiner Teile zu verzeichnen.

4.2.3.5.3 Derivation in der Logistik

a) Präfigierung

Eine ebenso ausführliche Behandlung der Derivate in der Logistik wird an dieser Stelle nicht angestrebt, da die Fachsprache der Logistik bekanntermaßen weitaus weniger gut untersucht ist als die psychiatrisch-psychotherapeutische Fachsprache und sich eine derartige Betrachtung im Rahmen der vorliegenden Untersuchung auch an dieser Stelle zumeist nur auf gräkolateinische Bestandteile stützen kann. Es scheint, als ginge eine Minimierung gräkolateinischer Bestandteile automatisch mit einer Minderung der Präfixe einher. Im Folgenden werden einige Beispiele angeführt, welche in der Logistik offensichtlich besonders häufig Verwendung finden. Hierzu zählen **dis-**, **inter-** und **trans-**.

Das Präfix **dis-** dient der Bildung von Termini wie *disposition* und *dispatch management* (dt. *Disposition*), *distribution* (dt. *Distribution*) und *distribution logistics* (dt. *Distributionslogistik*)[874]. Termini, welche durch **inter-** (dt. *zwischen*) deriviert sind, finden sich ebenso in der Logistik wie in der Psychiatrie. Nach Nortmeyer spielt neben der Ursprungsbedeutung des Präfixes besonders in der Logistik die Bedeutung *international, europaweit* und *weltweit* in Verkehr und Handel als Zeichen für die Vernetzung und Globalisierung eine Rolle. Logistische Termini, welche vor allem in Logistikfirmenbezeichnungen zum Einsatz kommen, sind *Intertrans, Intercargo, Interfrigo* und *Interfracht*[875]. Hierfür lassen sich zahlreiche Beispiele anführen, welche in Verbindung mit Städtenamen stehen. Zum Terminus *Intertrans* liefert *Google* bei Eingabe des Terminus eine breite Palette an Verbindungen (z. B. *Intertrans Ludwigshafen, Intertrans Berlin*

---

872 Ickler 1997, S. 204-205.

873 Wolanska-Köller 2005, S. 338.

874 ten Hompel / Heidenblut [Logipedia]: online, 15.10.2009.

875 Nortmeyer 2000, S. 194.

oder *Intertrans Chemnitz*). *Intercargo* liefert europaweite Treffer (z. B. *Intercargo St. Petersburg* oder *Intercargo Scandinavia*). Zum Terminus *Interfracht* sind aufgrund des deutschen Terminusbestandteils **-fracht** ausschließlich deutsche Treffer zu erwarten[876]. Ein weiteres **inter-** fand sich nebst Anglizismus während der empirischen Phase in der Benennung eines Tätigkeitsfeldes: *Vertrieb für intermodale Container*[877].

Das Präfix **trans-** weist nach Nortmeyer mittlerweile neben seiner Ursprungsbedeutung *über* auf den Waren- und Güterfluss hin, da es nunmehr auch Transport- und Transferprozesse denotiert. Beispiele können nach demselben Wortbildungsmuster wie mit **inter-** gebildet werden (z. B. *Transport, Transcargo, Transfrigo, Transfracht*). Zwei mittlerweile auch distributionslogistisch aktive Termini sind laut Nortmeyer *Transaktion* und *Transfer*[878]. Diese spielen vor allem im Personen- und Gütertransport, im Dienstleistungstransfer sowie in handelsbezogenen und weltwirtschaftlichen Angelegenheiten eine Rolle, was sich in Benennungen wie *Transcontainer, Transthermos* oder *Transrapid* widerspiegelt[879].

b) Suffigierung

Suffigierte Termini mit der Endung **-ing** finden sich in der Logistik recht zahlreich. Eine Gegenüberstellung mit der Psychiatrie würde hier sicherlich zu hohen quantitativen Differenzen führen, wenngleich sich diese Form der Derivation bereits in der Psychiatrie als sehr produktiv erwiesen hat. Einige hochfrequente Beispiele sind

> *Computer Aided Selling, Consulting, Headhunting, Factoring, Job-Sharing, Line Feeding*[880]*, Operating, Planning, Ranking, Recycling, Re-Pricing*[881]*, Sourcing, Tracking and Tracing*[882]*, Controlling*[883]

---

876 Google: online, 15.11.2009.

877 *Intermodal* benennt in diesem Fall vermutlich den Containertransport anhand wechselnder Verkehrsmittel.

878 Nortmeyer 2000, S. 3-4.

879 Nortmeyer 2000, S. 409.

880 Roi International Management Consultants: online, 13.08.2009.

Computer Aided Selling[884] ist die Benennung für IT-gestützte Vertriebs- und Verkaufsaktivitäten[885] und scheint somit für den gesamten Handel von außerordentlicher Bedeutung zu sein. Welche Rolle das *Consulting* (dt. *Unternehmensberatung*[886]) in der Logistik spielt, zeigt sich am Terminus *Logistik-Consulting*[887]. Die Termini *Headhunting* (dt. *Suche nach Führungskräften*[888]), *Factoring* (dt. *Absatzfinanzierung*[889]), *Job-Sharing* (dt. *Arbeitsteilung*), *Operating* (dt. *Bedien-*[890]), *Planning* (dt. *Planung)*, *Ranking* (dt. *Rangliste*), *Recycling*[891] und *Re-Pricing* (dt. *Preisänderung*) werden alle in der einschlägigen Logistikliteratur geführt, scheinen aber bei ausreichenden Englischkenntnissen verständlich zu sein und einen Bestandteil zahlreicher Fachsprachen sowie der Gemeinsprache darzustellen. Der Terminus *Line-Feeding* bezeichnet das konstante Aufrechterhalten des Materialflusses. Das deduktive Rezipieren des Terminus ist also auch durch logistisches Grundwissen nicht unbedingt möglich, da die *Line* nicht grundsätzlich den Güterstrom bezeichnet. Abgesehen davon ist bei dem Lexem / Terminus *Line* sogar eine interfachliche Interferenz zu beobachten, da sie im Zusammenhang mit dem Drogenjargon ebenso der Psychiatrie zugeordnet werden kann (z. B. *eine Line ziehen* bei Kokainmissbrauch).

Der Terminus *Sourcing* wird in der Logistik für Güter-, Personal- und Dienstleistungsbeschaffungsaktivitäten verwendet[892]. In der Industrie bieten sich

---

881 Schulte 1999, S. 241.

882 Lucke / Krampe 2006, S. 129-133. Das Konzept wird zudem im Glossar erläutert, da es einen Bestandteil der Umfrage darstellte.

883 Die Termini *Planning* und *Controlling* werden auf S. 38 ff. näher beleuchtet.

884 Schulte 1999, S. 241.

885 ten Hompel / Heidenblut [Logipedia]: online, 14.10.2009.

886 Die Übersetzung stammt aus einem Experteninterview (15.05.2010) und wurde in Leo noch einmal überprüft (Leo: online, 06.06.2010).

887 BWG Reimer GmbH & Co. KG: online, 13.08.2009.

888 Pons 2002, S. 407.

889 Leo: online, 06.06.2010.

890 ten Hompel / Heidenblut [Logipedia]: online, 06.06.2010.

891 Schulte 1999, S. 241.

892 Lucke / Wölfel 2006, S. 103-105.

zahlreiche Formen so genannter *Sourcing-Konzepte* an, so z. B. die in der Tabelle angeführten *Single-Sourcing, Multiple-Sourcing* und *Dual Sourcing*. Während beim *Single-Sourcing* lediglich ein Lieferant vertreten ist, werden beim *Multiple-Sourcing* und beim *Dual Sourcing* die Artikelbeschaffungsmaßnahmen auf mindestens zwei Lieferanten verteilt. Beim so genannten *Modular Sourcing* werden Baugruppen im Gegensatz zu Einzelteilen geliefert, um die Lieferantenzahl zu minimieren[893]. Es handelt sich also um spezielle Formen der Beschaffung (*Sourcing*), die durch das jeweilige Adjektiv spezifiziert sind. Der Großteil des in diesem Abschnitt angeführten terminologischen Inventars findet unter anderen Gesichtspunkten ebenfalls Erwähnung.

Zum Suffix **-ity** fiel in erster Linie der Terminus *Traceability* (dt. *Rückverfolgbarkeit*) auf[894]. Dieser spielt in der Logistik sicherlich eine besondere Rolle, da ein ungestörter und konstanter Güterstrom vermutlich eine schwer realisierbare Idealvorstellung darstellt und eine ständige Rückverfolgung verlustgegangener Produkte und Güter erforderlich ist. Ein allgemein bekanntes Beispiel hierfür liefert der Gepäcktransport im Luftverkehr, mit welchem jeder Fluggast in der Regel in Kontakt gelangt.

Von den folgenden derivativen Termini, welche auf **-er** enden, zählen die meisten zu den Nomina qualificativa oder instrumenti (z. B. *Supplier*, *Manager*, *Controller*, *Container*, *Carrier*, *Customer* oder *Liner*). Auch an dieser Stelle zeigt sich eine hochproduktive Reihenbildung. So führt der Terminus *Container* beispielsweise zu den Kombinationen *Swap Container*, *Land Container*, *Transcontainer*, *Open-top Container* oder *Less than Container Load*. Da derartige Angaben im Bereich des Güterflusses immer weniger ins Deutsche übertragen werden, ist im Rahmen von Containertransporten ein hohes Maß an Vertrautheit mit diesen Termini zu erwarten. Für einen Grossteil der hier angeführten Beispiele fanden sich deutsche Äquivalente oder zumindest prägnante Paraphrasierungen, so z. B. *Swap Container* (dt. *Wechselbehälter*), *Land Container* (dt. *Binnencontainer*), *Full Container Load* (Container wird vollständig durch den

---

[893] ten Hompel / Heidenblut [Logipedia]: online, 20.08.2010; Vahrenkamp 2007, S. 217-219.

[894] ten Hompel / Heidenblut 2006, S. 226.

Versender beladen), *Transcontainer* (Container wird für internationale Transporte verwendet), *Open-top Container* (Container ohne Dach) oder *Less than Container Load* (Container wird vom Versender nicht vollständig beladen)[895]. Eine Befragung in anderen logistischen Bereichen würde vermutlich zugunsten der deutschen Termini ausfallen. Ebenso wie in der Psychiatrie führt also augenscheinlich der steigende Spezialisierungsgrad zur Differenzierung einzelner Termini.

Zum Suffix **-ment** konnten unter anderem die Termini *Postponement* (dt. *Verschiebung*), *Replenishment* (dt. *Nachschub*, *Lagerauffüllung*) und *Shipment* (dt. *Sendung*, *Transport*) identifiziert werden. Auch diese Beispiele sind häufig Teil kombinatorischer Wortformen. Oftmals beinhaltet ein solcher Terminus ein umfassendes Konzept, welches im Deutschen umfangreich paraphrasiert oder erläutert werden muss. So stellt das *Postponement* eine logistische Aufschubstrategie dar, bei der die Ware für einen späteren Lieferzeitpunkt vorrätig gelagert wird. *Replenishment* resultiert in zahlreichen Syntagmen (z. B. *Efficient Replenishment* oder *Continuous Replenishment*[896]), *Shipment* in Komposita (z. B. *Bulk Shipment*[897]) und in zirkumfigierten Derivativa wie *Transshipment*.

Aufgezeigt werden konnte an dieser Stelle, dass in beiden Fachdisziplinen bestimmte Wortbildungsmuster wirken, welche in der Vielzahl der Fälle auf gräkolateinischen Elementen basieren, in beiden Fachdisziplinen jedoch immer mehr über das Englische transportiert werden.

4.2.3.6 Reduktion

4.2.3.6.1 Erläuterung

Die Möglichkeit der Terminusneubildung durch Reduktion bzw. Wortkürzung ist in Fachsprachen aufgrund des sprachökonomischen Postulats von besonderer Bedeutung. Abkürzungen erweisen sich vor allem bei der Entstehung fachsprachlicher Komposita als hochproduktive Wortbildungsmuster (z. B. *EKG-*

---

895 ten Hompel / Heidenblut [Logipedia]: online, 17.10.2009.

896 ten Hompel / Heidenblut [Logipedia]: online, 18.10.2009.

897 Roi International Management Consultants: online, 14.10.2009.

Kurve, EEG-Auswertung)[898]. Für die vorliegende Untersuchung spielen reduktive Wortbildungsmittel in erster Linie eine Rolle als

- Ellipse (zumeist bei Komposita oder Syntagmen)
- Akronym (Sprech- und Lesekürzung sowie Buchstabierkürzung)
- Silbenkürzung (Kontamination, Blend, Clipping, Silbenanfangswort)

Drozd / Seibicke unterscheiden zwischen semantischer und mechanischer Kürzung, wobei sie der mechanischen Kürzung ein geringeres synchrones Gewicht als der semantischen beimessen[899].

a) semantische Kürzung

Semantische Kürzung erfolgt durch die **Ellipse** vormals distinktiver Komponenten aus Komposita oder Syntagmen. Aus diachroner Sicht kommt es dabei zur Verlagerung des Bedeutungsgewichts auf einen Lexembestandteil[900].

Ein Beispiel aus dem medizinischen Bereich liefert die *Arteria carotis* (en. *carotid artery*), welche im fachsprachlichen Gebrauch zu *Karotis* reduziert[901] und gleichzeitig durch Ersetzung des <c> tiefer ins deutsche Sprachsystem integriert ist. Da die semantische Kürzung nicht automatisch das geber- und das nehmersprachliche System betrifft, kann die reduzierte Form im Übersetzungsprozess auch nicht automatisch in die ZS übernommen werden. Laut Drozd / Seibicke besteht hier offenbar mehr als bei der mechanischen Kürzung die Gefahr der Entstehung alogischer Termini durch Motivationsverlust und dadurch bedingte Missverständnisse[902].

---

898 In ihrer Dissertation widmet sich Brigitte Horn-Helf ausschließlich diesem Thema, allerdings zur russischen und deutschen Sprachverwendung im Bereich der Stahlerzeugung (Horn-Helf: *Kondensation als terminologisches Prinzip im Russischen*, 1997).

899 Drozd / Seibicke 1973, S. 162-163.

900 Drozd / Seibicke 1973, S. 163.

901 Scholder 1997, S. 90.

902 Drozd / Seibicke 1973, S. 163.

b) mechanische Kürzung

Etwas ausführlicher soll an dieser Stelle auf die mechanische Reduktion eingegangen werden. Aus diesem Wortbildungsmuster resultieren Kurzwörter, deren Charakteristikum nach Michel darin besteht, dass sie ein semantisches Äquivalent bzw. Synonym zu ihrer Vollform darstellen (z. B. *EKG* zu *Elektrokardiogramm*)[903]. Diese Aussage kann aber für die vorliegende Untersuchung nicht als gültig erachtet werden, da vor allem die unter diesem Kapitel angeführten Blends keine Äquivalente zu ihren Vollformen darstellen. Resultate der mechanischen Kürzung sind **Abbreviaturen** (z. B. Silbenkürzungen und Akronyme).

Akronyme werden durch Initialwörter gebildet, welche aus den Anfangsbuchstaben ihrer Vollform bestehen. Sie sind noch einmal in Sprech- / Lesekürzung und Buchstabierkürzung differenzierbar[904]. **Sprech- / Lesekürzungen** beinhalten eine artikulatorisch „worthafte" Aneinanderreihbarkeit der einzelnen Phoneme[905] (z. B. *ODA* für *On-demand-Analgesie*)[906]. **Buchstabierkürzungen** werden im Deutschen zumeist durch Abkürzungspunkte markiert[907].

Zur Kategorie der **Silbenkürzung** sind auch Blends und Clippings zu zählen[908]. Bei Kirkness werden diese separat als **Kontamination** (Blends) und **Rückbildung** (Clippings) geführt[909]. Es ist jedoch anzumerken, dass sich die Kontamination aus der Sicht zahlreicher Sprachwissenschaftler in einem wesentlichen Punkt vom Vorgang des Blending unterscheidet, da sie auf dem Phänomen **Lap-**

---

903 Michel 2006, S. 292.

904 Arntz / Picht 2002, S. 126; Ickler 1997, S. 114.

905 Wüster 1970, S. 83.

906 Pschyrembel 2002, S. 1683.

907 Wüster 1970, S. 83.

908 Bei Horn-Helf werden Akronyme und Silbenkürzungen unter dem Oberbegriff *Abbreviaturen* angeführt. Die *Ellipse* ordnet sie als gleichwertiges Kapitel zur *Abbreviation* ein (Horn-Helf 1997, S. 243).

909 Kirkness 2001, S. 110; Pyles / Algeo 2010, S. 239.

sus linguae (Performanzfehler) beruht, während **Blends** willkürlich geformt werden[910].

Blendingprozesse beinhalten die semantisch-morphologische Verbindung von mindestens zwei bedeutungstragenden, nicht mehr identifizierbaren Lexemen, was die Verdichtung semantischen Inhalts nach sich zieht und in Blends resultiert[911]. Allerdings fordert unter anderem Schmid hierfür (nach Meinung der Autorin zu Recht) eine Mindestanzahl an morphologischen Bestandteilen. Exemplarisch wird häufig das Lexem *Smog* angeführt, welches aus der Verschmelzung der Lexeme *smoke* und *fog* hervorgeht[912]. Einen wesentlichen Bestandteil dieser Kategorie bilden auch **Overlapping Blends**[913] und **Blends mit Clippings**. Bei Letzteren erfolgt die Kürzung an einem Lexem, da das Resultat sich andernfalls mit der Komposition überschneiden müsste. Die Residuen der gekürzten Lexeme werden gelegentlich als **Splinter** bezeichnet[914]. Eine weitere Kategorisierung soll an dieser Stelle nicht vorgenommen werden[915].

Blends finden vor allem bei phonetischen Assonanzen zwischen Splinter(n) und Ausgangslexem in der Waren- und Produktwerbung bzw. zu massenmedialen Zwecken Verwendung und kommen in der vorliegenden Untersuchung nicht schwerwiegend zum Tragen. Ein interessantes Beispiel fand sich im Rahmen der Korpuserstellung für den Bereich der Wirtschaft, nämlich das so genannte *E-Cruitment.* Es handelt sich hierbei offensichtlich um ein Blend aus dem *E-Business* auf der Basis der Komponenten *electronic* und *recruitment.* Dieses

---

910 Eine ausführliche Abhandlung zur Differenzierung findet sich bei Schmid am Beispiel der Wortverschmelzungen in der deutschen Gegenwartssprache (Schmid 2003).

911 Für den Terminus *Blending* tritt eine Vielzahl an Synonymen in Erscheinung, so z. B. *telescoped words*, *amalgam*, *hybrid*, *fusion*, *portemanteau* oder *mot-valise* (Schmid 2003, S. 265).

912 Meyer 2002, S. 46; Schmid 2003, S. 265 ff.

913 Soudek 1978, S. 464; *Haplologie* nach Henzen 1965, S. 262.

914 Berman 1961, S. 279.

915 Bei Horn-Helf erfolgt die Untersuchung russischer kondensativer Wortbildungsbeispiele, wie z. B. der Kürzung von *вечерная газета* zu *вечернка* (Horn-Helf 1997, S. 130-131).

benennt den Vorgang der internetgestützten Suche nach Arbeitskräften[916]. Das so genannte *BilMoG* (Bilanzrechtsmodernisierungsgesetz) stellt sowohl eine Silbenkürzung (*Bil* und *Mo*) als auch ein Akronym (*G*) dar[917].

Die Kategorie **Clipping** beinhaltet das Neuprägen durch Suffixtilgung (z. B. *Transplantat* aus *Transplantation*)[918], welches in **Back-Clippings** (Kopfwörtern) resultiert. Hierbei bleibt lediglich der erste Teil des Lexems erhalten (z. B. *Deo / Deodorant*). Eine weitere monoreduktionale Bildungsform sind so genannte **Fore-Clippings** (Schwanzwörter), bei denen der erste Teil des Lexems getilgt wird und nur der hintere Teil erhalten bleibt (z. B. in *telephone*, welches im Englischen durch Ellipse des Determinans auf *phone* reduziert wird). Ein so genanntes **Klammerwort** als Produkt eines bireduktionalen Kürzungssprozesses stellt *flu* aus *influenza* dar, da hier lediglich die Wortmitte beibehalten wird[919]. Nach Greule sind die meisten Clippings bi- oder trisegmental, d. h. es werden zumindest im Deutschen höchstens zwei bis drei Segmente aus der Vollform übernommen[920]. Vom Clipping ist die Ellipse eines kompositorischen Determinatums zu unterscheiden, bei welcher der eliminierte Bestandteil eine freie Komponente darstellt[921]. Als gleichwertige Kategorie zu Blends und Clippings sollen an dieser Stelle auch die **Silbenanfangswörter** gezählt werden, bei denen aus einer Lexemgruppe (bzw. Terminusgruppe) oder einem Mehrfachkompositum jeweils die erste Komponente jedes Lexems für die Bildung eines neuen Lexems verwendet wird, wie dies in *Panorö* für *Panoramaröntgenaufnahme* im Zahnarztjargon[922] der Fall ist.

Aus sprachökonomischer Sicht sind diese Formen der Silbenkürzung von besonderer Bedeutung, da sie auch komplexe Informationen prägnant wiederzugeben vermögen. Aufgrund dieser Tatsache scheinen sie besonders für die

---

916 Kraus 2006, S. 39-40.

917 Industrie- und Handelskammer Erfurt, S. 35.

918 Kirkness 2001, S. 110.

919 Felber / Budin 1989, S. 128.

920 Greule 1996, S. 198. Bei Greule wird an dieser Stelle nicht der Terminus *Blend*, sondern *Kurzwort* verwendet.

921 Barz 2001, S. 167.

922 Patocka 1999, S. 12.

fachgebietsrelevante Umgangssprache von hohem Nutzen zu sein. Bei Silbenkürzungen besteht (im Gegensatz zur Akronymie) jedoch nicht zwangsläufig eine semantisch gleichwertige Vollform zum reduzierten Lexem und so kann diese Form der Kurzwortbildung durchaus zum Motivationsverlust oder zur Entstehung falscher Freunde führen, wenn die Durchsichtigkeit der Vollform verloren geht bzw. die neue Morphemkombination mit einer vorhandenen übereinstimmt[923]. Eine solche (scheinbar lateinische) Silbenkürzung findet sich im Bereich der Medizin in der Kurzform *QuaSi-Niere* aus *Qualitätssicherungsniere*[924]. Die graphemische und phonemische Interferenz mit dem Lautbild des lateinischen Lexems *quasi* (dt. *gleichsam, fast*)[925] führt hier jedoch aufgrund der Differenzierung der Großschreibung eines Buchstaben in der Mitte des Terminus bei genauerem Hinsehen kaum zu Missverständnissen.

Wenngleich der Vorgang der Reduktion auf Ebene der Fachsprache eines der wichtigsten Wortbildungsmuster darstellt, scheinen sich für übermäßige Kürzungsaufkommen auch Kritiker zu finden. So bemängelt Greule die „Flut der Kurzwörter“ und die daraus resultierende „terminologische Vielfalt“. Zu medizinischen Kürzungen gibt er an, dass der Reduktion hier häufig eine verhüllende Funktion innewohnt (z. B. bei der Kürzung von *Carcinom* zu *CA* oder *Tuberkulose* zu *Tbc*)[926]. Im fachsprachlichen Bereich kann jedoch nicht davon ausgegangen werden, dass Ärzte auf ihrer Ebene der *parole* ein *Carcinom* als *CA* bezeichnen müssen, um dessen Inhalt zu verdunkeln. An dieser Stelle scheint Greule dem sprachökonomischen Aspekt nicht ausreichend Bedeutung beizumessen, wenngleich dieser bei einer Betrachtung der medizinischen Umgangssprache deutlich wird, da dort selbst feststehende Buchstabierkürzungen wie *NACL* (*Natriumchlorid*) zu Sprechkürzungen „umfunktioniert“ werden. Auch das in der medizinischen Praxis unumgängliche hohe Schriftverkehrsaufkommen wird beschleunigt, wenn anstelle der Vollform *Carcinom* die Kürzung *CA* zum Einsatz kommt. Im medizinischen Fachjargon entstehen hierdurch sprachökonomische Kurzformen (z. B. die Lese- / Buchstabierkürzung *Mamma-CA* für

---

923 Greule 1996, S. 201.

924 Pschyrembel 2002, S. 1527.

925 Löwe 1986, S. 340.

926 Greule 1996, S. 193 ff.

Mammakarzinom). Die Verdunklung bezieht sich also eher auf die Ebene der Gemeinsprache und dort wiederum werden solche Abkürzungen vermutlich weniger zum Einsatz kommen.

4.2.3.6.2 Reduktion in der Psychiatrie

a) Akronymie

Im Bereich der Medizin findet sich eine hohe Menge akronymischer **Sprech- und Lesekürzungen**. Exemplarisch kann der Terminus *ODA* für *On-demand-Analgesie*[927] angeführt werden, welcher zwei Merkmale der Integration ins Deutsche aufweist. Das eine Merkmal besteht in der Verbindung eines deutschen und eines englischen Terminus und das andere in der Äquivalenz zwischen Vollform und Kurzform. Von allen auffindbaren Kürzungen wurden einige gesamtmedizinische in die Untersuchung aufgenommen, und ebenso jene, die einen möglichst direkten Bezug zur psychiatrisch-psychotherapeutischen Fachsprache aufweisen. Hierzu zählen

- *Apache* (*acute physiology and chronic health evaluation*)
- *MOF* (*multiple organ failure*, dt. *Multiorganversagen*)
- *NED (non evidence of disease*)[928]
- *SIDS* (*Sudden Infant Death Syndrome*)[929] (dt. *plötzlicher Kindstod*)

In einigen Beispielen wird der produktive Charakter dieser Form der Wortbildung besonders durch Kürzungen deutlich. In den Bereich der psychologisierten Sprache sind vor allem die Beispiele *P.A.K.T.*, *BASK-Modell*, *Escape To Life*, *VAM* und *SAM* einzuordnen.

P.A.K.T. bezeichnet eine psychiatrische Ambulanz für kognitives Training in Heidelberg[930]. Dieses Beispiel wurde gewählt, denn es bildet trotz Punktierung eine Sprech- / Lesekürzung. Das *BASK-Modell* stellt zusätzlich eine Hybridbil-

---

[927] Pschyrembel 2002, S. 91.

[928] Deschka 2009, S. 11, 83, 87.

[929] Pschyrembel 2002, S. 1683.

[930] Die Kürzung entstammt einem Flyer des *Zentrums für Psychosoziale Medizin Heidelberg.*

dung dar, da es aus der englischen Vollform ***B**ehavior* / ***A**ffect* / ***S**ensation* / ***K**ognition* gebildet wurde und eine Verbindung mit dem deutschen Lexem *Modell* eingegangen ist[931]. Eine augenscheinlich bewusst gewählte Sprechkürzung ist der Name der Drogenentzugsklinik *Escape Ambulatorium* in der Schweiz, gebildet aus den Anfangsbuchstaben von ***E**ndorphine **S**timulated **C**lean & **A**ddiction **P**ersonality **E**nhancement*[932]. Die Kurzform *Escape* stellt hier ein vermutlich intendiertes homonymes Äquivalent zum Lexem *to escape* im Sinne von *entkommen* dar. Auch *P.A.K.T.* erweist sich als homonymer Terminus zum deutschen Lexem *Pakt*.

Diese Form der Wortbildung scheint sich in Bezug auf Hilfsangebote in der Psychiatrie großer Beliebtheit zu erfreuen. So werden auch die in Deutschland existierenden Antistigmainitiativen gegen eine Etikettierung psychisch Kranker durch Lesekürzungen benannt. Exemplarisch hierfür lassen sich *ASAM* (*Anti-Stigma-Aktion München*) und *BASTA* (*Bayerische Anti-Stigma-Aktion*) anführen[933]. *VAM* (*Verbally Accessible Memories*) und *SAM* (*Situationally Accessible Memories*) beruhen offensichtlich auf Analogiebildungsprozessen, da die sich reimenden Reduktiva jeweils eine Gedächtnisform benennen: *VAM* die autobiographische und *SAM* die affektive[934].

Zu **Buchstabierkürzungen** welche sowohl im gesamten Bereich der Medizin als auch in der Fachsprachenverwendung der Psychiatrie auffallen, zählen

- *ADL* (*Activities of daily living*)[935]
- *CFS* (*Chronic Fatigue Syndrome*)[936]
- *ABC* (*air-breathing-circulation*)
- *BLS* (*basic life support*)
- *BPM* (*beats per minute*)
- *DD-time* (*decision-delivery-time*)

---

931 Reddemann 2004, S. 150. Die orthographische Variante *behavior* (BE: *behaviour*) belegt die Entstehung des Konzepts auf US-amerikanischem Raum.

932 Escape Ambulatorium: online, 14.07.2009.

933 Ludwig-Maximilians-Universität München: online, 25.08.2009.

934 Neuner 2003, S. 87-88.

935 Psychology48: online, 20.10.2009.

936 Peters 2007, S. 361.

- *MMSE* (*mental state examination*)[937]
- *MMST* (*Mini-mental-state-Test*)[938]

Auffällig ist, dass kaum eine Interpunktion zur Markierung der Buchstabierkürzung erfolgt. Es ist aber auch zu erwähnen, dass bei Kürzungen, welche lediglich aus Konsonanten bestehen, ohnehin nur Buchstabierkürzungen bestehen können und sich eine Interpunktierung hierdurch im Grunde erübrigt. Wie bereits angedeutet, gehen reduzierte Wortformen wiederum expansive Verbindungen ein, wodurch neue Komposita entstehen (z. B. *alveolar hypoventilation DIMS syndrome*)[939]. Die gräkolateinische Basis des Terminus rechtfertigt zudem eine Zuordnung zur Kategorie der *hard words*. Diese Tatsache sei jedoch nur am Rande erwähnt.

b) Silbenkürzung

Englische Silbenkürzungen im Bereich der Psychiatrie fallen eher weniger ins Gewicht bzw. weniger ins Auge. So ist z. B. das in der Befragung untersuchte Blend *Flush* (*flash* + *gush*)[940] aus synchroner Sicht nicht als solches erkennbar. Selbst für die Medizin ließen sich im Rahmen der Terminusselektion keine auffälligen Termini erkennen. Eindeutiger identifizierbar ist das Silbenanfangswort *Minko* als Kürzung der Vollform ***Min**derwertigkeits**ko**mplex*.

Für den Terminus *Angel Dust* fanden sich im Verlaufe der Umfrage eine gängige Silbenkürzung sowie eine Buchstabierkürzung, welche den Hauptbestandteil *Phenylcyclohexylpiperidin* durch *Phencyclidin* und *PCP* benennt. Der Terminus kann exemplarisch für die chemiesprachlichen Anteile der medizinischen Ebene angeführt werden, da dieses Wortbildungsmuster dort einen wesentlichen Bestandteil ausmacht.

---

937 Deschka 2009, S. 5, 19, 20, 33, 82.

938 Pschyrembel 2002, S. 1165.

939 *DIMS* ist gebildet aus ***D**isorders of **I**nitiating or **M**aintaining **S**leep* (Peters 2007, S. 629).

940 Entnommen aus Pyles / Algeo 2010, S. 239.

4.2.3.6.3 Reduktion in der Logistik

a) Akronymie

Reduktive Wortbildungsmuster spielen auch in der Logistik eine bedeutende Rolle. **Sprech-** und **Lesekürzungen** finden sich ebenso zahlreich in der Logistik wie in der Psychiatrie bzw. in der Wirtschaft wie in der Medizin. Exemplarisch genannt werden sollen hier *Hermes*, *ICOM-Code*, *ERM*, *SERM*, *Hifo*, *Lifo*, *Lofo* und *Fefo.*

Die Termini *Hifo* (*Highest In – First Out*), *Lifo* (*Last In – First Out*), *Lofo* (*Lowest In – First Out*) und *Fefo* (*First Expired – First Out*) werden an späterer Stelle noch einmal ausführlicher besprochen (s. S. 299 ff.). Das *Entity-Relationship-Modell* (*ERM*)[941] führt nach Analogiebildung bzw. Spezifizierung zum *Strukturierten Entity-Relationship-Modell* (*SERM*). Der *ICOM-Code* stellt eine reduzierte Form zu *Input-Control-Output-Mechanism* dar, welche sich in Komposition mit dem Lexem *Code* zu einem expansiven Wortbildungsmuster weiterentwickelt, nachdem sie im Grunde aus einem expansiven Terminus entstanden ist.

Die Kurzform *Hermes* (*Handling through European Railways Messages Electronic Systems*)[942] ist als reduzierte Form auch auf gemeinsprachlicher Ebene aufgrund der Benennung des Paketservices mit eben diesem Signifikanten geläufig und weckt Assoziationen zum gemeinsprachlich bekannten griechischen Götterboten bzw. Gott der Straßen und Wege, welcher daher mit seinem Namen für Handel und Verkehr dient.

Die zahlreichen Kürzungen fallen besonders in der einschlägigen Literatur (z. B. Lexika) auf. Internetwörterbücher zur Logistik enthalten ein äußerst hohes Maß an reduzierten Formen, welche kaum quantifizierbar scheinen und nur schwer verifiziert werden können, da auch die Existenz eines deutschen Äquivalents die Verwendung der englischen Form nicht ausschließt. Im Verlaufe der Umfrage erfolgten zahlreiche Hinweise darauf, dass besonders in der Logistik – aber auch in der Psychiatrie – zahlreiche Termini lediglich in reduzierter Form

---

941 Krampe / Lucke / Ziems 2006, S. 67-75.

942 Krampe / Lucke / Ziems 2006, S. 93.

verwendet werden. Am häufigsten angemerkt wurde dies für *B / L* (*Bill of Loading*), *VMI* (*Vendor-managed Inventory*) und *MoB* (*Make-or-Buy*).

Auch **Buchstabierkürzungen** existieren in der Fachsprache der Logistik in hohem Maße und werden an verschiedenen Stellen der vorliegenden Untersuchung immer wieder angeführt. In der Fachzeitschrift *Logistik Heute* fand sich die Benennung eines logistischen Projekts: *S.A.L.S.A.* (***S**ystem for **A**utomotive **L**ogistics and **S**ervice **A**ccounting*)[943], welche auf einer intendierten Homonymie mit dem lateinamerikanischen Gesellschaftstanz zu basieren scheint, nach Beurteilung des Schriftbildes jedoch möglicherweise eine Buchstabierkürzung darstellt.

Im vorliegenden Abschnitt sollen zudem die *ABC-Analyse* und die *XYZ-Analyse*[944] Erwähnung finden. *ABC* stellt in diesem Kompositum nur scheinbar ein Äquivalent zu den ersten drei Buchstaben des deutschen Alphabets dar. Die Buchstaben implizieren hier die Kategorisierung nach qualitativen und quantitativen Kriterien bestimmter Artikel. Der Terminus *Analyse* benennt in diesem Fall den Vorgang der Kategorisierung. Irritierenderweise stellt die reduzierte Form *ABC* jedoch tatsächlich ein Äquivalent zu einer Vollform, nämlich dem *Activity Based Costing*[945] dar. Diese Interferenz scheint jedoch ausschließlich für den logistischen Laien problematisch zu sein (insofern dieser überhaupt mit den Termini konfrontiert wird), da sie im Kontext aufgelöst werden kann.

In der Logistik deuten die Abkürzungen auf die Manifestation von Termini hin, wie dies in *Point of Sale* (*POS*) der Fall ist. Am *POS* laufen erfasste Daten in einem *Data Warehouse* zusammen und werden über Analysesysteme evaluiert, sodass sie schließlich den Partnern der Lieferkette zur Verfügung gestellt werden können, um z. B. die bereits mehrfach erwähnte Optimierung der Lieferkette erreichen zu können[946].

Auch reduzierte Formen, welche Verbindungen als Komposita eingehen, finden an verschiedenen Stellen der vorliegenden Untersuchung Erwähnung. Ein häufig

---

943 Huss / Huss [Logistik Heute], S. 29.

944 Roi International Management Consultants: online, 14.10.2009.

945 Roi International Management Consultants: online, 20.03.2010.

946 Lucke / Wölfel 2006, S. 100-102.

genanntes Beispiel im Bereich der Logistik stellt die Verbindung eines initialen Buchstaben als Kurzform in Bindestrichverknüpfung mit einer terminologischen Vollform dar. Diesem Aspekt wird an späterer Stelle (s. S. 307) gesondert Aufmerksamkeit geschenkt. Exemplarisch für solche Formen seien an dieser Stelle *C-Commerce* (*Collaborative Commerce*) und *M-Commerce* (*Mobile Commerce*) genannt[947]. Nach Befragung zum Terminus *ECR* erfolgte von Expertenseite die Erwähnung des Terminus *ECR-Tag*[948].

b) Silbenkürzung

Drei im Bereich der Logistik in Erscheinung tretende Silbenkürzungen beruhen auf dem Wortbildungsmuster des **Blending**. Es handelt sich hierbei um die Termini *Bit, Telematik* und *Transponder*. Der Terminus *Bit* stellt eine Verschmelzung aus *Binary* und *Digit* dar[949] und ist im Grunde der Informationstechnik zuzuordnen, welche zwar die Grundlage für logistische Ströme bildet, jedoch in dieser Untersuchung aufgrund des immensen Anglizismenaufkommens größtenteils ausgeschlossen wird.

Ein im Rahmen der Informationslogistik in jüngerer Zeit entstandener Terminus ist *Telematik.* Zusammengesetzt ist dieser Terminus aus den Wortstämmen *Telekommunikation* und *Informatik.* Er beschreibt die Arbeit mit Netzdiensten zum Nachrichtenaustausch. Eine terminologische Expansion resultiert im Mischkompositum *Verkehrstelematik*, wobei *Verkehr* die indigene Komponente darstellt. Die *Verkehrstelematik* zählt zu den bedeutungsvollsten Anwendungsbereichen der *Telematik* und kommt im Bereich des Verkehrswesens zum Einsatz[950]. Der Terminus *Transponder* ist aus (*to*) *transmit* und *responder* gebildet

---

947 *M-Commerce* benennt eine Form der E-Logistik, nämlich geschäftliche Transaktionen über mobile Endgeräte auf der Basis drahtloser Kommunikation (siehe hierzu ten Hompel / Heidenblut 2006, S. 143).

948 Der Terminus *tag* wird im Deutschen mit *Etikett* bzw. *elektronisches Sicherungsetikett* wiedergegeben (Pons 2002, S. 926).

949 Roi International Management Consultants: online, 14.10.2009.

950 Als Konfix wird das griechische Element *tele-* (gr. *weit, fern*) bei Kirkness ausführlicher behandelt, z. B. unter dem Aspekt der Differenzierung in *Präfix* oder *freies Morphem* (Kirkness 2001, S. 111-112).

und benennt sozusagen einen Antwortsender. Auch dieser Terminus geht Verbindungen ein (z. B. *Transponder-Chip* oder *Tag-it-Transponder*)[951].

Als **Blend** einzustufen ist auch der Terminus *Outsourcing*, denn er wurde aus den englischen Lexemen *outside* (dt. *außerhalb*, *draußen*), *resource* (dt. *Mittel*) und *using* (dt. *gebrauchen*, *benutzen*) gebildet. Er bezeichnet die Delegation einer unternehmensinternen Leistung auf fremde Unternehmen[952]. Hieraus wiederum ergibt sich ein differenzierteres Konzept – das *Outsourcing der Eingangslager* (*OEM*). Dieses benennt eine beschaffungslogistische Anlieferstrategie, welche die Eingangslagerleistungen auf Spediteure beinhaltet[953]. Ein **Silbenanfangswort** repräsentiert der oben angeführte Terminus *Incoterms.* Dieser ist zusammengesetzt aus *International Commercial Terms* und wurde an anderer Stelle bereits erläutert (s. S. 149). Ein weiteres Silbenanfangswort im Bereich der Logistik stellt *RoRo* dar, welches aus *Roll-on / Roll-off* gebildet ist und diverse Verbindungen eingeht (z. B. *RoRo-Anlage*, *RoRo-Schiff*[954]).

4.2.3.7 Künstliche Nomination

> What's in a name? That which we call a rose
> By any other name would smell as sweet.
> (Shakespeare, *Romeo and Juliet*, S. 86)

4.2.3.7.1 Erläuterung

Das Wortbildungsmuster der künstlichen Nomination wird in linguistischen Forschungsarbeiten (z. B. Schmitt 1985) nicht als separate Kategorie angeführt, soll aber in der vorliegenden Untersuchung dennoch differenziert behandelt werden. Künstliche Nomination erfolgt häufig durch die Gebung von **Nomina** (Namen),

---

951 ten Hompel / Heidenblut [Logipedia]: online, 19.10.2009.

952 Vahrenkamp 2007, S. 212-383; Lucke / Wölfel 2006, S. 109.

953 Experteninterview, 15.05.2010.

954 Huss / Huss [Logistik Heute], S. 19.

welche eine spezielle Lexemform darstellen[955]. Nach DIN sind Namen als „Benennung eines Individuums oder eines als Individuum betrachteten Gegenstandes“ definiert[956]. Zu den Nomina zählen an dieser Stelle die Kategorien der **Appellativa** (z. B. Gattungsnamen wie Huhn), der **Nomina Propria** (Eigennamen) und der **Kontinuativa** (Stoffnamen).

Nomina Propria bezeichnen Individuen (exklusive der Denotatsmerkmale). Nach der Transposition sind auch sie häufig Bestandteil von Appellativa oder werden selbst zu solchen, wie dies bei ehrenden Benennungen für Maßeinheiten der Fall ist (z. B. *Volt*, *Watt*, *Ampere* etc.). Besonders in der Medizin dienen sie häufig zur Terminusbildung. Laut Kinne herrscht allerdings Uneinigkeit darüber, ob Propria aufgrund der Tatsache, dass sie durch Transposition (bzw. Terminologisierung) eine Form der Konversion verursachen können, als Wortart zu betrachten sind[957]. Ein Ergebnis der **Konversion** ist am Beispiel des medizinischen Terminus *Röntgen* zu beobachten, da das frühere Appellativum mittlerweile zum Verb umgedeutet wurde. Als verantwortlich hierfür bezeichnet Ickler die mit dem Endmorphem des Verbinfinitivs identisch erscheinende Endung des Eigennamen. So finden sich heute auch im gemeinsprachlichen Bereich entsprechende Flexionsformen (z. B. *ich röntge*, *ich werde geröntgt* und *ich habe geröntgt*)[958].

4.2.3.7.2 Sprachliche Artefakte in der Psychiatrie

Die psychiatrische Terminusverwendung basiert – wie bereits für den gesamten Bereich der Medizin angedeutet – insbesondere auf appellativischen Komposita zur Benennungsbildung von Krankheitsbildern. Als Benennungsmotive in diesem Bereich führt Schippan den **Namen des Entdeckers** (z. B. *Bechterewsche*

---

955 Schippan differenziert *Namen* von *Lexemen*, da Namen ihrer Ansicht nach lediglich eine Etikettierung darstellen und somit keine Lexeme sein können (Schippan 1992, S. 64).

956 DIN 2342 Teil 1, 3.1.2.4 „Name“.

957 Nach Kinne gelten alle Eigennamen als pragmatische Wortkategorie und nicht als Wortart (Kinne 2000, S. 9).

958 Schippan 1992, S. 64; Ickler 1997, S. 103; Dict.cc: online, 22.01.2009.

Krankheit, Schottmüllersche Krankheit, Alzheimer) oder auch den Namen **der Entdeckerwirkungsstätte** (z. B. *Merseburger Trias*) an[959]. Ebenso kann eine Benennung anhand **des Ortes** erfolgen, an dem eine Krankheit zuerst diagnostiziert wurde. Dies ist beim psychiatrisch relevanten *Puerto Rico Syndrom* (en. *Puerto Rican Syndrome*) der Fall, welches wahnhafte und auch halluzinatorische Bewusstseinszustände beschreibt und zuerst an Puerto Ricanern beschrieben wurde[960]. Medizinische Benennungen mit Hilfe proprialer Komponenten lassen somit aus diachroner Sicht oft erkennen, in welchen Ländern zu welchem Zeitpunkt das höchste Forschungsaufkommen bestand.

In **appellativischen Komposita** finden Propria sowohl als Erst- als auch als Zweitglied Verwendung[961], was ebenfalls am Beispiel des Terminus *Röntgen* deutlich wird.

So fungiert das Appellativum in den Komposita *Röntgenaufnahme* oder *Röntgenapparat* als Determinans und in *Panoramaröntgen* als Determinatum. Wie sich an den reihenbildenden Termini bereits zeigte, werden zahlreiche psychologische Tests im psychiatrischen Bereich durch propriale Komponenten in appellativischen Komposita benannt (s. S. 234) und auch im Zusammenhang mit psychischen Störungen dienen sie als Wortbildungsmuster:

> *Pelizaeus-Merzbachersche Krankheit, Basedow-Psychose, Brightsche Psychose, Demoorsches Zeichen, Jackson-Epilepsie, Pfaundler-Hurler-Syndrom*

Aufgrund der starken Internationalisierung der Wissenschaft scheint eine Beibehaltung der oft schwer zu artikulierenden Namen fraglich. Die Krankheitsbilder erhalten daher in der Übersetzung häufig eine völlig andere Benennung. So wird die *Pelizaeus-Merzbachersche Krankheit* im Englischen mit *familial centrolobar sclerosis* wiedergegeben, da das deutsche Benennungsbild für den englischen Muttersprachler nicht ohne Weiteres memorierbar ist[962]. Bei weniger komplizierten proprialen Komponenten aus dem Deutschen oder dem Engli-

---

959 Schippan 1992, S. 32.

960 Peters 2007, S. 454.

961 Ickler 1997, S. 102.

962 Peters 2007, S. 394.

schen erfolgt lediglich eine orthographische Integration des Terminus in der Übersetzung. Dies wird erkennbar an

- dt. *Basedow-Psychose* / en. *Basedow psychosis, basedowian psychosis*[963]
- dt. *Brightsche Psychose* / en. *Bright psychosis*[964]
- dt. *Demoorsches Zeichen* / en. *Demoor's sign*[965]

Schwierig gestaltet sich zumindest aus translatorischer Sicht die unterschiedliche Handhabung der Termini durch Auslassung eines proprialen Bestandteils. So wird beispielsweise die Benennung *Jackson-Epilepsie* synonym zum Terminus *Bravais-Jackson-Epilepsie* verwendet. Auch im Englischen existieren die semantischen Äquivalente *Bravais-Jackson epilepsy* und *Jacksonian epilepsy*[966]. Frequenztests in beiden Sprachen sind hier nach Ansicht der Autorin von besonderem Interesse. Das *Pfaundler-Hurler-Syndrom* wird auf Englisch gleich in mehreren Varianten wiedergegeben, nämlich mit *Hunter's syndrome*, *Hunter-Hurler disease*, *Hurler-Pfaundler syndrome* oder *Thomson's syndrome*[967]. Die Ursachen hierfür beruhen möglicherweise auf Fragen der Motiviertheit. An dieser Stelle soll noch einmal das Beispiel des Terminus *Röntgen* angeführt werden. Dieser wird – vermutlich ebenfalls aus Gründen der schwierigen Schreibung bzw. Aussprache – im Englischen mit *X-ray* wiedergegeben und führt in der Folge zu entsprechenden Syntagmen (z. B. *to x-ray* sb. / sth.; *to have an X-ray taken* oder *to be x-rayed*[968]). Bezugnehmend auf diese Thematik ist auch die Synonymie der Benennungen für das *Down-Syndrom* erklärbar[969], wenngleich das Krankheitsbild erst nach ausführlicher Argumentation mit psychischen As-

---

963 Peters 2007, S. 64.

964 Peters 2007, S. 634.

965 Peters 2007, S. 119. Aus Gründen der Konsistenz im Vorgehen der Untersuchung wurden Apostrophe auch hier durch die Autorin entfernt, da die Termini ohnehin in beiden Varianten anzutreffen sind (z. B. aus *Bright'sche Psychose*).

966 Peters 2007, S. 86.

967 Peters 2007, S. 650.

968 Pons 2002, S. 632.

969 Kinderärzte im Netz: online, 29.01.2009.

pekten in Verbindung gebracht werden kann. Die Verwendung des hier angeführten Denotats wird aufgrund mangelnder Aussagekraft kritisiert, denn laut Ickler sollte dieses eher durch das Störungsbild motiviert sein, was seiner Meinung nach die Benennung *Trisomie 21* rechtfertigen würde[970]. Fraglich ist jedoch, ob dem Laien bekannt ist, dass es sich beim Störungsbild *Trisomie 21* um einen Defekt auf dem 21. Chromosom handelt und ob diese Information in der Benennung für den Experten tatsächlich nötig ist, da dieser den Terminus ohnehin erlernt.

Ob ein Terminus in der Gemeinsprache durchsichtig sein sollte, kann hier nicht festgelegt werden. Für den Bereich der Fachsprachen scheint eine terminologische Veränderung zugunsten der Motiviertheit eher auf translatorischer Ebene eine Rolle zu spielen. In der Gemeinsprache setzen sich auch ohne terminologische Umstrukturierungen synonyme Benennungen durch, welche dem Sprachnutzer durchsichtig erscheinen. Auf diese Weise sind relativ motivierte Denotate für Krankheitssymptome (z. B. *Gelbfieber*, *Keuchhusten*, *Wundstarrkrampf*, *Schlafkrankheit* oder *Gürtelrose*) erklärbar.

Allerdings besteht bei allen synonymen Erscheinungen stets die Gefahr einer **semantischen Fehlinterpretation**. Ebenso erweisen sich appellativische Komposita gelegentlich als falsche Freunde, wenn der Eigenname auf ein scheinbar gemeinsprachliches Äquivalent hindeutet, wie dies in *Dopplereffekt*[971] der Fall ist. Der Rezipient könnte hier (allerdings unter Vernachlässigung grammatikalischer Aspekte) vom Denotat ableiten, dass der Terminus mit Multiplikation in Verbindung zu bringen ist. In Wirklichkeit wurde aber der Familienname des Wiener Mathematikers und Physikers Christian J. D. Doppler verwendet, was erst an der englischen Übersetzung *Doppler effect* besser erkennbar wird[972]. Diese Tatsache spiegelt sich auch in den Termini *Dopplersonographie* (en. *Doppler ultrasonography*) und *Dopplerverschiebung* (en. *Doppler shift*) wider.

---

970 Ickler 1997, S. 113; Schmitt 1985, S. 144.

971 Der Terminus *Doppler-Effekt* benennt „die Änderung der Frequenz einer Schallwelle" (Pschyrembel 2002, S. 416). Dieses Phänomen begegnet uns beispielweise bei der Änderung der Tonhöhe eines vorbeifahrenden Fahrzeuges.

972 Pschyrembel 2002, S. 416.

Nachdem in der deutschen Gemeinsprache das englische Lexem *down* evident adjektivische Verwendung zur Beschreibung emotionaler Niedergeschlagenheit findet (z. B. *down sein*), wäre es ebenso denkbar, dass das zuvor erwähnte *Down-Syndrom* als Erschöpfungssyndrom rezipiert wird. Hieran zeigt sich, dass einige Termini in der Gemeinsprache hinlänglich bekannt und damit der Vermeidung falscher Freunde dienlich sind.

Neben proprialen Komponenten und Ortsnamen kann zudem der **Erregername** als Benennungsmotiv gelten[973]. Auch hierbei ist der Grad der Durchsichtigkeit erhöht, wenn der Rezipient den Erreger in sein Wissenskonstrukt einordnen kann. So deutet der Terminus *Newcastle-disease-Virus*[974] sowohl auf den Erreger (ein Virus) als auch auf einen Entstehungsort (Newcastle) hin. Dass es sich bei Newcastle nicht um die Entdeckerwirkstätte handelt, sondern tatsächlich um den Ort des ersten Erscheinens, impliziert der Terminus *disease* direkt hinter dem Ortsnamen. Dieser Aspekt spielt auch in dem im Glossar (s. S. 433) angeführten Terminus *Bedlam* eine Rolle. Es handelt sich hierbei um eine „Verballhornung" des Londoner Klosters *St. Mary of Bethlehem*, in welchem man unter dem Namen *Bethlem Royal Hospital* ab 1402 „Geisteskranke" pflegte. Der Name *Bedlam* fand später Einzug in die Gemeinsprache, und zwar als Oberbegriff für jedes damals so genannte „Irrenhaus" und noch später auch für Verwirrtheitszustände[975]. Nach Peters wurden psychisch Erkrankte zu der Zeit auch als *Bedlamisten* bezeichnet[976]. Heute bedeutet *Bedlam* soviel wie *Chaos* oder *Tumult* und findet auch entsprechende Verwendung (z. B. en. *It was absolute bedlam there.* – dt. *Dort ging es zu wie im Irrenhaus.*).

4.2.3.7.3 Sprachliche Artefakte in der Logistik

Künstliche Benennungsbildung im Bereich der Logistik bezieht sich in erster Linie auf **Waren-**, **Marken-**, **Produkt-** und **Dienstleistungsnamen**. Platen be-

---

973 Schippan 1992, S. 32.

974 Pschyrembel 2002, S. 1273.

975 Peters 2007, S. 66. Der Terminus *Irrenhaus* war durch Reil zu *Heilanstalt* geändert worden.

976 Peters 2007, S. 66.

zeichnet diese Form der Termini als **Ökonyme**[977]. Diese bestehen aus Propria (z. B. *Petra* als Markenname für eine Kaffeemaschine). Warennamen können Wortbildungsmustern wie Komposition oder Wortkürzung folgen. Ein solches Wortbildungsmuster ist die aus den Splintern der Ökonyme ***Per**borat* und ***Si**likat* bestehende Silbenkürzung *Persil*[978]. Barz determiniert Ökonyme als „Schnittstelle zwischen den natürlichen und den künstlichen Nominationsverfahren". Als Beispiele führt sie zahlreiche Suffixe an:

-al, -an, -at, -ax, -en, -i, -il, -in, -it, -lon, -ol, -ox[979]

Diese Morpheme verweisen in erster Linie auf die Kategorie der Medikamente und Wirkstoffe (z. B. *Lemocin, Baldrian, Trimipramin, Aspirin, Veronal, Faustan*). Dass es sich hierbei um medizinisch-pharmazeutisch verwendete Suffixe handelt, spielt an dieser Stelle keine Rolle, da pharmakotherapeutische Maßnahmen einen Grundbaustein der Psychotherapie darstellen. Allerdings fiel in der Recherchephase für den Bereich der psychiatrisch-psychotherapeutischen Fachsprache noch das Suffix **-am** auf (z. B. das Benzodiazepin *Diazepam*[980] und der Serotonin-Wiederaufnahmehemmer *Citalopram*[981]). Als Gemeinsamkeit zu den natürlichen Suffixen wird diesen artifiziellen Komponenten ein rekurrentes Auftreten in Kombination mit bestimmten Morphemen oder Lexemen nachgesagt. Die meisten der hier angeführten Beispiele tragen die Betonung des Lexems / Terminus und markieren die Zugehörigkeit zur substantivischen Wortklasse.

Als sozusagen quasiappellativische Denotate ordnet Schippan die **Warennamen** zwischen Appellativa und Propria ein. Es scheint jedoch diskutierbar zu sein, ob diese überhaupt als Termini einzustufen sind. Im Grunde widerspräche eine solche Kategorisierung dem Neutralitätspostulat aufgrund des scheinbar informati-

---

977 Platen 1997, S. 14.

978 Michel 2007, S. 292; Schippan 1992, S. 65.

979 Barz 2001, S. 161-162.

980 Pschyrembel 2002, S. 397.

981 Pschyrembel 2002, S. 326.

ven, aufwertenden und expressiven Charakters[982]. Die Tatsache, dass dieses fachsprachliche Morpheminventar besonders in Produktnamen häufig Assoziationen zu Medizin oder Gesundheit nach sich zieht, führt zu wirtschaftlich verwertbaren Werbeeffekten. Hier entstehen nicht selten Hybridbildungen aus englischem und lateinischem Morpheminventar in der deutschen Sprache. So wird das Suffix **-an** eingesetzt, um dem Verwender bzw. Käufer eine gesundheitsfördernde Wirkung zu suggerieren, wie dies in *Sweatosan* (einer Antischweißbildungspille) der Fall ist[983].

4.2.4 Konversion

Konversion bezeichnet den Übergang eines Lexems in eine andere Wortklasse, ohne dass dabei formale Änderungen erfolgen. Sie wird an dieser Stelle (anders als bei Drozd / Seibicke) aufgrund von Überschneidungen mit dem Wortbildungsmuster der impliziten Derivation nicht als gleichwertige Wortbildungskategorie aufgeführt und auch lediglich aus Gründen der Vollständigkeit erwähnt[984]. Beispiele für konvertierte Termini sind **Substantivierungen**, so z. B. substantivierte Infinitive (das *Schmelzen*), substantivierte Adjektive (das *Blau*), Partizipien I (der *Vorsitzende*) und II (der *Verletzte*) sowie Zahlwörter (die *Eins*). Zu konvertierten Personennamen zählen verbale Termini (z. B. *galvanisieren*, *röntgen*, *pasteurisieren* oder *mendeln*)[985]. Allerdings fielen weder für die psychiatrisch-psychotherapeutische noch für die logistische Fachsprachenverwendung spezielle Termini ins Gewicht.

4.2.5 Ad-hoc-Bildungen

Ad-hoc-Bildungen stellen **keine Wortbildungskategorie** im eigentlichen Sinne dar. Schmitt bezeichnet sie im Fall der Anglizismen als Wörter, welche durch englischen Einfluss im Verlaufe einer spezifischen Kommunikationssituation

---

982 Zudem sind diese Namen laut Greule / Janich zumeist insofern motiviert, als sie durch die Benennung etwas über das Produkt aussagen sollen (Greule / Janich 2001, S. 261-262).

983 Ickler 1997, S. 121.

984 Harras 1997, S. 121; Drozd / Seibicke 1973, S. 156.

985 Drozd / Seibicke 1973, S. 157.

individuell kreiert werden[986]. Gelegentlich bezeichnet man diese Kategorie auch als

- spontane Wortprägung[987]
- okkasionelle Wortbildung
- Einmalbildung[988]

Die meisten der oben angeführten Kategorien sind mehr oder weniger ins deutsche Sprachsystem integriert, während Ad-hoc-Bildungen nicht-lexikalisierte Termini beinhalten. Bei diesen Termini bildet nicht der Weg der Entstehung, sondern der **Zeitpunkt** den entscheidenden Maßstab. Nach Kirkness führen solche Termini zu hoher „lexikalischer Fluktuation"[989] aus dem Kern über die Peripherie einer Fachsprache hinaus bzw. umgekehrt. Es steht nicht fest, ob sie bei regelmäßiger oder sich verbreitender Verwendung nicht auch im Lexikon einer Sprache etabliert werden und gar durch Analogiebildung weitere Lexikalisierungsprozesse durchlaufen können und dadurch einen gefestigten Stellenwert erlangen, indem sie als Wörterbucheintrag fixiert werden.

Nachdem sich das vorangegangene Kapitel ausführlich den sprachlichen Aspekten der Untersuchung gewidmet hat, soll hierauf basierend im Folgenden eine objektbezogene Terminusbetrachtung erfolgen. Zunächst wird eine Untersuchung der **Einflussgrößen** beider Fachgebiete als sinnvoll erachtet. Im Gegensatz zum bisherigen Vorgehen werden bei der objektbezogenen Betrachtung die Kurzformen der Termini grundsätzlich mit angeführt, insofern diese bekannt sind.

---

986 Schmitt 1985, S. 26.

987 Schmitt 1985, S. 67.

988 Blei / Spaniel 2006, S. 233. Bauer bezeichnet Ad-hoc-Bildungen im Englischen als *nonce-formations* (Bauer 1983, S. 45).

989 Kirkness 2001, S. 108.

4.3 Fachgebietsspezifische Terminusbetrachtung

4.3.1 Hauptgegenstand der Psychiatrie

4.3.1.1 Störungsbilder

Das Hauptobjekt der Psychiatrie stellen Störungsbilder dar, welche in bestimmter Form diagnostiziert und therapiert werden. Interessant sind die Benennungen der **Phänomengruppen** in der deutschen Version des Diagnoseschemas ICD-10, da diese im Gegensatz zu logistisch klassifizierten Objektgrößen von der englischen Sprache nur peripher berührt werden und auch sonst keine überdurchschnittlich hohen englischen Einflüsse, sondern vorwiegend lateinische und griechische Bestandteile aufweisen. Die Frage, wie viele der Termini als *hard words* einzustufen sind, kann letztendlich nur in einer diachronen Untersuchung geklärt werden. Zu derzeit relevanten Störungsbildern zählen die im **ICD-10** enthaltenen Kategorien

- organische, einschließlich symptomatischer psychischer Störungen
- psychische und Verhaltensstörungen durch psychotrope Substanzen
- Schizophrenie, schizotype und wahnhafte Störungen
- affektive Störungen
- neurotische, Belastungs- und somatoforme Störungen
- Verhaltensauffälligkeiten mit körperlichen Störungen und Faktoren
- Persönlichkeits- und Verhaltensstörungen
- Intelligenzminderung
- Entwicklungsstörungen
- Verhaltens- und emotionale Störungen mit Beginn in Kindheit und Jugend
- nicht näher bezeichnete psychische Störungen[990]

Im gesamten ICD-10 finden sich äußerst wenige evidente Anglizismen. Zudem führte ein Experteninterview, welches das ICD-10 zum Thema hatte, zu der Erkenntnis, dass der darin verankerte und dadurch manifestierte Terminus *Borderline* auch bei Besprechung desselben ohne Verweis auf die englische Sprache nicht reflexartig als Anglizismus wahrgenommen wird. Die Tiefe seiner Integration zeigt sich an der Verbindung mit zahlreichen Termini (z. B. *Persönlich-*

---

[990] Dilling / Mombour / Schmidt 2005, S. 69-70. Auf die Anführung der Kodifizierungen wurde zugunsten der Übersichtlichkeit an dieser Stelle verzichtet.

keitsstörung, Neurose, Störung, Syndrom, Psychose, Schizophrenie)[991]. Bei näherer Beschäftigung mit einzelnen Konzepten kommen grundsätzlich weitere Anglizismen zum Vorschein, so z. B. der im Grunde hoch motivierte, traumatherapeutisch relevante Terminus *Disorders not Otherwise Specified*, welcher im medizinischen Alltag mit der Sprechkürzung *DESNOS* wiedergegeben wird[992].

4.3.1.2 Diagnostik

Auf diagnostischer Ebene sind zahlreiche Anglizismen aus neueren Untersuchungsverfahren extrahierbar. Diese stehen jedoch selten in direktem Zusammenhang mit der Psychiatrie. Wie bereits erwähnt, beruht die psychiatrische Befunderhebung nicht allein auf **Erhebungsverfahren** wie Anamnese und Exploration; dennoch haben diese auf der Verbalisierung von Gefühlsgehalt und Gedächtnisinhalten basierenden Diagnosemittel oberste Priorität in der psychopathologischen Diagnostik[993] und zur Einleitung der entsprechenden therapeutischen Maßnahmen, wenn nicht sogar rechtlichen Schritte im Falle einer forensischen Untersuchung. Besonders Anamnese und Exploration sind laut Experteninterview von starker Angst und Unsicherheit seitens der Patienten geprägt und daher für diese sprachlich oft schwierig zu formulieren, denn in den meisten Fällen begeben sich Patienten mit negativen oder unklaren Erwartungen in einen Klinikaufenthalt oder ein Arztgespräch. Entlehnte Termini stellen hier eine eher „abschreckende“ Hürde dar und können sich deshalb auf dieser Kommunikationsebene nur in sehr langwierigen Prozessen etablieren. Der Zugang nichtnativer Termini erfolgt in diesem Bereich demnach in erster Linie auf wissenschaftlicher Forschungsebene. Aus ätiologischer Perspektive findet sich eine Einteilung der Störungen in

- somatogen versus psychogen
- endogen versus exogen

---

991 Experteninterview, 28.08.2009.

992 Rudolf 2004, S. 35.

993 Paulitsch / Karwautz 2008, S. 101-102.

Somatogene Störungen basieren auf rein körperlichen Beschwerden (z. B. Hirnverletzungen), **psychogene** hingegen auf psychischen Faktoren (z. B. neurotische Störungen). **Exogenen** Störungen liegen diverse Einflüsse außerhalb des Körpers zugrunde, während **endogene** Störungen anlagebedingt entstehen (z. B. Schizophrenie). Wie bereits mehrfach angedeutet, hängt auch diese Zuordnung von paradigmatischen Aspekten ab. Diese sind (ähnlich den sprachlichen Faktoren) stetigen Veränderungsprozessen unterworfen. Die Betrachtung der dazugehörigen Symptome erfordert zudem eine Differenzierung derselben in

- körperlich versus psychisch
- obligat versus fakultativ.

Obligate Symptome sind solche, die mit einer bestimmten Krankheit immer einhergehen; **fakultative Symptome** hingegen beinhalten möglicherweise auftretende Symptombilder. Vom Symptom ist noch einmal das **Syndrom** abzugrenzen. Syndrome resultieren aus dem Zusammenwirken ganzer Symptomgruppen, die dann zur Benennung eines Krankheitsbildes führen (z. B. *Down-Syndrom*)[994]. Im Rahmen der hierfür notwendigen Diagnostik kommen vor allem psychologische und biologische Erhebungsverfahren zum Einsatz. Wie bereits deutlich wurde, findet eine nicht unwesentliche Zahl psychologischer Testverfahren im Rahmen psychiatrischer Diagnostik Anwendung. Diese liefert einen hohen Anteil an Anglizismen in der psychiatrisch-psychotherapeutischen Fachsprache und wurde bereits eingehend behandelt.

Zu den **biologischen Erhebungsverfahren** zählen organmedizinische und labortechnische Methoden. Diese Verfahren werden für die differenzialdiagnostische Betrachtung benötigt (z. B. zum Ausschluss bestimmter organmedizinischer Erkrankungen, die psychischen Störungen ähneln)[995]. Hierbei kommen zahlreiche bildgebende Verfahren zum Einsatz, z. B.

- *Computertomographie* (*CT*)
- *Kernspin-* oder *Magnetresonanztomographie* (*MRT*)

---

994 Haupt / Jochheim / Remschmidt 1993, S. 188-190.

995 Wittchen / Hoyer 2006, S. 30.

- *funktionelle Kernspintomographie* (*fMRI*)
- *Single-Photon-Emissions-Computertomographie* (*SPECT*)

Es fällt auf, dass für die *funktionelle Kernspintomographie* die englische Abkürzung *fMRI* geführt wird, was am letzten Graphem <I> für *Imaging* erkennbar ist. Ein relativ neues Verfahren stellt das *Neuroimaging* als Bildgebungsverfahren dar[996]. Dort findet das bereits ausführlich besprochene Wortbildungsmuster der Derivation durch Hinzufügung der Komponente **-ing** Verwendung. Noch häufiger kommt dieses Wortbildungsmuster jedoch im folgenden Abschnitt zum Tragen.

4.3.1.3 Therapie

4.3.1.3.1 Therapiemodelle

Die Therapie psychischer Störungen erfolgt durch Somatotherapie und / oder Psychotherapie. Zur **Somatotherapie** zählt vor allem die Gabe von Medikamenten. Die ersten wirksamen Psychopharmaka wurden in den 1950er Jahren entdeckt und stets weiterentwickelt. Auch hier ließe sich aus diachroner Sicht vermutlich eine Eingrenzung des Forschungsmarktes anhand der wachsenden Anglizismenzahl durchführen. Gängige Psychopharmaka sind **Antidepressiva**, wie z. B. selektive Serotonin-Wiederaufnahmehemmer, welche gelegentlich mit der englischen Abkürzung *SSRI* (*selective serotonine reuptake inhibitors*) geführt werden. Ebenso kommen **Monoaminoxidasehemmer**, **Phasenprophylaktika**, **Tranquilizer** und **Antipsychotika** zum Einsatz[997]. Der bereits mehrfach angeführte Terminus *Tranquilizer* stellt einen manifestierten, evidenten Anglizismus dar, welcher den **Nomina instrumenti** zugeordnet werden kann, da er ein medizinisches Mittel zur Beruhigung benennt, welchem zudem auch auf Ebene der Gemeinsprache ein recht hoher Bekanntheitsgrad innewohnt. Bei diesem Medikament ist zwischen *Major* und *Minor Tranquilizern* zu differenzieren. Während *Major Tranquilizer* Neuroleptika in sich vereinen, stammen *Minor Tranquilizer* zumeist aus der Klasse der Benzodiazepine.

---

996 Müller-Spahn 2004, S. 29 / 35.

997 Paulitsch / Karwautz 2008, S. 33.

Die **(Psychiatrische) Psychotherapie** ist ein Verfahren, welches basierend auf einer gezielten Interaktion zur Regulierung devianter Verhaltensmuster häufig zum Einsatz kommt[998]. Psychotherapeutische Intervention kann durch unspezifische Therapie, tiefenpsychologische Therapie, kognitiv-verhaltenstherapeutische Therapie und Gesprächspsychotherapie erfolgen. Spezielle, in Amerika entwickelte und nicht ins Deutsche übersetzte Therapieformen sind hier vorwiegend aus der Traumatherapie angeführt, da sich auch nach längerer Recherche in diesem Bereich die höchste identifizierbare Anglizismenkonzentration fand. Hierzu zählen

- *New-Identity-Prozess* (*NIP*)
- *Biofeedback*[999]
- *Debriefing*
- *Flooding*
- *Eye Movement Desensitization and Reprocessing* (*EMDR*)
- *Emotional Processing Theory* (*EPT*)[1000]
- *Habit Reversal Training* (*HRT*)[1001]
- *Somatic Experiencing* (*SE*)[1002]

Auch das *Modell der beschleunigten Informationsverarbeitung* (*AIP*) stellt einen Anglizismus dar, wenn es gelegentlich in direkter Verbindung mit der Abkürzung für die englische Vollform *Accelerated Information Processing Model* geführt wird[1003]. Ebenso tritt das durch Bindestriche verknüpfte Hybridkompositum *New-Identity-Prozess* in Erscheinung. Der Terminus *Biofeedback* scheint auch auf gemeinsprachlicher Ebene über einen relativ hohen Motiviertheitsgrad zu verfügen, da das Lexem *Feedback* auch in der Gemeinsprache mittlerweile

---

998 Wittchen / Hoyer 2006, S. 4.

999 Paulitsch / Karwautz 2008, S. 58.

1000 Rudolf 2004, S. 75; Nyberg 2001, S. 73-74.

1001 Mayer: online, 10.07.2009.

1002 Reddemann 2006, S. 71. Die in Klammern befindlichen Kurzformen wurden durch die Autorin abgeleitet und anhand von Befragungen und der Internetsuchmaschine *Google* überprüft.

1003 Shapiro 1998, S. 41-54.

fest etabliert ist. Das *Debriefing* wird z. B. durch Therapieformen wie dem *Critical Incident Stress Debriefing* (*CISD*) spezifiziert[1004].

Zweifelsfrei ließen sich zahlreiche weitere Anglizismen innerhalb einzelner Konzepte identifizieren. Ein derartiges Vorgehen ist jedoch nur im Rahmen einer ausgiebigen Literaturrecherche zur jeweiligen Erkrankung möglich und würde einem Vergleich mit der logistischen Fachsprache nicht mehr gerecht werden, da im Rahmen der Logistik einzelne Objektgrößen für die vorliegende Untersuchung nicht in derart ausführlicher Form untersucht werden können. Auch eine Auflistung der außerordentlich hohen Anzahl an **-ing**-Derivaten würde den Rahmen der Untersuchung überstrapazieren.

4.3.1.3.2 Therapeutische Paradigmen

Wie im historischen Abriss zur Psychiatrie bereits deutlich wurde, erfolgt die Therapie psychischer Störungen in Abhängigkeit von aktuellen wissenschaftlichen Paradigmen. Von grundlegender Bedeutung sind heute die sozialpsychiatrische, die neurobiologische, die psychodynamische, die kognitiv-behaviorale und die integrative Perspektive, welche den Einsatz entsprechender Therapiemodelle umfassen.

Ein **sozialpsychiatrisch** paradigmatisiertes Modell beinhaltet die Berücksichtigung pathogenetisch wirkender psychosozialer Einflüsse (z. B. finanzielle oder familiäre Schwierigkeiten). Als Anglizismus fällt in diesem Zusammenhang bei Paulitsch / Karwautz der dort in Klammern befindliche Terminus *Life-events-Forschung* auf, welcher im gemeinsprachlichen Kontext fälschlicherweise als positiv konnotiert verstanden werden könnte, da das Lexem *Event* auf gemeinsprachlicher Ebene im deutschsprachigen Raum eine völlig andere Assoziation auslöst als im psychiatrischen Bereich. Aus **neurobiologischer** Perspektive spielen Genetik, Neurotransmission und Neuroimmunologie eine wesentliche Rolle. Man nimmt an, dass psychische Störungen auf abnormen physiologischen (biochemischen) Prozessen beruhen, welche in gestörten Körperfunktionen (z. B. der Funktionsweise der Gene, der Beschaffenheit des Stoffwechsels im Gehirn sowie im Nervensystem und im endokrinen System) resultieren. Aus

---

1004 Reddemann 2006, S. 31-44.

neurobiologischer Sicht stellt sich die Frage, ob eine genetische Prädisposition für eine psychische Erkrankung besteht und welches Gen für die Störung prädisponiert. Hierbei kommen Methoden wie die durch ein Hybridkompositum benannte *Linkage-Analyse* zur Anwendung[1005]. Die *Linkage-Analyse* ist Bestandteil der so genannten *High-Risk Forschung*, welche die Prädisposition bestimmter Personenkreise untersucht. Diese wiederum spielt vor allem in der Epidemiologie eine Rolle, welche im Anschluss noch einmal besprochen wird. Aus **psychodynamischer** Perspektive ist die Grundlage bestimmter Verhaltensformen intrapsychisch determiniert. Störungen beruhen demnach auf Variablen, zu denen unbewusste Konflikte, Impulse (Widerstände, Ängste) und Prozesse (Instinkte, Triebe) zu zählen sind. Diese Kernthese bildet auch die Basis des psychoanalytischen Paradigmas und wurde erstmals durch die klassische psychoanalytische Theorie Freuds geprägt, bei welcher das Wechselspiel dreier psychischer Instanzen, dem **Es** (en. *id*), dem **Ich** (en. *self*, *ego*) und dem **Über-Ich** (en. *superego*) im Zentrum steht[1006]. Diese Differenzierung führte zur Benennung der so genannten *Ego states*, welche die Phasen der Ich-Zustände widerspiegeln. Zahlreiche der hierbei involvierten Termini wurden über das Englische als lateinische Termini (*hard words*) ins Deutsche zurücktransportiert. Allerdings schien man besonders im Bereich der klassischen Psychiatrie dem Einfluss Freuds und seinen psychotherapeutischen Behandlungsformen bis ins 20. Jahrhundert hinein verhältnismäßig wenig Bedeutung beizumessen. Aus **lernpsychologischer** bzw. **kognitiv-behavioraler** Perspektive liegt die Grundlage für psychische Störungen in verzerrten Denkstrukturen aufgrund abweichender Verhaltens- und Einstellungsmuster, die scheinbar ebenso erlernt werden wie normale Verhaltensmuster. Diese Devianz gilt es durch die zur Verfügung stehenden Methoden (z. B. Konditionierung, Modelllernen) zu bearbeiten[1007]. Zu den lernpsychologischen Methoden zählt unter anderem die **Klassi-**

[1005] Davison / Neale 2007, S. 18-23. Der Anglizismus *Linkage* bedeutet etwa *Verknüpfung* (Pons 2002, S. 515).

[1006] Das Wechselspiel beruht auf der Divergenz in den verfolgten Zielen der einzelnen Instanzen (Paulitsch / Karwautz 2008, S. 68; Pschyrembel 2002, S. 534, 835, 1870).

[1007] Wittchen / Hoyer 2006, S. 11-12.

sche Konditionierung nach Pavlov. Hierbei erfolgt die Ausbildung eines bedingten oder konditionierten Reflexes durch die wiederholte Kopplung eines ursprünglich neutralen oder unkonditionierten Reizes mit einem reflexauslösenden Reiz[1008]. Eine weitere kognitiv-behaviorale Therapiemethode ist die **Operante Konditionierung** nach dem Amerikaner Burrhus Frederic **Skinner** (1904-1990). Hierbei wird anhand diskriminativer Reize (positive oder negative Verstärker) operantes (gewünschtes) Verhalten durch Belohnung graduell geformt. Im Rahmen der Operanten Konditionierung finden sich einige Anglizismen (z. B. *Shaping, Chaining, Prompting, Token economies*), welche auf die englischsprachigen Ursprünge der Konzepte hindeuten.

Aus terminologischer Sicht interessant ist der in diesem Paradigma in Erscheinung tretende Terminus *Verstärkung* als Resultat einer Rückübersetzung aus *reinforcement*. Der ursprünglich von Pavlov verwendete Terminus lautete *Bekräftigung*[1009]. Dieser Aspekt wurde bereits im Zusammenhang mit Anglizismeneinflüssen durch Übersetzungsfehler betrachtet (s. S. 91 ff.). Hier stellt sich die Frage, ob der rückübersetzte Terminus *Verstärkung* somit als Anglizismus zu betrachten ist.

Zu den **integrativen** Modellen zählen perspektivische Konzeptionen (z. B. *Vulnerabilitäts-Stress-Modell, Diathese-Stress-Modell*), bei denen sowohl biologische als auch kognitive, soziale und umweltbezogene Variablen als pathogenetisch wirkende Faktoren Berücksichtigung finden[1010]. Hierbei spielen im Wesentlichen die Komponenten **Diathese** (Vulnerabilität, Anfälligkeit), **Exposition** (psychische Stressereignisse), **Resilienz** (Fähigkeit zur Nutzung protektiver Faktoren) und **Coping** (Handlungskompetenz) eine Rolle als Wirkfaktoren[1011]. Der englische Terminus *Coping* ist fest in die psychiatrisch-psychotherapeutische Fachsprache integriert, denn er findet sich auch als Kompositionsbestandteil in Hybridbildungen (z. B. *Copingfähigkeit, Copingstrategie*)[1012].

1008 Davison / Neale 2007, S. 22-39.

1009 Wickler 1986, S. 30.

1010 Wittchen / Hoyer 2006, S. 11.

1011 Davison / Neale 2007, S. 53-55; Wittchen / Hoyer 2006, S. 21.

1012 Rudolf 2004, S. 52.

4.3.1.4 Psychiatrische Epidemiologie

Die Fachsprache im Bereich der Epidemiologie bietet zahlreiche Anglizismen, welche nicht unbedingt mit der Fachsprache der Psychiatrie assoziiert werden, da sie sich z. B. zum größten Teil mit der statistischen Terminologie überschneiden. Sie seien dennoch erwähnt, denn im Bereich der Epidemiologie finden sich zahlreiche interessante Anglizismen, so z. B. *Attributable Risk* (*AR*), *Odds Ratio* (*OR*), *Outcome-Variable*, *Outcome-Parameter*, *Public Health*[1013], *Risk Ratio* (*RR*) oder *Survivalanalyse*[1014].

Die *Survivalanalyse* dient der Untersuchung überstandener Risikophasen in den Werdegängen von Patienten. Durch die *Risk Ratio* erfolgt z. B. die Berechnung eines Risikofaktors in einer Bevölkerungsgruppe im Vergleich zu einer Gruppe ohne diesen Faktor[1015]. Für das *Attributable Risk* findet sich auch im Deutschen das englische Äquivalent *attributable fraction.* Es gibt die Häufigkeit der Beteiligung eines **Merkmals A** bei Auftreten eines **Merkmals B** an[1016] und wurde auch von befragten Experten als psychiatrierelevant erachtet. Andere hochfrequente Phänomene stellen die Termini *High-Risk Forschung*, *Drop-Out*[1017] und *lifetime risk* dar. Letzterer Terminus wurde im Experteninterview als etablierter Anglizismus bewertet und benennt im Deutschen die Wahrscheinlichkeit, im Laufe seines Lebens an einer bestimmten Störung zu erkranken[1018]. Das Kompositum *Ceiling-effect*[1019] wurde in der Befragung dem Bereich der **Statistik** zugeordnet, wenngleich die Extraktion aus einer psychologischen Datenbank erfolgte, was zunächst auf ein psychiatrisches Störungsbild hindeutete, bei welchem möglicherweise ein „an-die-Decke-Starren“ als Symptombild gilt. Tatsächlich beschreibt das Denotat den so genannten *Deckeneffekt*, bei dem die *Decke* den obersten Schwierigkeitsgrad eines Tests bezeichnet, welcher so ge-

---

1013 Müller-Spahn 2004, S. 29 / 35.

1014 Die Psychiatrie 1 / 2005, S. 64.

1015 Wittchen / Hoyer 2006, S. 63.

1016 Wittchen / Hoyer 2006, S. 53-62.

1017 Die Psychiatrie 1 / 2005, S. 65.

1018 Davison / Neale 2007, S. 703.

1019 Psychology48: online, 24.20.2009.

ring ist, das fast alle Teilnehmer den Maximalwert erreichen. Auch hier kann allerdings ein gewisses Maß an Fachwissen falschen Freunden entgegenwirken.

4.3.1.5 Anglizismen in der Psychotraumatologie

Im Rahmen der dieser Arbeit vorangehenden Diplomarbeit zu Posttraumatischen Belastungsstörungen (PTBS) wurden einige Anglizismen in Bezug auf dieses hochkomplexe Störungsbild identifiziert, welche sinnvollerweise in die vorliegende Untersuchung zu inkludieren sind. Die Autorin sieht dies durch die Tatsache gerechtfertigt, dass die PTBS auch in der psychiatrisch fokussierten Literatur Erwähnung findet und als Störungsbild durchaus psychiatrische Variablen beinhalten kann. Jedoch werden nicht alle Termini hier noch einmal angeführt. Die Erwähnung dieses Störungsbildes soll lediglich aufzeigen, dass sich bei einer ausgiebigen Beschäftigung mit einer Erkrankung unter Rücksichtnahme auf aktuelle Forschungsergebnisse durchaus Anglizismen finden lassen[1020].

Im Bereich der Psychotraumatologie ist an den Symptombenennungen ein **hoher Motiviertheitsgrad** in Abhängigkeit von den Englischkenntnissen der Rezipienten zu erkennen. So benennt der Terminus *Chronic Fatigue Syndrom* ein chronisches Müdigkeitssyndrom und beinhaltet im Grunde ein hybrides Gemisch an Lexemen[1021]. Während *Chronic* auf Englisch belassen ist, stellt das *Syndrom* einen aus synchroner Sicht deutschen Terminus dar, der aus diachroner Perspektive allerdings dem Griechischen entstammt, wie das Suffix **-om** erkennen lässt. Der Terminus *Fatigue* stellt einen Romanismus dar, welcher im Englischen Verwendung findet und vermutlich über dieses ins Deutsche transportiert wurde. Daher ist er als *hard word* zu betrachten. Zudem finden sich reihenbil-

---

[1020] Auf die irreführende terminologische Vielfalt bezüglich der Krankheitsbenennung (*Posttraumatische Belastungsreaktion, Posttraumatisches Belastungssyndrom / PTBS, Posttraumatisches Stresssyndrom / PTS*) soll an dieser Stelle nicht noch einmal eingegangen werden. Diese Problematik ist in Hadlich 2007, S. 94 erläutert.

[1021] Käcker 1994, S. 222. Im Experteninterview (21.06.2009) wurde der Terminus als existent und etabliert bewertet.

dend andere Verbindungen wie *Battle fatigue*[1022] oder *Combat fatigue*, welche seelische Erschöpfungszustände nach Kampfeinsätzen bezeichnen. Auf diese Weise ist auch der Terminus *post Vietnam syndrome* motiviert, da er ein typisches Störungsbild nach einem Einsatz im Vietnamkrieg (1965-1975) bezeichnet[1023]. Dass dieser Terminus auf Englisch belassen wird, mag damit zusammenhängen, dass das Störungsbild vorwiegend an US-Amerikanern festgestellt wurde. Hier spiegeln also auch historische Aspekte sprachliche Gegebenheiten wider.

Eine besondere Rolle in der Psychotraumatologie spielt zudem der Anglizismus *Stress*, welcher bestimmte körperliche und seelische Reaktionen im Rahmen einer Traumatisierung beinhaltet und mit dem Stressbegriff der Gemeinsprache daher keine vollständige semantische Äquivalenz aufweist[1024]. Auch die Termini *state anxiety* (Angst als Zustand) und *trait anxiety* (Angst als Eigenschaft) sind zur Benennung spezieller Angstformen in der psychiatrisch-psychotherapeutischen Fachsprache etabliert[1025]. Das Lexem *Angst* scheint zur Blütezeit der deutschen Psychologie ins Englische als Terminus übernommen worden zu sein und sich als Benennung für neurotische Angstformen manifestiert zu haben[1026] (unter anderem in der Verbindung *angst-ridden*). Ein weiterer Terminus, nämlich die Partizipialkonstruktion *man-made*, führt im Bereich der Traumatologie zur terminologischen Erweiterung (z. B. *man-made Trauma*)[1027].

Der ursprünglich griechische Terminus *Phänomen* (en. *phenomenon*) geht in diesem Bereich diverse Verbindungen ein. Einerseits existiert der in der deutschen psychiatrisch-psychotherapeutisch bezogenen Fachsprache etablierte Terminus *out-of body phenomenon* (eine Form peritraumatischen Erlebens)[1028], andererseits bestehen Hybridbildungen wie *Second-Generation-Phänomen* (Se-

---

1022 Peters 2007, S. 220.

1023 Nyberg 2001, S. 11.

1024 Experteninterview, 21.06.2009.

1025 Experteninterview, 15.05.2010.

1026 Pons 2002, S. 30.

1027 Reddemann 2006, S. 30.

1028 Nyberg 2001, S. 63.

kundärtraumatisierung durch traumatisierte Eltern)[1029]. Eine Spezifizierung des Störungsbildes stellt der Terminus *late-onset PTSD* (verzögerter Krankheitsbeginn) dar[1030].

4.3.2 Hauptgegenstand der Logistik

4.3.2.1 Prozessketten

Auch in der Logistik bildet die Verbindung zahlreicher einzelner Komponenten ein fachliches Hauptcharakteristikum (s. S. 38). Die systemische Struktur logistischer Prozessketten kann sich sowohl einstufig als auch mehrstufig gestalten. **Einstufige Systeme** (*1-tier*) bestehen aus einer direkten Verbindung zwischen *Hub* (dt. *Quelle, Nabe*)[1031] und *Spoke* (dt. *Senke, Speiche*)[1032]. **Mehrstufige Systeme** (*n-tier*) werden aus diversen Zwischenstationen mit bedarfsbezogener Taktung gebildet. In der Praxis umfassen einzelne Lieferzweige bis zu sieben Lieferstufen (*7-tier*). **Teilsysteme**, die in der Logistikkette im „Rahmen mehrstufiger Systeme Sammel- und Verteilfunktion übernehmen“, werden als *Transterminals* bzw. *Transshipment-Terminals* bezeichnet[1033]. Bei denjenigen Elementen, welche in die Logistikkette integriert sind, um eine Leitung der Güterströme über bestimmte Punkte (bzw. Übergangsorte) zu ermöglichen, handelt es sich um *Gates* (z. B. Grenzübergänge der Staaten), welche unter anderem der Vereinfachung äußerst komplexer Systeme dienen. Spezielle, mehrstufige Systembeziehungen werden als *Hub-and-Spoke-Systeme* bezeichnet. Diese basieren auf dem Grundsatz, dass Verkehre sich nicht auf direktem Wege zwischen Quell- und Zielgebieten, sondern über eine Zwischenstation bewegen. Der *Hub* bildet dabei den zentralen Umschlagpunkt, welcher wiederum Aufkommens- und Be-

---

[1029] Reddemann 2004, S. 145.

[1030] Dilling / Mombour / Schmidt 2005, S. 170.

[1031] Entstehungsort von Güteraufkommen (Roi International Management Consultants: online, 28.12.2009).

[1032] Verbrauchsort von Güteraufkommen (Roi International Management Consultants: online, 28.12.2009).

[1033] Krampe / Lucke 2006a, S. 19-49; Fortmann / Kallweit 2007, S. 22-29; Vahrenkamp 2007, S. 6.

darfsorte sternförmig mit den *Spokes* verkettet. In einem solchen System entstehen **paarige Transportbeziehungen** durch den Rücktransport von Sendungen nach Versorgung des *Hubs*.

Güterflüsse werden in Logistiksystemen nach zwei verschiedenen Prinzipien gesteuert – dem *Pull-Prinzip* (bzw. *Holprinzip*) und dem *Push-Prinzip* (bzw. *Bringprinzip*). Beim *Pull-Prinzip* wird die Ware vom Verbraucher selbst abgeholt oder die Abholung von diesem beauftragt, während beim *Push-Prinzip* die Zulieferung dem Lieferanten obliegt. An der Umsetzung des Güterflusses sind zahlreiche Teilbereiche der Logistik beteiligt, welche bereits ausführlich besprochen und dargestellt wurden. Zurückblickend auf Abbildung 6 können den einzelnen Disziplinen nun verschiedene Aufgabenbereiche zugeordnet werden. Diese sollen zur Veranschaulichung graphisch dargestellt und im Folgenden besprochen werden.

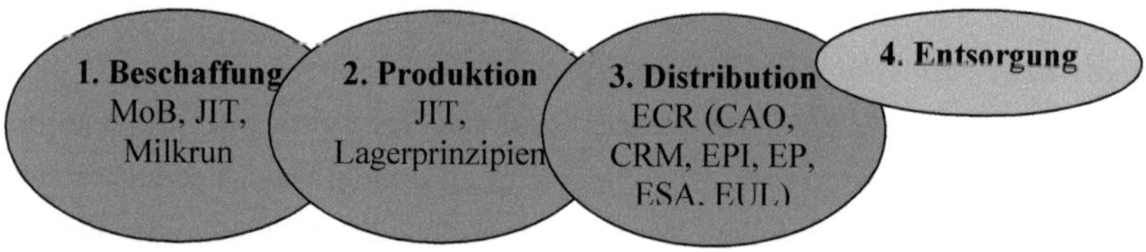

Abbildung 9: Konzepte der Logistik (Quelle: Eigene Darstellung)

4.3.2.2 Lagerprinzipien

Lagerprinzipien stellen einen wesentlichen Bestandteil der Logistik dar. Da Materialien nicht ständig im Warenfluss befindlich sein können, müssen diese eingelagert und nach bestimmten Kriterien wieder ausgelagert werden. Für diese Vorgänge finden sich konkrete, **reihenbildende Benennungen** auf der Basis englischen Morpheminventars:

- *Hifo-Prinzip* (*Highest In – First Out*)
- *Fifo-Prinzip* (*First In – First Out*)
- *Lifo-Prinzip* (*Last In – First Out*)
- *Lofo-Prinzip* (*Lowest In – First Out*)
- *Fefo-Prinzip* (*First Expired – First Out*)

Hifo bezeichnet den Vorgang des Güterverbrauchs in Abhängigkeit von deren Anschaffungswert. Das bedeutet, die Güter mit dem höchsten Anschaffungswert werden zuerst aufgebraucht. Das gegenteilige Prinzip stellt *Lofo* dar. Das *Fifo-Prinzip* besagt, dass zuerst gelagerte Artikel auch zuerst aus einem Lager entnommen werden müssen[1034]. Dieses Prinzip scheint in Bereichen wie der Lebensmittellogistik eine besondere Rolle zu spielen, da hierdurch z. B. weniger Ware verderben kann. Im Rahmen des *Lifo-Prinzips* findet der umgekehrte Vorgang statt[1035]. Beim *Fefo-Prinzip* werden die Waren eingelagert, jedoch nach dem frühesten vorhandenen Ablaufdatum der Ware wieder ausgelagert. Dies betrifft ebenfalls vor allem den Lebensmittelhandel[1036]. Die Termini werden als **Sprechkürzung** verwendet und bilden dadurch potenziell neue kompositorische Bestandteile.

4.3.2.3 Efficient Consumer Response (ECR)

Efficient Consumer Response (*ECR*) ist ein in der Lebensmittelbranche verwurzeltes distributionslogistisches Konzept bzw. **Zulieferkonzept**. Das Ziel des *ECR* besteht in der Erreichung hoher Gewinne und nachhaltiger Kosteneinsparungen sowie verbesserter Serviceleistungen und einer optimierten Produktpalette auf der Basis kooperierender Industrie- und Handelspartnerschaften[1037]. Hier-

---

1034 ten Hompel / Heidenblut [Logipedia]: online, 28.12.2009. Der Terminus fand außerdem im Gespräch mit Experten für Elektrotechnik Erwähnung, in welchem auf die Verwendung der Termini für die Benennung von Datenspeicherungsprinzipien im gesamten spanischsprachigen Raum verwiesen wurde (Experteninterview, 21.04.2010).

1035 Im Experteninterview wurden zur Beschreibung der Termini *Lifo* und *Fifo* zahlreiche Beispiele aus dem alltäglichen Leben angeführt. So funktioniert eine Schlange am Bankautomaten nach dem *Fifo-*, der Vorgang des Tellerwaschens nach dem *Lifo-Prinzip* (Experteninterview, 21.04.2010).

1036 Handel24: online, 12.08.2009.

1037 Derartige Kooperationsbemühungen wurden zunächst auch als *Quick Response Service* (*QRS*) in den USA bekannt. *QRS* wird für die Zusammenarbeit zwischen Industrie und Handel in der amerikanischen Textilwirtschaft verwendet (Vahrenkamp 2007, S. 360).

bei wird (wie in vielen Bereichen der Logistik) die liefernde *Supply Side* von der empfangenden *Demand Side* bzw. *Verbraucherseite* unterschieden[1038].

Innerhalb bestimmter Konzeptionen im Rahmen des *ECR* existieren diverse **Basisstrategien**, **Substrategien** und **Prinzipien**, welche sich gegenseitig ergänzen, ausschließlich aus Anglizismen bestehen und daher ohne Englischkenntnisse nur schwer erschließbar sind. An dieser Stelle sollen lediglich einige Beispiele angeführt werden:

- *Computer Assisted Ordering* (*CAO*)
- *Collaborative Customer Relationship Management* (*CCRM*)
- *Efficient Product Introduction* (*EPI*)
- *Efficient Promotion* (*EP*)
- *Efficient Store Assortment* (*ESA*)
- *Efficient Unit Loads* (*EUL*)

Das Konzept des *Computer Assisted Ordering* (*CAO*) bzw. *Automated Store Ordering* (*ASO*) ist in drei Stufen untergliedert. Zunächst werden die Verkaufsdaten mit Hilfe von Scannerkassen am bereits angesprochenen *Point of Sale* bzw. *POS* erfasst. Es erfolgt dann eine Übertragung der Informationen an das Zentral- bzw. Regionallager des Handels mit anschließender Weiterleitung der verdichteten Daten an die Hersteller (Industrie, *Supply Side*), welche wiederum ihre Lieferanten in den Ablauf einbinden und auf diese Weise den Herstellungsprozess beschleunigen[1039]. Ein jüngeres Konzept, das *Collaborative Customer Relationship Management* (*CCRM*) wird als Weiterentwicklung des *ECR* betrachtet und basiert auf einer Kooperation innerhalb der in der vorliegenden Untersuchung mehrfach auftauchenden *Supply Chain* (dt. *Lieferkette*)[1040]. An der Komponentenanzahl der Konzeptbenennung wird die Ausdifferenzierung des ebenfalls häufig in Erscheinung tretenden Terminus *Management* sehr deutlich. Der Terminusbestandteil *Collaborative* verweist explizit auf die Konzeption des *ECR*.

[1038] Lucke / Wölfel 2006, S. 100-102.

[1039] Vahrenkamp 2007, S. 361.

[1040] Lucke / Wölfel 2006, S. 103.

Besonders auffallend ist die Reihenbildung mit dem Adjektiv *efficient*, welches noch einmal auf das oben angeführte Ziel der in der Logistik so wichtigen Kostensenkung und Gewinnerhöhung hindeutet. Das Prinzip der *Efficient Product Introduction* (*EPI*) besteht in einer von Hersteller und Händler kooperativ durchgeführten Produkteinführung (*Product Introduction*) unter besonderer Berücksichtigung der Verbrauchernachfrage bzw. der Verbraucherbedürfnisse[1041]. Das Konzept der *Efficient Promotion* (*EP*) soll ebenfalls durch die Kooperation zwischen Industrie und Handel zur Steigerung des Produktabsatzes führen. Ein Hauptziel des *Efficient Store Assortment* (*ESA*)[1042] besteht darin, die Regalproduktivität durch richtige Sortimentsgestaltung und Ausnutzung der zur Verfügung stehenden Verkaufsfläche zu optimieren[1043]. *Efficient Unit Loads* resultieren aus der Komprimierung von Gütermengen zu standardisierten Versandeinheiten (*Unit Loads*) und sind nach ISO 3676 (s. S. 134) genormt[1044].

Ein in der empirischen Befragung behandeltes Konzept des *ECR* stellt das *Vendor-managed Inventory* dar. Dieses benennt eine **Bestandsergänzungsstrategie**, bei welcher ein Lieferant oder ein Hersteller (*Vendor*) in Anbindung an vertragliche Regelungen die Bestandsführung im Eingangslager seiner Abnehmer übernimmt und den Nachschub eigenständig disponiert. Die Kenntnis dieses Konzepts führt zur relativen Motiviertheit analogiegebildeter Termini wie *Buyer-managed Inventory* (*BMI*) und *Co-managed Inventory* (*CMI*)[1045]. Das *BMI-Konzept* überträgt die Bestandsverantwortung dem Handel, d. h. der Händler (*Buyer*) kontrolliert die Verkaufsvorgänge und übermittelt Nachbestellungen an die Hersteller. Beim *CMI* liegt die Bestandsverantwortung für die Standardware beim Hersteller und für Aktionsware beim Händler. Laut Umfrage sind mittlerweile die Buchstabierkürzungen *VMI*, *BMI* und *CMI* durchaus gebräuchlich, was für eine feste Etablierung der Termini spricht.

[1041] Lucke / Wölfel 2006, S. 103; Vahrenkamp 2007, S. 366.

[1042] ten Hompel / Heidenblut [Logipedia]: online, 16.08.2010.

[1043] Lucke / Wölfel 2006, S. 103; Vahrenkamp 2007, S. 365-366.

[1044] Roi International Management Consultants: online, 24.02.2010.

[1045] Wie bereits deutlich wurde, ist die Motiviertheit der Termini durchaus diskutierbar, die Autorin vertritt jedoch die Ansicht, dass diese Form der Analogiebildung eine relative Motiviertheit der Termini nach sich zieht bzw. auf dieser basiert.

Ebenfalls in die Befragung aufgenommen wurde der Terminus *Cross Docking* (*CD*), welcher eine weitere **Subkategorie** des *ECR* benennt. Dieses Konzept dient insbesondere der effizienten Gestaltung der *Supply Chain* und ist auf einen beschleunigten Warenumschlag in den einzelnen Distributionszentren durch eine direkte Weiterleitung der Güter aus dem „non-manipulativen" Wareneingang in den Warenausgang ausgerichtet, ohne dass dabei länger als 24 Stunden gelagert wird[1046]. Hierfür werden Paletten (z. B. Komplettpaletten) so verpackt, dass eine Vereinfachung des Warenumschlags erfolgen kann. Auch dieser Terminus erwies sich in der Befragung als etabliert.

Die Umfrage ergab zudem drei Subkategorien des *Cross Docking*, welche auf die konkrete Form der Palettenvorbereitung verweisen: das *Pack-Cross-Docking* [sic], das *vorkommissionierte Cross-Docking* [sic] und das *sortenreine Cross-Docking* [sic]. Es ist davon auszugehen, dass in anderen Abschnitten der vorliegenden Arbeit besprochene Logistikkonzepte ebenfalls in den Bereich des *ECR* einzuordnen sind; zur terminologischen Betrachtung sollen die angeführten jedoch genügen.

4.3.2.4 Beschaffungs- und Transportkonzepte

Beschaffungslogistische Termini spielen in der Logistik eine besonders große Rolle und überschneiden sich in zahlreichen Fällen mit transportlogistischem Terminusinventar, da Beschaffung und Transport naturbedingt voneinander abhängen. Wie bereits betont wurde, bildet der stetige **Materialfluss** eine Grundvoraussetzung für logistische Prozesse, denn Beschaffung und Transport der zu befördernden Güter sollten ohne Hindernisse zum Ziel erfolgen. Um dies zu erreichen, sind verschiedene Konzepte entwickelt worden, welche in vielen Fällen auf Englisch benannt sind. Zu den relevanten Anglizismen aus der Beschaffungslogistik zählen *Make-or-Buy* (*MoB*), *Operations Research* (*OR*), *Milkrun* und *Just-in-Time* (*JIT*)[1047].

Beim Konzept *Make-or-Buy* (*MoB*) geht es um die Frage, ob die Herstellung durch das eigene Unternehmen oder durch andere Hersteller erfolgt. *Make* (auch

---

[1046] Roi International Management Consultants: online, 24.02.2010.

[1047] Diese Termini wurden alle in der Umfrage behandelt.

Insourcing) bezeichnet die Leistungserstellung durch das eigene Unternehmen, während *Buy* (auch *Outsourcing*) den Bezug wirtschaftlicher Aktivitäten durch externe Hersteller benennt[1048]. *Operations Research* (*OR*) stellt einen logistischen **Lösungsansatz** auf der Basis mathematischer Konzepte dar. Hierbei erfolgt die Zusammenfassung statistischer Analyseverfahren zur Bestimmung optimaler Lösungen für komplexe Gesamtsysteme. Der Ansatz stammt aus dem militärischen Bereich und wurde in Großbritannien mit dem Ziel entwickelt, Konzepte wie das *Travelling-Salesman-Problem* (s. S. 244) zu optimieren (z. B. durch den Einsatz von Lastkraftwagen unter optimaler Kosten- und Zeitnutzung). Eine Integration des Terminus kann durch die Benennung *Lehrstuhl für Operations Research und Logistik* an der Universität des Saarlandes belegt werden, wenngleich er hierin mit der Logistik gleichgesetzt und somit von dieser differenziert wird[1049]. Im Bereich des *OR* findet sich der Terminus *sensitivity analysis*, welchen man bei ausreichender Kenntnis des Englischen fälschlicherweise mit *Sensibilitätsanalyse* übersetzen könnte, da *sensitivity* im Fremdsprachenunterricht häufig als falscher Freund markiert wird und in der Regel mit *Sensibilität* zu übersetzen ist. Im vorliegenden Fall lautet das Äquivalent allerdings tatsächlich *Sensitivitätsanalyse*[1050]. Der Terminus *Milkrun* benennt ein **Tourenplanungskonzept**, bei welchem eine Direktbelieferung auf einer fixen Route zu vorgegebenen Zeiten erfolgt. Vermutlich basiert das Konzept auf der Tour eines Milchfahrers, welcher die Milch bei einzelnen Bauern abholt und den für den Milchtransport gefährlichen, langen Transportzeiten vorbeugen muss. *Just-in-Time* benennt eine aus Japan stammende beschaffungslogistische **Produktionsstrategie**, durch die in Abhängigkeit vom Bedarf eine Senkung der Lagerbestände erfolgt. Bestimmte Teile für die Produkterzeugung werden danach nur bei Nachfrage angeschafft[1051]. Laut Experteninterview wurde dieser Termi-

---

[1048] Lucke / Wölfel 2006, S. 109. In einigen Expertenbefragungen wurde der Terminus in den akademischen Bereich eingeordnet, wenngleich die Beantwortung der Terminuslisten dies nicht bestätigen konnte.

[1049] In der Umfrage erfolgte der Hinweis darauf, dass das mittlerweile veraltete deutsche Äquivalent *Unternehmensforschung* lautet.

[1050] Experteninterview, 15.05.2010.

[1051] Vahrenkamp 2007, S. 221.

nus bereits von einem erweiterten Konzept, nämlich *Just-in-Sequence* (*JIS*), abgelöst. Hierbei erfolgt die Anschaffung der Güter auf der Basis des *JIT*, zusätzlich aber findet die Bereitstellung in Verbraucherreihenfolge statt. Die einzelnen Teile werden danach in exakt derselben Reihenfolge zur Verfügung gestellt (z. B. bei Fließbandarbeit), in der sie verarbeitet werden[1052]. Die Termini weisen demnach einen relativ hohen terminologischen Motiva-tionsgrad auf.

Eine wichtige Rolle in der Transportlogistik spielen zudem die Beförderer und die Beförderungszeiten, welche ebenfalls durch englische Termini reihenbildend denotiert sind. Der **Beförderer** selbst wird mittlerweile auch als *Carrier* bezeichnet, der Logistikdienstleister als *Provider*. Bei den einzelnen Beförderern wiederum ergeben sich folgende Differenzierungsformen, welche durch *X-Party Logistics Provider* benannt sind:

- *Second Party Logistics Provider* (*2PL-Provider*)
- *Third Party Logistics Provider* (*3PL-Provider*)
- *Fourth Party Logistics Provider* (*4PL-Provider*)

Der Terminus *Party* benennt einen determinierten Bereich der Logistik. Die Nummerierung deutet auf die entsprechende Ausweitung der Bereiche hin (z. B. Lager, Transport, Umschlag oder firmenexterne Leistungen). Dienstleister können somit in einer kurzen Formel (z. B. *4PL*) verdeutlichen, auf welchen Bereich sich ihre Tätigkeit konzentriert[1053]. Der Terminus *2PL-Provider* bezieht sich z. B. auf Transport- und Speditionsunternehmen. *3PL-Provider* sind zumeist als *Outsourcingpartner* agierende Logistikdienstleister (Kontraktlogistik). Ein *4PL-Provider* ist für die Steuerung globaler Logistikketten eines Unternehmens verantwortlich[1054]. Auch die **Beförderungszeiten** werden kaum noch mit deutscher Übersetzung geführt. So sind Lieferfristen durch *Same day*, *Next day*, *Second day*, *Overnight*, *Innight*[1055] denotiert. Allerdings finden sich auf den In-

---

1052 Experteninterview, 15.05.2010.

1053 ten Hompel / Heidenblut 2006, S. 194.

1054 ten Hompel / Heidenblut [Logipedia]: online, 28.01.2010. Nach einem Experteninterview scheint es sich bei *4PL* um einen Terminus zu handeln, der in der Praxis äußerst selten zum Tragen kommt (Experteninterview, 15.05.2010).

1055 Vahrenkamp 2007, S. 141.

ternetseiten der Logistikanbieter auch hier orthographische Varianten, so z. B. *Kurier-*, *Sameday-* und *Notfalllogistik.* Dass *Sameday* zusammengeschrieben wird, erscheint nur dadurch erklärbar, dass sich die Betonung in der Logistik auf der vorderen Silbe des Terminus befindet, was im Deutschen eine Direktverknüpfung der Komponenten nach sich zieht. Allerdings befindet sich auf derselben Seite der Terminus *Sameday Anfragen*, welcher konsequenterweise in irgendeiner Form, z. B. durch einen Bindestrich, verknüpft werden müsste.

4.3.2.5 E-Logistik

Die in logistischen Geschäftsprozessen verwendeten Informations- und Kommunikationstechnologien werden unter dem Terminus *E-Logistik* bzw. *E-Logistics* subsumiert. Dieses Konzept basiert auf der Abwicklung logistischer Geschäftsprozesse durch elektronische Medien. Der Bereich der E-Logistik deutet auf starken Wettbewerb mit hohen Geschwindigkeiten in Kommunikation und Leistung hin. Hierzu dienen laut Krampe **elektronische und internetgestützte Informationssysteme bzw. Marktplätze**, die pausenlos erreichbar sind[1056]. Aufgrund moderner Sprachkontakte, welche durch audiovisuelle Kommunikationsmedien starke Förderung erfahren, herrscht ein intensiver wechselseitiger Einfluss innerhalb verschiedener Sprachsysteme im Rahmen des so genannten *Electronic Business* (*E-Business*). Die kommunikations- und informationstechnologischen Quantensprünge der letzten Jahre und die daraus resultierende weltweite Vernetzung durch das Internet ermöglichen eine rasante Verbreitung von Dokumenten, deren Übersetzung mittlerweile – gemessen an der Geschwindigkeit der Übertragung – oft viel zu lange dauern würde. Ein repräsentatives Beispiel hierfür liefern e-logistische Distributionssysteme.

Der so genannte *Electronic Data Interchange* (*EDI*) als essenzielle Komponente logistischer Aktivitäten bietet eine unüberschaubare Anzahl an Anglizismen. Ein Quantifizierungsversuch derselben würde gewiss eine kaum eingrenzbare Unternehmung darstellen. Allein die für die Logistik relevanten Anglizismen sind auf diesem Gebiet nur schwer fassbar, weshalb lediglich einige wesentliche logistische Termini Erwähnung finden sollen. Von vorrangiger Bedeutung im Be-

[1056] Krampe / Lucke 2006a, S. 19-29.

reich der E-Logistik sind die diversen Formen der Kommunikationsverfahren und die dabei verwendeten Netzwerke. Zu den im Bereich der Logistik vorkommenden Datenübertragungstechniken zählen das *Store-and-Foreward-* und das *Point-to-Poin-Prinzip*[1057]. Durch die einzelnen Terminusbestandteile wird die jeweilige Variante des Verbindungsaufbaus beschrieben. Wie an *Store* erkennbar ist, erfolgt bei diesem Prinzip also zunächst eine Speicherung der Daten, während das *Point-to-Point-Prinzip* eine Weiterleitung von einem Punkt zum nächsten beinhaltet. Das *E-Business* selbst schafft die Voraussetzungen für eine ständige Subgruppenkonsolidierung. Diese resultiert z. B. im *E-Procurement*, bei welchem beschaffungslogistische Maßnahmen via Internet erfolgen[1058].

Durch den starken Wettbewerb im so genannten *E-Commerce* (*Electronic Commerce*) manifestieren sich die entsprechenden Termini. So wird sich zur Optimierung logistischer Leistungssysteme mit dem Ziel des *Best-Practice-Transfer* am Marktführer und an *Best-In-Class-Lösungen* orientiert. Der Terminus benennt offensichtlich eine Form des auch in der psychiatrisch-psychotherapeutischen Fachsprache bekannten *Benchmarking*. In Anlehnung daran kommt es zu Wortbildungsprodukten wie *Best-in-Class-Transportdienstleister*[1059].

4.3.2.6 Teilnehmerbeziehungen

Von besonderer Bedeutung für geschäftliche Beziehungen sind die beteiligten Parteien. Im Bereich der Logistik haben sich hierfür spezielle Benennungen etabliert. Zu den möglichen **Teilnehmern** an logistischen Prozessen zählen Unternehmen (*Business* = *B*), Konsumenten (*Consumer* = *C*) und öffentliche Einrichtungen (*Administration* = *A*). Geschäftsbeziehungen werden durch das verbindende Element **2 für *to*** angegeben. Hieraus ergeben sich beispielsweise folgende terminologische Syntagmen, welche die **e-logistischen Beziehungen** zwischen den Partizipanten benennen:

A2C, *A2B*, *B2A*, *B2B*, *B2C* und *B2E*.

1057 Vahrenkamp 2007, S. 53.

1058 Lucke / Krampe 2006, S. 134-135.

1059 MeGalux: online, 28.07.2009.

Eine uneinheitliche Handhabung wird auch hier erkennbar, da das <C> an verschiedenen Stellen für *Consumer*, an anderen jedoch für *Customer* steht. Aus terminologischer Sicht widerspricht diese Handhabung auch bei semantischer Teiläquivalenz einigen fachsprachlichen Postulaten (z. B. dem der Eineindeutigkeit), denn der Terminus *Consumer* benennt nicht zwangsläufig denselben Begriff wie *Customer*, da der *Customer* (z. B. Einzelhändler als Kunde des Großhändlers) nicht den *Consumer* der gekauften Ware darstellen muss. Im umgekehrten Fall ist z. B. ein Kleinkind nur *Consumer*, nicht aber *Customer*, da es nicht zur eigenständigen Durchführung geschäftlicher Transaktionen (z. B. Kauf von Babynahrung) in der Lage ist.

Der Terminus *A2C* (*A-to-C* / *Administration-to-Customer*) beschreibt jenen Zweig der Logistik, welcher sich mit der Kommunikation zwischen der öffentlichen Verwaltung und privaten Endverbrauchern bzw. Unternehmen beschäftigt. *A2B* (*A-to-B* / *Administration-to-Business*) steht für den Kontakt zwischen der öffentlichen Verwaltung und den Unternehmen. *B2A* (*B-to-A* / *Business-to-Administration*) bezeichnet den umgekehrten Weg. *B2B* (*B-to-B* / *Business-to-Business*) beschreibt die Beziehungskonstellationen zwischen Unternehmen. Selbstevident ist nunmehr *B2C* (*B-to-C* / *Business-to-Customer*). Der Terminus *B2E* (*B-to-E* / *Business-to-Employee*) scheint nach der Expertenbefragung eine jüngere Denotation darzustellen[1060].

Insgesamt handelt es sich hierbei um ein hochökonomisches und ebenso produktives Wortbildungsmuster, aus welchem weitere Termini resultieren (z. B. *B2B-Outbound, B2fair*)[1061].

Auf ähnliche Weise erfolgt die Quantifizierung der **Beziehungskonstellationen** zwischen Lieferanten und Kunden. Diese können aus den Verbindungen *one-to-one*, *one-to-more* und *more-to-more* bestehen. Der Terminus *one-to-one* bezeichnet die Beziehung zwischen genau einem Lieferanten und einem Kunden. Aus dieser Erkenntnis heraus lassen sich *one-to-more* und *more-to-more* ablei-

---

1060 Marketing & Consulting Services: online, 11.08.2009.

1061 *B2fair* benennt eine „Kooperationsbörse auf internationalen Messen“. Sie dient der Kontaktknüpfung zwischen Unternehmen, Kunden und Lieferanten (B2fair: online, 20.05.2010).

ten[1062]. Die am oben angeführten *E-Business* Beteiligten werden in Vahrenkamp mit *sell side* (*Demand Side*, *Verbraucher*) und *buy side* (*Supply Side*, *Anbieter*)[1063] denotiert. Hier heißt es, dass bei den Betreibern von *E-Commerce-Plattformen* zwischen einem oder mehreren Verkaufsanbietern (*sell-side-Lösungen*), einem oder mehreren beschaffenden Unternehmen (*buy-side-Lösungen*) oder einem unabhängigen Dritten (elektronische Marktplätze) unterschieden werden kann[1064]. Doch auch und gerade im *E-Business* ist von einer Verwendung der jeweils kürzesten Terminusvariante auszugehen, denn die globale Vernetzung „verträgt" keine sprachlichen Hürden und führt letztendlich zu einer Kodifizierung der Sprache unter hoher Geschwindigkeit.

4.3.3 Vergleich der medienbeeinflussten Anglizismenverwendung

4.3.3.1 Anmerkungen zur Vorgehensweise

Ein Zeitschriftenvergleich war für die vorliegende Untersuchung nicht intendiert, da die Wahrscheinlichkeit interterminologischer Sprachverwendungsmuster und die zu vermutenden gemeinsprachlichen Anteile zunächst als der Terminusselektion hinderlich eingestuft wurden, während erklärende Monographien zu den entsprechenden Themenbereichen de facto als Sicherheit galten. Wie jedoch festgestellt werden konnte, ist es vorstellbar, der Untersuchung zur Terminusselektion einen kontrastiven Fachzeitschriftenvergleich zugrunde zu legen und somit die Repräsentativität des vorliegenden Korpus zu erhöhen[1065]. Da sich diese Möglichkeit jedoch erst nach Erstellung der fachsprachbezogenen und der fachgebietsspezifischen Betrachtung und nach Abschluss der empirischen Umfrage offenbarte, wurden lediglich zwei gleichwertig erscheinende Fachzeitschriften untersucht. Wie bereits angesprochen wurde, scheinen vor allem Publikationen öffentlicher Organe in erster Linie auf deutscher Sprache zu erscheinen, um den deutschsprachigen Experten nicht seiner **Weiterbildungs-**

[1062] Zimmermann: online, 28.09.2009.

[1063] Die Termini in Klammern entsprechen den bisher in der vorliegenden Untersuchung angeführten orthographischen Varianten.

[1064] Vahrenkamp 2007, S. 113-114.

[1065] Zur Repräsentativität des vorliegenden Korpus siehe auch 5.2.3

möglichkeiten durch sprachliche Barrieren zu berauben. Dennoch zeigt sich, dass Anglizismen auch vor deutschsprachigen Fachzeitschriften nicht Halt machen. Dies wird besonders am im Folgenden untersuchten *NeuroTransmitter* deutlich.

4.3.3.2 Die Fachzeitschrift *NeuroTransmitter*

In der Zeitschrift *NeuroTransmitter*[1066], dem offiziellen Organ des **Berufsverbandes Deutscher Nervenärzte** (BVDN), des **Berufsverbandes Deutscher Neurologen** (BDN) und des **Berufsverbandes Deutscher Psychiater** (BVDP), findet sich eine immer noch überschaubare, aber dennoch auffallend hohe Anzahl an englischen Termini, welche jedoch nicht ausschließlich dem seelischen Bereich zugeordnet werden kann, sondern vielmehr mit gesundheitswirksamen Faktoren in Verbindung steht. Die kursiv abgedruckten Anführungszeichen sind Zitationsbestandteil. Seitenangaben erfolgen intratextuell.

Im *NeuroTransmitter* finden Termini wie *Regelversorgung als ‚Flatrate'* (10) oder *öffentlichkeitswirksame Publicity* (16) Verwendung. Derartige Anglizismen werden vermutlich bewusst eingesetzt, um eine konkrete Wirkung zu erzielen. Dabei spielen Aspekte wie Zeitgeist und **Öffentlichkeit** eine wesentliche Rolle. Diese Thematik wird insbesondere durch das Lexem *Publicity* repräsentiert, welches im Grunde mit den Grundzügen der Psychiatrie nicht in Verbindung steht, diesen unter Berücksichtigung der „Mauern“ zwischen Psychiatrie und Gesellschaft gar beinahe widerspricht.

Die Zeitschrift enthält einen vergleichsweise hohen (orthographisch variierenden) Anglizismenanteil zum Thema **Schlaganfall**, so z. B. *Stroke Risk-Analyser*, *Stroke-Risk-Analyzer (SRA)-Verfahren* und *Screening-Modul* zur Schlaganfallprävention. Dabei fällt auf, dass auch hier einige computertechnische Termini Einzug halten, nämlich *SRA-Viewer* und *SRA-Server* (26), *Monitoring: das Stroke-Unit-Konzept*, *EKG-Monitoring*, *rt-PA* (*recombinant tissue plasmonigen activator*). Ein diesbezüglicher Fragebogen wird in der Zeitschrift absichernd noch ins Englische übersetzt. Es zeigt sich, dass im Deutschen nur die Vollform besteht, was darauf hindeutet, dass nach Etablierung des Frage-

---

1066 Im Literaturverzeichnis unter: Bundesverband Deutscher Nervenärzte e. V.

bogens die englische Abkürzung aufgrund sprachökonomischer Aspekte Verwendung findet, wie dies in *Essener Risikoskala* (*ESRS* = *Essen-Stroke-Risk-Score*) der Fall ist (49-56).

Auch **orthographische Varianten** sollen an dieser Stelle noch einmal thematisiert werden. So finden sich innerhalb von zwölf Zeilen einer übersichtlich gestalteten kleinen Spalte zwei orthographische Varianten desselben Terminus: *Brainkonzept* und *Brain-Konzept* (28). Dies belegt, dass Sprache unabhängig von ihrer Genormtheit immer Phasen durchläuft, in welchen Variationen auftreten, bis sich der Terminus im Zentrum einer Fachsprache tatsächlich etabliert hat oder wieder in deren Peripherie gerückt ist bzw. diese verlassen hat. So wird auch der Terminus *Recovery* einmal als integrierte Variante und später einführend behandelt: *dann Recovery, Annahme einer Recovery* (61), *„recovery“* (81). Dies mag auch auf der Tatsache beruhen, dass es sich um zwei unterschiedliche Artikel bzw. Autoren handelt. Dennoch zeigen sich Unsicherheiten über die Manifestiertheit des Terminus bzw. die Wissensbestände der Rezipienten und divergierende Metaerwartungen der Autoren. Auch der Terminus *Home Treatment* zählt zu dieser Kategorie. Nach intensiver Recherche auf den Internetseiten psychiatrischer Einrichtungen fand er sich auf der Homepage der Psychiatrischen Dienste im schweizerischen Thurgau unter der Kategorie **Team**[1067]. Allerdings existiert auch hierzu eine orthographische Variante, nämlich: *Hometreatment.* Dies legt die Vermutung nahe, dass es sich um einen nicht-manifestierten Terminus handelt. Dem widerspricht allerdings die Aussage des zuständigen Oberarztes, dass der Terminus

> […] für diese Form der aufsuchenden Behandlung […] im deutschsprachigen Raum (Deutschland, Schweiz) aus dem Angelsächsischen bzw. als Anglizismus übernommen wurde und als geläufiger Terminus verwendet wird[1068].

Beim *Hometreatment* handelt es sich um einen Bereich der Psychiatrie, in welchem Familien „in Überforderungs- und Krisensituationen wegen psychiatri-

---

1067 Spital Thurgau AG: online, 08.08.2009.

1068 Email an die Autorin: 08.08.2009.

scher Erkrankung eines Kindes, Jugendlichen oder Elternteils" Unterstützung erfahren[1069].

Der Terminus scheint somit einen sich manifestierenden Bestandteil des sozialpsychiatrischen Paradigmas darzustellen. Dass **Studien** und **Test**- bzw. **Fragebögen** vermehrt Anglizismen ins Zentrum der psychiatrisch-psychotherapeutischen Fachsprache transportieren, wurde bereits erwähnt und durch die vielen hiermit verbundenen Sprech- und Lesekürzungen belegt. Als weiterer Nachweis werden die im *NeuroTransmitter* identifizierten Termini erachtet:

- *CHARISMA-Studie*
- *Clinical and Global Impression-Severity-(CGI-S-)Skala*
- *Doppelblind-Design*
- *Einsatz des Fisher's Extact Testes*
- *Follow-up-Studie*
- *konsequentes Follow-up*
- *MATCH-Studie*
- *Number needed to treat (NNT)*
- *randomisierte Behandlungsstudie (IST, CAST)*
- *Severe Impairment Battery (SIB)*[1070]

Auch der im gesamten Bereich der Medizin manifestierte Terminus *Guidelines* findet Verwendung: *„Guidelines der ASA: Zum akuten Stroke-Management"*. Der Terminus wird heute kaum mehr übersetzt – besonders, wenn die Richtlinien dem englischsprachigen Raum entstammen. Ebenso findet sich in der Fachzeitschrift eine zweifache Verwendung des Terminus *Management* in *Stroke-Management* und *Krisenmanagement*[1071]. Die Bindestrichverwendung in *Stroke-Management* belegt, dass der Anglizismus *Stroke* weitaus stärker als fremd wahrgenommen wird als der Terminus *Management*, welcher direkt mit dem Lexem *Krise* verknüpft ist. Weiterhin konnten terminologische Verbände im *NeuroTransmitter* identifiziert werden, so z. B. die folgenden Syntagmen:

[1069] Spital Thurgau AG: online, 08.08.2009.

[1070] Bundesverband Deutscher Nervenärzte, S. 49-68.

[1071] Bundesverband Deutscher Nervenärzte, S. 49-56.

- *Konzepte von "empowerment"*
- *"shared decision"*
- *ein „loose binding" am Dopamin D2-Rezeptor (fast-off D2)*
- *„one-size-fits-all answer"*
- *High-Expressed-Emotions-(HEE)Status der Familie*

An diesen Beispielen zeigt sich, dass besonders Lexemverbände im medizinischen Bereich durch **Anführungszeichen** markiert und somit reflektiert in den Text eingeführt werden. Die hier besprochenen Fügungen lassen eine Bindestrichverwendung bei steigender Morphemanzahl erkennen. Diese Wortbildungsmuster werden exemplarisch angeführt, da eine Zeitschriftenüberprüfung nicht im Fokus der Untersuchung steht. Auch die ausführlich besprochene Form der Derivation konnte identifiziert werden. Zu den Anglizismen in diesem Bereich zählen *„tailoring drug treatment"*, *Training* und *Industrie-Sponsoring.* Ein in dieser Zeitschrift verwendetes Derivat auf der Basis des Morphems **-er** ist der Terminus *Responder*, welcher im Glossar ausführlicher besprochen wird. Einen evident kompositorischen Anglizismus ohne deutsche Morphemanteile stellt *Baseline* dar. Der in der Fragebogenaktion eruierte Terminus *Compliance* kann hier ebenfalls verifiziert werden, und zwar in Verbänden wie *die Compliance des Patienten* oder *die verbesserte Compliance*[1072].

Auch das **Zusatzblatt** der Zeitschrift wird mit dem analogiegebildeten englischen Titel *NeuroTransletter* geführt. In diesem Zusatzblatt findet sich der bereits erwähnte Terminus *Add-on-Therapie.* Die Anglizismen sind beim globalen Lesen identifiziert worden, weshalb die Autorin keinen Anspruch auf eine vollständige Quantifizierung erhebt. Da das Ziel der Untersuchung im Aufzeigen von Tendenzen unter gleichwertiger Behandlung zweier Fachgebiete besteht, soll ein Zeitschriftenvergleich nicht als Instrument zum Einsatz kommen, sondern lediglich zur Absicherung einiger Grundgedanken bezüglich der Terminologie genutzt werden. Eine reine Zuordnung der einzelnen Termini in das psychiatrisch-psychotherapeutische Inventar ist ohnehin nicht möglich, da es sich eindeutig um eine breite Palette an Anglizismen handelt, an welchen unter anderem die Neurologie und auch die Gemeinsprache Anteil haben.

[1072] Bundesverband Deutscher Nervenärzte, S. 60-81.

4.3.3.3 Die Fachzeitschrift *Logistik Heute*

Für einen groben Vergleich mit der oben angeführten Fachzeitschrift *NeuroTransmitter* scheint das etablierte Blatt *Logistik Heute*[1073] geeignet zu sein, da sich beide Zeitschriften in Umfang, Aufmachung und im Umgang mit dem Phänomen Sprache sehr ähnlich sind[1074]. Das Ziel besteht jedoch nicht in der gegenüberstellenden Quantifizierung der in beiden Fachzeitschriften enthaltenen Anglizismen, sondern in einer Überprüfung sprachlicher Tendenzen. Erwartungsgemäß sollte der Anglizismenanteil in *Logistik Heute* den des *NeuroTransmitters* deutlich übersteigen. Was jedoch auffällt, ist nicht die Quantität des evidenten englischen Inventars, sondern eine tiefere Manifestation der Termini und Lexeme, da kaum einführende **Hervorhebungen** wie Kursivdruck oder Anführungszeichen in Erscheinung treten. Stattdessen greift man auf zusätzliche Lexeme zurück: *sogenannte Scrubber* (57) oder *neudeutsch Boulderroom* (10). Zahlreiche Anglizismen in der Zeitschrift scheinen mit der Gemeinsprache verknüpft zu sein oder dieser zu entstammen bzw. aus der Wirtschaftsfachsprache in diese determinologisiert zu sein. Exemplarisch seien an dieser Stelle nur einige Anglizismen angeführt:

> *Titelstory*, *Know-how* (Editorial), *Workshops* (7), *Boom der Outdoorbranche* (4), *Boom in der Outdoorszene* (10), *Funkterminals*, *Outdoormode* (11), *Know-how*, *Team* (11), *Newcomer*, *Win-win-Situation*, *verbessern Sie Ihr Image*, *Imagepflege* (21), *Kundenservice* (24-25), *eigene Shops*, *Webshop* (31), *Tour* (32-33), *clever* (36), *PIN-Code* (39), *Feedback* (41), *Trend* (42-43, 48-49), *Lohndumping*, *Statement* (48-49), *Label* (50), *Hightech* (60)

Es ist schwer eingrenzbar, welche Anglizismen determinologisiert sind und welche lediglich dem Bereich der Wirtschaft, der Betriebswirtschaft oder ausschließlich der Logistik zuzuordnen sind. So wäre der Terminus *Anlagen-Performance* (12) nach Zerlegung seiner Komponenten nicht mehr als Terminus zu identifizieren. *Anlage* ist durchaus als Lexem zu bewerten und *Performance* stellt de facto ein in die deutsche Gemeinsprache integriertes Lexem dar, wel-

---

1073 Im Literaturverzeichnis unter: Huss / Huss.

1074 Die Seitenzahl der *Logistik Heute* beträgt 66, die des *NeuroTransmitters* bei scheinbar gleicher Schriftgröße 91.

ches augenscheinlich über die Massenmedien transportiert worden ist. Weitere Termini, welche auf gemeinsprachlicher Ebene zumindest für Leser der Wirtschaftsteile der Zeitungen bekannt sein dürften, sind *Joint Venture* (19), *Projektteam*, *Barcodes* (23) und *Fundraising* (21).

Neben den zahlreichen determinologisierten und auch manifesten Anglizismen in der Zeitschrift findet sich eine **hohe Anzahl evidenter Termini**. So tritt die bereits mehrfach angesprochene *Supply Chain* in diversen kombinatorischen Variationen in Erscheinung. Die kompositorischen Wortbildungsmuster zeugen von der tiefen Integration des Terminus und die steigende Anzahl der Kombinationen trägt offensichtlich zu einer verstärkten Etablierung bei. Identifiziert wurden

> *ein spezielles Supply-Chain-Modell* (4), *Herausforderungen an die Supply Chain, Komplexität heutiger Supply Chains, Supply-Chain-Champions* (8), *Supply Chain Management* (8, 20, 39), *angepasstes Supply-Chain-Modell in der Homecare-Versorgung* (24-25), *recycelt* (26), *Supply-Chain-Planungssystem* (29), *Supply Chain Manager* (48-49), *die Supply-Chain-Verantwortlichen* (51-52), *Supply-Chain-Kosten* (53), *Supply-Chain-Strategie* (64-65)

Interessanterweise findet *Supply Chain* auch auf Deutsch als *Lieferkette* Verwendung. Der interlinguale Gebrauch der Termini erfolgt auch innerhalb einzelner Artikel. Hier findet sich eine nicht geringe Bandbreite an kompositorischen Varianten. Auch syntaktische Fügungen treten in Erscheinung, wie in „Der Stellenwert des grünen Supply Chain Management“ erkennbar wird (53). Beim *grünen Supply Chain Management* handelt es sich offensichtlich um eine syntaktische Fügung. Besonders interessant erscheinen die verschiedenen Verwendungsformen in zusammenhängenden Lexemgruppen, wie z. B. „die Supply Chain für Frischblumen“; „will eine sogenannte ‘demand driven’, also von der Nachfrage gesteuerte, Supply Chain aufbauen und damit vom ‘supply driven’-Konzept abkommen“ (60).

Besonders zahlreich findet auch der in der Gemeinsprache durch Determinologisierungsprozesse fest etablierte Terminus *Container* Verwendung. Hier sind ebenfalls zahlreiche Varianten zu verzeichnen:

> *Container, Containertransport* (8), *Containerumschlag* (15, 19), *Container-Terminal* (14, 19), *Containerbrücken, Vollcontainerschiff, Containerzug, Contai-*

ner-Revolution (19), *Überseecontainer* (30-31), *Normcontainer* (44-45), *Containerbahnhöfe*, *Containerterminal* (54-56), *Containerschifffahrt*, *Containerladung*, *Kühlcontainer* (59), *Containerhandling* (64-65)

Was am Beispiel des Terminus *Container* deutlich zu erkennen ist, sind die Inkonsistenzen in der **Bindestrichverwendung**, die allerdings nicht ausschließlich im Zusammenhang mit Anglizismen zu verzeichnen sind. Auch deutsche Termini werden inkonsequent verknüpft. So taucht die folgende Benennung einer Logistikdisziplin in zwei Varianten auf: *Getränkelogistik* / *Getränke-Logistik* (36-37).

Mehrere Artikel der Zeitschrift deuten darauf hin, dass die englischen Termini in der Logistik vor allem **themenbezogen** in Erscheinung treten. Besonders deutlich wird dies in einem Artikel zum Thema *Homecare*:

Versorgungsbereich Homecare, *Homecare-Unternehmen*, *des Versorgungsbereichs Homecare*, *Homecare-Versorgung*, *Homecare-Supply-Chain*, *Homecare-Patienten*, *Homecare-Außendienst*, *der Homecare-Markt*, *Homecare-Betriebe* (24-25)

Der Terminus *Homecare* fiel in der Recherche zu den Grundbausteinen der Logistik nicht ins Auge, scheint jedoch ein etabliertes Konzept darzustellen, welches keiner einführenden Hilfszeichen bedarf. Ein ähnlicher Terminus, welcher in der Zeitschrift auffällt, ist das Konzept *Healthcare* (7), welches wiederum stark an die Fachsprachenverwendung der Medizin erinnert und eine Überprüfung entsprechender Überschneidungen nahelegt. Auch andere Termini treten innerhalb konkreter Themenbereiche vermehrt in Erscheinung. Zahlreiche Varianten des Terminus *Management*, welcher im Zusammenhang mit sprachlichen Interferenzerscheinungen in der vorliegenden Untersuchung Berücksichtigung findet (s. S. 324 ff.), stehen auch im folgenden Abschnitt im Fokus:

Warehouse Management System (*WMS*) (14), *Content-Management-System* (24-25), *Manager*, *Bestandsmanagement* (26-27), *Risikomanagement*, *Cash-Management* (44-45), *Managementelite* (51-52), *das RFID-basierte Management* (64-65)

Ein weiterer Themenbereich ist der *E-Commerce*, der sowohl mit der Fachsprachenverwendung der Logistik als auch mit der Ebene der Gemeinsprache stark in Verbindung steht. Hier scheint es besonders schwierig zu sein, die Stufe der Determinologisierung zu evaluieren. Ein Großteil der Wirtschaftslaien ist mit dem Vokabular der Internetplattformen durchaus vertraut und auch Termini aus der IT-Branche treten zahlreich in Erscheinung. So können folgende e-logistische und informationstechnologische Anglizismen exemplarisch angeführt werden:

> *Online-Käufe, Mausklick, E-Commerce, Powerseller, Multichannel-Versender* (40-41), *E-Commerce-Händler, Teleshopping-Anbieter* (42-43)

Der Großteil derartiger in der Zeitschrift angeführter Anglizismen muss an dieser Stelle jedoch ausgespart werden, da sich das Feld der Logistik und die **Gemeinsprache** in diesem Fall stark überlagern. Ebenfalls themenbezogen treten Termini zum Thema *Offshore* in Erscheinung, weshalb der Terminus innerhalb eines Kapitels zahlreiche Verbindungen eingeht, wie z. B.

> *Offshore-Windpark Nordsee Ost, Offshore-Konstruktionsschiffe, Offshore-Umschlag* (14)

Auffallend für den Bereich der Logistik (wenn nicht für den gesamten Bereich der Wirtschaft) sind die englischen Berufsbezeichnungen und die Verwendung englischen Morpheminventars für die Benennung von Firmen und auch Lehrstühlen. Anglizismen sind aus diesem Bereich kaum mehr wegzudenken und prägen das Bild der Sprachlandschaft sehr tief. Einige Beispiele für **Firmen-** und **Berufsbezeichnungen**, welche identifiziert wurden, sind

> *Munich Airport Logistics Centre* (14), *die Mobility Division der Siemens AG* (15), *Vice President Business Development bei* (Firma) *Supply Chain, Senior Manager* (20), *Supply Chain Director, Teamleiter* (26), *Trans-o-flex Logistics Group, Logistics Group International GmbH* (29), *Produktmanager bei Toyota Material Handling* (34), *Leiter Qualitätsmanagement, Vice President Operations* (41), (Jobangabe +) *Sektor Home Delivery* (42-43)

Besonders im Zusammenhang mit der Rekrutierung von Nachwuchskräften werden großzügig Anglizismen eingesetzt. So sind Schulen wie die *European Business School* (51-52) auf Englisch benannt. Weiterhin finden sich folgende Ausführungen:

im „war for talents", Hochschuleigene Career Center, Etablierung von Career Centern, Angebot von Career Services, beim Recruiting, Employability (21)

Im Gegensatz zum *NeuroTransmitter* bietet *Logistik Heute* ein deutlich höheres Maß an **fachbezogenen Anglizismen**. Die identifizierten Termini können zwar nicht zweifelsfrei der Logistik zugeordnet werden, stellen aber augenscheinlich einen Bestandteil des Einzelhandels oder anderer betriebswirtschaftlicher Sprachverwendungsformen dar. Hierzu zählen die folgenden Termini, welche teilweise auch in verschiedenen Abschnitten der vorliegenden Untersuchung angesprochen wurden:

Pick-by-Voice-Lösung, Multi-Order-Pickings, Pick-Lösung (11), *Technik und Value Added Services* (12), *Last-In-First-Out-Prinzip* (14), *Technik für Riesen-Hub, Express- und Logistik-Hub* (15), *Reporting- / Kennzahlensysteme* (19), *Outsourcing-Partner, SCM-Ansätze, Outsourcing-Möglichkeiten* (24-25), *Pickliste, RFID-Transponder, Barcode-Scanner-System, Lagerlayout* (26-27, 60), *mithilfe der Pick-by-Light-* oder *Pick-by-Voice-Technik, B2C-Bereich, B2C-Geschäft* (30-31), *(des) Cash-Recycling(s), Münzrecycling* (44-45), *Track-and-Trace-Systeme* (47), *herkömmliche Hubs* (60)

Wie bereits deutlich wurde, deuten die Benennungen auf die Ursprünge der Termini und Konzepte hin. Da derartige Ansätze mittlerweile häufig auf Englisch belassen werden, fügt man dem Terminus ein indigenes Lexem an, um unter anderem die bereits mehrfach angesprochenen sprachlichen Integrationsschwierigkeiten zu umgehen:

ein „direct-to-patient"-Distributionskonzept (24-25), *Duel-fuel-Konzept* (57), *„SmartRoof-Lösung", auf der „Road of Solutions"* (61)

In einigen Fällen finden einführende und erklärende Erläuterungen statt, so z. B. in „*Food and Drug Administration*" (*FDA*), *„Good Manufacturing Practice"* (13), *„Warehouse Operating System"* (29), *„Wide deck design"* (57) und *„Event Repository System"* (64-65). Außerdem fand sich eine Großzahl weiterer Anglizismen, begonnen bei Konsumgütern wie *Ketchup* (14) bis hin zu Fügungen wie *"Green Logistics", Emissions-Reporting, Greenwashing, Code of Conduct* oder *Carbon-Footprint-Analysen* (48-49).

Der Terminus *Compliance*, welcher im Bereich der medizinischen Fachsprachenverwendung behandelt wurde (s. S. 231 ff.), fiel auch in *Logistik Heute* auf:

in puncto Compliance (51-52), *Leiter Corporate Compliance* (51-52), *Therapie-Compliance* (24-25).

Diese **Überschneidung** zeigt noch einmal deutlich, dass selbst weit voneinander entfernte Fachgebiete in bestimmten Punkten Interferenzen aufweisen. Dass die Logistik durchaus auch im medizinischen Bereich eine Rolle spielt, wurde ohnehin an mehreren Stellen der vorliegenden Untersuchung gezeigt.

Einen Unterschied, den die Betrachtung der Fachzeitschriften aufzeigt, ist die **kontextuelle Einbettung** des entlehnten Materials. Im Gegensatz zur psychiatrischen Fachzeitschrift fallen die Termini und Lexeme der logistischen Zeitschrift innerhalb von Satzgefügen und Überschriften auf: „Green Logistics – Hype oder Muss?“ (64-65) und „Bevor die Lösung live ging“ (30-31) sind Fügungen, die das Bild der *Logistik Heute* mitbestimmen. Was auch deutlich wurde, ist die wiederholte Verwendung der Termini innerhalb konkreter **Themenbereiche**. Die Auflistung soll an dieser Stelle beendet werden. Zu betonen bleibt aber, dass die Liste der Anglizismen und besonders auch der englischen Logistikterminologie in der Zeitschrift wesentlich stärker zum Einsatz kommt als dies bei der Verwendung psychiatrisch-psychotherapeutischen Sprachmaterials im *NeuroTransmitter* der Fall ist. Besonders IT-Terminologie wurde größtenteils ausgespart. Interessant wäre möglicherweise die Bearbeitung mehrerer Auflagen einer solchen Zeitschrift im Zusammenhang mit ausdifferenzierten Themenbereichen. Gleichzeitig bliebe zu untersuchen, wie oft ein Terminus (z. B. *Zulieferer / Supplier*) in welcher Sprache Verwendung findet. Im folgenden Abschnitt soll anhand eines Taschenführers zu Managementbegriffen noch einmal der Praxisbezug der Logistik als fundamentaler Wesenszug dieser Disziplin verdeutlicht werden.

4.3.3.4 Der Taschenguide *Managementbegriffe*

Wenngleich ein Taschenführer[1075] zur Sprachverwendung auf einem bestimmten Fachgebiet nicht als repräsentativ für die gesamte Fachsprachenverwendung auf dieser Ebene erachtet werden kann, so ist es doch der starke **Praxisbezug** der englischen Terminologie als unterscheidendes Merkmal zur Psychiatrie, welcher

1075 Im Literaturverzeichnis unter: Kraus 2006.

hier Erwähnung finden soll. Die vorliegenden Managementbegriffe tangieren die Logistik recht intensiv und scheinen stark auf die Ebene der *parole* konzentriert zu sein. Wie bereits erwähnt, stellt das Management einen wichtigen Bestandteil der Logistik dar[1076], wenngleich es auch als separate Kategorie eingestuft werden kann. Es wird jedoch in der vorliegenden Untersuchung als Bestandteil der Logistik (*Logistikmanagement*) behandelt. Die Literatur zu wesentlichen Managementbegriffen scheint ein repräsentatives Beispiel für den Anglizismenumgang im Bereich der Wirtschaftsfachsprache darzustellen. Um das Kapitel nicht überzustrapazieren, wurde der übersichtlich gehaltene Taschenguide *Managementbegriffe* als Grundlage gewählt. Dieser repräsentiert zudem die starke Vermischung mit der Gemeinsprache, da es sich bei dem Korpus nicht um ein reines Fachwerk handelt. Die Seitenzahlen werden in Klammern direkt hinter dem Terminus geführt.

Auffällig ist die vergleichsweise geringe Anzahl tatsächlicher Termini. In den meisten Fällen scheint es sich um **determinologisierte** und rein **gemeinsprachliche Anteile** zu handeln. Zudem sticht die Lesekürzung *ALARP* (*As Low As Reasonably Possible*) (9) hervor. Diese benennt den so genannten *Minimalansatz*, welcher auch die im Bereich der Logistik notwendigen Kosteneinsparungen beinhaltet. Unter *Alignment* (dt. *Linienführung*) wird eine Erläuterung durch Anführung einer Transposition angeführt: *ein Team „alignen“* (10). Neben den in der Logistik etablierten Termini wie *Best Practice* (22), *Just in Time* (62), *Break-Even-Analyse* (23), *Lean Management* (70), *Outsourcing* (87) und *Target Costing* (114) findet sich eine sehr hohe Anzahl englischer Termini (und auch Lexeme), von denen nur ein geringer Teil an dieser Stelle angeführt werden soll:

> *Black Belt* (23), *Business Plan* (24), *Case for Change* (28), *Casual Friday* (29), *Change Management* (29-30), *Claimmanagement* (31), *Co-Branding* (32-33), *Data Mining* (37), *Desksharing* (38), *E-Cruitment* (39-40), *Empowerment* (42), *Greenfield-Approach* (51), *Head count* (51), *Human Resource Management* (52), *Skill-Management* (53), *Ideenmanagement* (55), *Innovationsmanagement* (57),

---

1076 In der Umfrage wurde auf zahlreiche weitere Anglizismen in der Wirtschaftswelt verwiesen (z. B. *weekly*, *ceo*, *commitment*). Diese sind ebenso wie die hier angeführten Managementbegriffe im Bereich der Logistik bekannt, aber nicht auf diesen beschränkt.

Komplexitätsmanagement (67), *Leadership* (69), *Learning Organization* (71), *Low hanging fruits* (74), *Outperformen* (86), *Ship to Stock* (106)

Die Termini sind alle recht ausführlich paraphrasiert und vermitteln den Eindruck, als stünden hierfür tatsächlich keine Übersetzungsäquivalente zur Verfügung. An dieser Stelle können nur einige exemplarische Paraphrasierungen angeführt werden. So benennt *Head count* z. B. die Mitarbeiteranzahl eines Unternehmens. Der Terminus *Learning Organization* wird unter anderem erläutert durch die einzelnen Bausteine *Personal Mastery*, *Mental Models*, *Shared Vision*, *Team Learning* und *System Thinking*. *Low hanging fruits* bezeichnen leicht zu erreichende Ergebnisse. Es ließen sich noch zahlreiche Termini bzw. Halbtermini und Lexeme extrahieren, jedoch genügen Beispiele wie *outperformen*, um Tendenzen im Umgang mit Anglizismen aufzuzeigen[1077]. Für den Gesamtbereich der Wirtschaft kann dieses Kapitel nicht als repräsentativ erachtet werden. In Zeitschriften und Blättern, welche weitere Bereiche abdecken, zeigte sich ein recht anglizismenarmes Bild. Im *Wirtschaftsmagazin* der Industrie- und Handelskammer Erfurt konnten kaum mehr Anglizismen als im *NeuroTransmitter* identifiziert werden. Zumeist handelt es sich hierbei um determinologisiertes Inventar, z. B. *„Made in Thüringen"*, *Jobbabbau*, *Ranking* (4), *Leasing*, *Factoring* (5), *Service-Center*, *Discounter* (6), *Countdown* (8), *Businessplan-Check* (9), *Outfit*, *Event*, *Highlights*, *Park-and-Ride*, *Know-how* (15). Interessant wäre eine Untersuchung verschiedener Zeitungen bzw. Zeitschriften zur Quantifizierung des Logistikanteils, denn auch im Wirtschaftsmagazin fanden sich sehr spezielle Termini, wie z. B. *Category Management*, *Controlling* (14) oder *E-Commerce* (16).

Von besonderem Interesse für die vorliegende Untersuchung sind allerdings Überschneidungen zwischen den untersuchten Fachdisziplinen, welchen im folgenden Kapitel ausführliche Beachtung geschenkt wird.

1077 Kraus 2006, S. 51, 71, 74.

4.3.4 Terminologische Interferenzen

4.3.4.1 Sprachliche Interferenzerscheinungen

Was im Verlaufe der gesamten Untersuchung deutlich wurde, ist die Tatsache, dass Terminologien keine unabhängigen Systeme darstellen, sondern immer Komponenten sind, welche wiederum eine Varietät der Gesamtsprache ausmachen. Interferenzerscheinungen können sowohl intra- oder interterminologisch als auch zwischen verschiedenen Varietäten eines Gesamtsprachsystems in Erscheinung treten (z. B. zwischen einem Soziolekt und einer Fachsprache). In Abhängigkeit davon, wie stark die Grenzen zwischen den jeweiligen Sprachvarietäten sind, wächst oder sinkt die Gefahr, dass Synonymien zu Missverständnissen oder Rezeptionsschwierigkeiten führen können. Derartige Überschneidungen werden auf interterminologischer Ebene jedoch in den seltensten Fällen den Grundstein für Kommunikationsschwierigkeiten legen; besonders, wenn die Fachgebiete wenige Gemeinsamkeiten aufweisen, denn interfachliche Synonymien sind häufig problemlos aufzulösen[1078]. Weitere Interferenzerscheinungen (z. B. Phänomene der Homonymie)[1079] fallen im fachsprachlichen Bereich recht selten auf. Allerdings zeigte die Umfrage zur psychiatrischen Terminologie, dass der Einfluss des Englischen ebenfalls zu Missverständnissen führen kann. So wurde der dem englischen Lexem *Absence* vom Schriftbild her gleichende, französische Terminus als **Distraktor** in der Terminusliste verwendet und von immerhin 9 % der Befragten auch als Romanismus erkannt[1080].

Dass trotz hohen Strebens nach Eindeutigkeit eine Vermeidung von Vagheit, Ambiguität und der in Fachsprachen unerwünschten Ausdrucksvariation nicht ohne Weiteres erfüllt werden kann, zeigen auch **Doppelbelegungen** wie die Abkürzung *ADH* im Bereich der medizinischen Fachsprache. *ADH* kann sowohl

---

[1078] Wie aber immer wieder deutlich wird, können Synonymien nicht grundsätzlich identifiziert werden, da nicht zwangsläufig ersichtlich ist, ob verschiedene Benennungsformen tatsächlich dasselbe Denotat bezeichnen oder ob eine Quasisynonymie aufgrund partieller semantischer Äquivalenz vorliegt.

[1079] Homonymie benennt die gleiche Denotation bedeutungsverschiedener Begriffe.

[1080] Der lateinische Ursprung des Wortes soll zur Wahrung des synchronen Aspektes an dieser Stelle vernachlässigt werden.

die Kurzform des Terminus *Aufmerksamkeits-Defizit-(Hyperaktivitäts-)Syndrom* (eine psychische Erkrankung) darstellen als auch die für eine *atypische duktale Hyperplasie* (eine Form des Mammakarzinoms).

Eine **interdisziplinäre Überschneidung** tritt durch die Kurzform *CRP* in Erscheinung, und zwar sowohl in der Wirtschaft (speziell der Logistik) als Reduktion der Vollform *Continuous-Replenishment-Program* als auch in der Medizin als Vollform der Variante *Capsel-reaktives Protein*. Während der Wirtschaftsterminus die kontinuierliche Warennachlieferung durch den Hersteller benennt, steht *CRP* in der Medizin für einen Teil des Immunsystems. Für die Logistik wurde der Terminus in die Umfrage aufgenommen. Dies führte zu der Erkenntnis, dass es sich beim *CRP* um eine etablierte logistische Beschaffungsstrategie handelt, die es ermöglicht, Lagerbestände in der *Supply Chain* zu reduzieren. Durch dieses Konzept soll eine Synchronisation der Produktion mit der Kundennachfrage erreicht werden.

Eine sehr interessante Vokabel stellt das aus dem Französischen ins Englische übernommene *rapprochement* dar. Das Lautbild könnte im Englischen durchaus zur Bildung des Lexems *re-approachment* führen, welches zwar im Englischen verstanden, jedoch laut Befragung von Muttersprachlern in dieser Form nicht verwendet wird. Der irritierende Aspekt hierbei besteht darin, dass beide Denotate das Phänomen der Wiederannäherung bezeichnen. Hier wird der Grund für die Benennung von *hard words* als solche ersichtlich. Eine fehlende Vertrautheit mit dem Terminus *rapprochement* könnte – besonders bei nicht-englischen Muttersprachlern – zur Annahme führen, es handle sich um einen orthographischen Fehler und in Wirklichkeit seien Lexeme wie *re-approachment* oder auch *reproach* (dt. *Vorwurf*) gemeint. Beide sind als psychiatrisches Terminologieinventar vorstellbar.

4.3.4.2 Intra- und interterminologische Phänomene

Einige synonyme Beispiele im Bereich der Psychiatrie wurden bereits angeführt. Aufgrund der vergleichsweise geringen Menge an Anglizismen im psychiatrischen Bereich ist auch die Zahl der Synonyme, die auf englischem Sprachmaterial basiert, auf dieser Ebene nicht auffallend hoch.

Allerdings fand sich in der Medizin durch die Umfrage eine Interferenz im Zusammenhang mit dem zunächst somatisch anmutenden Terminus *Amalgam-Related-Illness*, welcher in der Psychiatrie eine hypochondrische Störung, jedoch in anderen medizinischen Bereichen tatsächlich eine Erkrankung aufgrund überhöhter Amalgambestandteile im Körper benennt. Nicht geklärt werden soll die dennoch interessante Frage, ob der Terminus aufgrund seines Bestandteils *Amalgam* aus diachroner Sicht als *hard word* zu betrachten ist.

In den Bereich der Medizin fallen Kurzformen, welche gelegentlich **mehrere Vollformen** repräsentieren. Laut Ickler besteht im Gesamtbereich der medizinischen Nomenklatur ein besonders starker synonymischer Reichtum, da sie eine der ältesten existierenden Nomenklaturen darstellt[1081]. Drozd führt als Beispiel für synonymische Erscheinungen innerhalb ein und derselben Nomenklatur folgendes Störungsbild an:

- Lateinischer Name:	*Enterohepatitis*
- Deutscher wiss. Name:	*Ansteckende Leber- und Darmentzündung*
- Deutsche Arbeitssprache:	*Schwarzkopfkrankheit*
- Deutscher Fachjargon:	*Blackhead*[1082]

Der **synonymische Pluralismus** wird auch an konkurrierenden muttersprachlichen und non-indigenen Benennungen für das Phänomen *Suizid / Selbsttötung*[1083] erkennbar. Ein weiteres intrafachliches Beispiel stellt der Terminus *Onset* dar, welcher einerseits auf intraterminologischer Ebene als zur Fachsprache der Medizin gehörig beschrieben werden kann, andererseits aber im Bereich der Inneren Medizin anders verwendet wird als in der Psychiatrie. Exemplarisch zu nennen ist eine terminologische Spezifizierung, nämlich der Terminus *Childhood-Onset Type.* In der psychiatrisch-psychotherapeutischen Fachsprache stellt er den Zeitpunkt des Einsetzens gestörten Sozialverhaltens in der Kindheit dar und bezieht sich auch in dem doch weitgefassten psychiatrischen Lexikon aus-

1081 Ickler 1997, S. 65.

1082 Drozd 1979, S. 285.

1083 Budin 1996, S. 154; Ickler 1997, S. 41.

schließlich auf dieses Störungsbild[1084]. Im Bereich der Inneren Medizin zählt dieser Terminus allerdings zur Terminologie der Diabeteserkrankungen.

Häufige Interferenzerscheinungen finden sich in **Buchstabierkürzungen**. Stammen diese aus demselben medizinischen Teilfachgebiet, können sie unter Umständen Missverständnisse verursachen, wenn aus dem Kontext nicht eindeutig hervorgeht, um welche Erkrankung es sich handelt. Der Kontext kann in Abhängigkeit vom Wissensstand durch die Beschreibung der Symptombilder und bestimmter diagnostischer oder therapeutischer Maßnahmen für den Experten erkennbar sein. Hiervon betroffen sind Kurzformen wie *BCS*, *CD*, *CS*, *NHL* oder *PS*.

BCS bezeichnet einerseits den in der Psychiatrie etablierten Terminus *battered child syndrome* (auch *maltreatment syndrome*), welcher Störungen durch Kindesmisshandlung beinhaltet[1085] und in der Terminusliste ausführlicher erläutert wird; andererseits repräsentiert die Reduktion aber auch die Vollform *Budd-Chiari-Syndrom*, welche eine Lebererkrankung denotiert[1086]. Die Abkürzung *CD* steht für gleich vier Vollformen, wobei die Gefahr der Fehlrezeption sich dadurch mindert, dass ein jeweils völlig anderes Phänomen benannt wird und Verwechslungen daher eher unwahrscheinlich sind. Die erste Vollform *coeliac disease*[1087] bezeichnet eine Darmerkrankung. Eine weitere Vollform ist das *collum diaphyse*[1088] aus dem Bereich der Anatomie. Die Vollform *cluster of differentiation* bildet das Denotat für gruppierte immunphänotypische Charakteristika der Zelloberflächen „nach biochemischen oder funktionellen Kriterien"[1089]. An vierter Stelle sei an den logistischen Terminus *Cross Docking* erinnert, welcher ebenfalls mit der Abkürzung *CD* geführt wird. Die Abbreviatur *PS* repräsentiert zwei englische Vollformen und eine deutsche. Eine Vollformvariante steht für *pathological staging*, welches das Krankheitsstadium im Verlaufe einer

1084 Peters 2007, Vorwort.

1085 Pschyrembel 2002, S. 196.

1086 Deschka 2009, S. 17.

1087 Deschka 2009, S. 24.

1088 Deschka 2009, S. 24.

1089 Flexikon: online, 10.10.2009.

Tumorerkrankung beschreibt. Weitere Vollformen sind die Störungsbilder *progressive stroke* und *progressive Sklerodermie*[1090]. Die beiden letztgenannten Vollformen lassen an der Verwendung des Artikels erkennen, welcher Begriff benannt ist, da sie unterschiedliche Genera besetzen. Der englische Terminus *stroke* ist in der medizinischen Fachsprache hinlänglich bekannt, sodass von einem Mediziner nicht zu erwarten ist, dass er den Terminus in der deutschen Leseform zweisilbig ausspricht und aufgrund der dann phonetisch artikulierten Endung **-e** den hierfür üblicheren femininen Artikel verwendet. Zudem ist die Bedeutung von *stroke* durchaus geläufig, sodass die Zuordnung der Abkürzung zur Vollform vom Experten durch den Kontext abgeleitet werden kann. Schwierig hingegen ist die Verwendung der Kurzform in Arztbriefen für die Rezeption durch Laien. Zur Unterstützung der *Compliance* sollte der Patient im Grunde an der Expertenkommunikation beteiligt sein und Einblick in die ihn betreffenden Unterlagen erhalten. Ein selbständig agierender Patient, der ohne ärztliches Beisein und ohne entsprechende Vorkenntnis mit einer solchen Abkürzung konfrontiert wird, kann hier durchaus mit einer scheinbar falschen Diagnose konfrontiert werden.

Ein verwirrendes, aber häufig auftretendes Phänomen stellen **englische Wortkürzungen** dar, welche mit der **deutschen Vollform** geführt werden. Auch hier konnten einige Termini identifiziert werden:

- *CJD* / en. *Creutzfeld-Jacob-disease*[1091] / dt. *Creutzfeld Jakobsche Krankheit*
- *CTS* / en. *carpal tunnel syndrome* / dt. *Karpal-Tunnel-Syndrom*[1092]
- *CR* / en. *conditioned reaction* / dt. *Konditionierte Reaktion*
- *UCS* / en. *unconditioned stimulus* / dt. *Unkonditionierter Stimulus*
- *UCR* / en. *unconditioned reaction* / dt. *Unkonditionierte Reaktion*[1093]

Eine Doppelbelegung aus gesamtsprachlicher Sicht stellt die Abkürzung *NHL* dar, welche im Bereich der Onkologie das *Non-Hodgkin-Lymphom*[1094] und so-

---

1090 Deschka 2009, S. 100.

1091 Peters 2007, S. 97.

1092 Deschka 2009, S. 30.

1093 Wittchen / Hoyer 2006, S. 955.

1094 Deschka 2009, S. 88.

mit, erkennbar am Suffix **-om**, eine Tumorerkrankung benennt. Im Bereich der Gemeinsprache bildet die Abbreviatur *NHL* die Kurzform zur nordamerikanischen *National Hockey League*. Dieses Beispiel soll noch einmal aufzeigen, dass Synonymien nicht zwangsläufig zu Missverständnissen führen müssen und die Gefahr falscher Freunde sinkt, je weiter die Bereiche voneinander entfernt liegen. Hier zeigt sich, dass es eher intrafachliche Synonymien sind, welche das Interferenzpotenzial um ein Vielfaches steigern.

Im Bereich der Logistik ließen sich vergleichsweise wenige synonymische Phänomene identifizieren. Es wurde bereits erwähnt, dass Termini wie *Consumer* und *Customer* gelegentlich für dieselben Abkürzungen verwendet werden. Zudem stellen die zahlreichen englischen Termini häufig nur scheinbar semantische Äquivalente zu ihrem englischen Pendant dar. Beispiele hierfür entstammen dem kritischen Artikel aus einem **Schweizer Logistikinstitut**. Hier wird angemerkt, dass der Terminus *Recycling* in der Logistik nicht einfach nur *Wiederaufbereitung* etc. beinhaltet, sondern „das Zurückführen einer stofflichen Substanz in einen bereits vorhandenen Kreislauf" impliziert[1095]. Auch der Terminus *Supply Chain Management* beinhaltet offensichtlich weitaus mehr als das deutsche Äquivalent *Lieferkettenmanagement.* Ebenso verfügt der Terminus *Efficient Consumer Response* über einen höheren Bedeutungsumfang als eine *effiziente Kundenantwort.* Jedoch scheinen Logistikexperten sich der Bedeutung der Konzeptbenennungen durchaus bewusst zu sein, da die deutschen Äquivalente im Literaturstudium nirgendwo in Erscheinung traten und in diesem Zusammenhang scheinbar auch keine synonyme Handhabung zu befürchten ist.

Was in dem Artikel allerdings sehr deutlich wird, ist die **Kritik** eines Logistikexperten an der übermäßigen und unreflektierten Verwendung von Anglizismen durch Lehnsyntagmen wie *keinen Sinn machen* (en. *to make no sense*) anstelle von *keinen Sinn ergeben.* Gleichzeitig moniert der Artikel die Langwierigkeit passender Übersetzungen für neue Konzepte und die fehlende Sprachökonomie durch umständliche Paraphrasierungen, wie dies im Terminus *Outsourcing* der Fall sei, welcher dann durch „Übergabe von Logistikaufgaben, die nicht zum Kernbereich eines Unternehmens gehören an spezialisierte

[1095] Hofmann 2005.

Dienstleister“ umschrieben würde[1096]. Das sprachökonomische Postulat belegt der Autor durch Termini, wie z. B. *Management*, welches im Deutschen mit dem wesentlich längeren Terminus *Unternehmensleitung* wiedergegeben würde, was wiederum eine viel engere Bedeutung transportiert[1097]. Auch in der Entwicklung der vorliegenden Arbeit wurde deutlich, dass der Terminus *Management* mittler weile zum festen Bestandteil der deutschen Gesamtsprache geworden ist und sowohl im psychiatrischen als auch im logistischen Bereich tiefe Spuren hinterlassen hat. Zum Abschluss dieses Kapitels sollen exemplarisch einige Beispiele für interterminologische Interferenzen angeführt werden.

a) Management

Das Lexem *Management* bildet die Grundlage für zahlreiche Untersuchungen. Mit seinen diversen kompositorischen und derivativen Formen (z. B. *Manager*, *Management* und *managen*) beschäftigt sich Kovtun[1098]. Auch im Rahmen der vorliegenden Arbeit traten zahlreiche Kombinationsmöglichkeiten in Erscheinung. In beiden Fachgebieten fanden sich sehr viele Bildungsformen. Die Psychiatrie liefert unter anderem folgende Termini:

> *Stressmanagement, Krisenmanagement, Critical Incident Stress Management (CISM), Casemanagement, Angst-Management-Training*[1099]

In der Logistik fand sich eine Großzahl weiterer Termini, von denen nur einige angeführt werden können. Hierzu zählen

> *Facility-Management*[1100], *Lean-Management*[1101], *Management-Buyout, Topmanagement, Middle Management, er managt(e), gemanagt, Managementberater, Konzertmanagement, Life Cycle Management, Supply Chain Risk Management (SCRM)*[1102], *Ordermanagement, Transportmanagement, Claim Management,*

1096 Hofmann 2005.

1097 Hofmann 2005.

1098 Kovtun 1996, S. 345-349.

1099 Neuner 2003, S. 107-110.

1100 ten Hompel / Heidenblut 2006, S. 56.

1101 IATE: online, 02.07.2009.

1102 ten Hompel / Heidenblut 2006, S. 220.

Transport Management Information System (TMIS)[1103], *Space Management*[1104], *Vendor-managed Inventory*[1105]

Der Versuch, solche Fachausdrücke zu übersetzen, führt möglicherweise zu zeitweiligen synonymen Verwendungen. Laut Kovtun sind jedoch *Manager*, *Management* und *managen* gänzlich ins deutsche Sprachsystem integriert[1106]. Hier findet sich eine Vielzahl an Wortbildungsmustern (z. B. Nominalisierung durch Derivation oder Komposition mit und ohne Hybridbildung). Auch variieren die Formen der Komponentenverbindung durch Direktverknüpfung, Bindestrich und lose Aneinanderreihung.

b) Benchmarking

Das Konzept des *Benchmarking* beinhaltet einen zielgrößenorientierten Vergleich an einer höheren Leistungsstufe. Dieser Terminus kommt sowohl im Bereich der Psychiatrie als auch in der Logistik zum Einsatz. In der Psychiatrie benennt er die Zielsetzung für den Patienten aus interpersoneller Perspektive, während der Terminus in der Logistik den Wettbewerb denotiert, bei welchem das Streben nach der jeweils höheren Leistungsstufe die Basis bildet. Eine Spezifizierung erfolgt durch das Kompositum *Logistik-Benchmarking*[1107]. Aus linguistischer Perspektive stellt der Terminus *Benchmarking* ein suffigiertes Derivat dar, welches Termini wie *benchmarken, ich benchmarke, ich habe gebenchmarkt* nach sich zieht. Der Terminus ist zwar in beiden Fachgebieten etabliert, die Wahrscheinlichkeit einer Erweiterung scheint jedoch nach bisheriger Recherche im logistischen Bereich wesentlich höher zu liegen, da hier Konjugationsmuster für entlehnte Termini stärker manifestiert sind. So finden sich auch Varianten wie *der Benchmark, produktorientiertes Benchmarking* und *prozess-*

1103 MeGalux: online, 03.08.2009.

1104 Vahrenkamp 2007, S. 266.

1105 ten Hompel / Heidenblut [Logipedia]: online, 24.10.2009.

1106 Kovtun 1996, S. 345-349.

1107 Transfer-Centrum GmbH: online, 08.08.2009.

orientiertes Benchmarking[1108]. Der Terminus *Benchmarking* ist im Glossar noch einmal erläutert.

c) Disposition

Ursprünglich trug der lateinische Terminus *dispositio* die Bedeutung *planmäßige Anordnung*. Im medizinischen Sinne beschreibt *Disposition* (en. *disposition*) die angeborene oder erworbene Vulnerabilität bzw. Krankheitsbereitschaft eines Organismus[1109]. Der logistische Terminus *Disposition* (en. *dispatch management*) bezeichnet eine

> 1. […] Organisationseinheit (oder einen Entscheidungsablauf), die verantwortlich ist für den termin- und mengengerechten Warenbezug. 2. […] die Zuordnung von Warenbeständen zu Aufträgen und die optimale Abarbeitung der Aufträge unter Berücksichtigung technischer und personeller Ressourcen sowie zeitlicher Restriktionen[1110].

Auch an diesem Beispiel wird erkennbar, dass interterminologische Interferenzen nicht automatisch eine Gefahr für die Kommunikation darstellen müssen. Gleichzeitig wird deutlich, dass Termini auch in sehr unterschiedlichen Fachgebieten denselben Ausgangspunkt haben, welcher sich im Laufe der Zeit nach zahlreichen Differenzierungsprozessen weiterentwickelt. Häufig gehen die Termini intrafachliche Verbindungen mit anderen Komponenten ein, welche ebenfalls zum Bedeutungswandel und zur Manifestation beitragen, was sich besonders am Beispiel der Logistik bereits mehrfach belegen ließ.

d) Bypass

In der Fachsprache der Medizin bezeichnet der *Bypass* die Umgehung eines Gefäßverschlusses[1111]. Einem Großteil der gesamtsprachigen Bevölkerung ist diese Bedeutungsvariante des Terminus aufgrund vergleichsweise häufiger Verwendungssituationen recht vertraut. Hier finden sich Wortformen wie die Hybrid-

---

1108 Kraus 2006, S. 21.

1109 Pschyrembel 2002, S. 407.

1110 ten Hompel / Heidenblut [Logipedia]: online, 24.10.2009.

1111 Pschyrembel 2002, S. 276.

komposita *extra-intrakranialer arterieller Bypass*, *Bypass-Anastomose*, *aorto-koronarer Bypass*, *Bypass-Operation* und *Bypass-Shunt*[1112]. Aufgrund der zahlreichen syntaktischen Verbindungen ist dieser Terminus als ins Deutsche integriert zu betrachten.

In der Wirtschaft, speziell sogar der Logistik, bezeichnet der *Bypass* einen direkten Transport nicht gelagerter, aber angeforderter Artikel vom Wareneingang zum Warenausgang[1113]. Hier zeigt sich erneut, dass Interferenzen keine Gefahr darstellen müssen, da eine ähnliche Kontextverwendung eher unwahrscheinlich ist.

e) Peer

Der Terminus *Peer* bezeichnet laut Experteninterviews in beiden Fachgebieten den ausgewiesenen Fachmann. Er findet aber auch für die Benennung „Gleichrangiger" Verwendung (z. B. *Peer-Group*). Hieran wird allerdings erkennbar, dass der Terminus im Allgemeinen Einzug in die Fachsprachen gefunden hat, da zwei derart entfernte Fachgebiete selten einen entlehnten Terminus mit gleichwertigem Bedeutungsgehalt aufnehmen[1114]. Auch aus soziologischer Perspektive finden sich Termini (z. B. *peer group pressure* im Sinne von *Druck durch Gleichrangige*)[1115].

f) Coil

Im medizinischen Bereich tritt der Terminus *Coil* vor allem in Verbänden wie den rein englischen Komposita *Coil-kidney* (System einer künstlichen Niere) und *Coil spring* (zahnmedizinischer Terminus) in Erscheinung[1116]. Im Bereich der Logistik bezeichnet *Coil* ein Blechband im aufgerollten Zustand[1117]. Auf der Internetseite eines Unternehmens finden sich Verbindungen wie *Coil-Logistik*,

---

1112 IATE: online, 02.07.2009.

1113 ten Hompel / Heidenblut [Logipedia]: online, 24.10.2009.

1114 Experteninterview, 23.11.2009.

1115 Pons 2002, S. 645.

1116 IATE: online, 18.08.2009.

1117 Krampe / Lucke 2006a, S. 31.

Coilmulden und die Pluralform *Coils*[1118]. Der Terminus *Coil* ist im Glossar angeführt.

g) Event

Einen scheinbar „zeitgemäßen“ Sprachanteil bildet *Event.* Im psychiatrischen Bereich allerdings ist der Terminus negativ konnotiert, denn hier benennt er einschneidende Lebensereignisse (z. B. Traumata). Aus diesem Konzept resultiert der Terminus *lifetime event*[1119]. Im Experteninterview fand das Hybridkompositum *Eventlogistik* Verwendung. Dieses bezeichnet den Güterfluss im Rahmen von Veranstaltungen (*Events*). In beiden Bereichen beruht die terminologische Verwendung also auf der Bedeutung *Ereignis*, welche bei der fachsprachlichen Verwendung offensichtlich eine semantische Einengung erfährt.

4.4 Hypothesenerweiterung

4.4.1 Überprüfung der Grundannahme

Nachdem nun beide Fachgebiete ausgiebig betrachtet wurden, kann die **Grundannahme der starken Differenz** im terminologischen Bestand der gewählten Fachgebiete als verifiziert betrachtet werden. Allerdings verstärkt sich der Verdacht, dass die Logistik sich in ihrer Größe mittlerweile bei Weitem von der Psychiatrie unterscheidet und scheinbar eher mit einem Großfach wie der Medizin gleichzusetzen ist. Dies würde auf die Notwendigkeit einer Ausdifferenzierung logistischer Subdisziplinen für eine gleichwertige Gegenüberstellung mit der Psychiatrie hindeuten. Ein solches Vorgehen hätte allerdings die empirische Phase der vorliegenden Untersuchung erheblich erschwert, da das Erreichen einer relativ homogenen Gruppe an Logistikern ohnehin kaum möglich war und eine Konzentration auf Teildisziplinen wie die Beschaffungslogistik die Repräsentativität der Umfrage aufgrund niedriger Befragtenzahlen gemindert hätte.

Im bisherigen **Untersuchungsverlauf** wurde deutlich, dass sich eine überaus hohe Zahl an Anglizismen, welche im jeweiligen Fachgebiet Verwendung fin-

---

[1118] Fischer-Spedition: online, 10.08.2009.

[1119] Koptagel-Ilal / Ozkan 2008, S. 85.

det, extrahieren lässt und einige der Lexeme oder Termini das Fachgebiet zuweilen nur latent streifen bzw. nur auf den ersten Blick als Termini einzustufen sind. Zahlreiche Termini traten jedoch vor allem in der Logistik auf mehreren Ebenen der fachbezogenen Kommunikation hochfrequent in Erscheinung. Im Bereich der Psychiatrie konzentrierten sich die englischen Terminusanteile vorwiegend auf den theoretisch-wissenschaftlichen Expertenbereich, da die Praxis vor allem von der Arzt-Patienten-Interaktion auf Ebene der *parole* geprägt ist. Anglizismen würden hier eine beträchtliche Barriere darstellen. In der Logistik hingegen sind es eben die Anglizismen, welche zur Barrierefreiheit führen und einen konstanten Güterfluss forcieren. Das hohe Maß an Komplexität und Divergenz der beiden Fachgebiete wirkte sich zwar an einigen Stellen problematisch auf die Verwirklichung der Zielstellung im Rahmen eines direkten Vergleichs aus, gleichzeitig unterstützte es jedoch auch die Suche nach den Ursachen für den beträchtlichen quantitativen Unterschied.

Im weiteren Verlauf der Untersuchung tat sich die **Vermutung** auf, dass der geringe Anglizismenanteil in der Psychiatrie neben der Normiertheit der Sprache auch auf gesellschaftlichen Barrieren beruht und gleichzeitig der hohe Anteil in der Logistik den aktuellen Zeitgeist widerspiegelt. Die psychiatrisch-psychotherapeutische Fachsprachenverwendung stellt einen starken Gegensatz zu der der Logistik dar, welche vom Wohlwollen der Konsumenten abhängt. Vermutlich korreliert diese Hürde auch mit dem geringen Eindringen fachsprachlichen Inventars in die Gemeinsprache.

Der Anglizismengebrauch erhöht sich scheinbar tatsächlich kongruent zur Annäherung zwischen Fachgebietsakteuren und Gesellschaft. Die Wahrscheinlichkeit, Sprachteilnehmer auf logistischer oder zumindest wirtschaftlicher Ebene zu sein, ist ausgesprochen hoch, denn jeder Mensch ist in irgendeiner Form Konsument, aber nicht jedes Individuum kann als potenziell psychiatrischer Patient betrachtet werden. Ein weiterer Unterschied besteht vermutlich darin, dass derjenige, der zum Patienten wird, über wesentlich weniger Mitspracherecht und Entscheidungsfreiheit verfügt als der Konsument. Die Gemeinsamkeit besteht darin, dass beide „Objekte" durch Sprache „gelockt" werden müssen, wie in Hypothese (2) noch einmal verdeutlicht werden soll.

Zudem verfügen beide Fachgebiete über eine grundlegende **Gemeinsamkeit**: Sowohl die psychiatrische als auch die logistische Kommunikation basieren im deutschsprachigen Raum gleichermaßen auf dem deutschen Gesamtsprachsystem und auf der Beteiligung eines gemeinsprachigen Bevölkerungsanteils, welcher mit der jeweiligen Terminologie nicht vertraut ist, welcher sich aber desselben gemeinsprachlichen Inventars bedient wie der Experte. An der Verwendung zahlreicher **Hybridkomposita** wird deutlich, dass die Logistik trotz ihres hohen Anglizismenaufkommens (ebenso wie die Psychiatrie) vom deutschen Grammatiksystem abhängig ist. Auf beiden Fachgebieten wird offensichtlich die Hybridbildung mit einem muttersprachlichen Determinatum genutzt, um Fragen der Genuszuweisung und der Flexion zu umgehen. Auf diese Weise bleibt die Fachsprache auch in der Logistik relativ klar strukturiert, wenngleich diese Annahme sich auf den derzeitigen Sprachstand, nicht aber auf zukünftige Tendenzen bezieht. Hierzu sollen im Sinne von de Saussures non-panchroner Sichtweise an dieser Stelle keine Vermutungen angestellt werden, da Sprach- und Bedeutungswandel sowie die vorangehenden Faktoren (z. B. historische, gesellschaftliche, wirtschaftliche und politische Einflüsse) letztendlich unkontrollierbare Variablen darstellen, welche sich auch in den Terminologien niederschlagen. Im Rahmen der fachgebietsspezifischen Untersuchung ergaben sich weitere Hypothesen, welche kurz angesprochen, jedoch nicht zwangsläufig verifiziert werden sollen.

4.4.2 Hypothese (1): Interferenz trotz Differenzierung

Es ist deutlich geworden, dass zwar fachgebietsabhängig starke Mengenunterschiede in der Verwendung entlehnter Termini bestehen, dass jedoch keineswegs eine klare Eingrenzung aller Anglizismen auf die konkreten Fachgebiete erfolgen kann. Je fester ein Terminus etabliert ist, umso höher steigt die Wahrscheinlichkeit, dass er auch in andere Terminologien übernommen und dort modifiziert wird. Es stellt sich die Frage, ob diese Übernahme über den Weg der Gemeinsprache geschieht oder eine direkte Übertragung von einer Fachsprache in die andere erfolgt, ob also die Barrieren zwischen zwei Fachgebieten niedriger sein können als zwischen einer Fachsprache und der Gemeinsprache.

Es konnte gezeigt werden, dass sowohl die Psychiatrie als auch die Logistik von **intra- und interterminologischen Interferenzen** betroffen sind, dass sogar zwischen diesen weit voneinander entfernten Fachgebieten Interferenzen in Erscheinung treten. Diesem Phänomen können auch bestmögliche Normungsbestrebungen nicht entgegenwirken, da die fachliche Normung eben immer nur für ein Fachgebiet erfolgt. Im Grunde erübrigen sich interterminologisch orientierte Normungsaktivitäten ohnehin, da kaum Missverständnisse zu befürchten sind, denn die Gefahr einer falschen Rezeption durch polyseme Phänomene verlangt eine Fehlinterpretation aufgrund ähnlicher Strukturen in irreführendem Kontext. Die **Gefahr einer Fehlrezeption** aufgrund von interterminologischen Interferenzen zwischen Psychiatrie und Logistik ist daher relativ gering.

Bei der Absicherung der Termini in IATE fanden sich überraschend häufig homonyme Interferenzen psychiatrischer bzw. medizinischer und elektronischer Termini. Hieran wird erkennbar, dass nicht zwangsläufig Faktoren wie Nähe oder fehlende Normiertheit eines Faches als kausale Variablen für Interferenzen vorausgesetzt werden können, da es sich in diesem Fall nicht um Termini handelt, welche die elektronische Komponente im diagnostischen Bereich betreffen. Im Grunde wären Überschneidungen mit der Logistik aufgrund ihrer starken Elektronifizierung wesentlich eher zu erwarten gewesen. Termini wie *Informationslogistik* und die entsprechenden Inhalte belegen den engen Zusammenhang zwischen der elektronifizierten Welt und dem hierdurch geförderten Anglizismenaufkommen. Zugleich kann man zumindest die psychiatrisch-psychotherapeutische Terminologie näher an der Logistik ansiedeln, da hiervon auch Faktoren wie Konsumentenverhalten und Managementstrategien etc. betroffen sind. Zusammenfassend lässt sich feststellen, dass die Kommunikation auf psychiatrischer und auf logistischer Ebene nicht erheblich durch interterminologische Interferenzen zwischen den beiden Fachgebieten gestört wird.

4.4.3 Hypothese (2): Objektähnlichkeiten und -divergenzen

Wie eingangs erwähnt und auch im Laufe der Untersuchung deutlich wurde, herrschen zwischen Logistik und Psychiatrie keine bemerkenswerten inhaltlichen Übereinstimmungen vor. Es wurde jedoch auch angeführt, dass einige prinzipielle Ähnlichkeiten durchaus festzustellen sind (z. B. die Wichtigkeit eines hürdenfreien Informationsflusses). Eine wesentliche **Gemeinsamkeit** besteht in der intendierten „**Willenslenkung**“ von Individuen, welche sich oftmals auf Laienebene bewegen. In der Psychiatrie zielt diese auf die seelische Genesung ab, in der Logistik auf „Kundenfang“. In den Experteninterviews traten bald weitere Ähnlichkeiten zutage. Im Gegensatz zu einigen anderen Fachgebieten sind sowohl in der Psychiatrie als auch in der Logistik mehrere Parteien unterschiedlicher Kommunikationsebenen in die Interaktion involviert. Aus sehr weiter Entfernung würde die Seite des psychiatrischen Experten auf die Logistik übertragen der *Supply Side* entsprechen, die Seite des Patienten der *Demand Side*. Auf beiden Fachgebieten können sich auf jeweils einer Seite mehrere Akteure befinden. So befassen sich unter bestimmten Bedingungen mehrere Psychiater mit einem Patienten oder auch mit einer ganzen Familie, die z. B. an einer genetisch bedingten Krankengeschichte leidet. Dies kann im Rahmen des *Hometreatment* geschehen, bei welchem die Familie einer psychisch erkrankten Person in das Behandlungsgeschehen einbezogen wird. In beiden Bereichen kann die Kommunikation zudem sowohl nur zwischen Experten als auch zwischen Experten und Laien stattfinden. Bei einer Unterhaltung zwischen Laien ist allerdings ohnehin nicht von fachsprachlicher Kommunikation auszugehen.

Die Gemeinsamkeit besteht nunmehr darin, dass in der Psychiatrie und auch in der Logistik die Laienseite durch die Expertenseite mit Hilfe bestimmter sprachlicher Mittel gewonnen werden muss. In der Logistik stehen hierfür neben der Sprache weitere Mittel zur Verfügung (z. B. Werbung mit finanziellen oder optischen Mitteln). Der **Unterschied** besteht wiederum darin, dass eine gemeinsame Sprache die Basis darstellt, um Kunden zu werben und um das Vertrauen von Patienten zu gewinnen. Die **Mittel des Sprachinventars**, derer sich hierfür bedient wird, unterscheiden sich jedoch grundlegend. Im Bereich der Psychiatrie wird im Idealfall der Versuch angestellt, die Muttersprache des Patienten zu nutzen. Anglizismen stellen hier eine unnötige Barriere dar, denn der Patient muss sich sicher aufgehoben fühlen, um seine Fähigkeiten zur emotionalen Öffnung nutzen zu können. Häufig wissen Patienten nicht, auf welchem Störungsbild ihre Symptome beruhen und was sie erwartet bzw. warum genau sie sich einer psychiatrischen Behandlung unterziehen „müssen“. Sie erfahren sozusagen aufgrund natürlicher Ungewissheit im Rahmen einer mehr oder weniger schwerwiegenden Erkrankung einen zusätzlichen Kontrollverlust durch sprachliche Barrieren. Wegen des ohnehin diffizilen Fachvokabulars obliegt es also den Ärzten, asymmetrische Wissenskonstellationen zu ebnen und den Patienten von Termini zunächst abzuschirmen oder ihn mit diesen vertraut zu machen. Ebenso obliegt es unter Umständen dem mündigen Patienten, sich mit seinem eigenen Störungsbild zu konfrontieren. Hier bleibt aber die Frage offen, inwieweit ein Patient im Rahmen einer psychischen Erkrankung für eine derartige Problematik zugänglich sein kann. Im Gegensatz dazu scheint ein Logistikanbieter, welcher keine Anglizismen in seinen aktiven Sprachgebrauch aufnimmt, sich nicht auf dem aktuellen Stand der fachsprachlichen Kommunikation bzw. der Fachinhalte zu befinden. Hier spielt natürlich auch die Werbesprache eine besondere Rolle, da sie bekanntermaßen von Anglizismen lebt wie kaum eine andere deutsche Fachsprache und auch an der Logistik großen Anteil hat. Gleichzeitig spiegelt sie am deutlichsten die gesellschaftlichen Aspekte wider, und man kann sagen, dass sie auch das Sprachverhalten in der Logistik repräsentiert. Gesellschaft und Logistik liegen also wesentlich näher beieinander als Psychiatrie und Gesellschaft. Daneben scheint die Konstatierung einer stärkeren Nähe zwischen Psychiatrie und Wissenschaft an dieser Stelle ebenfalls gerechtfertigt.

4.4.4 Hypothese (3): Szientifizierungsansatz der Terminologielehre

Die Terminologielehre scheint auf den ersten Blick von mathematisierbarer Formelhaftigkeit geprägt. Daher stoßen zunächst linguistische Theorien wie die GTG Noam Chomskys (s. S. 50 ff.) offensichtlich auch hier an ihre Grenzen, denn der Sprecher erwirbt im Bereich der Fachsprachen seine Kompetenz nicht gänzlich auf der Basis seiner Intuition. Im terminologischen Bereich wird der fachsprachliche Anteil des zu erwerbenden Regelsystems durch **Normierung** geschaffen. Dennoch sind auch im fachsprachlichen Bereich, besonders auf gesellschaftsnaher Ebene, Formen der Analogiebildung möglich (s. S. 217 ff). Einerseits darf der überaus hohe Anteil gemeinsprachlichen Inventars an den Fachsprachen nicht unterschätzt werden, andererseits ist zu bedenken, dass jegliche **Normungsaktivitäten** letztendlich **„anthropogener“ Natur** sind und somit in gewisser Weise auf Intuition beruhen. Auch terminologische Sprachlenkung geschieht durch Personen, denen ein bestimmtes gemeinsprachliches Regelsystem innewohnt, welches von externen und persönlichkeitsbedingten Variablen beeinflusst wird. Schließlich setzt die Verwendung fachsprachlicher Zeicheneinheiten und spezifischer sprachlicher Handlungsmuster nicht nur ein gewisses Maß an fachsprachlicher Kenntnis voraus, sondern auch das Wissen über gemeinsprachliche Handlungsmuster und Repräsentationsformen. Die Szientifizierung der Sprache sollte demnach nicht überbewertet werden, da die Interdependenzen mit gemeinsprachlichen Varietäten überaus stark sind.

4.4.5 Hypothese (4): Intendierte Verdunklung

Deutlich wurde im Verlaufe der Untersuchung auch, dass neue Lexeme und Termini aufgrund gänzlich unterschiedlicher Intentionen entstehen können. Während im Bereich der Logistik Interakteure durch Entlehnungen eher angesprochen werden, findet diese Form der Wortbildung im Bereich der Psychiatrie bzw. der Medizin häufig aus euphemistischen Gründen Verwendung. Fremdsprachige Termini werden hier zum Zwecke der **Verschleierung** auf die Ebene der Gemeinsprache transportiert und dadurch determinologisiert. Das Postulat der Neutralität des Terminus fördert also im medizinischen Bereich den Übergang eines Terminus in die Gemeinsprache. Die Frage, welche sich nun stellt, ist die, ob sich diese Annahme im empirischen Rahmen bestätigen lässt, denn das Ziel der bisherigen Terminusselektion bestand letztendlich nicht darin, ein Höchstmaß an Anglizismen ausfindig zu machen, sondern Termini zu identifizieren und empirisch abzusichern. Im folgenden Abschnitt werden hierfür die Umfrageergebnisse quantifiziert und interpretiert. Zunächst einmal findet eine Erläuterung zum Vorgehen bei der Listenerstellung und der Auswahl der zu befragenden Experten (Merkmalsträger) statt.

5. Empirische Phase

5.1 Zielstellung

Das Ziel der empirischen Phase der Untersuchung bestand in erster Linie darin, eine bestimmte Zahl englischer Termini ausgewählten Merkmalsträgern zur Bewertung vorzulegen, um zu überprüfen, ob sich auch in einer Umfrage eine deutliche quantitative Diskrepanz zwischen den beiden Terminusinventaren zeigen würde. Im bisherigen Verlauf wurden zahlreiche Vermutungen aufgestellt und belegt.

Diese bezogen sich jedoch vorwiegend auf den wissenschaftlich-theoretischen Bereich und es erschien interessant, die Diskrepanzen im praktischen Sprachgebrauch zu überprüfen.

5.2 Anlage der Befragung

5.2.1 Auswahlkriterien für Einheiten

Die für die vorliegende Untersuchung in Frage kommenden Einheiten mussten zunächst zwei Merkmale beinhalten: Sie sollten sowohl Termini als auch Anglizismen darstellen. In den bisherigen Ausführungen wurden die Kriterien zur Identifizierung dieser Merkmale ausführlich besprochen.

Der **Merkmalskatalog** enthielt keine bevorzugten Wortbildungsmuster, da auf dieser Ebene keine Eingrenzung nötig erschien. Allerdings wurden Hybridbildungen mit deutschem Terminusmaterial a posteriori ausgeschlossen, da hier eine Integration in die deutsche Sprache evident erscheint und somit nicht dringend nachgewiesen werden muss, wenngleich auch hier eine entsprechende empirische Überprüfung in Betracht zu ziehen ist. Eine diesbezügliche Quantifizierung könnte jedoch ebenfalls von Interesse für weitere Untersuchungen sein. Ein wesentliches semantisches Selektionskriterium für die Einheiten stellte deren Relevanz als Informationsträger auf theoretischer und praktischer Ebene dar. Das **Ziel** bestand darin, vorwiegend fachsprachlich markierte Termini aus den Gebieten der Psychiatrie und der Logistik zu untersuchen.

5.2.2 Itemselektion

Wie bereits angedeutet, offenbarte sich im Verlauf der Itemselektion innerhalb kurzer Zeit eine weite **quantitative Kluft** zwischen den evidenten englischen Anteilen der kontrastierten Fachwortvolumina: Während sich die Erhebung in der Psychiatrie eher schwierig gestaltete, konnte im Bereich der Logistik eine unüberschaubare Masse an englischen Termini identifiziert werden, deren Qualität sich letztendlich jedoch nicht mit Methodik und Zielstellung des Vorhabens vereinbaren ließ, da sie sich als relativ ungenormt und latent erwiesen. Die initial angestrebte Quantifizierung der Schnittmenge real genutzter Anglizismen beider Bereiche erwies sich daher im Rahmen der Untersuchung und der hierfür zur Verfügung stehenden Mittel als nicht zweckmäßig. Für die gewählte Methode erschien es sinnvoll, eine überschaubare Anzahl an Termini einer gleich hohen Anzahl an Experten beider Fachrichtungen vorzulegen und zu überprüfen, wie diese sich auf der Suche nach Übersetzungsäquivalenten verhielten. Das Vorgehen bestand somit in der Zusammenstellung zweier Korpora, welche nach subjektivem Bedeutungsempfinden der Autorin und anschließender Überprüfung in pretesthaften Expertenbefragungen durch Experteninterviews für beide Fachgebiete als Termini eingestuft wurden.

Zunächst erfolgte für jedes Fachgebiet die Fixierung der **Rohdaten** in Form von 200 Lemmata in einer **Urliste**. Die hierfür notwendige Terminusselektion stellte einen der umfangreichsten Abschnitte der Untersuchung dar. Sie erfolgte literatur- und kompetenzgestützt im theoretischen Rahmen des Fachliteraturstudiums (siehe Kapitel 4) und basiert in erster Linie auf einführenden Monographien und Lexika. Nach der initialen Expertenbefragung erfolgte letztendlich auch die im Prozedere der vorliegenden Untersuchung angesprochene Kürzung der Liste zugunsten der Rücklaufquote, da die Länge der Liste im Pretest als eher hinderlich eingestuft wurde. Die endgültigen Listen werden als zusammenfassende Aufbereitung der Untersuchung tabellarisch präsentiert (siehe Anhang). Nachdem nun die erforderlichen qualitativen Merkmalsausprägungen der Items angesprochen wurden, erfolgt im nächsten Abschnitt eine intensivere Betrachtung der Korpora.

5.2.3 Korpusgrundlage

Die übersichtliche Gestaltung des Betrachtungsrahmens erforderte eine sachliche Abgrenzung der **Datenquellen**. Die empirischen Primärdaten für beide Terminuslisten basieren auf einem Korpus aus zunächst theoriebezogenen schriftsprachlichen Werken wie Monographien, Lexika und Wörterbüchern. Durch weiteres Schriftmaterial konnten die für den Fragebogen verwendeten Terminuslisten einer initialen Absicherung unterzogen werden, denn in zahlreichen Lehrbüchern fand sich eine Großzahl nicht übersetzter englischer Termini. Diese schienen zwar aktuelle Sprachgebrauchstendenzen widerzuspiegeln, konnten jedoch nicht alle zweifelsfrei übernommen werden. Weder im psychiatrischen noch im logistischen Bereich waren Fachwörterbücher oder Glossare zu finden, die eindeutig abgrenzbares, sich auf das spezifische Fachgebiet konzentrierendes Vokabular enthielten. Daher wurde zunächst eine hohe Anzahl an Termini in die Urlisten aufgenommen, aus welchen später eine Auswahl getroffen werden konnte.

Die Datenquellen beschränkten sich ergo aufgrund leichterer Zugänglichkeit und stärkerer Homogenität der Einheiten zunächst auf den schriftsprachlich-wissenschaftstheoretischen Bereich, denn sowohl die Erhebung als auch die Transkription mündlicher Daten wären mit einem erheblich höheren Zeit- und Kostenaufwand verbunden gewesen[1120]. Eine Betrachtung von situativem, mündlichem Sprachgebrauch könnte jedoch ebenfalls interessante Faktoren aufzeigen. So wurden zwar mündliche Untersuchungskorpora (z. B. Besprechungsberichte, Diskussionen oder Konferenzen) ausgespart; dennoch fand die Ebene der *parole* durch Verwendung der in Experteninterviews gesprächsanalytisch extrahierten Termini Berücksichtigung.

Die Erstellung des psychiatrischen Textkorpus stellte eine besondere Herausforderung dar, denn es genügte nicht, sich ausschließlich auf psychiatrische Literatur zu beziehen. Letztendlich wurde von einer strengen Differenzierung abgesehen, um die Übernahme von Termini zu rechtfertigen, welche de facto in den

---

1120 Laut Drozd / Seibicke ist es in der gesamten Terminologielehre ohnehin üblicher, mit schriftlichen Texten ohne Mundarteinflüsse zu arbeiten (Drozd / Seibicke 1973, S. 88).

Bereich der Medizin gehören, sich jedoch erst nach hohem argumentativen Aufwand in die psychiatrisch-psychotherapeutische Fachsprache einordnen lassen. Die psychiatrische Literatur war in puncto Anglizismen wenig ergiebig, und so wurde das Fachlexikon *Pschyrembel* zu Rate gezogen, was letztendlich den Grad der Repräsentativität erhöhte.

Als eine Quelle für die **psychiatrische Datengewinnung** diente das bereits mehrfach erwähnte *Lexikon Psychiatrie, Psychotherapie, Medizinische Psychologie* (2007) von Uwe Henrik Peters, einem deutschen Psychiater und Neurologen. Peters' Lexikon erwies sich als nutzbringende Einstiegsquelle. Auffallend in diesem Lexikon ist der diachrone Blickwinkel des Autors, welcher sich recht intensiv mit Fragen zur Wortbildung befasst. Dieses Vorgehen stellt aus sprachwissenschaftlicher Sicht einen höchst interessanten Weg dar, doch scheint es fraglich, ob dies nicht den Informationsrahmen eines psychiatrischen Lexikons überschreitet, da bei Wortbildungsangaben davon auszugehen ist, dass die Termini bis zum Ursprung zurückverfolgt werden. Weiterhin lieferten Wittchen / Hoyer (2006) Anglizismen und fachliche Informationen, welche für die vorliegende Untersuchung von starkem Nutzen waren und sich als Hauptquelle erwiesen. Die zahlreichen Glossare zur Logistik enthielten häufig Termini, welche den Bereich der Logistik nur peripher tangieren bzw. eine hohe Zahl an Wirtschaftsbereichen abdecken. Die logistische Terminusselektion basiert daher vor allem auf Monographien wie den Grundlagenwerken zur Logistik von Vahrenkamp (2007) und Krampe / Lucke (2006).

Als weitere Möglichkeit der Untersuchungsanlage wurde das **Internet** genutzt. Ein psychiatrisches Internetwörterbuch, welches ausschließlich psychiatrisch-psychotherapeutisches Vokabular enthielt, war nicht zu finden. Die Seiten des deutschsprachigen Internetlexikons *psychology48* boten eine große Zahl an Termini, die zunächst in die Urliste aufgenommen, nach Einzelgesprächen mit Experten jedoch für die Erstellung der Terminusliste größtenteils verworfen wurde[1121]. Laut Experteninterview verfügen ohnehin alle psychiatrischen Stan-

[1121] Psychology48: online, 28.07.2009.

dardfachwerke über ein Glossar, was möglicherweise zusätzlich zu der geringen Anzahl an psychiatrischen Fachwörterbüchern beiträgt[1122].

Auch im **Bereich der Logistik** konnte die Zuverlässigkeit der zahlreichen Internetquellen selten verifiziert werden. Als wertvoller Fundus erwies sich das logistische Internetwörterbuch *logipedia*[1123], welches nach Kontaktierung eines Herausgebers, dem Leiter des Fraunhofer Instituts für Materialfluss und Logistik in Dortmund, Prof. Michael ten Hompel, als vertrauenswürdige Quelle erachtet wurde, wenngleich das hohe Anglizismeninventar eine sehr große Menge an nicht abgrenzbaren Termini enthält. Eben dadurch scheint es jedoch wiederum einen Wesenszug der logistischen Terminologie zu repräsentieren. Unterstützend wurde im Rahmen diverser Glossaruntersuchungen auf logistischen Internetseiten die Frequenz einzelner Termini und deren Erscheinen in Monographien eruiert. Auch bei der Internetsuchmaschine *Google* fanden sich in Abhängigkeit von der Konfiguration, zahlreiche Möglichkeiten zur Erfassung terminologischer Frequenzverhältnisse durch Stichprobenuntersuchungen, wenngleich diese Ergebnisse nur annähernd als Sicherheit erachtet werden[1124].

Wie unter 4.3.3.1 bereits angedeutet, hätten Zeitschriftenvergleiche de facto zur Erhöhung der Korpusrepräsentativität beigetragen. Eine nachträgliche Modifizierung der Methodik widersprach allerdings dem Gesamtkonzept der vorliegenden Untersuchung derart, dass sie an der entsprechenden Stelle der Erkenntnis nicht mehr in Frage kam.

5.2.4 Erhebungsinstrument

Als Befragungsinstrument wurde die **computergestützte Fragebogenerhebung** in Form einer als *Word*-Dokument standardisierten Terminusliste gewählt, welche Aufschluss über die Fachgebundenheit bzw. die Interfachlichkeit der einzel-

---

1122 Experteninterview, 28.08.2009.

1123 www.logipedia.de.

1124 Diese Form der Absicherung hat sich mittlerweile zu einem geläufigen Bestandteil translatorischen Handelns etabliert. Im Übersetzungsprozess werden bei Unsicherheiten häufig die Suchmaschinentreffer als Maßstab genutzt. Die Schwierigkeit besteht jedoch darin, dass Vollständigkeit und Aktualität der Daten oder Datenbanken grundsätzlich erst einmal ausgeschlossen werden müssen.

nen Termini liefern sollte[1125]. Diese Form der Befragung erschien als ökonomischste Art der Erhebung und Verarbeitung einer repräsentativen Datenmenge. Der Itemselektion aus der Urliste schloss sich die Erstellung einer Terminusliste für das jeweilige Fachgebiet an. In die Liste wurden drei den Termini folgende Spalten zur Beantwortung der dazugehörigen Fragen aufgenommen. Die Kopfzeile gestaltete sich demnach folgendermaßen:

1. Terminus	**2. Bekannt** *Ja / Nein*	**3. Artikel** *der / die / das*	**4. Übersetzung**

Die erste Spalte enthielt den zu erfragenden Anglizismus, die zweite eine geschlossene Frage nach der Vertrautheit mit dem Terminus. Vorgegeben war die dichotome Antwortkategorie **Ja / Nein**, sodass als einzige Ausweichkategorie die Nichtbeantwortung der Frage galt. Es wurde in erster Linie nach der Bekanntheit der Anglizismen im jeweiligen Fachgebiet gefragt. Bei vorhandener Genusangabe bzw. Paraphrasierung des Übersetzungsäquivalents war von einer Nutzung des englischen Terminus in der Sprachpraxis auszugehen. In die benachbarte Spalte wurde eine Alternativfrage nach der Genusangabe und in die letzte Spalte in einer indirekten Frage die Möglichkeit der Angabe eines Übersetzungsäquivalents aufgenommen. Hierdurch entstand Spielraum für die **Kreativität** der Befragten, denn es wurde ihnen die Nutzung ihres Erinnerungsvermögens abverlangt, da keinerlei Beispiele bzw. Synonyme zur Beeinflussung vorhanden waren. Die Spalte zur Genusangabe diente in erster Linie dazu, die Aufmerksamkeit der Befragten zu erhöhen, da ein reines Erfragen über Kenntnis oder Unkenntnis der Termini vermutlich eher zu einem oberflächlichen Überfliegen der Liste geführt hätte. Somit wurde die folgende Aufgabenstellung ausformuliert und zusammen mit der Terminusliste an die Befragten versandt:

> **Spalte 2**: Bitte geben Sie mit *Ja / Nein* an, ob Ihrer Meinung nach der Terminus aus Spalte 1 auf Englisch in Ihrer Fachsprache verwendet wird.
> **Spalte 3**: Falls Sie Spalte 2 mit *Ja* beantwortet haben, geben Sie bitte den Artikel (der / die / das) an.
> **Spalte 4**: Falls Sie die deutsche Übersetzung kennen, bitte geben Sie diese an.

[1125] Die Urlisten wurden allerdings als Excel-Tabellen verfasst.

Die Listen finden sich in ihrer Versendungsvariante im Anhang (s. S. 361) und beinhalten dort auch die erzielten Ergebnisse.

Die Verwendung von Wörterbüchern war nicht untersagt, da sich diese bei einer Nutzung durch mehrere Merkmalsträger aller Wahrscheinlichkeit nach durch Wiederholung der Übersetzungsäquivalente bemerkbar gemacht hätte. Aufgrund der Tatsache, dass die Erhebung aber zwangsläufig ein reflektiertes Antwortverhalten der Probanden nach sich ziehen musste, konnte seitens der Merkmalsträger das Befragen von Expertenkollegen und die Benutzung von Wörterbüchern ohnehin nicht ausgeschlossen werden. Um diese Möglichkeit zu minimieren, hätten alle Befragten die Bögen unter Beobachtung ausfüllen müssen. Es ist jedoch grundsätzlich davon auszugehen, dass vor allem **Zeitmangel** der Natürlichkeit einer solchen Sprachdatenerhebung förderlich ist. In den Wortlisten erfolgte eine indirekte Absicherung seitens der Autorin durch den Einsatz gemeinsprachlich etablierter Anglizismen als Distraktoren, so z. B. *Blackout* (Psychiatrie) oder *Outlet* (Logistik). Dies diente der Überprüfung der Anglizismennutzung seitens der Probanden im allgemeinen Sprachgebrauch, wenngleich die Distraktoren den Platz für fachgebietsspezifische Anglizismen und eine möglicherweise gewinnbringende Genuszuweisung belegten.

Die Termini entstammen unterschiedlichen Bedeutungsfeldern der jeweiligen Disziplin, sodass keine Ausstrahlungseffekte auf die Übersetzung der folgenden Termini zu befürchten waren. In der Befragung (und nur dort) wurden sie mit Großbuchstaben begonnen, um die Entscheidung für die Zuordnung in das entsprechende Sprachsystem zu erschweren. Zur Vermeidung jeglicher Verfälschungseffekte wurde den Befragten absolute Anonymität zugesichert. Am Ende der Liste erhielten sie Platz für Angaben zu ihrem Tätigkeitsfeld und für Anmerkungen. Die **Tauglichkeitsprüfung** für den Fragebogen erfolgte zudem in einer Teilstichprobe an ausgewählten Merkmalsträgern (s. S. 347) beider Fachgebiete. Hierdurch konnte die Datenerhebung von der theoretischen auf die praktische Ebene ausgedehnt und in realen Gesprächssituationen getestet werden. Im Anschluss daran fand eine Erweiterung auf den fokussierten Personenkreis statt.

5.2.5 Auswahlkriterien für Merkmalsträger

Mittels der fachgebietsabhängigen Terminuslisten sollte an einer jeweils homogenen Expertengruppe der vorhandene Wissensbestand bzw. das Sprachverwendungsverhalten der Rezipienten überprüft werden. Zur Erfüllung dessen erfolgte die Zusendung des Fragebogens an eine **merkmaltragende Expertenstichprobe**. Die Herausforderung bestand vor allem in der qualitativ-quantitativen Gleichwertigkeit der beiden Expertengruppen, die zudem innerhalb eines überschaubaren Zeitrahmens befragt werden sollten. Dabei spielte die Frage, ob die Merkmalsträger praktisch oder theoretisch orientiert sind, nur bedingt eine Rolle. Hier in beiden untersuchten Fachdisziplinen zu differenzieren, wäre ein aufwendiges Vorhaben gewesen. In der qualitativen Auswertung fand dieser Aspekt jedoch Berücksichtigung, wenngleich eine ausschließlich praktisch oder theoretisch orientierte Tätigkeit in beiden Bereichen ohnehin nicht die Regel darzustellen scheint. Dennoch kann die Frage nach der Anglizismenverwendung auf theoretischer und praktischer Ebene auf beiden Gebieten sicherlich interessante Parameter aufzeigen. Um etwaige Probleme aufgrund der Heterogenität der Kommunikationsbedingungen sowie der intellektuellen Fundamente zu umgehen und die Materialbasis für die bessere Vergleichbarkeit zu homogenisieren, galt als restriktives Kriterium zunächst die akademische Ausbildung. Soziodemographische oder quantitative Sekundärdaten (z. B. Geschlecht, Alter, Einkommen) fanden keine Berücksichtigung.

Weiterhin erfolgte eine Eingrenzung auf lokaler und temporaler Ebene. Die Untersuchung beschränkte sich auf den deutschsprachigen Raum. Deshalb wurden auch schweizerische und österreichische Merkmalsträger mit derselben Kernkompetenz zugelassen. Im Bereich der Logistik ergaben sich einige Antworten aus einer Weiterleitung durch die Universität in Graz. Im Bereich der Psychiatrie bestand hierfür keine Notwendigkeit, da die Zahl der Merkmalsträger sehr viel schneller erreicht wurde und für beide Gebiete die Befragung erst nach Bedarfserkennung ausgeweitet wurde. Die Auswertung hierfür erfolgt auf S. 349 ff. Zur psychiatrisch-psychotherapeutischen Fachsprache wurden zudem auch Psychologen befragt, welche aufgrund einer psychotherapeutischen Zusatzausbildung in der Psychiatrie tätig sein können. Für die temporale Eingrenzung der Befragung wurde der Zeitraum zwischen **Juli** und **Oktober 2009** anberaumt. Die Befragten erhielten jedoch kein Zeitlimit zur Beantwortung, denn eine langwierige Beschäftigung mit der jeweiligen Terminusliste war nicht zu erwarten.

5.2.6 Kontaktierung der Merkmalsträger

Da die Suche nach Experten e-postalisch erfolgte, schien die oberste Zielstellung für die Befragung zunächst in einem übersichtlichen und ansprechenden typographischen **Layout** sowie einem präzise formulierten, kurz gehaltenen **Anschreiben** zu bestehen, um den Zugang zu den Befragten zu erleichtern und deren Motivation zu erhöhen. Wenngleich die Befragungsergebnisse für einen großen Anwendungsbereich gelten sollten, kam für die Untersuchung nur eine **Stichprobenerhebung** in Frage, deren Merkmalsträger durch **Quotenverfahren** ermittelt wurden[1126]. Die Kontaktierung der Merkmalsträger stellte den aufwendigsten Teil der Untersuchung dar, wenngleich der anberaumte Zeitabschnitt zwischen Juli und Oktober eingehalten werden konnte. Den größten temporalen Anteil an dieser Untersuchung beanspruchte die internetgestützte Identifizierung der Merkmalsträger.

In der Psychiatrie fand sich sehr schnell eine hohe Zahl an Akademikern. Die Bestimmung der fokussierten **Merkmalsausprägungen** gestaltete sich für die Psychiatrie recht einfach. Das Kriterium der akademischen Ausbildung war leicht am Grad / Titel eruierbar. Das Auswahlspektrum in diesem Bereich umfasste in erster Linie Universitätskliniken und psychiatrische Tageskliniken. Die dort tätigen Experten sind oftmals Theoretiker und Wissenschaftler zugleich, denn zumeist beinhaltet ihr beruflicher Alltag sowohl Lehr- als auch Kliniktätigkeiten. In erster Linie wurden Chef- und Oberärzte angeschrieben. Auf eine Befragung niedergelassener Psychiater wurde verzichtet, da nach Expertenbefragungen dort andere gesundheitspolitische Variablen wirken, welche der Beantwortung empirischer Umfragen wenig Raum bieten. Zudem ist nach eigener Ansicht der Autorin eher im akademisch-theoretischen Rahmen mit Interesse an einer solchen Befragung zu rechnen.

1126 Bühner 2004; Albert / Koster 2002; Schlobinski 2001.

Auch im Bereich der Logistik wurden in Frage kommende Universitätsmitarbeiter angeschrieben. Für eine Tätigkeit im Logistikbereich stellt die akademische Ausbildung keine zwingende Voraussetzung dar, und so ist auch die Befragtengruppe als wesentlich heterogener zu bezeichnen. Eine explizite Adressierung promovierter Logistiker war aufgrund fehlender Auffindbarkeit nicht möglich und hätte die Probandenzahl drastisch reduziert. Es boten sich zudem Hürden, da im Bereich der Logistik elektronische Post häufig an allgemeine Informationsadressen geleitet wird. In vielen Fällen fanden sich vorgefertigte Kontaktformulare, welche zudem keinen Anhang erlaubten. In der Logistik musste das Kriterium der akademischen Ausbildung somit auf die **abgeschlossene Berufsausbildung** abgeändert werden. Aufgrund dieser Tatsache wurden vorwiegend Firmen angeschrieben und um Weiterleitung gebeten. Die Adressen hierfür konnten in den entsprechenden Branchenbüchern ausfindig gemacht werden.

Bei der Kontaktierung wurde die starke horizontale Differenzierung der Logistik deutlich, da sich von der Vorstandsassistenz über den „Personalchef Seeexport Afrika“ bis hin zu Forschung und Lehre eine breite Palette an Tätigkeitsfeldern fand. Die Autorin hätte zur Wahrung der Gleichheit von Heterogenität und Homogenität zwischen den Fachgebieten durchaus auch Fachgruppen wie Krankenschwestern oder Pflegepersonal nachträglich adressieren können. Hiervon wurde jedoch abgesehen, da die kontaktierten Merkmalsträger offensichtlich das Bild der Fachgebiete repräsentieren, denn Homogenitätsgrad, Akademisierung und Zugänglichkeit differieren ganz wesentlich. Zur Verdeutlichung der angesprochenen Sachverhalte findet sich im folgenden Abschnitt ein Resümee der Fragebogenbeantwortung.

5.2.7 Gesamteindruck der Fragebogenbeantwortung

Im Verlaufe der Befragung konnten zwei umgekehrte **Proportionalitäten** aufgedeckt werden. Dies betrifft die Masse der Merkmalsträger im Verhältnis zur Masse der identifizierten Anglizismen, was sich im Gesamtbild wiederum als gegensätzlich zwischen Psychiatrie und Logistik erwies.

Die **Rücklaufquote** ist nicht anhand der versandten Terminuslisten eruierbar, da sowohl in Psychiatrien als auch in Firmen häufig eine Weiterleitung an mehrere Rezipienten erfolgte. Zudem wurde das Anschreiben der Autorin in dem an

9.000 Personen gerichteten Newsletter der BVL vom 03.07.2009 veröffentlicht. Insgesamt wurden etwa 500 Psychiater und ebenso viele Logistiker persönlich durch die Autorin konsultiert. Die Rücklaufquote ist somit für die Psychiatrie weitaus höher zu bewerten, da dort die Befragung ohne Veröffentlichung erfolgte.

In der Psychiatrie wurden 76, im Bereich der Logistik 78 in Frage kommende Terminuslisten in die Evaluation einbezogen. Die Reaktion der Befragten erfolgte in der Regel innerhalb weniger Tage, gelegentlich noch am Tag der Versendung. Das **Antwortverhalten** der Befragten zeugte sowohl in der Psychiatrie als auch in der Logistik von einer intensiven Auseinandersetzung mit der Liste. Überraschend nah beieinander lagen die **Prozentsätze übersetzter Termini** in Psychiatrie und Logistik. So ergibt ein Vergleich der maximalen Anzahl übersetzter Termini das in Tabelle 8 enthaltene Bild.

Erläuterungen	**Anzahl der Befragten** (in %)	
	Psychiatrie	Logistik
≥ 40	5	8
≥ 30	34	35
≤ 10	20	21

Tabelle 8: Anzahl übersetzter Termini

Wie aus **Tabelle 8** zu entnehmen ist, konnten in der Psychiatrie von 5 % und in der Logistik von 8 % der Befragten für mindestens 40 Termini Erläuterungen durchgeführt werden. Weniger als ein Fünftel der Termini wurde in der Psychiatrie von 20 %, in der Logistik von 21 % der Befragten markiert.

Bei den österreichischen Merkmalsträgern fiel auf, dass keiner unter 30 Termini übersetzte und für auffallend viele Termini ausführliche Erläuterungen erfolgten. Allerdings können in diesem Fall keine Rückschlüsse auf die österreichische Allgemeinheit gezogen werden, da es sich bei sämtlichen Merkmalsträgern um Akademiker und Absolventen derselben Universität handelt (die zudem nicht zwangsläufig aus dem genannten Sprachraum stammen müssen). Ein weiterer (nicht-akademischer) Merkmalsträger aus demselben Raum bejahte lediglich 20 Termini. Interessant wäre eine gezielt angelegte, gleichwertige Untersuchung für beide Fachgebiete in den verschiedenen deutschsprachigen Ländern, denn vermutlich sind kaum Diskrepanzen in der Verwendung des Lexeminventars zu erkennen.

Als höchst gewinnbringend erwies sich die Bitte um **Anmerkungen** am Ende des Fragebogens, da die Probanden ihr Vorgehen noch einmal erläuterten, Hinweise erbrachten und auch ihre Meinungen und **Metaerfahrungen** zum Sprachgebrauch mitteilten. So wurden auch zu nicht übersetzten bzw. paraphrasierten Termini häufig ausführliche Anmerkungen gemacht. Letztendlich konnten zahlreiche andere **Sekundärdaten** wie Auslandserfahrung oder Praxisbezug eruiert werden. Die Zahlen der Experten mit intensiver beruflicher Auslandserfahrung bewegten sich in der Psychiatrie und der Logistik auf gleicher Ebene und machten sich auch gleichermaßen bemerkbar. Hier wurde in allen Fällen zusätzlich vermerkt, welche Termini nach subjektivem Empfinden in der deutschen Logistik tatsächlich Verwendung finden.

In zwei Fällen erfolgten emotionalisierte **kritische Anmerkungen** als Beteiligung am Fremdwortdiskurs über die deutsche Sprache („Scheußlichkeiten wie gedownloaded"). Interessant waren einige unsichere bzw. entschuldigende Anmerkungen, welche den Wunsch nach gutem Abschneiden erkennbar werden und den Verdacht eines daraus resultierenden Auswahlbias vermuten ließen. Gefördert wurde dieses Verhalten sicherlich durch das direkte Ansprechen der Befragten, welches trotz versprochener Anonymität scheinbar eine mögliche Rückverfolgung und Überprüfung befürchten ließ. Einige Experten wiesen darauf hin, dass eine **Pseudonymisierung** bzw. Anonymisierung der Studie den Rücklauf erhöhen könnte. Nach diversen Versuchen kann dies jedoch nicht bestätigt werden. Die gewählte Form der Befragung erwies sich als am effektivsten für die vorliegende Untersuchung, da die direkte Anrede in zahlreich geäußerten Expertenmeinungen und unterstützenden Dialogen resultierte.

Als ebenso gewinnbringend erwies es sich, die Befragten über die Vertrautheit der Autorin mit den Termini und über die Frage, ob die Übersetzung der Termini als Erklärung oder Synonymsammlung dienen sollte, im Unklaren zu lassen. In zahlreichen Fällen erfolgte ein Hinweis darauf, dass (unabhängig vom persönlichen Wissensstand) lediglich die Termini als bekannt vermerkt wurden, welche tatsächlich im klinischen oder logistischen Alltag Verwendung finden.

Viele Paraphrasierungen und **Erläuterungen** belegen, dass die Befragten tatsächlich aus ihrem eigenen Wissensbestand geschöpft hatten. Besonders interessant erscheinen dabei Metareflexionen, welche sich mit den angeführten Aspekten in der vorliegenden Arbeit überschneiden. Daher erscheint es höchst sinnvoll und naheliegend, eine kleine Auswahl an dieser Stelle anzuführen:

> „Die Zuordnung der Artikel ist – wenn man anfängt, darüber nachzudenken – nicht ganz einfach. Man benutzt die Begriffe teilweise sehr regelmäßig, aber dann ist es wie beim Autofahren. Es ist irgendwie automatisiert, aber wenn jemand fragt, auf welcher Seite die Bremse ist, kann man durchaus ins Grübeln kommen" (Psychiatrie).
>
> „Zu Recht werden etliche Sachen nicht übersetzt, ist handlicher auf Englisch – aber muss man den Krankenschwestern auch mal auf Deutsch erklären" (Psychiatrie).
>
> „Manche Begriffe benutze ich regelmäßig: Tranquilizer, Rapid Cycler, Non-Responder, Flashback, Compliance, Craving, Burnout" (Psychiatrie).
>
> „Tatsächlich tut man sich bei manchen Begriffen mit einer Übersetzung ziemlich schwer. Die Anglizismen werden z. T. überbordend als besonders modern missbraucht" (Psychiatrie).
>
> „*Just in time* erscheint mir, die sich um Transporte zu innerafrikanischen Endbestimmungen über Distanzen von weit mehr als 1.000 km auf staubigen, nicht asphaltierten Pisten kümmert, wie ein Begriff aus einer anderen (Gedanken-)Welt" (Logistik).
>
> „In Presseartikeln benutzen wir möglichst keine englischen Ausdrücke, die sich auch auf Deutsch ausdrücken lassen. Bei manchen allgemein gebräuchlichen Fachtermini wie Supply Chain Management, Picking, Just in time, Make-or-Buy oder Overnight lässt es sich leider nicht ganz vermeiden, wenn ein präziser Ausdruck gefragt ist und Erklärungen vermieden werden sollen" (Logistik).
>
> „Von den von mir übersetzten Begriffen werden höchstens 25 % häufig genutzt" (Logistik).

Im Bereich der Logistik fanden sich hin und wieder sarkastisch anmutende Paraphrasierungen. So wurde der Terminus *Profit Center* umschrieben mit: „Da, wo das Geld gemacht wird (gut), im Gegensatz zu Cost Centre (böse!)". *Forecasting and Replenishment* wurde auch paraphrasiert mit: „Den Nachschubbedarf aus der Glaskugel erraten".

Es ist jedoch anzumerken, dass summa summarum ernstzunehmende und offensichtlich sorgfältig bearbeitete Fragebögen zurückgesandt wurden. Abschließend lässt sich sagen, dass die Beantwortung der Fragebögen zahlreiche neue und interessante Erkenntnisse sowie nutzvolle persönliche Hilfestellung durch einige Befragte mit sich geführt hat.

5.2.8 Deskriptivstatistische Evaluation

Der folgende Abschnitt beinhaltet sowohl die Beschreibung als auch die Analyse der Korpora mit Hilfe einer zusammenfassenden **Materialverdichtung** anhand einfacher Quantifizierungs- und Präsentationsmethoden der deskriptiven Statistik[1127]. Ein induktives Vorgehen und die Berechnung quantitativer Interdependenzen erschienen für diesen Vergleich unverhältnismäßig.

Zunächst wurden alle in der Terminusliste angeführten Lemmata aufgelistet und einzeln evaluiert, denn zur Identifizierung der Datenverteilung und markanter Häufigkeitsvorkommen sollten möglichst genaue quantitative Aussagen für jeden einzelnen Terminus vorgenommen werden. Die Resultate sind nicht zur Repräsentation statistisch genau berechneter Lösungen intendiert. Sie sollen lediglich neue Fragen aufwerfen und einen weiteren Forschungsprozess initiieren können. Dennoch orientiert sich die gesamte Untersuchung gemäß den allgemeingültigen Gütekriterien der empirischen Sozialforschung an **Qualitätsansprüchen** wie Reliabilität, Testökonomie, Nützlichkeit und Unverfälschbarkeit[1128]. Die Autorin erhebt jedoch keinerlei Anspruch auf die Erfüllung der Kriterien, da Messverfahren wie Re-Tests oder Paralleltests ebenfalls nicht angemessen erschienen und für die Akzeptanz einer Ergebnisgeneralisierung laut der Literatur zur empirischen Forschung[1129] für jedes Fachgebiet mindestens 100 Merkmalsträger befragt werden müssten. Die Präsentation der **Häufigkeitsverteilungen** erfolgt in Form von Balkendiagrammen. Hierdurch können die im Verlaufe der Studie entstandenen Extraktionsergebnisse resümiert und analysiert werden. Wie eingangs angedeutet, basieren die Kalkulationen auf den als angemessen erachteten statistischen Mitteln. Die hierfür aufgestellten Formeln werden zur besseren Nachvollziehbarkeit ebenfalls angeführt, wenngleich dies den Rahmen einer sprachwissenschaftlichen Untersuchung durchaus strapazieren

---

1127 Bühner 2004; Albert / Koster 2002; Schlobinski 2001.

1128 Bühner 2004; Albert / Koster 2002; Schlobinski 2001.

1129 z. B. Albert / Koster 2002, S. 14.

mag. Die Werte sind in prozentualen Anteilen angegeben, sodass in den meisten Fällen die absoluten Häufigkeiten nicht noch einmal angeführt werden. Eine kurze Auswertung erfolgt jeweils im Anschluss an die graphische Darstellung.

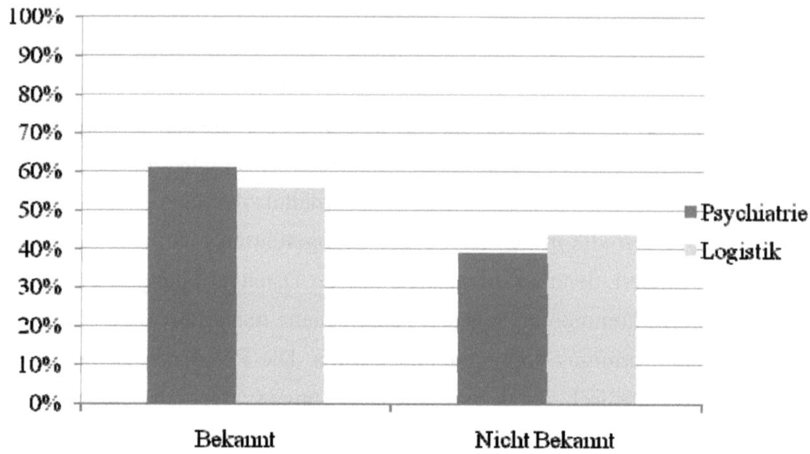

Abbildung 10: Bekanntheit der Termini

Abbildung 10 soll über die **Bekanntheit der Termini** im jeweiligen Fachgebiet Aufschluss geben. Die Daten wurden in Spalte 1 (Bekannt: Ja / Nein) der Terminusliste eruiert. Hierfür wurde zunächst die Gesamtzahl der Termini jeder Liste ($\Sigma = 50$) mit der Zahl der jeweiligen Befragtengruppe ($\Sigma = 76$ Psychiater / $\Sigma = 78$ Logistiker) multipliziert, um ein absolutes Bild aller in der Befragung abgegebenen Stimmen[1130] gewinnen zu können. Dies ergab ein Gesamtbild von 3.800 Gesamtstimmen in der Psychiatrie. Hiervon wurde laut Zählung 2.314 Mal ein Terminus als im Fachgebiet bekannt und 1.486 Mal ein Terminus als unbekannt angegeben. Dies entspricht einem prozentualen Verhältnis von **61 % zu 39 %**. In der Logistik wurde von 3.900 Gesamtstimmen 2.193 Mal ein Terminus als bekannt und 1.707 Mal ein Terminus als unbekannt angegeben. Die prozentuale Staffelung in der Logistik beträgt demnach **56 % zu 44 %**.

[1130] Eine *Stimme* bezieht sich auf jede einzelne Antwort für jeden einzelnen Terminus, sodass alle Befragten jeweils 50 Stimmen zu vergeben hatten.

Zum besseren Verständnis soll das Vorgehen an dieser Stelle noch einmal in formelhaftem Charakter verdichtet werden. Die Evaluation wurde für die einzelnen Terminuslisten nach folgendem Schema durchgeführt:

Psychiatrie (Ja) → Gesamt (Ja) x 100 : Gesamtstimmen = x %

Hierdurch können die relativen Häufigkeiten für die Ja-Stimmen der untersuchten Fachdisziplinen durch einen Lösungsvorgang normiert werden, welcher sich ebenso auf die Verteilung der Nein-Stimmen anwenden lässt[1131]:

Psychiatrie (Ja) → 2314 x 100 : 3.800 = 61 %
Logistik (Ja) → 2193 x 100 : 3.900 = 56 %

Die Auswertung zeigt, dass die Differenzen in der Vertrautheit sich zwar evident, aber keineswegs signifikant darstellen. Aus den Daten geht zwar hervor, dass in der Psychiatrie insgesamt mehr Ja-Stimmen erteilt wurden. Letztendlich kann jedoch an dieser Stelle keine Aussage darüber gemacht werden, ob mehr Bejahungen erfolgten oder mehr Termini als unbekannt markiert wurden, da diese Form der Kalkulation keine Aussagen über einzelne Termini zulässt. Eine Diagrammerstellung für jeden Terminus wäre sehr interessant, erscheint jedoch aus Platzgründen in der vorliegenden Untersuchung nicht angemessen. Von Interesse war allerdings eine weitere Berechnung des 100-prozentigen Ja-Anteils in den Fragebögen. Diese ergab, dass nur 4 % der Befragten in der Psychiatrie alle Termini als bekannt markierten. In der Logistik waren es sogar 0 %. Nach der initialen Hypothese zum wesentlich höheren Anglizismenaufkommen in der Logistik scheint dieses Resultat zunächst überraschend. In beiden Bereichen wurden von keinem Befragten alle Termini als unbekannt angegeben. In Anbetracht der stärkeren Normiertheit des psychiatrisch-psychotherapeutischen Terminologieinventars wäre bei einer Steigerung der Itemanzahl sogar von einer noch stärkeren Differenz zugunsten der Psychiatrie auszugehen. Der Unterschied ist also evident, jedoch letztendlich als unerheblich zu bewerten. Dennoch kann an dieser Stelle keine Aussage zur Signifikanz getroffen werden, da hierfür entsprechende Tests notwendig sind.

[1131] Biber / Conrad / Reppen 2004, S. 263.

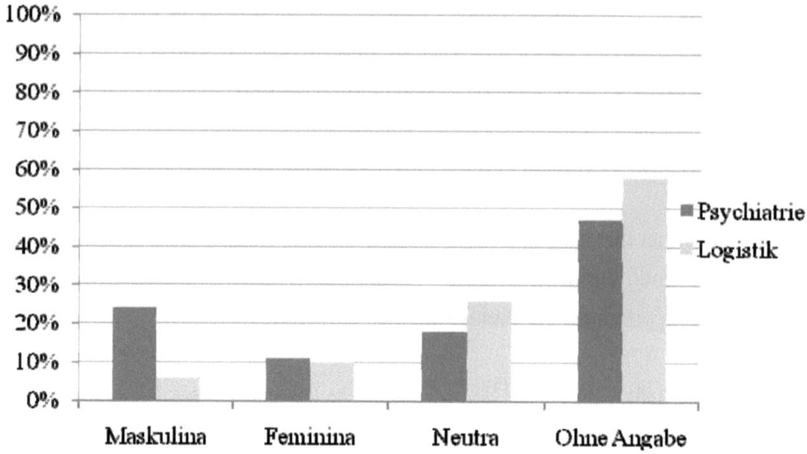

Abbildung 11: Artikelverwendung

Abbildung 11 dient der Darstellung der **Artikelverwendung** in beiden Fachgebieten. Auch die Artikelangaben wurden für alle Befragten multipliziert mit allen Termini prozentual berechnet. Hierfür wurde wie folgt verfahren:

Psychiatrie → 100 x Σ jedes Genus : 3.800 = x %
Logistik → 100 x Σ jedes Genus : 3.900 = x %

Die Summen sind in den zusammenfassenden Tabellen angeführt (siehe Anhang). Für die Artikelangaben in der **Psychiatrie** ergibt sich somit folgende prozentuale Staffelung: 24 % Maskulina, 18 % Neutra und 11 % Feminina. In der **Logistik** wurden mit 26 % die meisten Termini als Neutra eingestuft, gefolgt von 10 % Feminina und 6 % Maskulina. Der Anteil fehlender Angaben beläuft sich für die Psychiatrie auf 47 % für die Logistik auf 58 %. Hierbei ist allerdings zu bedenken, dass in der Befragung keine Kategorie für den Plural angegeben wurde, wenngleich sich pluralisierte Termini in den Listen befanden (*Hub and Spokes*, *Balbuties*, *clinical pathways*). Diese Spalte diente – wie zuvor angesprochen – in erster Linie der Vermeidung flüchtiger Ja- / Nein-Angaben durch die Befragten und ermöglicht keinen zulässigen Induktionsschluss auf die

Grundgesamtheit[1132]. Zudem erscheint ein Vergleich hier recht schwierig, da eventuell divergierende Normierungsvorgänge der Genuszuweisung zugrundeliegen könnten. Die vorliegende Analyse dient also nicht der Generalisierung, sondern kann im besten Fall auf diese spezifische Befragung, möglicherweise auch nur auf jedes Fachgebiet für sich angewendet werden. Auch hier ist die Erstellung von Diagrammen für die einzelnen Termini vorstellbar.

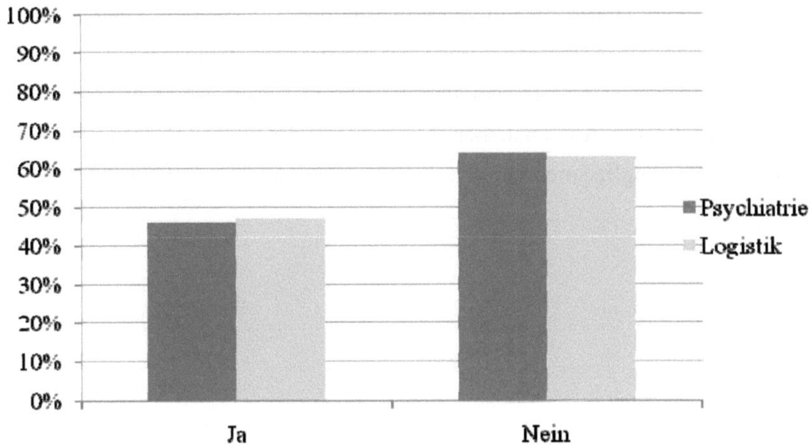

Abbildung 12: Erläuterungen und Übersetzungsangaben in %

Abbildung 12 veranschaulicht unter anderem das **Übersetzungsverhalten** der Befragten, wenngleich die Eruierung desselben sich nicht im Fokus der Untersuchung befand. Hierfür wurden alle Übersetzungsvorschläge / Paraphrasierungen

[1132] Wie bereits erwähnt wurde, findet sich eine derartige Untersuchung bei Schmitt 1985, S. 96 ff. Er stellt fest, dass den Feminina „die weitaus wenigsten der aus dem Englischen entlehnten Substantive zugeordnet“ werden (Schmitt, 1999, S. 260). Das Ergebnis der vorliegenden Untersuchung zeigt zwar in der Logistik ein anderes Bild; die Studie war jedoch nicht der Genusbestimmung gewidmet und steht somit in diesem Punkt in keinem repräsentativen Verhältnis zu Schmitts Untersuchung.

(Spalte 4) summiert und daraus der prozentuale Anteil an den Gesamtstimmen berechnet. Demnach ist die Graphik nach folgendem Schema zu beschreiben:

Psychiatrie → 100 x Σ der Termini x Σ aller Erläuterungen : 3.800 = x %
Logistik → 100 x Σ der Termini x Σ aller Enthaltungen : 3.900 = x %

Die Graphik zeigt im Gesamtbild eine deutliche Ausgewogenheit im Antwortverhalten und in der Vertrautheit mit den Termini, denn in beiden Fachgebieten resultiert etwa die Hälfte der Stimmangaben in der Angabe eines Übersetzungsäquivalents oder einer Paraphrasierung mit zusätzlichen Hinweisen. In der Psychiatrie belaufen sich die prozentualen Anteile insgesamt auf **46 %**, in der Logistik auf **47 %**. Die festgehaltenen Werte bestätigen die Auffassung, dass die Psychiatrie für Anglizismen empfänglich ist, wenn auch auf anderer Ebene als die Logistik.

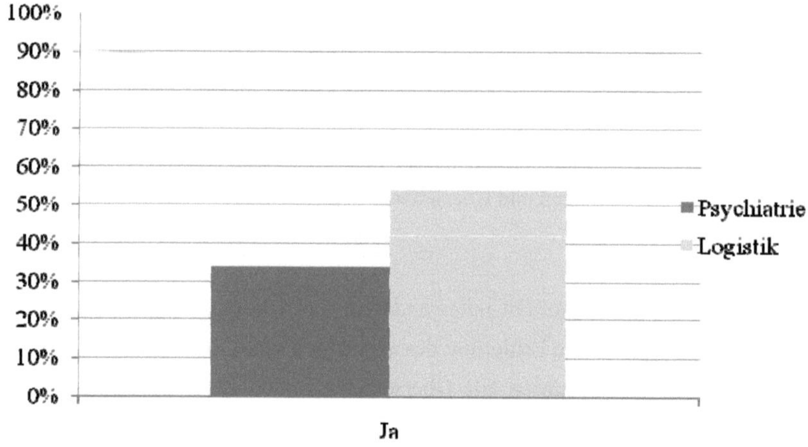

Abbildung 13: Verweis auf Anglizismus für Termini

Abbildung 13 ist aus dem Platz für Anmerkungen und der Bitte um Übersetzungsangaben hervorgegangen. Einige der Befragten verwiesen explizit auf die Verwendung des englischen Terminus, wenngleich sie um die Anführung von Übersetzungsäquivalenten bemüht waren. Diese Angaben erwiesen sich als sehr interessant, da erst an dieser Stelle und in den von den Befragten angeführten Beispielen der Kontexteinbettung die Anglizismenverwendung wirklich deutlich wurde (z. B. *Ich führe einen Bedside-Test durch*). Weitere Beispiele finden sich im Glossar (s. S. 429 ff.). Die Graphik zeigt die Verteilung der expliziten Verweise auf die Beibehaltung eines englischen Terminus. Während in der Psychiatrie bei **34 %** der Termini mindestens einmal darauf hingewiesen wurde, dass der Terminus in der deutschen Verwendung auf Englisch belassen wird, erfolgte dieser Hinweis in der Logistik für **54 %** der Termini. Jedoch sind noch einmal Unterschiede in den Zahlen derer, welche für den jeweiligen Terminus einen expliziten Hinweis erteilten, zu verzeichnen. Daher wurde zusätzlich Abbildung 14 erstellt.

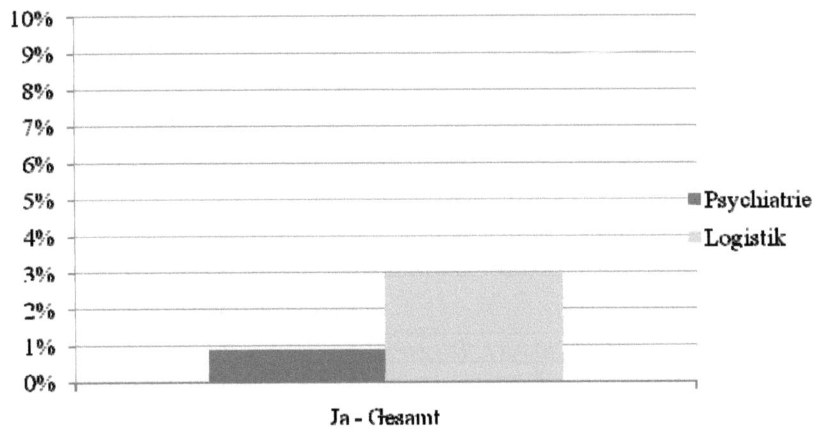

Abbildung 14: Gesamtstimmen mit Verweis auf Anglizismus

Abbildung 14 zeigt die Menge der Stimmen, die insgesamt explizit mit **Verweis auf einen Anglizismus** erteilt wurden. Vom Gesamtprodukt wurde der prozentuale Anteil aller Stimmen jedes einzelnen Terminus berechnet. Aufgrund des geringen Prozentsatzes endet die Skalierung bei 10 %.

Insgesamt verwiesen die Befragten in der Psychiatrie 34 Mal, in der Logistik 117 Mal explizit auf die Beibehaltung des englischen Terminus. Dies entspricht einer prozentualen Staffelung von **0,9 % zu 3 %**. Auch hier soll das Vorgehen aus Gründen der Nachverfolgbarkeit noch einmal zusammengefasst werden:

Psychiatrie → 100 x 34 : 3.800 = x %
Logistik → 100 x 117 : 3.900 = x %

Es zeigt sich, dass nicht nur die Zahl der angeführten Termini in der Logistik höher liegt, sondern den betroffenen Termini auch mehr Stimmen zugewiesen wurden. Die einzelnen Termini sind in Tabelle 9 dargestellt.

Anteile in %	**Psychiatrie**	**Logistik**
18		*Efficient Consumer Response*
15		*Balanced Scorecard*
12		*Operations Research*
10		*Profit Center*
9		*Cross Docking, Just-in-Time, Supply Chain Management*
8		*Benchmarking, Data Warehouse*
6		*Make-or-Buy, Category Management*
5	*Rapid Cycler*	*Coil, Outlet*
4	*Blackout, Bedside-Test, Expressed Emotions, multiple chemical sensitivity illness*	*Hub and Spokes, Milkrun, Offshoring, Point of Sale, Tracking and Tracing*
3		*End to End, Postponement, Synchronized Production*
2	*Burnout, Flashback, Trigger*	
1	*Compliance, Flapping Tremor, Flooding, missed abortion, Non-Responder, Peak flow, Rebound, Tranquilizer, Trip*	*Direct Store Delivery, Forecasting and Replenishment, Outtasking, Same day, Target Costing, Unit Load*

Tabelle 9: Verweis auf Anglizismus pro Terminus

Tabelle 9 zeigt, dass die Gesamtzahl der Stimmen, welche explizit auf die englischsprachige Beibehaltung verweisen, für jeden einzelnen Terminus berechnet ein anderes Bild ergibt.

Der höchste Wert bei der Logistik beträgt **18 %**, bei der Psychiatrie nur **5 %** der Stimmen. Dies bestätigte auch die Bearbeitung der Fragebögen, in welcher sich zeigte, dass für zahlreiche angeführte Termini eine umständliche Paraphrasierung in Form eines Relativsatzes zugunsten der Exaktheit nötig war (z. B. „Bereitschaft des Patienten, ärztlichen Rat zu befolgen"). Für viele Termini boten die Befragten eine hohe synonymische Bandbreite an. Die dabei verwendeten Anführungszeichen deuten auf den Mangel an deutschen Äquivalenten hin. Zahlreiche Termini, welche z. B. in der Psychiatrie als allgemeinmedizinisch bewertet wurden (z. B. *Blackout*), waren den Befragten dennoch bekannt. Häufig wurde besonders in der psychiatrischen Befragung explizit darauf verwiesen, dass ein Terminus im Englischen belassen wird.

Es ist nicht auszuschließen, dass die Angaben Raum für weitere Berechnungen und Interpretationen bieten. Auch eine Erhöhung der Lemmata in einer erneuten Umfrage oder die Erhöhung der Zahl der Merkmalsträger wird gewiss zu interessanten, neu interpretierbaren Ergebnissen führen. An dieser Stelle soll jedoch die Interpretation der Werte durch eine vergleichende Betrachtung der Umfrage komplettiert werden. Im Anhang der vorliegenden Untersuchung werden die Ergebnisse der Umfrage jedoch als Verständnishilfe noch einmal tabellarisch kondensiert.

5.2.9 Kontrastive Interpretation

5.2.9.1 Wortbildungsmuster

In Anlehnung an den terminologischen Kategorisierungsversuch in Kapitel 4 sollen an dieser Stelle die im Glossar enthaltenen Termini noch einmal beleuchtet werden, wenngleich die Termini auch in den vorherigen Ausführungen aus linguistischer und fachlicher Sicht bereits Berücksichtigung fanden. In den Abschnitten zur Wortbildung wurden unter anderem zahlreiche Termini, welche in der Befragung Verwendung fanden, besprochen. Dies geschah auf der Basis diverser Wortbildungsmuster (z. B. Komposition, Derivation, Reduktion). An dieser Stelle werden jedoch zum größten Teil die aus der Umfrage entstandenen Ergebnisse Berücksichtigung finden. In einer kurzen Übersicht soll zunächst die Bandbreite der im Laufe der Untersuchung besprochenen Wortbildungsmuster noch einmal komprimiert dargestellt werden. Die Orthographie der isolierten

Terminusbestandteile entspricht der kontextuellen vor der Isolation und richtet sich nach der Schreibweise der im Glossar angeführten Quellen.

Wortbildungsmuster	Psychiatrie	Logistik
Derivation		
ex-	*Exhaustion*	
re-	*Recall, rapprochement, Rescripting, Responder*	*Replenishment, Research*
-ing	*Craving, Flapping, Flooding, Freezing, Purging, whistling*	*Benchmarking, Costing, Docking, Forecasting, Loading, Offshoring, Order-picking, Outtasking, Picksplitting, Sequencing, Sourcing, Tracing, Tracking*
-(a / e / o)ry	*Memory, Imaginary, Inventory*	*Delivery, Category*
-age		*Storage*
-al	*chemical, Hyperarousal*	
-ion	*abortion, convulsion, Exhaustion, Overprotection, Reaction*	*Location, Operation, Production*
-ment	*maltreatment, Overachievement*	*fulfillment, Management, Postponement, Replenishment*
-ness	*Illness*	
-ity	*insanity, sensitivity*	
Simplex		
	Flush, Trait, Trip	*Coil*
Partizip-II-Konstruktion		
	Amalgam-Related-Illness, broken home, Expressed Emotions, missed abortion	*Article-based Order-picking, Balanced Scorecard, Bonded Warehouse, Integrated Supplier, Mixed Storage, Synchronized Production, Vendor-managed Inventory*
Buchstabierkürzung		
	QoL	
Syntaktische Fügung		
	march of convulsion, no effect level	*Forecasting and Replenishment, End to End, Hub and Spokes, Just-in-Time, Make-or-Buy, Man to Goods, Mixed Storage, Out-of-Stock, Tracking and Tracing*

Tabelle 10: Wortbildungsmuster in den Terminuslisten

Die Tabelle zeigt lediglich einen Auszug aus den möglichen (in Kapitel 4 ausführlich besprochenen) Wortbildungskategorien. Überschneidungen wurden in den meisten Fällen ausgespart. So wäre z. B. das zirkumfigierte ***Rescripting*** sowohl dem Präfix als auch dem Suffix zuzuordnen[1133]. Wie die Auflistung jedoch zeigt, zählt ein Großteil der Items ohnehin zu den Suffixderivaten.

Die einzelnen Termini sind also aus veränderter Perspektive grundsätzlich in weitere Komponenten zerlegbar. Zudem wäre z. B. ebenfalls sehr interessant, welche der Items *hard words* darstellen. Der Verdacht liegt nahe bei der Großzahl psychiatrischer Termini (z. B. *Hyperarousal*, *Amalgam*, *Compliance* oder *Tranquilizer*). Die Kategorisierung führt jedoch an dieser Stelle zu weit, wenngleich – besonders bei der Differenzierung von *hard words* – im Bereich der untersuchten Gebiete gewinnbringende Resultate zu erwarten sind. Nicht extra aufgeführt werden an dieser Stelle die zahlreich enthaltenen Komposita, welche in beiden Fachgebieten eine auffallend hohe Frequenz aufweisen.

Im **Glossar** (s. S. 429 ff.) finden sich **quantitative Angaben** und Beispiele zu den am häufigsten genannten Wortbildungsmustern. Vor allem Derivativa, Komposita aber auch Syntagmen traten zahlreich in Erscheinung. Einige besonders auffällige Aspekte sollen an dieser Stelle jedoch zusammenfassend Erwähnung finden. Was in der psychiatrischen Befragung auffiel und auch im Glossar deutlich wird, ist die Tatsache, dass zahlreiche Konzepte nur durch ausführliche Syntagmen auf Deutsch wiedergegeben werden konnten. So wurde der *Bedside-Test* in 32 % der Angaben paraphrasiert. Zumeist enthielt die Paraphrasierung einen Relativsatz. Bei weiteren Termini fanden sich hohe Syntagmenanteile, die sich in der Vielzahl der Fälle ebenfalls ausführlich gestalteten, so z. B. in *Life Event* (70 %), *broken home* (54 %) und *Non-Responder* (51 %). In der Logistik gestaltet sich das Bild etwas anders. Hier stechen vor allem die Termini *Out-of-Stock* (33 %), *Same day* (37 %) und *Benchmarking* (28 %) durch ihren vergleichsweise hohen Syntagmenanteil (in Klammern) ins Auge. In der logistischen Umfrage erschienen Paraphrasierungen wesentlich seltener notwendig. Hier fielen eher die Übereinstimmungen der deutschen Äquivalente ins Auge,

[1133] Es sei jedoch angemerkt, dass es sich hierbei nicht um ein Parasynthetikum handelt, da der Nominalstamm mit dem Präfix lemmatisiert ist.

wie z. B. bei *Zolllager* (31 %). Derartige Einigkeit stellt im psychiatrischen Glossar eher eine Ausnahme dar, was wohl auf das Fehlen der Äquivalente in der Psychiatrie und die noch bestehende Existenz deutscher Konzepte in der Logistik hindeutet. Somit scheint der Sprachgebrauch in der Psychiatrie der Tatsache, dass Entlehnungen nur bei bestehender Notwendigkeit zu übernehmen sind, eher gerecht zu werden. Allerdings sind die Kommunikationsvoraussetzungen in der Logistik völlig andere, und schließlich ist nicht nur ein Aspekt der Notwendigkeit zu berücksichtigen.

Es wurden außerdem übereinstimmende Äquivalente im Wortbildungsmuster angeführt, die jedoch vom Lautbild her nicht identisch waren. So wurde für *Make-or-Buy* in 26 % der Antworten *selbst* + Verb (z. B. *selbst zukaufen*) als Paraphrasierung gewählt. Dabei wurden zahlreiche verbale Synonyme verwendet. Die Übereinstimmungen in den Wortbildungsmustern fielen für beide Fachgebiete auf, wenn eine Übersetzung ohne Paraphrasierung möglich war, so z. B. in der Psychiatrie für *Casemanagement* (z. B. *Fallmanagement*), welches zu 50 % als **Kompositum** übersetzt wurde. Dies war ebenso bei *Order Fullfilment* (z. B. *Auftragserfüllung*) in der Logistik der Fall. Das bedeutet, dass die Existenz eines deutschen Äquivalents die Wahrscheinlichkeit der Paraphrasierung minimiert, wenngleich synonyme Übersetzungsvarianten aufzufinden sind. Somit kann von der höheren Zahl der Paraphrasierungen in der Psychiatrie auf ein geringeres Maß an deutschen Konzeptbenennungen geschlossen werden, was auch die Zahlen im Glossar belegen sollen.

Zahlreiche in Kapitel 4 angesprochene Wortbildungsmuster sind in Tabelle 9 angeführt. Dennoch können unter veränderten Gesichtspunkten weitere Wortbildungsmuster in den Fokus gerückt werden. So trat beispielsweise die Komposition mit einem reduzierten Bestandteil in Erscheinung, wie z. B. in *hohe EE-Werte (expressed emotions – geäußerte Emotionen)* in der Familie des Kranken[1134]. Zu *Expressed Emotions* existieren außerdem **Syntagmen**, welche eine Manifestation des Terminus vermuten lassen (z. B. *Konzept der Expressed Emotions*[1135]). Als besonders interessant erwiesen sich in der Auswertung die **Integ-**

[1134] Frank 2007, S. 98.

[1135] Laux / Kapfhammer 2005, S. 251.

ration der durch die Befragten angeführten Beispiele und Übersetzungsvorschläge, aber auch die orthographischen Varianten in den Terminusquellen. Möglichkeiten der Terminus- bzw. Anglizismenintegration wurden in Kapitel 4 ausführlich besprochen. Für die vorliegende Untersuchung waren vor allem die morphologischen Integrationswege (Genuszuweisung, Graphemintegration) von Bedeutung. Die Graphemintegration bezieht sich in erster Linie auf Vorgänge der Ersetzung, Großschreibung und der Übernahme bzw. Auslassung diverser Verknüpfungs- und Hilfszeichen. Zu den Hilfszeichen fanden sich vor allem in den untersuchten Monographien und Lexika zahlreiche **hervorhebende Anführungszeichen**. In der Psychiatrie fanden sich folgende Beispiele für die im Glossar angeführten Lemmata: *PCP „angel dust“*[1136]; die innerhalb eines Werkes auftauchenden Varianten *„Blackout“*[1137] / *„blackout“*[1138], aber auch *„broken home“*[1139], *„false memory“*[1140] und *„freezing“*[1141]. In der Logistik sind grundsätzlich ähnliche einführende Sprachverwendungsmuster zu verzeichnen. Auch dort werden die ebenfalls in der Befragung untersuchten Termini in zahlreichen Monographien durch Anführungszeichen hervorgehoben, wie in *„All-Risks-Deckung“*[1142], *„Efficient Consumer Response“*[1143], *am „Point of Sale“ (POS)*[1144] oder *„Tracking and Tracing“*[1145]. Sehr häufig findet in der Logistik eine Einführung der Termini in **Klammern** statt, so z. B. in *zwischenbetriebliche Vergleiche (Benchmarking)*[1146]. Gelegentlich werden die Termini von ihrem Übersetzungsäquivalent in Klammern begleitet: *„Tracking-and-Tracing-Systeme (Sta-*

1136 Laux / Kapfhammer 2005, S. 1031.

1137 Laux / Kapfhammer 2005, S. 1351.

1138 Laux / Kapfhammer 2005, S. 1349.

1139 Laux / Kapfhammer 2005, S. 83.

1140 Laux / Kapfhammer 2005, S. 1367.

1141 Laux / Kapfhammer 2005, S. 1249.

1142 Farny 1987, S. 390.

1143 Vahrenkamp 2005, S. 356.

1144 Heiserich 2002, S. 221.

1145 Heiserich 2002, S. 300.

1146 Heiserich 2002, S. 20.

tusmeldung und Sendungsverfolgung)“[1147], *Fehlteilsituationen (Out-of-Stock)*[1148] oder *Vorlieferanten (second tier supplier)*[1149]. Auch hier soll die Beispielentnahme aus den entsprechenden Monographien noch einmal auf das tatsächliche Sprachverhalten in der Logistik aufmerksam machen.

Ein hohes Maß an Variation zeigte sich (wie das entsprechende Kapitel in der vorliegenden Untersuchung bereits vermuten ließ) in der **Bindestrichverwendung**. Dies war sowohl in den Monographien als auch in den beantworteten Terminuslisten der Fall. In der Logistik fielen z. B. die folgenden Termini auf *Demand-side ECR*[1150], *Overnight-Service*[1151] / *Overnight Service* und *Point-of-Sale*[1152] / *Point of Sale*. In der Psychiatrie fanden sich Variationen beim *Burn-out-Syndrom*[1153] / *Burnout-Syndrom* (siehe Glossar) und *flapping-tremor*[1154] / *Flapping Tremor* (siehe Glossar). Anhand der Befragung offenbarten sich z. B. in der Übersetzung des Terminus *Amalgam-Related-Illness* sowohl bei der Bindestrichverwendung als auch bei der Zusammenschreibung frappierende Widersprüche. Die Übersetzung fand in 22 % der Fälle durch die Verbindung einer **Partizip-II-Konstruktion** unter Verwendung der Benennungen *Erkrankung* oder *Krankheit* statt, so z. B.

> ***Amalgam*** *vermittelte ~, -bedingte ~, -abhängige ~, -assoziierte ~, -verursachte ~, -bezogene ~, -induzierte ~* ***Erkrankung / Krankheit***

Letztendlich fiel während der Untersuchung auf, dass die Komponenten kompositorischer Termini (und auch Lexeme) im Deutschen auffallend häufig durch Bindestriche verknüpft werden, wenn diese (unabhängig von der Herkunft der entlehnten Komponente) **Hybridverbindungen** eingehen.

1147 Heiserich 2002, S. 300.
1148 Heiserich 2002, S. 222.
1149 Heiserich 2002, S. 42.
1150 Vahrenkamp 2005, S. 364.
1151 Heiserich 2002, S. 237.
1152 Vahrenkamp 2005, S. 359.
1153 Laux / Kapfhammer 2005, S. 635.
1154 Frank 2007, S. 147.

Die Annahme basiert auf der Tatsache, dass die durch Bindestriche verknüpften Komposita (z. B. *City-Logistik* als logistische Teildisziplin), welche im Laufe der Untersuchung identifiziert worden sind, grundsätzlich eine evident entlehnte Komponente enthalten. Hybridkomposita fanden sich recht zahlreich, was die mehrfach angesprochene Vermutung der Umgehung einer Genuszuweisung verstärkte (z. B. *Rebound-Effekt*[1155], *Rebound-Phänomen*[1156], *Just-in-Time-Versorgung*[1157], *End-to-end-Lösung*[1158], *Hub and spoke-System*[1159], *Make-or-Buy-Entscheidung*[1160], *Order-Fulfillment-Lösung*[1161], *Outtasking-Konzept*[1162], *"Out-of-Stock"-Situation*[1163]).

Gelegentlich zeigen sie allerdings auch die Integrationstiefe an, wie *Anti-craving-Substanzen*[1164], *life-event-Untersuchungen*[1165], *„Live-event"-Situation*[1166], *Trait-Marker*[1167] *Tranquilizer-Anwendungen* [1168]oder *„broken-home-Situation"*[1169]. Besonders deutlich wird die Aussparung der Genuszuweisung in der entsprechenden Sprachumgebung (z. B. *Vorteile des Cross-docking-Systems*[1170]). Es fanden sich aber auch Flexionsformen der untersuchten Termini (z. B. *Methoden des Operations Research*[1171]).

1155 Frank 2007, S. 133.
1156 Laux / Kapfhammer 2005, S. 962.
1157 Heiserich 2002, S. 46.
1158 Compliance-Magazin.de: online, 01.10.2010.
1159 Vahrenkamp 2005, S. 317.
1160 Heiserich 2002, S. 87.
1161 Handelszeitung: online, 01.10.2010.
1162 InfoXtech: online, 01.10.2010.
1163 Vahrenkamp 2005, S. 25.
1164 Laux / Kapfhammer 2005, S. 980.
1165 Frank 2007, S. 56.
1166 Laux / Kapfhammer 2005, S. 247, 1047.
1167 Laux / Kapfhammer 2005, S. 45.
1168 Frank 2007, S. 133.
1169 Laux / Kapfhammer 2005, S. 150.
1170 Heiserich 2002, S. 299.
1171 Heiserich 2002, S. 106.

In der **Getrennt- / Zusammenschreibung** fanden sich einige Varianten durch Modifikation der Verknüpfungsform anhand von Auslassung oder Hinzufügung eines Nullmorphems, wie z. B. in *Case Management*[1172] / *Casemanagement* oder *flash back* / *Flashback*[1173]. Das Phänomen der **Graphemersetzung** wurde in Kapitel 4 ausführlich besprochen. Zur Erläuterung dessen diente der in der Umfrage behandelte Terminus ***C**omplian**c**e*, welcher mit ***K**omplian**z*** wiedergegeben wurde und somit gleich zwei Ersetzungen beinhaltet. Auch **umschreibende Erläuterungen** finden sich, so z. B. für den im Glossar angeführten *Trip*. So heißt es z. B. *Halluzinogen-Rausch, auch "Trip" genannt*[1174]. Beispiele aus der Umfrage sind im Glossar einzusehen, denn dort fand sich der *Trip* als Mischkompositum in zahlreichen Varianten (z. B. *Horrortrip*)[1175]. Zahlreiche Beispiele und Paraphrasierungen durch die Befragten mussten aus Platzgründen allerdings zum größten Teil ausgespart werden. Apostrophe und Fragen zur Flexion kamen weniger zum Tragen. Sie betreffen aber durchaus Termini, die in der Umfrage behandelt wurden und sind in Kapitel 4 angeführt (z. B. *Management*, *managen*).

Wie an den im Glossar (s. S. 429) der vorliegenden Untersuchung enthaltenen Zahlenangaben zu erkennen ist und bereits bemerkt wurde, sind starke Ähnlichkeiten in den Wortformen der Übersetzungsvorschläge zu verzeichnen. Diese korrelieren mit den hier besprochenen und sind mengenmäßig mit Beispielen im Glossar einzusehen. Interessant wäre dennoch eine Untersuchung der ursprünglich intendierten Menge von jeweils 200 Termini, da eine verstärkte Erkennbarkeit der hier angeführten Tendenzen zu vermuten ist.

5.2.9.2 Inhaltliche Merkmale

In Kapitel 4 wurde bereits verdeutlicht, dass eine Kategorisierung der Termini nach inhaltlichen Aspekten durchaus gewinnbringend für die Untersuchung von Terminusbildungstendenzen sein kann. Wie sich in den fachbezogenen Kapiteln

---

1172 Laux / Kapfhammer 2005, S. 848.

1173 Frank 2007, S. 240.

1174 Frank 2007, S. 139.

1175 Frank 2007, S. 240.

(s. S. 288 ff.) zeigte, sind auf beiden untersuchten Fachgebieten einige **Konzepte** auf Englisch benannt und auch bekannt. Dies ist in der Logistik wesentlich häufiger der Fall als in der Psychiatrie. Logistische Strategien und Konzepte bilden immer weitere Subdisziplinen (z. B. im Bereich des *Efficient Consumer Response* (*ECR*) (s. S. 301 ff.), welche häufig in Anlehnung an das Ausgangskonzept benannt werden. So wurden im *ECR* unter anderem folgende Konzepte angeführt:

- *Efficient Product Introduction* (*EPI*)
- *Efficient Promotion* (*EP*)
- *Efficient Store Assortment* (*ESA*)
- *Efficient Unit Loads* (*EUL*)

Mit jeder Subdifferenzierung scheint auch die Wahrscheinlichkeit erhöht, dass eine Aussparung der Übersetzung stattfindet, wenn das englisch benannte Ausgangskonzept das latente deutsche Äquivalent in die Peripherie des Nehmersprachsystems drängt.

Auch die Konzepte der **Teilnehmerbeziehungen** (s. S. 308) im Rahmen logistischer Prozesse sind derart reihenbildend und sprachökonomisch gestaltet (*A2C, A2B, B2A, B2B, B2C, B2E*), dass eine Übernahme deutscher Termini unwahrscheinlich scheint. Die Teilnehmerbeziehungen im psychiatrischen Raum gestalten sich aus quantitativer Sicht weitaus weniger komplex, so dass hier keinerlei Benennungen nötig sind. Es sei jedoch daran erinnert, dass auch hier der kommunikative Rahmen im Zusammenhang mit therapeutischen Sitzungen bereits als *Setting* bezeichnet wird.

Eine ähnliche Tendenz wie bei den Teilnehmerbeziehungen findet sich auch bei den in der Logistik angeführten **Lagerprinzipien** (s. S. 300 ff.), für welche in Kapitel 4 folgende Benennungen identifiziert wurden:

- *Hifo* (*Highest In – First Out*)
- *Fifo* (*First In – First Out*)
- *Lifo* (*Last In – First Out*)
- *Lofo* (*Lowest In – First Out*)
- *Fefo* (*First Expired – First Out*)

Hier zeigt sich sehr deutlich, dass eine deutsche Benennung aus sprachökonomischer Sicht nicht zu erwarten scheint und dass diese zudem die Benennung sämtlicher in die Reihenbildung involvierter Termini mit sich führen würde, da sie sonst den gesamten Benennungsablauf in gewisser Weise unterbräche. In der Psychiatrie sind der Logistik ähnelnde, aus dem Englischen stammende terminologische Reihenbildungen nicht zu verzeichnen. Fraglich ist sogar, ob es in der Psychiatrie überhaupt ein derartiges Sprachverhalten gibt. Hier scheint eine wesentlich geringere Zersplitterung der Konzepte vorzuliegen, was wiederum mit der geringeren Fachbereichszersplitterung (s. S. 152) korellieren mag. Bei Betrachtung einzelner Therapiemodelle wird dies besonders deutlich. So wurden in Kapitel 4 zahlreiche aus linguistischer Sicht gleichwertige Konzepte identifiziert:

- *New-Identity-Prozess* (*NIP*)
- *Eye Movement Desensitization and Reprocessing* (*EMDR*)
- *Emotional Processing Theory* (*EPT*)[1176]
- *Habit Reversal Training* (*HRT*)[1177]
- *Somatic Experiencing* (*SE*)[1178]

Auch diese Tatsache erhöhte die Vermutung, dass der Bekanntheitsgrad der Termini mit dem in der Logistik nicht wesentlich übereinstimmt, da die einzelnen Konzepte weitaus weniger in inhaltlichem Zusammenhang stehen, als dies bei logistischen Konzepten der Fall ist. Dennoch sei daran erinnert, dass sich auch in der Psychiatrie das Phänomen der semantischen Verengung unter englischer Benennung fand, und zwar von *Depression* zu *Major Depression.* Auch eine Subgruppendifferenzierung einzelner Therapiemodelle ist letztendlich nicht auszuschließen.

Die vorgenommene Kürzung der in der Befragung verwendeten Terminuslisten auf 50 Lemmata erscheint aus dieser Perspektive besonders sinnvoll, da die zahlreichen englischen Termini in der Logistik vor allem auf Subgruppenbil-

---

1176 Rudolf 2004, S. 75; Nyberg 2001, S. 73-74.

1177 Mayer: online, 10.07.2009.

1178 Reddemann 2006, S. 71. Die in Klammern befindlichen Kurzformen wurden durch die Autorin abgeleitet und anhand von Befragungen und der Internetsuchmaschine *Google* überprüft.

dung zu basieren scheinen und auch in den Urlisten entsprechende Zusammenhänge zu erkennen waren, sodass für einige Termini bei Übersetzung verwandter Konzepte ein mengenmäßig ähnliches Übersetzungsverhalten nahe liegt.

Wie in den fachbezogenen Abschnitten zur Psychiatrie deutlich wurde, stellen Anglizismen dort eher ein Hindernis dar, während anhand logistischer Konzepte gezeigt werden konnte, dass Anglizismen das Fundament zur erfolgreichen Durchführung zahlreicher Strategien darstellen. Aus diesem Grund sind die Ähnlichkeiten in einigen deskriptivstatistisch evaluierten quantitativen Ergebnissen recht überraschend. Wenngleich im gesamten Kapitel 4 die Unterschiede in den Fächerinhalten sowie in Qualität und Quantität des Terminustransports aus dem englischsprachigen Raum und damit unterschiedliche Manifestations- und Integrationsmöglichkeiten sehr deutlich wurden, waren durchaus Übereinstimmungen in der Vertautheit mit den englischen Termini und im Übersetzungsverhalten zu verzeichnen (s. S. 429 ff.). Besonders überraschend war die Tatsache, dass auch Termini mit geringer Repräsentativität (siehe Quellenangaben) gleichermaßen als in Verwendung befindlich markiert wurden wie Termini, zu denen mehr Quellmaterial angeführt werden konnte (z. B. *Article-based Order-picking*: 36 %).

In der Logistik wurde vergleichsweise häufig explizit auf die Beibehaltung eines Anglizismus verwiesen; die Unterschiede in den Angaben zur Bekanntheit und zu einer möglichen Verwendung in der Fachsprache waren – im Gegensatz zu den mengenmäßig hohen Divergenzen – jedoch nahezu identisch. Auch Menge und Form der zusätzlichen Erläuterungen zu einzelnen Konzepten ähnelten sich auffällig und zeugten trotz Unterschieden in der Homogenität beider Befragtengruppen von ähnlichen Verwendungsmustern. Es sei jedoch abschließend angemerkt, dass eine fachgebietsbezogene Terminuskategorisierung sich wesentlich komplexer als eine wortbildungsbezogene Betrachtung darstellt, da die Gleichwertigkeit der einzelnen Kategorisierungsgruppen sich bei der Betrachtung einzelner Wortbildungsmuster wesentlich einfacher erreichen lässt. Dennoch konnten nur durch die Betrachtung der fachgebietsunterscheidenden Inhalte die Übereinstimmungen und Unterschiede im Übersetzungsverhalten in die Bewertung der Sprachverwendung eingeordnet werden.

Nach eingehender Betrachtung der Umfrageergebnisse erscheint es sinnvoll, eine abschließende Übersicht der errechneten Werte darzustellen. Die hierbei verwendeten Mittel der Erhebung und die deskriptivstatistische Vorgehensweise wurden im Verlauf der Arbeit eingehend erläutert. Die Zusammenfassung der in der Umfrage erzielten Werte zur Verwendung psychiatrischer und logistischer Termini findet sich, wie bereits erwähnt, zur besseren Übersicht im Anschluss an die Glossare im Anhang der vorliegenden Untersuchung.

5.3 Abschließende Hypothesenüberprüfung

Zum Abschluss der Ausführungen soll noch einmal eine Rekapitulation der Diskussionsbefunde und der en détail untersuchten Forschungsergebnisse erfolgen. Durch Sichtung, Bewertung und empirische Überprüfung der erhobenen Daten, konnte die vermutete **quantitative Diskrepanz** zwischen logistischem und psychiatrisch-psychotherapeutischem Terminologieinventar nachgewiesen werden, was die Verifizierung der initialen **Grundannahme** endgültig bestätigt. In dieser war zu Beginn die Vermutung angestellt worden,

> dass in sämtlichen Fachsprachen ein potenzieller Anglizismenzuwachs ad infinitum zu verzeichnen ist, die Anzahl terminologischer Neuzugänge jedoch fachgebietsabhängig variiert.

Im Verlaufe der Terminusselektion wurde festgestellt, dass in der Logistik hochproduktive **Wortbildungsmuster** auf der Basis englischen Lexeminventars Verwendung finden. Doch auch in der Psychiatrie sind ähnliche qualitative Tendenzen zu verzeichnen. In beiden Disziplinen fanden sich vor allem Komposita und Derivativa. Eindeutig belegt werden konnte gleichermaßen ein hoher Anteil an Hybridkomposita, welche sich bekanntermaßen als vorteilhaft erweisen, da eine grammatikalische Integration hierdurch ausgespart werden kann. Die Bildung von Hybridkomposita wiederum wurde in der vorliegenden Untersuchung als Manifestationsmerkmal der einzelnen Terminuskomponenten bewertet. Wie sich deutlich zeigte, herrschen grundsätzliche Zusammenhänge zwischen den Vorgängen der Terminusentstehung und inhaltlichen Aspekten vor. So fielen in der Umfrage zur Psychiatrie die wesentlich längeren Ausführungen für die Erläuterung der Termini auf, während in der Logistik seltener von ausführlichen

Paraphrasierungen Gebrauch gemacht wurde. Hier waren häufiger Übereinstimmungen in den Übersetzungsäquivalenten und den dabei gewählten Wortbildungsmustern (z. B. Komposition) (s. S. 340 + 429) zu verzeichnen. In einigen Fällen traten etablierte Übersetzungsäquivalente in Erscheinung, die allerdings immer weniger Verwendung finden, wie sich besonders an den reihenbildenden Termini im Bereich der Logistik in Kapitel 4 der vorliegenden Untersuchung zeigte. In der Psychiatrie ist somit der englische Anteil des Terminusinventars letztendlich als wesentlich geringer zu bewerten.

Aus der Untersuchung hatten sich **Folgehypothesen** ergeben, welche am Ende der Extraktion erörtert wurden und an dieser Stelle noch einmal Erwähnung finden sollen (s. S. 333 ff.):

(1) Interferenz trotz Differenzierung
(2) Objektdivergenzen
(3) Szientifizierungsansatz der Terminologielehre
(4) Intendierte Terminusentstehung durch Verdunklung

(1) Es war veranschaulicht worden, dass zwar große Mengenunterschiede in der Verwendung entlehnter Termini bestehen, dass jedoch trotz starker **Differenzierung** und Normierung keineswegs eine klare Eingrenzung aller Anglizismen auf die konkreten Fachgebiete erfolgen kann, sondern **Interferenzen** weiter bestehen.

(2) Die auf inhaltlichen Unterschieden basierenden **Objektdivergenzen** zwischen Logistik und Psychiatrie wurden ausführlich diskutiert. Als basisfähige Gemeinsamkeit stellte sich das Medium Sprache heraus, denn in beiden Fachgebieten wird durch eben dieses Medium notwendiges Vertrauen gewonnen – in der Psychiatrie das des Patienten, in der Logistik das des Kunden. Die sprachlichen Mittel, derer sich hierfür bedient wird, unterscheiden sich jedoch gänzlich. So spielt in der Logistik die in der vorliegenden Untersuchung ausgesparte Werbesprache eine besondere Rolle, wenngleich sie sich auch in der Psychiatrie durch Anglizismen bemerkbar macht (z. B. auf zahlreichen Faltblättern, die der „Anlockung von Kunden“ dienen sollen, wie dies in *Mama-Care-Weekends* der Fall ist).

(3) Es zeigte sich, dass der durch Sprachsteuerungshandlungen beeinflusste fachsprachliche Anteil in der Psychiatrie zwar höher ist, dass aber dennoch auch im fachsprachlichen Bereich (besonders auf gesellschaftsnaher Ebene) Formen der Analogiebildung sowie die Übernahme von Fehlern (z. B. in der Verknüpfung einzelner Elemente) und (pseudo)synonymischen Varianten (z. B. zahlreiche Varianten für *Burnout* / *Fatigue*) niemals zu verhindern sind, denn trotz hohen Terminologisierungsgrades gehen die Eigenschaften natürlicher Sprache, derer sich jedes Fachgebiet bedient, nicht verloren, was letztendlich mit dem **Szientifizierungsansatz der Terminologielehre** vereinbart werden muss.

(4) Deutlich wurde auch, dass neue Lexeme und Termini aufgrund gänzlich unterschiedlicher Intentionen entstehen können. Während Logistikbeteiligte durch englisches Lehngut sozusagen eher angesprochen werden sollen, kommt diese Form der Wortbildung im Bereich der Psychiatrie bzw. der Medizin häufig aus euphemistischen Gründen bewusst zum Einsatz. Die intendierte **Terminusentstehung durch Verdunklung** (z. B. *Schizophrenie* als *Psychose*) stellt ein wesentliches Charakteristikum der Psychiatrie dar.

Diese Erkenntnisse der Terminusselektion galt es in der empirischen Phase zu überprüfen. Nach der **Absicherung** von jeweils 50 Termini stellte sich schnell heraus, dass die Unterschiede sich nicht auf die Vertrautheit der Merkmalsträger mit den erfragten Termini bezogen, denn das Antwortverhalten war auf beiden Fachgebieten auffallend ähnlich. In der Logistik wurde in Anbetracht des hohen Anglizismeninventars eine recht geringe Anzahl an Termini als im Fachgebiet bekannt angegeben, während in der Psychiatrie die Zahlen höher als vermutet ausfielen. Von einer Generalisierung der Ergebnisse muss jedoch aufgrund der **Fachgebietsdivergenzen** abgesehen werden.

Die Logistik scheint aus terminologischer und synchroner Perspektive wesentlich schwerer eingrenzbar zu sein als die Psychiatrie. Dies gilt auch in Hinsicht auf die Zahl der Experten bzw. deren beruflichen Werdegang. Quantität und Qualität der Termini sind in der Logistik ebenso wenig greifbar wie die im praktischen Sprachgebrauch verwendeten Anglizismen. Betrachtet man die Logistik jedoch objektbezogen bzw. im Hinblick auf einzelne Subkategorien, bildet sich durchaus ein überschaubares Bild, welches zu einer veränderten Bewertung der aktuellen **Einflussfaktoren** führt. Diese sollen noch einmal komprimiert angeführt werden.

(1) Fachgebietscharakteristika
(1a) Entstehungszeitpunkt
(1b) Praxis und Szientifizierung
(1c) Normiertheit
(1d) Tiefe versus Weite
(1e) Gemeinsamer Code als Mittel
(1f) Heterogenität versus Homogenität
(1g) Objektdivergenzen
(2) Charakteristika non-indigener Sprachanteile
(2a) Historische und gesellschaftliche Einflüsse
(2b) Vormachtstellung und Prestige
(2c) Globalisierung
(2d) Eigenschaften der Sprache

(1) Fachgebietscharakteristika

(1a) Der fremdsprachige Anteil einzelner Fachgebiete spiegelt nachweislich den Zeitpunkt der Ausdifferenzierung als wissenschaftliche Disziplin, wenn nicht den **Entstehungszeitpunkt** des jeweiligen Faches wider. Angesichts der Masse gräkolateinischer Komponenten in der Psychiatrie (z. B. anatomische Bestandteile oder Krankheitsbenennungen wie *Schizophrenie*) zeigt sich, dass auch hier ein hohes Maß an Empfänglichkeit für fremdsprachige Anteile herrscht. Die im Vergleich zur Logistik wesentlich ältere psychiatrische Wissenschaft mit ihrer recht geschlossenen gräkolateinischen Terminologie stellt offensichtlich eines der unzugänglichsten Glieder in der Kette der Anglizismenrezipienten dar. Umgekehrt scheint die englische Sprache weniger offen für non-indigenes Sprachinventar zu sein. Dennoch hat sich eindeutig gezeigt, dass die tatsächlich verwendeten fremdsprachigen Anteile in der Psychiatrie keineswegs auffallend geringer sind als in der Logistik. Betrachtet man die Zeitverschiebung in der Entstehungsgeschichte, ist durchaus zu bestätigen, dass auch in der Logistik keine sinnfreie Anglizismeninflation herrscht. Offensichtlich prägt die Terminologie des Entstehungszeitpunktes ein Fach und so lässt sich durchaus festhalten, dass die non-indigenen Anteile in den untersuchten Gebieten sich nicht wesentlich unterscheiden. Im Anglizismenanteil tun sie dies jedoch aufgrund unterschiedlicher Entstehungszeitpunkte, welche durch zahlreiche Faktoren Förderung erfahren, die im Laufe der Untersuchung erörtert wurden.

(1b) Wie anhand der Untersuchung deutlich wurde, stellen Akademisierung und Theoriesprache Faktoren dar, die der Übernahme von Lehngut zuträglich sind. Besonders im Bereich der wissenschaftlichen Forschung ist internationale Zusammenarbeit von hoher Bedeutung. Heute basiert diese auf der Verwendung des Englischen. Es zeigt sich weiterhin eine Tendenz, dass die Anglizismenvertrautheit mit steigendem Theoretisierungsgrad und erhöhter Wissenschaftlichkeit einhergeht. Hier stehen sich in gewisser Weise **Praxis und Szientifizierung** gegenüber. Gleichzeitig steigt mit der Akademisierung auch die Sprachreflexion. Der höhere Akademisierungsgrad in der Psychiatrie scheint dort eine Ursache für die Anglizismen zu sein, während in der Logistik neben den auf akademischem Weg transportierten Anglizismen zahlreiche Termini förmlich „über die Straße" befördert werden. Besonders deutlich wird dies an Ökonymen und ähnlichen Wortbildungsprodukten, die sich auf jedem Lastkraftwagen finden, der in irgendeiner Form zu logistischen Zwecken bewegt wird.

(1c) Die Psychiatrie ist aufgrund ihrer stärkeren **Normiertheit** auch in sich geschlossener. Termini werden durch präskriptive Maßnahmen regelmäßig genormt und erlangen dadurch weiträumig Gültigkeit (z. B. in den Klassifikationssystemen ICD und DSM). Eben diese Normiertheit kann jedoch zur Manifestation von Übersetzungsfehlern und daraus entstehenden neuen Termini beitragen (s. S. 91). Mit steigender Menge neuer Gegenstände steigt bekanntermaßen der Bedarf an zu normenden Termini. Dass diese Aufgabe in der Logistik wesentlich komplexer ist, hat die Untersuchung deutlich gezeigt. Auch der Anteil der gemeinsprachigen Bevölkerung bzw. der Nicht-Experten spielt hierbei offensichtlich eine Rolle.

(1d) Deutlich aufgezeigt werden konnte die Tatsache, dass die Logistik wesentlich stärker im Kontakt mit der Öffentlichkeit sowie dem täglichen Leben steht und somit natürlicherweise stärker von äußeren Einflüssen betroffen ist. Die Mauer zwischen Psychiatrie und Gesellschaft scheint entgegen anfänglicher Vermutung der Autorin jedoch nicht wesentlich als Mauer gegen fremdsprachige Einflüsse zu fungieren. Dennoch ist die Psychiatrie im Gegensatz zur Logistik deutlich von der Gesellschaft abgegrenzt. Eine wichtige Rolle spielt dort die

Tiefgründigkeit auf der Basis muttersprachlicher Mittel, während die Logistik beinahe als Synonym für Weite und Globalisierung betrachtet werden kann. Hier kommt es somit zum Zusammentreffen der Phänomene **Tiefe versus Weite**. „Weite“ beinhaltet insbesondere das Ansprechen eines breiten Zielpublikums. In der Psychiatrie spielt dieser Punkt lediglich in der Forschung eine Rolle. Die psychiatrisch-psychotherapeutische Praxis beinhaltet vor allem Geschlossenheit in einem *Setting*, welches häufig aus einem Experten und einem Laien besteht, während in der Logistik hochkomplexe Teilnehmerbeziehungen bestehen (s. S. 308).

(1e) In den untersuchten Fachgebieten bildet ein **gemeinsamer Code als Mittel** zur Verständigung eine essenzielle Grundkomponente des gesamten Faches, denn das Medium Sprache stellt hier jeweils einen wesentlichen Bestandteil dar. Die Logistik und die Psychiatrie basieren gleichermaßen auf einem sprachlichen Code. Der Unterschied besteht darin, dass in der Logistik Länder verbunden werden und aus einem großen Gemisch von Sprachen eine gemeinsame gefunden werden muss. In der Psychiatrie besteht der Kontakt, wie zuvor angesprochen, häufig nur zwischen zwei Personen. Diese bilateralen Kommunikationssituationen basieren zum größten Teil auf verbalem Miteinander. Anglizismen würden hier eine enorme Hürde darstellen und der Kommunikation jegliche Basis entziehen. Kein Fachgebiet kann das Medium aufgeben, durch welches es funktioniert. Dies würde eine immense Erschwernis darstellen, was wohl ein Hauptgrund dafür ist, dass terminologischer Wandel in der Psychiatrie wesentlich kontrollierter verläuft. Es ist jedoch anzumerken, dass sich auch für die Psychiatrie das Englische zur Publikationssprache entwickeln konnte und in Anbetracht dessen die Auswirkungen auf die deutsche Sprache der Psychiatrie wiederum recht gering erscheinen.

(1f) In der Befragung der Merkmalsträger offenbarte sich die Konstellation **Heterogenität versus Homogenität**: Während in der Psychiatrie die Zahl der Anglizismen wesentlich geringer ist, stellt sich auch die Expertengruppe wesentlich homogener dar, denn hier fand sich schnell eine hohe Zahl an Merkmalsträgern auf akademischer Ebene, während in der Logistik vor allem kaufmännische Firmenmitarbeiter angesprochen wurden. Ob eine stärkere Durchmischung der psychiatrischen Stichproben andere Auswirkungen gezeigt hätte, bleibt zu überprüfen. Hieraus können sich vermutlich neue Ansätze ergeben, denn in den ausdifferenzierten Logistikbereichen fanden sich im Laufe der Untersuchung Teilgebiete, auf welchen Logistiker weitaus weniger mit englischen Termini vertraut sind als zahlreiche Psychiater.

(1g) Wie bereits erläutert wurde, zeigten sich im Verlaufe der Untersuchung diverse **Objektdivergenzen** (Willenslenkung versus Kundenfang, Verdunklung versus Werbung), welche an dieser Stelle zugunsten der Vollständigkeit angeführt werden. Auch diese wirken sich nachhaltig auf den Sprachgebrauch aus. Das Beispiel der Umbenennung von *Schizophrenie* in *Psychose* wurde bereits mehrfach angeführt, denn es stellt eine besonders gravierende Fehlinterpretation des eigentlichen Störungsbildes dar. In der Logistik hingegen sind derartige pseudosynonymische Varianten nicht von Bedeutung, da keine Verdunklung nötig ist. Allerdings sind auch hier Variationen durch Fehlübersetzungen nicht zu vermeiden, wie am Beispiel von *Customer* / *Consumer* gezeigt wurde, die gelegentlich als Synonyme behandelt werden, wenngleich sie unterschiedliche Bedeutungsgehalte transportieren.

(2) Charakteristika non-indigener Sprachanteile

(2a) Die Tatsache, das sich das Englische auch durch **historische und gesellschaftliche Einflüsse** zur Weltsprache entwickelt hat, welche wiederum ihre Spuren in allen Lebensbereichen hinterlässt, wurde ausführlich erörtert. Am Beispiel der Psychiatrie zeigte sich besonders deutlich, dass das Englische ein Zeichen für Moderne darstellt. Offensichtlich werden Anglizismen in der Psychiatrie noch gezielter und reflektierter eingesetzt als in der Logistik, in welcher sie die kommunikative Basis bilden. So finden sich im psychiatrisch-psychotherapeutischen Bereich deutschsprachige Expertengruppen, welche auf Englisch benannt sind. Hier scheint das öffentliche Geschehen eine große Rolle zu spielen und es zeigt sich, dass auch ältere Wissenschaftsbereiche dem modernen Zeitgeist unterlegen sind. Im Bereich der Wirtschaft stellen Anglizismen besonders bei der Nachwuchsgewinnung den Regelfall dar (z. B. *Young Profes-*

sionals[1179]). Doch auch im Bereich der Psychiatrie wurde derartiges englisches Inventar identifiziert (z. B. *Young Psychiatrists*).

(2b) Vormachtstellung und Prestige stellen einen wesentlichen Einflussfaktor im Transport nicht-nativer Sprachanteile dar. Am Beispiel der EU-Arbeitssprachen und an der Betrachtung politischer Aspekte wurde gezeigt, dass z. B. militärische Dominanz aber auch hohes Ansehen einer bestimmten Kultur zur verstärkten Verwendung von deren sprachlichen Mitteln führen. Dies geschieht unter anderem durch den Transport über Gegenstände und Konzepte, welche mit den Termini behaftet sind. Heute zählen hierzu auch psychiatrisch-psychotherapeutische Konzepte wie *broken home* oder *Overprotection.* Diese Tatsache spielt auch in der jeweils dominierenden Forschungslandschaft eine Rolle.

(2c) Die **Globalisierung** durch weltweite Vernetzung als Einflussfaktor für fremdsprachige Einflüsse erwies sich als besonders starker Parameter für die Sprache der Logistik, welche in erster Linie durch elektronifizierte Kommunikation und hohe Geschwindigkeiten funktioniert, sodass Sprachnormung zwangsläufig eine eher untergeordnete Rolle spielen muss. Ein besonders interessantes Beispiel hierbei stellt die E-Logistik da, welche von Globalisierungsmitteln (z. B. Internet) lebt wie kaum eine andere logistische Teildisziplin. Hier fanden sich einige „E-Anglizismen", welche auf analogiebildenden Terminusentstehungsprozessen basieren (z. B. *E-Commerce*, *E-Business*). Auch die Konzeption der Beförderungszeiten spiegelt in gewisser Form die Wirkung der Globalisierungsprozesse wieder. So findet die Lieferung von Waren auch über größere Distanzen häufig nach den Prinzipien *Same day*, *Next day*, *Second day*, *Overnight* oder *Innight* statt.

(2d) Als wichtige Parameter für Sprachwandelprozesse wurden die in älteren Arbeiten der terminologischen Forschungslandschaft besprochenen **Eigenschaften der Sprache** wie Memorierbarkeit und Geschlossenheit auch in der vorliegenden Untersuchung berücksichtigt.

Hierbei konnte noch einmal bestätigt werden, dass das Englische durchaus leichter erlernbar ist als zahlreiche andere Sprachen, dass aber auch hier eine

---

[1179] Industrie- und Handelskammer Erfurt, S. 14.

Vielzahl an Faktoren eine Rolle spielt, so z. B. die Kombination der Grapheme wie in der alternierenden Konsonant-Vokal-Folge des in der Umfrage behandelten *Casemanagement.* Im Gegensatz zu slawischen Sprachanteilen (wie beispielsweise dem polnischen Lexem *przejść*[1180]) kann ein Sprachteilhaber mit westgermanischer muttersprachlicher Basis *Casemanagement* trotz der Länge des Terminus besser memorieren. Dennoch sind auch die Vorteile der zahlreichen einsilbigen englischen Benennungen (z. B. *Trip*) hervorzuheben.

Gegenwärtig nimmt die englische Sprache wesentlich weniger nicht-native Lexeme auf als viele andere Sprachen, was auf eine starke Geschlossenheit des Sprachsystems hindeutet. Umgekehrt scheint eine große Anzahl anderer Sprachsysteme wesentlich empfänglicher für non-indigene Komponenten zu sein. Doch auch dieser Einflussfaktor ist nicht allein ausschlaggebend dafür, dass die englische Sprache stärkeren Einfluss als andere Sprachen auszuüben vermag.

Nur die **Berücksichtigung des Zusammenspiels** aller Einflussfaktoren kann letztendlich den starken Einfluss des Englischen begründen, und es ist nicht auszuschließen, dass weitere Untersuchungen noch andere Parameter aufzeigen können. Nach Ansicht der Autorin ist es nicht möglich, für ein Fachgebiet konkrete Faktoren zu benennen, welche de facto in kausalem Zusammenhang mit starken oder geringen Anglizismenanteilen stehen. Ebenso kann die Frage nach dem Anglizismeneinfluss auf die Gemeinsprache nur durch zusammenfassende Fakten belegt werden. Sowohl synchrone als auch diachrone Aspekte liefern tendenzielle Antworten, die es unter mehr oder weniger starker Berücksichtigung wissenschaftlicher Paradigmen zu interpretieren gilt.

Interessant wäre z. B. die intensive Suche nach Ursachen für quantitative Ähnlichkeiten in beiden Fachgebieten. Möglicherweise würde sich eine **veränderte Eingrenzung** als hilfreich erweisen, indem z. B. die Heterogenität in der Gruppe psychiatrischer Merkmalsträger angepasst wird oder eine Hinzuziehung weiterer Fachgebiete erfolgt. Würde z. B. ein Vergleich zwischen der anglizismenarmen (jedoch umso romanismenreicheren) Terminologie der Musik und der Logistik zum selben Antwortverhalten führen wie der Vergleich zwischen zwei anglizismenarmen Fachsprachen? Derartige Fragen ergaben sich in hohem

---

[1180] dt. *überreden* (Taschenwörterbuch Polnisch 2003, S. 244).

Maße aus den theoretischen und den empirischen Abschnitten der Untersuchung. Sie sollen nach einem abschließenden Fazit der Untersuchung im folgenden Schlusswort noch einmal angeführt werden.

6. Schluss

6.1 Zusammenfassung

Das **Hauptziel** der vorliegenden Untersuchung bestand darin, einen Beitrag zur Anglizismenforschung im Bereich der deutschen Fachsprachen zu leisten und den tatsächlichen Gebrauch des identifizierbaren Inventars exemplarisch zu überprüfen. Intendiert war in erster Linie die Untersuchung der wichtigsten Einflussfaktoren. Die angewandte Methodik machte den Vergleich eines psychiatrischen und eines logistischen Korpus von annähernd gleicher Quantität und Qualität erforderlich, welchen es durch die Befragung von Merkmalsträgern empirisch abzusichern galt.

Zunächst erfolgten **einleitende Erläuterungen** zu Aufbau, Zielstellung und wissenschaftlicher Rahmenbildung. Daran anschließend wurde die Methodik der vorliegenden Untersuchung beleuchtet, welche auf einer bilateralen Kontrastierung mit Anglizismen als Tertium comparationis basiert.

Die **Eingrenzung** des wissenschaftlichen Untersuchungsbereiches diente zur Rahmenbildung für das Fundament der vorliegenden Arbeit. Dieses wird in erster Linie durch Grundprinzipien der so genannten Angewandten Linguistik, der Terminologielehre und der Fachtextlinguistik gebildet.

Auch die **Wesenszüge** der Psychiatrie und der Logistik galt es hierfür initial zu beleuchten. An diesem Punkt konnten erste grundlegende Unterschiede in den Fachgebieten aufgezeigt werden, die der Kontrastierung in der empirischen Phase äußerst dienlich waren. Dabei verdeutlichte sich sehr schnell die spezielle Rolle der Psychiatrie auf medizinischer, aber auch auf gemeinsprachlicher Ebene und die starke Bedeutung der Logistik für einen Großteil der Bevölkerung. Als essenziell erwiesen sich für die Psychiatrie Binarismen wie Devianz / Normalität oder Leib / Seele, die in Abhängigkeit der jeweils gültigen Paradigmen und gesellschaftlichen Moralvorstellungen modifiziert werden und sich so letztendlich auf das Terminusinventar auswirken. Tabuisierung und Entstigmatisierung tragen gleichermaßen zu semantischen Veränderungen bei und führen zu Phänomenen wie Euphemismen, Verdunklung oder Determinologisierung, die sich wiederum nachhaltig auf die Terminologie des Faches auswirken.

Für die **Wesenszüge der Logistik** wurden vor allem die verschiedenen Einflussfaktoren beleuchtet, welche häufig in enger Verbindung mit dem Konsumverhalten gemeinsprachiger Nutzer stehen. Anhand europaweiter Vergleichsmöglichkeiten konnte ein terminologisches Grundgerüst der logistikbezogenen Anglizismen aufgezeigt werden, welches durch Globalisierungsprozesse gefestigt und durch Informationstechnologien stetig erweitert wird. Hohe Geschwindigkeiten sind eine Hauptvoraussetzung zur Erfüllung der so genannten logistischen 6-R-Aufgabe, die neben zahlreichen anderen besprochenen Merkmalen ein Charakteristikum dieser jungen Wissenschaftsdisziplin darstellt.

Im anschließenden Kapitel wurden die **Grundprinzipien der Fachsprachenforschung** betrachtet, welche letztendlich die Basis einer jeden terminologischen Untersuchung bilden und für die spätere Terminusselektion und somit die Listenerstellung in der empirischen Umfrage bzw. die Evaluation derselben als hilfreich erachtet wurden. Hierbei fanden zahlreiche Forschungsansätze Berücksichtigung. Als besonders wichtig wurden die de Saussureschen Grundprinzipien der Sprachwissenschaft betrachtet, welche allen folgenden Arbeiten in diesem Forschungsraum in irgendeiner Form als Grundlage dienten und noch immer dienen. Ebenso wichtig erscheinen die Untersuchungen Eugen Wüsters, dessen Forschungsergebnisse in der vorliegenden Arbeit besonders berücksichtigt wurden, da sie unter anderem die Grundlage für die terminologisch bedeutsamen DIN-Normen bilden, welche mehrmals Erwähnung fanden.

Die Betrachtung der **Fachsprache als Subsystem** der Gesamtsprache wurde unter anderem aus funktionaler, soziolinguistischer und pragmatischer Perspektive durchgeführt. Hierbei fand eine bewusste Betrachtung der von zahlreichen Sprachwissenschaftlern bevorzugt vermiedenen Dichotomie Fachsprache / Gemeinsprache statt, da diese Sichtweise von der Autorin als durchaus sinnvoll bewertet wird.

Anschließend erfolgte die Untersuchung der **Bedeutung von Anglizismen** im wissenschaftlichen, aber auch im gemeinsprachlichen Rahmen. Zunächst einmal galt es zu klären, auf welche Weise die Identifikation eines Anglizismus durchführbar ist und wodurch dieser sich auszeichnet. Hilfreich hierfür war die Betrachtung der Phänomene Quasianglizismus, Fremdwort / Lehnwort, Internationalismus / Europäismus und *hard word*. Zur Differenzierung wurde zudem der Versuch angestellt, besondere Merkmale und Charakteristika von Anglizismen zu beleuchten. Die diversen Einflussfaktoren wurden auch in der abschließenden Hypothesenüberprüfung als wirksam bewertet. Hierzu zählen vor allem gesellschaftshistorische, politische, linguistische und wissenschaftliche Parameter. So spiegelt sich die Hegemonialposition einer Kultur auf dem wissenschaftlichen Forschungsmarkt letztendlich im Terminusinventar der jeweiligen Fachgebiete wider; aber auch Faktoren wie militärische Dominanz oder Komplexität und Verwandtschaft von Sprachsystemen sollten nicht unterschätzt werden. Aktuelle Einflussgrößen wie Globalisierung, EU-Sprachenpolitik, Informationsverbreitung durch das Internet, hohe Geschwindigkeiten in derselben und das daraus resultierende Translationsverhalten (inklusive damit verbundener Übersetzungsfehler) fanden besondere Berücksichtigung.

Auch **Sprach- und Bedeutungswandelprozessen** wurde ein hohes Maß an Aufmerksamkeit geschenkt. Hierzu zählt der seit dem 17. Jahrhundert andauernde Einfluss des Englischen auf die deutsche Sprache. Die Betrachtung fachsprachlicher Veränderungen erforderte für die vorliegende Untersuchung eine Beschreibung historischer Entwicklungsprozesse in Psychiatrie und Logistik. Letztendlich bestätigte sich dabei noch einmal die non-panchrone Sichtweise de Saussures für die Bewertung einzelner Einflussfaktoren auf die Fachsprachen; denn von der Antike bis zur heutigen Zeit sind zahlreiche **historische Momente** in die jeweiligen Terminologien eingeflossen, welche nicht problemlos zusammengefasst werden können. In der **Psychiatrie** beginnt die Entwicklung mit der Lehre unter Hippokrates, der zunächst fehlenden Informationsverbreitung und einem daraus resultierenden Mangel in der Terminus- und Gedankenausbreitung. Die sprachlichen Veränderungsprozesse setzen sich fort unter dem Einfluss Freuds, der Neofreudianer, des Zweiten Weltkrieges und des Wandels ab den 1950er-1970er Jahren, die von starken Reformbewegungen wie der Antipsychiatrischen Bewegung begleitet waren. Bis zum heutigen Tage haben die Forschungsmethoden und Moralvorstellungen starke Veränderung erfahren, was sich auch im entsprechenden Terminusinventar widerspiegelt. Die Interpretation der Einflussfaktoren auf die **Logistik** beinhaltete zunächst einmal eine intensive Betrachtung der Entstehungsgeschichte der Wirtschaft. Die Beschreibung des Logistikbegriffes selbst erfordert eine Betrachtung der Entwicklungsgeschichte im militärischen Bereich, des Einflusses sich verändernder Verkehrs- und

Kommunikationsmittel, der Wirtschaftslinguistik der 1920er-30er Jahre, des Einzuges der Logistik und ihrer TUL-Leistungen in die zivile Wirtschaft in den 1960er Jahren, der Märkteverschmelzung ab den 1980er Jahren und der anschließenden „Grenzenlosigkeit“ der EU, die die Logistik heute zu einem der bedeutendsten Wirtschaftszweige macht. In der Entwicklungsgeschichte der Fächer wirken nicht nur Paradigmen und linguistische Einflussfaktoren, sondern auch Meilensteine diverser **Fremdwortdiskurse**, an denen sich aber in der vorliegenden Arbeit weder unter sprachpuristischen noch befürwortenden Aspekten beteiligt werden sollte.

Die anschließende **translatologisch-terminologische Betrachtung** beleuchtete an erster Stelle den Terminus als Phänomen der Fachsprachen, aber auch Grundprinzipien der Terminologiearbeit und die Möglichkeiten sprachsteuernder Aktivitäten und hieran beteiligter Institutionen auf globaler, europaweiter und nationaler Ebene. Dabei wurden sowohl fachgebietsrelevante als auch sprachbezogene Institutionen in den Fokus gerückt, ebenso wie einzelne Klassifikations- und Normungssysteme (z. B. die DIN-Normen 2330 und 2342, die *International Classification of Diseases* und die *Standard Trade Classification*). An diesen Beispielen wurde die Verbindung zwischen fachlichen und sprachlichen Aspekten aufgezeigt.

Weiterhin fand eine Analyse möglicher **Differenzierungs- und Schichtungsansätze** der untersuchten Fachsprachen und hierin verwendeter Textsorten statt. Hierbei erfolgte eine horizontale Abgrenzung der Fachdisziplinen bis hin zur Betrachtung transkultureller Fragen in der Psychiatrie, was interessante Interferenzen in der Benennung und Bewertung einzelner Störungsbilder aufzeigte. In diesem Zusammenhang offenbarten sich noch einmal die unterschiedlich starken Grenzen in der Differenzierung einzelner Disziplinen und der entsprechenden Zuordnung des jeweiligen Terminusinventars. Die Untersuchung der Logistik brachte eine starke Zersplitterung und Überlagerungen der Diszi-plinen sowie des dazugehörigen sprachlichen Inventars zum Vorschein, was sich auch in der anschließenden empirischen Befragung bestätigte, da die Merkmalsträger sehr unterschiedlichen Gebieten entstammten und nur mit den entsprechenden Termini vertraut waren.

Der Abschnitt zur vertikalen Schichtung der Fachsprachen verdeutlichte die Bedeutung der Rollenverteilung in der Psychiatrie und die Auswirkungen von Asymmetrien in der Kommunikation. So übt der verstärkte Einsatz terminologischer Mittel durchaus begünstigenden Einfluss auf subalternes Patientenverhalten im Rahmen der Arzt-Patienten-Interaktion aus. In der Logistik hingegen befindet sich der Dienstleister als Experte oftmals in weitaus näherer Position zum Laien (Konsumenten), wenngleich auch hier der Laie nicht zwangsläufig vertrauter mit der Fachsprache ist.

Die **Typologisierung der Fachtexte** behandelt bereits bestehende Ansätze wie die von Reiß, Göpferich, Möhn / Pelka, Wiese, Zhao und Hundt. Auch die Funktionalstile nach Horn-Helf wurden näher beleuchtet. Das Kapitel schließt mit der Untersuchung morphosyntaktischer Fachtextmerkmale ab.

Im anschließenden Kapitel erfolgte der **Versuch einer terminologischen Kategorisierung** als Vorbereitung auf die empirische Phase der Arbeit. Hierfür wurden zunächst einmal Fragen der terminologischen Motiviertheit und der Anglizismenassimilation angesprochen. Sowohl in der Fach- als auch in der Gemeinsprache spielen bei der Übernahme von Lehngut vor allem morphologische und phonetisch-phonologische Faktoren eine Rolle bei der Integration. Sowohl Genuszuweisung, Flexionsverhalten und Graphemintegration als auch artikulatorische Veränderungen weisen unabhängig von der Vertrautheit mit Termini oftmals überraschende Übereinstimmungen, aber auch deutliche Differenzen an anderer Stelle auf.

Einzelne **Wortbildungskategorien** wurden beleuchtet, um erwähnenswerte Wege der Terminusentstehung anhand einer möglichst breiten Beispielpalette aus den besprochenen Fachgebieten und einzelnen Nachbardisziplinen zu verdeutlichen. Hierbei kam in erster Linie fachgebietsbezogenes Inventar zum Tragen, welches dann in einer Urliste fixiert wurde. Die Untersuchung bezog sich sowohl auf den allgemeinen Sprachgebrauch als auch auf den in Psychiatrie und Logistik. Als signifikante Benennungsarten wurden auf der Basis zahlreicher linguistischer Forschungsarbeiten Komposition, Derivation, Reduktion, aber auch künstliche Nomination eruiert. Die hierbei untersuchten Wortbildungsmittel finden sich in den Terminuslisten und in einer abschließenden graphischen Darstellung am Ende des hier besprochenen Abschnitts wieder.

Durch die anschließende **fachgebietsbezogene Betrachtung** der englischen Sprachanteile auf den untersuchten Gebieten konnten Bedeutung und Häufigkeit der verwendeten Termini besser beurteilt werden. In diesem Abschnitt wurden zahlreiche Anglizismen anhand der Darstellung psychiatrischer und logistischer Konzepte vorgestellt und besprochen, und es zeigte sich noch einmal deutlich, dass die Bedeutung der englischen Sprache nicht nur eine „Modeerscheinung" darstellt, sondern die zuvor besprochenen Parameter tatsächlich von ausschlaggebender Bedeutung sind. Die fachgebietsspezifische Terminusbetrachtung basiert somit auch auf fachlichen Grundlagen der beiden untersuchten Fachgebiete. Für die Psychiatrie stellten sich Zielgrößen wie Störungsbilder, Fragen zur Diagnostik und Therapiemodelle mit den ihnen zugrundeliegenden medizinischen Paradigmen als besonders bedeutsam heraus. Die Untersuchung der Logistik beinhaltete vor allem die Betrachtung von Prozessketten, Lagerprinzipien, Beschaffungs- und Transportkonzepten sowie Teilnehmerbeziehungen an logistischen Prozessen. Das Kapitel endet in einer Betrachtung der medienbeeinflussten Anglizismenverwendung.

In den Zeitschriftenuntersuchungen fanden sich zahlreiche der besprochenen Termini und so konnte die bis dato recht theoretische Betrachtung bereits in eine praktische Richtung gelenkt werden, welche es in der anschließenden Phase zu intensivieren galt.

Allerdings wurde an diesem Punkt der Arbeit deutlich, dass ein verstärkter Einsatz diverser korpuslinguistischer Strategien der (zu diesem Zeitpunkt bereits beendeten) Erstellung der Terminuslisten ebenfalls hätte dienlich sein können. Nach dem Konzept der vorliegenden Untersuchung wäre in diesem Fall jedoch eine Listenerstellung erst an späterer Stelle möglich gewesen, was zugleich dem starken Gewicht der Kategorisierungsversuche (Kapitel 4) widersprochen hätte.

Einer kurzen Hypothesenüberprüfung bzw. -erweiterung folgte die **empirische Phase** auf der Basis des theoretischen und auch des praktischen Fundaments. Dieser Abschnitt beinhaltete die Befragung von Merkmalsträgern beider Fachgebiete. Hierfür mussten zunächst einmal Auswahlkriterien für die Einheiten festgelegt und ein Layout für den Fragebogen entworfen werden. Dabei fand für die Frage nach der Vertrautheit mit Termini die dichotome Antwortkategorie Ja / Nein Verwendung.

Die **Korpusgrundlage** war im gesamten Zeitraum der Untersuchung ausgebaut und gefestigt worden. Unter anderem kamen Monographien, Lexika und Internetquellen zum Einsatz. Außerordentlich hilfreich waren hierbei zahlreiche Experteninterviews, bei denen sich in oft ausgedehnten persönlichen Gesprächen vis-à-vis oder telefonisch und auch in Emails neue Horizonte auftaten, welche sich am Ende als ebenso wertvoll wie die gesamte theoretische Basis herausstellten.

Auch die **Kontaktierung der Merkmalsträger** für die Befragung erwies sich bereits vor der Listenauswertung als überaus nützlich, wenn auch zunächst von besonderem Arbeitsaufwand begleitet, da sich die starke Zersplitterung der logistischen Berufsgruppen und die damit verbundene Heterogenität im Antwortverhalten sowie der Zugang zu den Merkmalsträgern als recht diffizil abzeichneten. In der Psychiatrie konnte vergleichsweise schnell eine homogenere Expertengruppe von gleicher Größe erreicht werden, wenngleich auch hier die Suche nach entsprechenden Emailadressen verhältnismäßig viel Zeit in Anspruch nahm. Letztendlich zeigte sich eine deutlich höhere **Rücklaufquote** bei den Befragten der Psychiatrie.

Die **Anmerkungen** am Ende der Terminuslisten bestätigten die in der Theoriephase untersuchten Aspekte und aufgestellten Vermutungen, denn sie resultierten in Sekundärinformationen, welche äußerst gewinnbringend für die Untersuchung waren und daher Verwendung in den vorangegangenen und weiteren Betrachtungen fanden.

Die **Evaluation** erfolgte auf der Basis deskriptivstatistischer Mittel und ergab nach der identifizierten hohen Menge an Anglizismen in der Logistik überraschende Ähnlichkeiten in der Vertrautheit mit den Termini. Im Gegensatz zur Differenz in der Quantität der Anglizismen fanden sich starke Übereinstimmungen in den Wissensbeständen und im Antwortverhalten der Befragten. So konnten in der Psychiatrie im Durchschnitt 5 %, in der Logistik 8 % der Befragten für mindestens 40 Termini Erläuterungen durchführen. In der Psychiatrie markierten 20 %, in der Logistik 21 % der Befragten höchstens 10 Termini als unbekannt. In einer weiteren Berechnung wurden für jeden Befragten 50 Stimmen berechnet, sodass jeder Terminus separat gewichtet wurde und mit der Teilnehmerzahl der jeweiligen Befragtengruppe multipliziert werden konnte. Hieraus ergab sich eine prozentuale Ja-Nein-Staffelung von 61 % zu 39 % für die Psychiatrie, für die Logistik von 56 % zu 44 %. Fragen zur Artikelverwendung galten in erster Linie der Vermeidung oberflächlicher Antworten und resultierten in einer Höchstzahl von 24 % Maskulina in der Psychiatrie und 26 % Neutra in der Logistik. Hier sind allerdings Pluralformen zu berücksichtigen, die das Ergebnis verfälschen, weshalb für diese Spalte keine Repräsentativität beansprucht wird. Sämtliche Ergebnisse wurden im entsprechenden Kapitel graphisch dargestellt.

Von einer Generalisierbarkeit der Ergebnisse für benachbarte Teildisziplinen der Psychiatrie, vor allem aber der Logistik wird an dieser Stelle nicht ausgegangen. Besonders die Logistik scheint als eigenständiger Bereich recht deutlich abgegrenzt zu sein und sich die im Rahmen der Untersuchung angesprochenen Eigenschaften, welche sich auf den Sprachgebrauch auswirken, weitaus weniger mit ihren Nachbardisziplinen (z. B. Operations Research, Rechnungswesen) zu teilen als die Psychiatrie. Um hier eine endgültige Aussage treffen zu können, sind allerdings weitere Untersuchungen nötig, die sich außerhalb des vorliegenden Untersuchungsrahmens befinden.

Der Bitte um Übersetzungsvorschläge ist ein Großteil der Befragten sehr engagiert nachgekommen. So konnten neben weiteren Terminusbeispielen zahlreiche paraphrasenhafte Zusatzerläuterungen gewonnen und in die Untersuchung aufgenommen werden. Bei erneuter Berechnung von 50 Stimmen für jeden Befragten ergibt sich für die abgegebenen Übersetzungsvorschläge ein prozentuales Verhältnis von 46 % (Psychiatrie) zu 47 % (Logistik) bei einzelner Gewichtung jedes abgegebenen Vorschlags. Zudem wurde in der Psychiatrie bei 34 % der Termini mindestens einmal darauf hingewiesen, dass es sich beim Terminus um die aktuelle Verwendungsform handelt; in der Logistik erfolgte dieser Hinweis bei 54 % der Termini. Hier bestätigt sich noch einmal die stärkere Verwendung von Anglizismen im Bereich der Logistik. In Anlehnung an die beiden Großkapitel zum terminologischen Kategorisierungsversuch findet sich am Ende der Evaluation eine fächervergleichende Betrachtung zu Fragen der Wortbildung und inhaltlichen Aspekten, gefolgt von einer **abschließenden Hypothesenüberprüfung**, welche die als elementar bewerteten aktuellen Einflussfaktoren auf die Fachsprachen zusammenfasst.

Die Ausführungen der Befragten dienten auch der Erstellung eines **Glossars**, welches die untersuchten Termini enthält und im Grunde durchaus erweiterbar bzw. auf verschiedene Weise differenzierbar ist. Aufgrund einer letztendlich hohen synonymischen Bandbreite in den Übersetzungsvorschlägen erforderte die Erstellung des Glossars entgegen der initialen Zielstellung ein reduktionistisch und somit partiell präskriptiv wirkendes Eingreifen. Aus Übersetzungsvorschlägen, welche aus demselben Wortbildungsmuster (z. B. Komposition, Derivation) bestehen, wurden einige exemplarisch angeführt. Auch orthographische Varianten wurden ausgespart, wenngleich hier ebenfalls sehr interessante Aspekte in Erscheinung traten. Abschließend kann festgehalten werden, dass sich auf beiden Fachgebieten ein durchaus hohes Interesse an sprachlichen Fragen zeigte, was der vorliegenden Untersuchung zu zahlreichen Impulsen und einer Festigung des fachlichen Fundaments verhalf. Die Zuordnung der Deskriptoren erfolgte auf der Basis der Experteninterviews, der Pretests und des zuvor erarbeiteten fachlichen Fundaments, welches letztendlich in der vorliegenden Untersuchung einen recht umfangreichen Abschnitt beansprucht. Hierin spiegelt in gewisser Hinsicht sich die Arbeit des Übersetzers wider, der möglicherweise ein kurzes Translat erarbeitet, welches jedoch (im Idealfall) auf einer intensiven Auseinandersetzung mit fachlichen Grundbausteinen basiert. Die Umfrage konnte letztendlich den Unterschied im Anglizismenaufkommen und damit die Grundannahme abschließend bestätigen, da diese sich bereits in der Erstellung der Urliste und der fachlichen und terminologischen Untersuchung stark gefestigt hatte. Die zahlreichen Parameter und Ursachen hierfür wurden von Beginn der Untersuchung an berücksichtigt und einbezogen. Es ist jedoch nicht auszuschließen, dass eine Modifizierung der Einheiten, der Befragtengruppen oder des Erhebungsinstruments nicht zahlreiche zusätzliche oder völlig neue Parameter aufzeigen können. Einige Gedanken hierzu sind im folgenden Abschnitt enthalten.

6.2 Ausblick

Im Laufe der Untersuchung bildeten sich zahlreiche Fragen und Sachverhalte heraus, welche Ansätze für neue Studien bieten. Es zeigte sich, dass die terminologische Forschungslandschaft eine weite Fläche für Untersuchungen abdeckt, welche in Abhängigkeit vom Forschungsgegenstand auf einer perspektivischen Einengung oder Erweiterung basieren können. So ergaben sich Fragen danach, ob der gräkolateinische Anteil der Psychiatrie dem Anglizismenanteil in der Logistik entspricht und ob die Höhe des Anglizismeninventars mit der des terminologischen Anteils an der jeweiligen Fachsprache korreliert. Es wäre sicherlich sehr aufschlussreich, frequenzielle Unterschiede in der Verwendung wissenschaftlichen Lexeminventars zwischen der medizinischen Fachsprache und der Wirtschaftsfachsprache zu kontrastieren oder aber intraterminologisch für die Logistik oder die Psychiatrie in einzelnen Untersuchungen auf vertikaler Ebene zu eruieren, denn es ist davon auszugehen, dass mit steigendem Abstraktionsgrad auch die Terminusfrequenz erhöht ist. Interessant erscheint ebenso die Untersuchung einer Korrelation zwischen dem Anglizismenzuwachs und der Lebensdauer terminologischer Bestände. Auch der Einsatz weiterer sprachstatistischer Mittel wird vermutlich zu differenzierteren Resultaten führen und z. B. einer weiteren Aufschlüsselung der zusammenfassenden Tabellen (siehe Anhang) dienlich sein.

Abschließend ist festzuhalten, dass eine Klärung aller Fragen nicht möglich und nicht unbedingt zweckmäßig ist, dass sämtliche Antworten immer in Konfrontation mit einem möglichen Skeptizismus entfernter Forschungsparadigmen gelangen können, dass aber auch das Zustandekommen neuer Fragestellungen den Blickwinkel auf weitere Sachverhalte eröffnet. Jede neu entstehende Problematik basiert doch letztendlich auf einer neuen Erkenntnis, da ihr der Ausschluss bestimmter Sachverhalte vorausgeht. Hierin bestand der Grundsatz der vorliegenden Untersuchung.

6.3 Desiderata

Nicht jeder neu entstandene Sachverhalt muss zwangsläufig die Basis weiterer Untersuchungen darstellen. Ebenso wenig kann die Zweckmäßigkeit eines eruierten Untersuchungsgegenstandes initial verifiziert werden. Nach Ansicht der Autorin haben sich aus der vorliegenden Untersuchung einige erfolgversprechende Forschungsdesiderata ergeben, welche nach subjektivem Empfinden und Berücksichtigung bisheriger Forschungsergebnisse von besonderem Nutzen sein könnten.

So scheint es vorstellbar und wünschenswert, mit Hilfe von Umfragen und entsprechender Literaturrecherche die englischen Datenmengen im Bereich der Logistik innerhalb eines angemessenen Rahmens nach konsequenter Differenzierung zu quantifizieren und damit möglicherweise ein homogeneres Bild zu gewinnen, um auf dieser Basis ein repräsentatives Glossar für die einzelnen Subkategorien zu erstellen und diese mit Deskriptoren zu versehen. Für heterogene Berufsgruppen, wie sie in der Logistik anzutreffen sind, könnten hierdurch hilfreiche **Glossare** erstellt werden, um einen Überblick über die differenzierte Terminologie zu vermitteln. Im Grunde sollte jedes Fach kontinuierlich mit entsprechenden Lexika bedient werden[1181].

Von großem Interesse scheint die Frage des Vergleichs mit anderen europäischen Sprachen, in erster Linie wohl westeuropäischen Sprachen wie dem Niederländischen, vielleicht aber auch osteuropäischen Sprachen zu sein. Es wäre höchst interessant, einen interlingualen, gleichzeitig aber auch interterminologischen **Vergleich** anzustellen und z. B. das Anglizismenaufkommen mehrerer Sprachen zu quantifizieren und zu kontrastieren. Dies könnte auf der Basis von Textvergleichen geschehen, aus denen der kleinste gemeinsame Nenner verwendeter Anglizismen extrahiert wird. Auch hierfür scheinen Umfragen zur Absicherung durchaus von Nutzen zu sein.

Ein eindeutiges Forschungsdesiderat besteht aus Sicht der Autorin in der **Wiederholung** der in der vorliegenden Untersuchung beleuchteten Fragestellung zu einem späteren Zeitpunkt. Möglicherweise kann eine Versendung derselben Terminusliste an weitere Merkmalsträger (auch unter Modifizierung der Merkmale) nach einem Zeitraum weniger Jahre die Bewertung der Tendenzen bestätigen oder widerlegen. Somit würde die Kombination mehrerer synchroner Untersuchungen in einer diachronen Betrachtung resultieren. Es ist davon auszugehen, dass weitere Überlegungen zu diesem Abschnitt eine Vielzahl an inspirativen Gedankengängen nach sich zieht. Zur Eingrenzung der vorliegenden Arbeit sollen jedoch nur diejenigen genannt sein, welche sich im Laufe der Studie von einer Vorstellung in ein umsetzbares Ziel manifestiert haben.

[1181] An dieser Stelle soll erwähnt werden, dass neu erschienene Fachwörterbücher aus dem Bereich der Logistik, auf welche durch Befragte verwiesen wurde, nicht mehr in die Untersuchung aufgenommen werden konnten, da es den gesetzten Zeitrahmen des Vorhabens einzuhalten galt.

In zusätzlichen Gesprächen mit Experten aus anderen psychologisch orientierten Disziplinen wurde deutlich, dass eine Berücksichtigung der Nachbardisziplinen der Psychiatrie oder Psychologie zu einem Anstieg der Anglizismen geführt hätte. Interessant wäre demnach die Untersuchung einer Fachsprache unter **Berücksichtigung benachbarter Terminologien**, in der per Ausschlussverfahren die Termini für eine Disziplin eruiert werden, um diese dann erneut einer intraterminologischen Untersuchung zu unterziehen.

Ebenso bliebe zu untersuchen, inwiefern sich in der psychiatrisch-psychotherapeutischen und in der logistischen Fachsprache englische umgangssprachliche Anteile von den schriftsprachlichen unterscheiden. Es steht außer Frage, dass die Anzahl möglicher Forschungsdesiderata im Terminologiebereich endlos potenzierbar wäre. An dieser Stelle soll sich dennoch auf die angeführten Gedankengänge beschränkt werden.

7. Verzeichnisse

7.1 Literaturverzeichnis

ADLER, Manuela (2004): „Form und Häufigkeit der Anglizismen in deutschen und schwedischen Massenmedien“. *Muttersprache* 114, S. 123-131.

ALBERT, Ruth / KOSTER, Cor J. (2002): *Empirie in Linguistik und Sprachlehrforschung: Ein methodologisches Arbeitsbuch.* Tübingen: Narr.

AMMON, Ulrich (2007): „Die Wichtigkeit und Schwierigkeit von Deutsch als Arbeitssprache in den EU-Institutionen“. *Muttersprache* 117, S. 98-109.

ARNTZ, Reiner / PICHT, Heribert (2002): *Einführung in die Terminologiearbeit.* Hildesheim: Olms.

ARNTZ, Reiner (1999): „Terminologie der Terminologie“. In: SNELL-HORNBY et al. (1999, S. 77-82).

ARNTZ, Reiner (1992): „Interlinguale Vergleiche von Terminologien und Fachtexten“. In: BAUMANN / KALVERKÄMPER [Hrsg.] (1992, S. 108-123).

AUGST, Gerhard (2001): „Gefahr durch lange und kurze Wörter? Lang- und Kurzwortgefahr? LKW-Gefahr?“. In: STICKEL [Hrsg.] (2001, S. 210-238).

BÁLINT, Balla / STERBLING, Anton [Hrsg.] (2009): *Globalisierung, Europäisierung, Regionalisierung unter besonderer Berücksichtigung ihrer Erscheinungsformen und Auswirkungen im östlichen Europa.* Hamburg: Krämer.

BARTSCH, Sabine / SIEGRIST, Leslie (2002): „Anglizismen in Fachsprachen des Deutschen“. *Muttersprache* 112, S. 309-323.

BARTSCHAT, Brigitte (1996): *Methoden der Sprachwissenschaft: Von Hermann Paul bis Noam Chomsky.* Berlin: Schmidt.

BARZ, Irmhild (2001): „Interferenzen im Wortschatzbau“. In: STICKEL [Hrsg.] (2001, S. 156-171).

BAUER, Laurie (1983): *English Word-Formation.* Cambridge: Cambridge University Press.

BAUMANN, Klaus-Dieter (1992): „Die Fachlichkeit von Texten als komplexe Vergleichsgröße". In: BAUMANN / KALVERKÄMPER [Hrsg.] (1992, S. 9-28).

BAUMANN, Klaus-Dieter / KALVERKÄMPER, Hartwig [Hrsg.] (1992): *Kontrastive Fachsprachenforschung*. Tübingen: Narr.

BENEŠ, Edvard (1969): „Zur Typologie der Stilgattungen in der wissenschaftlichen Prosa". *Deutsch als Fremdsprache* 6, S. 225-233.

BENESCH, Hellmuth (1987): *DTV-Atlas zur Psychologie.* München: Taschenbuch.

BERMAN, J. M. (1961): "Contribution on Blending". *Zeitschrift für Anglistik und Amerikanistik* 9, S. 278-281.

BIBER, Douglas / CONRAD, Susan / REPPEN, Randi (2004): *Corpus Linguistics: Investigating Language, Structure and Use*. Cambridge: Cambridge University Press,.

BIBER, Douglas (1995): *Dimensions of Register Variation: A Cross-linguistic Comparison.* Cambridge: Cambridge University Press.

BLEI, Dagmar / SPANIEL, Dorothea (2006): „Freude, Frust und Fantasie. Über die Variabilität eines figurativen Stilelements". *Muttersprache* 116, S. 228-241.

BLEULER, Eugen (2000): *Das autistisch-undisziplinierte Denken in der Medizin und seine Überwindung*. 5. Aufl., Berlin: Springer.

BOLTEN, Jürgen [Hrsg.] (1999): *Cross Culture – Interkulturelles Handeln in der Wirtschaft.* 2., überarbeitete Aufl., Sternenfels: Wissenschaft & Praxis.

BRAUN, Hans-Gert (2003): *Wenn die Wörter wandern.* Stuttgart; Leipzig: Hohenheim.

BRDAR-SZABÓ, Rita / KNIPF-KOMLÓSI, Elisabeth / PÉTERI, Attila (2009): *An der Grenze zwischen Grammatik und Pragmatik*. Frankfurt a. M.: Lang.

BRINKER, Klaus et al. [Hrsg.] (2000): *Text- und Gesprächslinguistik: Ein internationales Handbuch zeitgenössischer Forschung*. 1. Halbband / Volume 1. Berlin; New York: de Gruyter.

BUDIN, Gerhard (1996): *Wissensorganisation und Terminologie: Die Komplexität und Dynamik wissenschaftlicher Informations- und Kommunikationsprozesse*. Tübingen: Narr.

BÜHNER, Markus (2004): *Einführung in die Test- und Fragebogenkonstruktion*. München: Pearson.

BUNDESVERBAND DEUTSCHER NERVENÄRZTE e. V.: [Hrsg.] (2009): *NeuroTransmitter*. München: Urban & Vogel (6).

BUSCH, Albert / WICHTER, Sigurd [Hrsg.] (2000): *Computerdiskurs und Wortschatz: Germanistische Arbeiten zu Sprache und Kulturgeschichte*. Frankfurt a. M.: Lang.

BUSSE, Ulrich (2007): „Englisch als Lingua Franca: Fluch oder Segen für Englisch und andere Sprachen?“. *Muttersprache* 117, S. 154-173.

BUSSE, Ulrich (2001): „Typen von Anglizismen: von der heilago geist bis Extremsparing – aufgezeigt anhand ausgewählter lexikographischer Kategorisierungen“. In: STICKEL [Hrsg.] (2001, S. 131-155).

BUßMANN, Hadumod (1990): *Lexikon der Sprachwissenschaft*. 2. Aufl., Stuttgart: Kröner.

CAMENZIND, Samuel (2007): „Der Apostroph“. *Muttersprache* 117, S. 348-364.

CARSTENSEN, Broder (1979): „Evidente und latente Einflüsse auf das Deutsche“. *Fremdwort-Diskussion*. München: Fink UTB, S. 90-94.

CARSTENSEN, Broder (1975): *Amerikanismen der deutschen Gegenwartssprache: Entlehnungsvorgänge und ihre stilistischen Aspekte*. Heidelberg: Winter.

CARSTENSEN, Broder (1965): *Englische Einflüsse auf die deutsche Sprache nach 1945*. Heidelberg: Winter.

CASPAR, Wolfgang (2007): *Medizinische Terminologie*. 2. Aufl., Stuttgart: Thieme.

CHOMSKY, Noam (1995): *Thesen zur Theorie der generativen Grammatik: Studienbuch Linguistik*. 2. Aufl., Weinheim: Beltz.

COSERIU, Eugenio (1973): *Einführung in die strukturelle Betrachtung des Wortschatzes*. 2. Aufl., Tübingen: Narr.

COULMAS, Florian (1985): *Sprache und Staat: Studien zur Sprachplanung*. Berlin: de Gruyter.

CROSLAND, Maurice P. (2004 [1962]): *Historical Studies on the Language of Chemistry*. London: Heinemann [1962]; New York: Dover Phoenix (2004).

DAHLBERG, Ingetraut (1976): „Über Gegenstände, Begriffe, Definitionen und Benennungen: Zur möglichen Neufassung von DIN 2330". *Muttersprache* 86, S. 81-117.

DARLEY, John M. et al. (1988): *Psychology*. New Jersey: Prentice Hall-Inc. Englewood Cliffs.

DAVISON, Gerald C. / NEALE, John M. (2007): *Klinische Psychologie*. 7. Aufl., Weinheim: Beltz,.

de SAUSSURE, Ferdinand (1967): *Grundfragen der Allgemeinen Sprachwissenschaft*. 2. Aufl., Berlin: de Gruyter.

DETTMEYER, Reinhard (2004): „Plötzlicher Kindstod (Sudden Infant Death Syndrome; SIDS): Neue Aspekte zur Bedeutung der virusbedingten Herzmuskelentzündung". *Berichte aus der Medizin*. Maastricht; Herzogenrath: Shaker.

DIECKMANN, Walther (2006): „Zum sprachlichen Umgang mit möglicherweise täuschenden Eindrücken". *Muttersprache* 116, S. 1-17.

DRESSLER, Stephan / SCHAEDER, Burkhard [Hrsg.] (1994): *Lexicographica, Wörterbücher der Medizin: Beiträge zur Fachlexikographie*. Tübingen: Niemeyer.

DROZD, Lubomir (1979): „Zur formalen und inhaltlichen Charakteristik des Fachwortes". *Muttersprache* 88, S. 281-286.

DROZD, Lubomir (1975): „Zum Gegenstand und zur Methode der Terminologielehre". *Muttersprache* 85, S. 103-111.

DROZD, Lubomir / SEIBICKE, Wilfried (1973): *Deutsche Fach- und Wissenschaftssprache. Bestandsaufnahme – Theorie – Geschichte*. Wiesbaden: Brandstetter.

DULZ, Birger / SCHNEIDER, Angela (1999): *Borderline Störungen: Theorie und Therapie.* 2., durchgesehene und ergänzte Aufl., Stuttgart: Schattauer.

DUNGER, Hermann (1887): „Wider die Engländerei in der deutschen Sprache". *Zeitschrift des Allgemeinen Deutschen Sprachvereins* 12 (1887), S. 241-251.

ECO, Umberto (1994): *Die Suche nach der vollkommenen Sprache.* München: Beck.

EISENBERG, Peter (2001): „Die grammatische Integration von Fremdwörtern: Was fängt das Deutsche mit seinen Latinismen und Anglizismen an?". In: STICKEL [Hrsg.], S. 183-209.

ELSEN, Hilke (2006): „Pseudomorpheme – fiktive Namen im Übergangsbereich von Phonologie und Morphologie". *Muttersprache* 116, S. 242-248.

ELSEN, Hilke (2005): „Das Kunstwort". *Muttersprache* 115, S. 142-149.

ELSEN, Hilke (2002): „Neologismen in der Jugendsprache". *Muttersprache* 112, S. 136-153.

EMERSON, Ralph Waldo (2003 [1965]): "The Poet". *Selected Writings of Ralph Waldo Emerson.* New York: Signet Classic, S. 325-349.

ERNST, Peter / PATOCKA, Franz [Hrsg.] (1999): *Einführung in die synchrone Sprachwissenschaft.* 2., verbesserte und vermehrte Aufl., Wien: Edition Praesens.

FAISS, Klaus (1978): *Verdunkelte Compounds im Englischen: Ein Beitrag zur Theorie und Praxis der Wortbildung.* Tübingen: Narr.

FALLER, Adolf (1999): *Der Körper des Menschen: Einführung in Bau und Funktion.* Stuttgart: Thieme.

FARNY, Dieter (1987): *Versicherungsbetriebslehre.* 4. Aufl., Karlsruhe: VVW.

FEER, Hans (1987): *Die Sprache der Psychiatrie.* Berlin; Heidelberg: Springer.

FELBER, Helmut / GERHARD, Budin)1989): *Terminologie in Theorie und Praxis.* Tübingen: Narr.

FELBER, Helmut / LANG, Friedrich / WERSIG, Gernot [Hrsg.] (1979): *Terminologie als angewandte Sprachwissenschaft: Gedenkschrift für Eugen Wüster.* München: Saur.

FERGUSON, Stuart (1997): *Language Assimilation and Crosslinguistic Influence: A Study of German Exile Writers*. Tübingen: Narr.

FICHTER, Manfred (2008): *Magersucht und Bulimie: Mut für Betroffene, Angehörige und Freunde*. Freiburg: Karger.

FINK, Hermann / STECK, Markus (2001): *Wirtschaftssprache Englisch: Zweisprachiges Übersetzerkompendium*. München / Wien: Oldenbourg.

FINK, Hermann (1979): „Angloamerikanisches der deutschen Gemein- und Werbesprache im Wortschatz von Kindern im Vorschulalter". *Muttersprache* 89, S. 349-376.

FINK, Hermann (1978): „Der angloamerikanische 'Look' im Deutschen: Zur Verwendung eines Modewortes". *Muttersprache* 88, S. 51-69.

FINK, Hermann (1976): „Ein 'Starangebot': Englisches im Versandhauskatalog". *Muttersprache* 86, S. 368-382.

FISCHER, Gottfried (1999): „Was ist Sprache". In: ERNST / PATOCKA [Hrsg.] (1999, S. 2-18).

FLEISCHER, Wolfgang (1997): „Das Zusammenwirken von Wortbildung und Phraseologisierung in der Entwicklung des Wortschatzes". In: WIMMER / BERENS [Hrsg.] (1997, S. 9-24).

FLEISCHMANN, Eberhard / KUTZ, Wladimir / SCHMITT, Peter A. [Hrsg.] (1997): *Translationsdidaktik: Grundfragen der Übersetzungswissenschaft*. Tübingen: Narr.

FLUCK, Hans-Rüdiger (1998): *Fachsprachen und Fachkommunikation*. Heidelberg: Groos.

FLUCK, Hans-Rüdiger (1995): *Fachsprachen.* 5., überarbeitete u. erweiterte Aufl., Tübingen: Francke.

FLUCK, Hans-Rüdiger (1992): *Didaktik der Fachsprachen.* Tübingen: Narr.

FORTMANN, Klaus-Michael / KALLWEIT, Angela (2007): *Logistik.* 2., aktualisierte Aufl., Stuttgart: Kohlhammer.

FRANK, Wolfgang (2007): *Psychiatrie.* 15. Aufl., München: Urban & Fischer.

FREEMAN, Henry G. (1969): *Fachenglisch für Industrie und Technik.* Köln: Heymanns.

GAEBEL, Wolfgang (2004): „Die Stellung der Psychiatrie in der Medizin". *Die Psychiatrie: Grundlagen und Perspektiven.* Stuttgart: Schattauer 1, S. 9-16.

GALINSKY, Hans (1979): *Das amerikanische Englisch, seine innere Entwicklung und internationale Ausstrahlung.* Darmstadt: Wissenschaftliche Buchgesellschaft.

GARDT, Andreas (2001): „Das Fremde und das Eigene: Versuch einer Systematik des Fremdwortbegriffs in der deutschen Sprachgeschichte". In: STICKEL [Hrsg.] (2001, S. 30-58).

GIBALDI, Joseph (2003): *MLA Handbook for Writers of Research Papers.* 6. Aufl., New York: Modern Language Association of America.

GIPPER, Helmut (1978): *Sprachwissenschaftliche Grundbegriffe und Forschungsrichtungen: Orientierungshilfen für Lehrende und Lernende.* München: Huber.

GIRNTH, Heiko / KLUMP, André / MICHEL, Sascha (2007): „Du defamierst somit die Verfasser der Gästebucheinträge, wo wir wieder bei den Beleidigungen wären: Volksetymologie gestern und heute im Romanischen". *Muttersprache* 117, S. 36-59.

GLAHN, Richard (2001): „Anglizismen – Ursachen für den häufigen Gebrauch". *Muttersprache* 11, S. 25-35.

GLAHN, Richard (2000): *Der Einfluss des Englischen auf die gesprochene deutsche Gegenwartssprache: Eine Analyse öffentlich gesprochener Sprache am Beispiel von Fernsehdeutsch.* Frankfurt a. M.: Lang.

GLÄSER, Rosemarie (1999): „Terminologie der Terminologie". In: SNELL-HORNBY et al. (1999, S. 219-220).

GLÄSER, Rosemarie (1992): „Methodische Konzepte für das Tertium comparationis in der Fachsprachenforschung – dargestellt an anglistischen und nordistischen Arbeiten“. In: BAUMANN / KALVERKÄMPER [Hrsg.] (1992, S. 78-92).

GLINZ, Hans (1974): *Linguistische Grundbegriffe und Methodenüberblick.* Wiesbaden: Athenaion, 1974.

GNUTZMANN, Claus (1992): „Kontrastive Fachtextlinguistik als Projektaufgabe: Theoretische Fragen und praktische Antworten“. In: BAUMANN / KALVERKÄMPER [Hrsg.] (1992, S. 266-275).

GÖPFERICH, Susanne (2004): „Standardisierung der Kommunikation“. In: KNAPP [Hrsg.] (2004, S. 457-480).

GÖPFERICH, Susanne (1999a): „Paralleltexte“. In: SNELL-HORNBY et al. (1999, S. 184-185).

GÖPFERICH, Susanne (1999b): „Text, Textsorte, Texttyp“. In: SNELL-HORNBY et al. (1998b, S. 61-64).

GÖPFERICH, Susanne (1992): „Eine pragmatische Typologie von Fachtextsorten der Naturwissenschaften und der Technik“. In: BAUMANN / KALVERKÄMPER [Hrsg.] (1992, S. 190-210).

GÖRLACH, Manfred [Ed.] (2004 [2002]): *English in Europe*. Oxford: Oxford University Press.

GOTTHARDT, Silke (2003): *Die Wirksamkeit der Narrativen Expositionstherapie für traumatisierte Asylbewerber.* Diplomarbeit. Universität Konstanz.

GREULE, Albrecht / JANICH, Nina (2001): „„...da weiß man, was man hat? Verfremdung zum Neuen im Wortschatz der Werbung“. In: STICKEL [Hrsg.], (2001, S. 258-277).

GREULE, Albrecht (1996): „Reduktion als Wortbildungsprozess der deutschen Sprache: Etwas über die Aküspra“. *Muttersprache* 106, S. 193-203.

GRIMM, Ursula (1991): *Lexikalisierung im heutigen Englisch am Beispiel der -er-Ableitungen.* Dissertation. Schwäbisch Gmünd; Tübingen: Narr.

GROSS, Harro (1998): *Einführung in die germanistische Linguistik.* 3., überarbeitete und erweiterte Aufl., München: Iudicium.

GROTTE, Andrea / SCHÜTTE, Danielle (2000): „Entlehnung und Wortbildung im Computerwortschatz: Neue Wörter für eine neue Technologie“. In: BUSCH / WICHTER [Hrsg.] (2000, S. 27-124).

GRZEGA, Joachim (2000): „Beobachtungen zu deutschländisch-österreichischen Divergenzen bei Anglizismen“. *Muttersprache* 110, S. 238-248.

HADLICH, Nancy (2007): *Posttraumatische Belastungsstörungen unter besonderer Berücksichtigung der Terminologie im Englischen und Deutschen.* Diplomarbeit. Johannes Gutenberg-Universität Mainz.

HALLIDAY, Michael Alexander Kirkwood / MARTIN, James R. (1993): *Writing Science: Literacy and Discursive Power*. London; Washington D. C.: The Falmer Press.

HALLIDAY, Michael Alexander Kirkwood (1993): “On the Language of Physical Science”. In: Halliday / Martin (1993, S. 54-68).

HAKA, Justus / HACKENBERG, Gerhard / KRAMPE, Horst (2006): „Handelslogistik“. In: KRAMPE / LUCKE [Hrsg.] (2006, S. 327-379).

HARRAS, Gisela (1997): „Fremdes in der deutschen Wortbildung“. In: WIMMER / BERENS [Hrsg.] (1997, S. 115-130).

HAUBL, Rolf / HABERMAS, Tim (2008): *Freud neu entdecken.* Göttingen: Vandenhoeck & Ruprecht.

HAUPT, Walter F. / JOCHHEIM, Kurt-Alphons / REMSCHMIDT, Helmut (1993): *Neurologie und Psychiatrie für Krankenpflegeberufe*. 7., überarbeitete Aufl., Stuttgart: Thieme.

HECKHAUSEN, Heinz (1986): „Dissemination psychologischer Forschung: Internationalisierung, Europäisierung und gemeinsprachliche Rückvermittlung“. In: KALVERKÄMPER / WEINRICH [Hrsg.] (1986, S. 32-37).

HEISERICH, Ernst-Otto (2002): *Logistik: Eine praxisorientierte Einführung*. 3., überarbeitete Aufl., Wiesbaden: Gabler, 2002.

HELMCHEN, Hanfried (2006): „Ethische Implikationen von psychiatrischer Diagnose und Klassifikation". *Die Psychiatrie: Grundlagen und Perspektiven.* Stuttgart: Schattauer 4, S. 201-207.

HENZEN, Walter (1965): *Deutsche Wortbildung.* Tübingen: Niemeyer.

HERBERG, Dieter (2001): „Neologismen der Neunzigerjahre". In: STICKEL [Hrsg.] (2001, S. 89-104).

HERMAN, Judith (1993): *Die Narben der Gewalt: Traumatische Erfahrungen verstehen und überwinden.* München: Kindler.

HESSE, Kathrin et al. (2006): „Entsorgungslogistik". In: KRAMPE / LUCKE [Hrsg.] (2006, S. 432-455).

HOEFER, Gerhard / SCHADE, Peter (1972): *Kleines Lexikon der Wirtschaft.* 5., überarbeitete Aufl., Bad Homburg v. d. Höhe: Gehlen.

HOFFMANN, Erik (2005): „Semantischer Zwischenruf: Zum zunehmenden Gebrauch von Anglizismen in der Logistik". *Logistik-Management* 7.

HOFFMANN, Lothar (1992): „Vergleiche in der Fachsprachenforschung". In: BAUMANN / KALVERKÄMPER [Hrsg.] (1992, S. 95-107).

HOFFMANN, Lothar (1985): *Kommunikationsmittel Fachsprache: Eine Einführung.* 2., neu bearbeitete Aufl., Tübingen: Narr.

HOPPE, Gabriele (1999): *Das Präfix -ex: Beiträge zur Lehnwortbildung.* Tübingen: Narr.

HORN-HELF, Brigitte (1997): *Kondensation als terminologisches Prinzip im Russischen.* Tübingen: Narr.

HOUSE, Juliane (2003a): "English as a Lingua Franca: A Threat to Multilingualism?". *Journal of Sociolinguistics* (7 / 4), S. 556-578.

HOUSE, Juliane (2003b): "Teaching and Learning Pragmatic Fluency in a Foreign Language: The Case of English as a Lingua Franca". In: FLOR MARTÍNEZ, Alicia / USÓ JUAN, Esther / FERNÁNDEZ GUERRA, Ana [Eds.]. *Pragmatic Competence and Foreign Language Teaching.* Biblioteka de la Universitat Jaume (2003, S. 133-157).

HUNDT, Markus (2000): „Textsorten des Bereichs Wirtschaft und Handel“. In: BRINKER [Hrsg.] (2000, S. 642-657).

HUSS, Wolfgang / HUSS, Christoph [Hrsg.] (2010): *Logistik Heute*: *Das Deutsche Logistikmagazin* (32) 6.

HUTZSCHENREUTER, Thomas / DRESEL, Stephan / RESSLER, Wolfgang (2007): *Offshoring von Zentralbereichen:Von den Erfahrungen deutscher und amerikanischer Unternehmen lernen*. Heidelberg: Springer.

ICKLER, Theodor (1997): *Die Disziplinierung der Sprache: Fachsprachen in unserer Zeit*. Tübingen: Narr.

ILUK, Jan (1974): „Zur Fremdwort- und Lehnwortfrage“. *Muttersprache* 84, S. 287-290.

IMHASLY, Bernard / MARFURT, Bernard / PORTMANN, Paul (1979): *Konzepte der Linguistik: Eine Einführung*. Wiesbaden: Athenaion.

INDUSTRIE- UND HANDELSKAMMER ERFURT (2010): *Wirtschaftsmagazin* 3.

JANICH, Nina (2004): „Sprachplanung“: In: KNAPP [Hrsg.] (2004, S. 481-502).

JANZARIK, Werner (2006): „Die Zukunft der Psychopathologie mit Skepsis gesehen“. *Die Psychiatrie. Grundlagen und Perspektiven*. Stuttgart: Schattauer 4, S. 197-201.

KALVERKÄMPER, Hartwig (1992): „Hierarchisches Vergleichen als Methode in der Fachsprachenforschung“. In: BAUMANN / KALVERKÄMPER [Hrsg.] (1992, S. 61-77).

KALVERKÄMPER, Hartwig / WEINRICH, Harald [Hrsg.] (1986): *Deutsch als Wissenschaftssprache: 25. Konstanzer Literaturgespräch des Buchhandels, 1985*. Tübingen: Narr.

KARENBERG, Axel (2007): *Fachsprache Medizin im Schnellkurs*. Stuttgart: Schattauer.

KARGER, Thomas (1986): „Englisch als Wissenschaftssprache im Spiegel der Publikationsgeschichte“. In: KALVERKÄMPER / WEINRICH [Hrsg.], (1986, S. 48-52).

KELLETAT, Andreas F. (1999): „Eigennamen". In: SNELL-HORNBY et al. (1999, S. 297-298).

KIM, Dong-Uk (2005): „Anglizismen im Deutschen und im Koreanischen: Ein Vergleich". *Muttersprache* 115, S. 31-39.

KINNE, Michael (2000): *Die Präfixe post-, prä-, neo: Beiträge zur Lehnwort-Bildung*. Tübingen: Narr.

KIRKNESS, Alan (2001): „Europäismen / Internationalismen im heutigen deutschen Wortschatz: Eine lexikographische Pilotstudie". In: STICKEL [Hrsg.], (2001, S. 105-130).

KLENK, Marion (1997): *Sprache im Kontext sozialer Lebenswelt: Eine Untersuchung zur Arbeiterschriftsprache im 19. Jahrhundert*. Tübingen: Niemeyer.

KLJUTSCHENOWITSCH, Sergej / GLUSCHAK, Tamara (2001): „Zum Verhältnis der Nominalisierung und Wortbildung". *Muttersprache* 111, S. 248-254.

KNAPP, Karlfried: [Hrsg.] (2004): *Angewandte Linguistik: Ein Lehrbuch*. Tübingen; Basel: Francke.

KOCH, Wolfgang (1999): „Geschäftskorrespondenz". In: SNELL-HORNBY et al. (1999, S. 205-208).

KOVTUN, Oksana (1996): „Zum Gebrauch von Manager, Management und managen". *Muttersprache* 106, S. 344-349.

KRAMPE, Horst / LUCKE, Hans-Joachim [Hrsg.] (2006): *Grundlagen der Logistik: Theorie und Praxis logistischer Systeme*. 3., völlig neu bearbeitete und wesentlich erweiterte Aufl., München: Huss, 2006.

KRAMPE, Horst / LUCKE, Hans-Joachim (2006a): „Einführung in die Logistik". In: KRAMPE / LUCKE [Hrsg.] (2006, S. 17-31).

KRAMPE, Horst / LUCKE, Hans-Joachim / ZIEMS, Dietrich (2006): „Grundlagen der Planung logistischer Systeme". In: KRAMPE / LUCKE [Hrsg.] (2006, S. 57-93).

KRAUS, Georg (2006): *Managementbegriffe*. 2., durchgesehene Aufl., Planegg: Haufe.

KUMMER, Sebastian (2006): „Logistikrechnung und Controlling“. In: KRAMPE / LUCKE [Hrsg.] (2006, S. 161-183).

KURZ, Gerhard (1978): „Textlinguistik – Texthermeneutik“. *Muttersprache* 88, S. 263-267.

KVARAN, Guðrún / SVAVARSDÓTTIR, Asta (2004): “Icelandic”. In: GÖRLACH [Ed.] (2004, S. 82-107).

LAURÈN, Christer / NORDMANN, Marianne [Hrsg.] (1989): *Special Language: From Human Thinking to Human Machines*. Philadelphia: Clevedon, S. 203-224.

LAUX, Gerd / KAPFHAMMER, Hans-Peter (2005): *Psychiatrie & Psychotherapie*. Heidelberg: Springer.

LAW, Claudia (2002): „Das sprachliche Ringen um die nationale und kulturelle Identität Deutschlands: Puristische Reaktionen im 17. Jahrhundert und Ende des 20. Jahrhunderts“. *Muttersprache* 112, S. 67-83.

LEUTGEB, Daniel F. (2004): Etymologische Analyse des Lexems Logistik“. *Muttersprache* 114, S. 206-219.

LÉVI-STRAUß, Claude (1973): *Das wilde Denken*. Frankfurt a. M.: Suhrkamp.

LÉVI-STRAUß, Claude (1972): *Strukturale Anthropologie*. Frankfurt a. M.: Suhrkamp,.

LIETKE, Britta (2009): *Efficient Consumer Response: Eine agency-theoretische Analyse der Probleme und Lösungsansätze*. Dissertation. Universität Göttingen.

LINKE, Angelika et al. (2001a): *Studienbuch Linguistik*. 4., unveränderte Aufl., Tübingen: Niemeyer, 2001.

LINKE, Angelika (2001b): „‚Amerikanisierung‘: Kulturelle Nutzung fremder Zeichen“. In: STICKEL [Hrsg.] (2001, S. 303-309).

LIPPERT, Herbert (1986): „Englisch – neue Wissenschaftssprache der Medizin“. In: KALVERKÄMPER / WEINRICH [Hrsg.] (1986, S. 38-44).

LIPPERT-BURMEESTER, Wunna / LIPPERT, Herbert (1994): *Medizinische Fachsprache: Programmiertes Lehrbuch für Medizinstudium und Gesundheitsberufe.* Stuttgart: Schattauer.

LOLLING, Andreas (2003): *Identifikationssysteme in der Logistik: Übersicht und praxisorientierte Auswahl.* München: Huss.

LÖNING, Petra (1981): „Zur medizinischen Fachsprache: Stilistische Gliederung und Textanalysen". *Muttersprache* 91, S. 79-92.

LUCKE, Hans-Joachim / WÖLFEL, Bernd (2006): „Übergreifende Problemlösungen in der Logistik". In: KRAMPE / LUCKE [Hrsg.] (2006, S. 99-109).

LUTJEHARMS, Madeline (2007): „Mehrsprachigkeit und Spracherwerb aus Brüsseler Sicht". *Muttersprache* 117, S. 110-123.

LYONS, John (1969): *Introduction to Theoretical Linguistics.* Cambridge: Cambridge University Press.

MACKENSEN, Lutz (1972): *Traktat über Fremdwörter.* Heidelberg: Quelle und Meyer.

MACKENSEN, Lutz (1959): „Muttersprachliche Leistungen der Technik". In: *Sprache – Schlüssel zur Welt: Festschrift für Leo Weißgerber.* Düsseldorf, S. 285-308.

MALMQUIST, Anita (2006): „Event: Der Aufstieg eines Modeworts im Deutschen". *Muttersprache* 116, S. 216-227.

MANN, Hubert / KRAMPE, Horst / WIRTH, Siegfried (2006): *Logistik im Industrieunternehmen in Theorie und Praxis logistischer Systeme.* 3., völlig neu bearbeitete und wesentlich erweiterte Aufl., München: Huss, S. 187-249.

MARKL, Hubert (1986): „Die Spitzenforschung spricht Englisch". In: KALVERKÄMPER / WEINRICH [Hrsg.] (1986, S. 20-25).

MARNEROS, Andreas (2004): „Die Geburtsstunde der psychiatrischen Wissenschaft und Heilkunde in Deutschland". *Die Psychiatrie: Grundlagen und Perspektiven.* Stuttgart: Schattauer 1, S. 1-9.

MARTIN, James R. (1993): "Technicality and Abstraction: Language for the Creation of Specialized Texts". In: Halliday / Martin (1993, S. 203-220).

MARTINET, André (1968): *Synchronische Sprachwissenschaft: Studien und Forschungen.* München: Hueber.

MAURANEN, Anna (2005): "English as a Lingua Franca: An Unknown Language?" In: Cortese, Giuseppina / Duszak, Anna [Eds.]. *Identity, Community, Discourse: English in Intercultural Setting.* Bern: Lang, S. 269-293.

McARTHUR, Tom (2002): *Oxford Guide to World English.* Oxford: Oxford University Press.

MERTENS, Hans-Jochem / SERVOS, Bruno / STADLER, Frank (1973): „Die Sprache der Mathematik: Das Wortmaterial und seine Beziehungen zur Gemeinsprache". *Muttersprache* 83, S. 416-433.

MEYER, Paul Georg et al. (2002): *Synchronic English Linguistics: An Introduction.* Tübingen: Narr.

MEYER, Paul Georg (1997): *Coming to Know: Studies in the Lexical Semantics and Pragmatics of Academic English.* Tübingen: Narr.

MICHEL, Sascha (2006): „Vom Terminator zum TORminator. Die Wortbildungseinheit – minator: Strukturelle und sozio-pragmatische Analysen". *Muttersprache* 116, S. 289-307.

MINOGUE, Angela / WEBER, Siegfried (1992): „Der Textvergleich als Untersuchungsmethode in der Fachsprachenforschung". In: BAUMANN / KALVERKÄMPER [Hrsg.] (1992, S. 49-60).

MÖHN, Dieter / PELKA, Roland (1984): *Fachsprachen: Eine Einführung.* Tübingen: Niemeyer.

MOLLIN, Sandra (2006a): "English as a Lingua Franca: A New Variety in the New Expanding Cycle?". In: *GUPEA*, 12-2006, Göteborg Universität.

MOLLIN, Sandra (2006b): *Euro-English: Assessing Variety Status*. Tübingen: Narr, 2006.

MORALDO, Sandro M. (2007): „Kommunikative Einheit in sprachlicher Vielfalt. Die Fremdsprachenfrage in Italien: Befunde und Anmerkungen aus einer sprachpolitisch-praktischen Perspektive". *Muttersprache* 117, S. 199-215.

MÜLLER, Egon / SCHENK, Michael / WIRTH, Siegfried (2006): „Logistiknetze“. In: KRAMPE / LUCKE [Hrsg.] (2006, S. 253-270).

MÜLLER-SPAHN, Franz (2004): „Seelenheilkunde und Neurowissenschaften“. *Die Psychiatrie: Grundlagen und Perspektiven.* Stuttgart: Schattauer 1, S. 25-36.

MUNSKE, Horst Haider (2001): „Fremdwörter in deutscher Sprachgeschichte: Integration oder Stigmatisierung“. In: STICKEL [Hrsg.] (2001, S. 7-29).

NAISBITT, John (1982): *Megatrends: Ten New Directions Transforming Our Lives.* New York: Warner.

NEDOBITY, Wolfgang (1985): „Eugen Wüster und die Sprachkritiker des Wiener Kreises“. *Muttersprache* 95, S. 42-48.

NEUNER, Frank (2003): *Epidemiology and Treatment of Posttraumatic Stress Disorder in West-Nile Populations of Sudan and Uganda.* Dissertation. Universität Konstanz.

NORTMEYER, Isolde (2000): *Die Präfixe 'inter-' und 'trans-': Beiträge zur Lehnwortbildung.* Tübingen: Narr.

NYBERG, Elisabeth (2001): *Posttraumatische Belastungsstörungen und andere psychische Störungen nach schweren Verkehrsunfällen und Arbeitsunfällen: Eine prospektive Studie.* Dissertation. Albert-Ludwigs-Universität zu Freiburg i. Br.

O' HALLORAN, Edel (2003): „Scheinentlehnungen in der deutschen Modesprache“. *Muttersprache* 113, S. 225-241.

O' HALLORAN, Edel (2001): *Ist Mode English? Französische und englische Einflüsse auf die deutsche Mode- und Gemeinsprache im 20. Jahrhundert.* Frankfurt a. M.; Berlin; Bern; New York; Oxford: Lang.

OELDORF, Heike (1990): „Von Aids bis Yuppification: Englische Lehnwörter in der Wochenzeitung 'Die Zeit'“. *Muttersprache* 100, S. 38-49.

OKSAAR, Els (1988): *Fachsprachliche Dimensionen.* Tübingen: Narr.

OKSAAR, Els (1986): „Gutes Wissenschaftsdeutsch“. In: KALVERKÄMPER / WEINRICH [Hrsg.] (1986, S. 110-118).

OLDENBURG, Hermann (1997): *Angewandte Fachtextlinguistik: 'Conclusions' und Zusammenfassungen*. Tübingen: Narr.

OLLENSCHLÄGER, Günther et al. (2004): *Kompendium evidenzbasierte Medizin*. Bern: Huber.

ORTNER, Lorelies (1997): „Zur angemessenen Berücksichtigung der Semantik im Bereich der deutschen Kompositaforschung". In: WIMMER / BERENS [Hrsg.] (1997, S. 25-44).

PATOCKA, Franz (1999): „Fachsprachen: Einführung in die synchrone Sprachwissenschaft". In: ERNST / PATOCKA [Hrsg.] (1999, S. 9-12).

PAULITSCH, Klaus / KARWAUTZ, Andreas (2008): *Grundlagen der Psychiatrie*. 1. Aufl., Wien: Facultas.

PETERS, Corinna (2001): *Through the Blender: Die Technik des Blending als Wortbildungsprozess*. Diplomarbeit. Johannes Gutenberg-Universität Mainz.

PFEIFFER, M. Wolfgang (1994): *Transkulturelle Psychiatrie: Ergebnisse und Probleme*. 2., neu bearbeitete Aufl., Stuttgart: Thieme.

PFLUG, Günther (2006): „Denken, Sprache und Gehirn". *Muttersprache* 116, S. 31-39.

PFLUG, Günther (1986): „Deutsch als Wissenschaftssprache – eine Herausforderung für die Sprachpflege". In: KALVERKÄMPER / WEINRICH [Hrsg.] (1986, S. 143-150).

PIIRAINEN, Ilpo Tapani (1982): „Die Sprache der Wirtschaftspresse". *Muttersprache* 92, S. 27-37.

PLATEN, Christoph (1997): *Ökonyme: Zur Produktnamen-Linguistik im Europäischen Binnenmarkt.* Tübingen: Niemeyer.

PLONTKE, Sandra (2007): „Von Ago bis Zwicken: Die Fachsprache der Schuhfertigungstechnik in ihrer lexikalischen Vielfalt". *Muttersprache* 117, S. 61-89.

POETHE, Hannelore (2000): „Wortbildung und Orthographie". *Muttersprache* 110, S. 37-51.

POGARELL, Reiner / SCHRÖDER, Markus [Hrsg.] (2000): *Wörterbuch überflüssiger Anglizismen.* 3. Aufl., Paderborn: IFB.

PÖRKSEN, Uwe (1986): „Die Reichweite der Bildungssprache und das szientistische Selbstmissverständnis der Sprachwissenschaft". In: KALVERKÄMPER / WEINRICH [Hrsg.] (1986, S. 129-142).

PRAUN, Peter (2004): „Selbstbeschreibungen: Motivierte Komposita im Deutschen und anderswo". *Muttersprache* 114, S. 132-137.

PYLES, Thomas / ALGEO, John (2010): *The Origins and Development of the English Language*. 6. Aufl., Boston: Wadsworth Cengage Learning.

REDDEMANN, Luise et al. (2006): *Trauma: Folgen erkennen, überwinden und an ihnen wachsen.* Stuttgart: Trias.

REDDEMANN, Luise (2004): *Psychodynamisch imaginative Traumatherapie.* Stuttgart: Pfeiffer bei Klett-Cotta.

REDDEMANN, Luise (2001): *Imagination als heilsame Kraft: Zur Behandlung von Traumafolgen mit ressourcenorientierten Verfahren.* Stuttgart: Pfeiffer bei Klett-Cotta.

RIBES, Ramon / ROS, Pablo R. (2006): *Medical English.* Berlin: Springer.

ROELCKE, Thorsten (1999): *Fachsprachen.* Berlin: Schmidt.

RÖSSLER, Wulf (2005): „Das Stigma psychischer Erkrankungen". *Die Psychiatrie: Grundlagen und Perspektiven.* Stuttgart: Schattauer 1, S. 5-12.

RUDOLF, Gerd / EICH, Wolfgang (2004): *Posttraumatische Belastungsstörungen: Leitlinie und Quellentext.* Stuttgart: Schattauer.

SAĞLAM, Musa Yasar (2004): „Lehnwörter im Türkischen: Eine lexikologische Wortschatzuntersuchung". *Muttersprache* 114, S. 115-122.

SATKAUSKAITE, Danguole (2006): „Der 11. September – ein Ereignisname: Zum Gebrauch und zu den Funktionen einer besonderen Datumsangabe". *Muttersprache* 116, S. 18-30.

SCHANKE, Egil (2001): „Neuere englische Lehnwörter in der deutschen Wirtschaftssprache aus der Sicht eines Norwegers". *Muttersprache* 111, S. 235-247.

SCHIPPAN, Thea (1992): *Lexikologie der deutschen Gegenwartssprache*. Tübingen: Niemeyer.

SCHLICK, Werner (1995): „Diese verflixte englische Geschlechtslosigkeit: Zur deutschen Genuszuweisung bei neueren Lehnsubstantiven aus dem Englischen". *Muttersprache* 105, S. 193-216.

SCHLOBINSKI, Peter (2001): „Anglizismen im Internet". In: STICKEL [Hrsg.] (2001, S. 239-257).

SCHLOBINSKI, Peter (1996): *Empirische Sprachwissenschaft*. Opladen: Westdeutscher Verlag.

SCHMALE, Günter (2007): „Sprechen Sie Deutsch? – No thank you...– Zur Lage von Deutsch als Fremdsprache in Frankreich". *Muttersprache* 117, S. 216-236.

SCHMID, Hans Ulrich (2003): „Zölibazis Luftballon: Wortverschmelzungen in der deutschen Gegenwartssprache". *Muttersprache* 113, S. 265-278.

SCHMIDT, Wilhelm (1969): „Charakter und gesellschaftliche Bedeutung der Fachsprachen". *Sprachpflege* 18, S. 10-20.

SCHMITT, Peter A. [Hrsg.] (2000): *Paradigmenwechsel in der Translation: Festschrift für Albrecht Neubert zum 70. Geburtstag*. Tübingen: Stauffenburg.

SCHMITT, Peter A. (1999): *Translation und Technik*. Tübingen: Stauffenburg.

SCHMITT, Peter A. (1999a): „Anleitungen / Benutzerhinweise". In: SNELL-HORNBY et al. (1999, S. 209-213).

SCHMITT, Peter A. (1999b): „Berufsbild". In: SNELL-HORNBY et al. (1999, S. 1-5).

SCHMITT, Peter A. (1999c): „Berufsverbände im deutschsprachigen Raum". In: SNELL-HORNBY et al. (1999, S. 18-20).

SCHMITT, Peter A. (1999d): „Computereinsatz bei der Ausbildung". In: SNELL-HORNBY et al. (1999, S. 348-350).

SCHMITT, Peter A. (1999e):. „Defekte im Ausgangstext". In: SNELL-HORNBY et al. (1999, S. 147-151).

SCHMITT, Peter A. (1999f): „Maßeinheiten“. In: SNELL-HORNBY et al. (1999, S. 298-301).

SCHMITT, Peter A. (1999g): „Qualitätsmanagement“. In: SNELL-HORNBY et al. (1999, S. 394-401).

SCHMITT, Peter A. (1999h): „Technische Arbeitsmittel“. In: SNELL-HORNBY et al. (1999, S. 186-199).

SCHMITT, Peter A. (1999i): „Textauswahlkriterien – Fachtexte“. In: SNELL-HORNBY et al. (1999, S. 358-361).

SCHMITT, Peter A. (1997): „Was ist ein ‘Text’“. In: FLEISCHMANN / KUTZ / SCHMITT [Hrsg.] (1997, S. 15-27).

SCHMITT, Peter A. (1985): *Anglizismen in den Fachsprachen: Eine pragmatische Studie am Beispiel der Kerntechnik.* Dissertation. Johannes Gutenberg-Universität Mainz. Heidelberg: Carl Winter Universitätsverlag.

SCHMITZ, Klaus Dirk (2004): „Terminologiearbeit und Terminographie“. In: KNAPP [Hrsg.] (2004, S. 435-456).

SCHNEIDER, Conny (2006): „Die Gefühlssprache Jugendlicher: Eine Untersuchung anhand von Liebesbriefen und Fragebögen“. *Muttersprache* 116, S. 40-52.

SCHNEIDER, Kurt (2007): *Klinische Psychopathologie.* 15. Aufl., Stuttgart: Thieme.

SCHOLDER, Angelika (1997): *Der Hirntod: Untersuchungen zur medizinischen Terminologie Englisch-Deutsch.* Diplomarbeit. Johannes Gutenberg-Universität Mainz.

SCHULDT, Janina (1992): *Den Patienten informieren: Beipackzettel von Medikamenten.* Tübingen: Narr.

SCHULTE, Christof [Hrsg.] (1999): *Lexikon der Logistik.* München; Wien: Oldenbourg.

SCHWABL, Wilhelm (1986): „Spitzenforschung auf Englisch – aus verlegerischer Sicht“. In: KALVERKÄMPER / WEINRICH [Hrsg.] (1986, S. 45-47).

SCHWAIKA, Oksana (2003): *Wortfeldkonzeptionen: Darstellung und Kritik am Beispiel deutscher Verben der Geldbeziehungen.* Dissertation. Universität Bielefeld.

SCOTT-SABIC, Vanessa (1999): *Logistik-Wörterbuch: Deutsch-Englisch. Englisch-Deutsch. Dictionary of Logistics: German-English. English-German.* Berlin: Springer.

SEIFERT, Ronny (2007): *Optimierungsansätze der Distributionslogistik von Lebensmitteln (Italien / Deutschland) am Beispiel mittelständischer Erzeuger.* Diplomarbeit. Hochschule für Technik, Wirtschaft und Kultur Leipzig.

SHAKESPEARE, William (1996 [1967]): *Romeo and Juliet.* London: Penguin Books.

SHAPIRO, Francine (1998): *EMDR: Grundlagen und Praxis: Handbuch zur Behandlung traumatisierter Menschen.* Paderborn: Jungfermann.

SICK, Sebastian (2005): *Der Dativ ist dem Genitiv sein Tod: Ein Wegweiser durch den Irrgarten der deutschen Sprache.* 16. Aufl., Köln: Kiepenheuer & Witsch.

SNELL-HORNBY, Mary et al. (1999): *Handbuch Translation.* 2., verbesserte Aufl., Tübingen: Stauffenburg.

SOLLTE-GRESSER, Christiane / STRUVE, Karen / UECKMANN, Natascha [Hrsg.] (2005): *Von der Wirklichkeit zur Wissenschaft: Aktuelle Forschungsmethoden in den Sprach-, Literatur- und Kulturwissenschaften.* Münster: LIT-Verlag.

SOUDEK, Lev I. (1978): *The Relation Blending to English Word-Formation: Theory, Structure and Typological Attempts. Proceedings of the Twelfth International Congress of Linguists, Vienna, August 28-September 2, 1977.* Innsbruck: Innsbrucker Beiträge zur Sprachwissenschaft, S. 462-466.

SPITZMÜLLER, Jürgen (2007): „Sprache und Identität: Warum Anglizismen die Gemüter erhitzen“. *Muttersprache* 117, S. 185-198.

STAHLHEBER, Eva M. (1992): „Die Fachtextsorte Zeitschriftenartikel im Deutschen und Address / Article im Amerikanischen: Popularisierungsgrad und Diachronie von Funktionen und Strukturen“. In: BAUMANN / KALVERKÄMPER [Hrsg.] (1992, S. 162-189).

STEPANOWA, M. D. (1973): *Methoden der synchronen Wortschatzanalyse*. München: Huber.

STICKEL, Gerhard (2007): „Deutsche und europäische sprachliche Interessen“. *Muttersprache* 117, S. 134-144.

STICKEL, Gerhard [Hrsg.] (2001): *Neues und Fremdes im deutschen Wortschatz: Aktueller lexikalischer Wandel*. Jahrbuch 2000 des Instituts für Deutsche Sprache <Mannheim>. Berlin; New York: de Gruyter.

STOLL, Karl-Heinz (2003): *Die Interkulturalität afrikanischer Literatur: Chinua Achebe, Cyprian Ekwensi, Ngũgĩ wa Thiong'o, Wole Soyinka*. Münster; Hamburg [u. a.]: LIT-Verlag.

STOLL, Karl-Heinz (2000): „Zukunftsperspektiven der Translation“. In: SCHMITT [Hrsg.] (2000, S. 235-264).

STOLL, Karl-Heinz (1997): „Translation in Terranglia“. In: FLEISCHMANN / KUTZ / SCHMITT [Hrsg.] (1997, S. 410-417).

STÖREL, Thomas (1992): „Metaphern für musikalische Eindrücke in Wissenschaft und Dichtung“. In: BAUMANN / KALVERKÄMPER [Hrsg.] (1992, S. 211-222).

TÖLLE, Rainer (1999): *Psychiatrie: Einschließlich Psychotherapie*. 12., neu verfasste und ergänzte Aufl., Berlin: Springer.

TOURY, Gideon (1995): *Descriptive Translation Studies and Beyond*. Amsterdam: John Benjamins.

VAHRENKAMP, Richard (2007): *Logistik: Management und Strategien*. 6., überarbeitete und erweiterte Aufl., München: Oldenbourg.

VAHRENKAMP, Richard (2005): *Logistik: Management und Strategien*. 5. Aufl., München: Oldenbourg.

van ELS, Theo J. M. (2007): „Sprachenpolitik der Europäischen Union: Wie wird es der deutschen Sprache ergehen?“. *Muttersprache* 117, S. 124-144.

VARWIG, Cornelia (2010): „Was wird aus unserer Sprache“. *Bild der Wissenschaft*. Stuttgart: Konradin, 2, S. 64-72.

VEITH, Werner H. (2002): *Soziolinguistik: Ein Arbeitsbuch*. Tübingen: Narr.

VIERECK, Wolfgang / BALD, Wolf-Dietrich [Hrsg.] (1986): *English in Contact with other Languages*. Budapest: Akadémiai Kiadó.

von MAUR, Eitel / Winter, Robert [Hrsg.] (2002): *Vom Data Warehouse zum Corporate Knowledge Center: Proceedings der Data Warehousing 2002*. St. Gallen: Physica.

von RUCKTESCHELL, Katharina (2007): „Goethe in Europa”. *Muttersprache* 117, S. 145-153.

VISSCHERS, Ruud (2010): *Business Consulting Project: Product Flow Optimization.* MBA-Arbeit. Smiths Medical / Maastricht University.

VURAL-KARA, Sergül (1977): „Metaphern des Deutschen und ihre Wiedergabemöglichkeiten im Türkischen“. *Muttersprache* 117, S. 237-246.

WAGNER, Beatrice (2006): *Das episodische Gedächtnis von medizinischen Bildern.* Dissertation. Ludwig-Maximilians-Universität zu München.

WANDRUSZKA, Mario (1984): *Das Leben der Sprachen: Das menschliche Sprechen und Gespräch*. Stuttgart: Deutsche Verlags-Anstalt.

WARNER, Alfred (2003): „Familiennamen deutscher Forscher für physikalisch-technische Maßeinheiten“. *Muttersprache* 113, S. 341-358.

WEINRICH, Harald (1986): „Zur Einführung“. In: KALVERKÄMPER / WEINRICH [Hrsg.] (1986, S. 17-19).

WICHTER, Sigurd (2005): „Folgen aus Gesprächen und Textkommunikaten: Zur Modellierung der gesellschaftlichen Kommunikation“. *Muttersprache* 115, S. 193-214.

WICKLER, Wolfgang (1986): „Englisch als deutsche Wissenschaftssprache“. In: KALVERKÄMPER / WEINRICH [Hrsg.] (1986, S. 26-31).

WIELANT, Machleidt et al. (2004): *Psychiatrie, Psychosomatik und Psychotherapie*. 7., aktualisierte Aufl., Stuttgart: Thieme.

WIESE, Ingrid (2000): „Textsorten des Bereichs Medizin und Gesundheit“. In: BRINKER [Hrsg.] (2000, S. 710-718).

WIESE, Ingrid (1984): *Fachsprache der Medizin: Eine linguistische Analyse*. Leipzig: Enzyklopädie.

WILSS, Wolfram (2001): „Substantivische Wortbildung in der deutschen Gegenwartssprache“. In: STICKEL [Hrsg.] (2001, S. 172-182).

WILSS, Wolfram (1999): „inter-: Zur Wortbildung in der deutschen Gegenwartssprache“. *Muttersprache* 109, S. 124-135.

WILSS, Wolfram (1997): „Zusammensetzungen mit ‘selbst’ in der deutschen Gegenwartssprache“. *Muttersprache* 117, S. 330-341.

WIMMER, Rainer / BERENS, Franz-Josef [Hrsg.] (1997): *Wortbildung und Phraseologie*. Tübingen: Narr.

WITTCHEN, Hans-Ulrich / HOYER, Jürgen [Hrsg.] (2006): *Klinische Psychologie & Psychotherapie*. 7., vollständig überarbeitete Aufl., Heidelberg: Springer.

WOLANSKA-KÖLLER, Anna (2005): „Zierlich ordnet man die netten Säckelchen auf der Anrichteschüssel an. Diminution und Funktionalsprache in der deutschen Küchensprache des 19. Jahrhunderts und frühen 20. Jahrhunderts“. *Muttersprache* 115, S. 338-352.

WÜSTER, Eugen (1970): „Internationale Sprachnormung in der Technik besonders in der Elektrotechnik (Die nationale Sprachnormung und ihre Verallgemeinerung)“. *Sprachforum: Zeitschrift für Angewandte Sprachwissenschaft zur überfachlichen Erörterung gemeinwichtiger Sprachfragen aller Lebensgebiete*. In Verbindung mit Prof. Gerhard Deeters, Prof. Friedrich Kainz und Prof. Leo Weisgerber, herausgegeben von Günther Kandler. Beiheft, Nr. 2. 3., abermals ergänzte Aufl., Bonn: Bouvier und Co.

YANG, Wenliang (1990): „Anglizismen im Deutschen am Beispiel des Nachrichtenmagazins Der Spiegel“. *Germanistische Linguistik*. Tübingen: Niemeyer, 106.

YLÖNEN, Sabine / NEUENORFF, Dagmar / EFFE, Gottfried (1989): „Zur kontrastiven Analyse von medizinischen Fachtexten: Eine diachrone Studie“. In: LAURÈN / NORDMANN [Hrsg.] (1989, S. 203-224).

ZHAO, Jin (2007): „Imagebroschüre: Text oder Kommunikat?“. *Muttersprache* 117, S. 247-257.

ZHAO, Jin (2002): *Wirtschaftsdeutsch als Fremdsprache: Ein didaktisches Modell*. Tübingen: Narr.

ZHU, Jianhua (1987): *Morphologie, Semantik und Funktion fachsprachlicher Komposita: Analyse von Fachtexten der Silikattechnik*. Heidelberg: Groos.

ZIMMER, Dieter E. (1995): „Sonst stirbt die deutsche Sprache“. *Die Zeit*: *Themen der Zeit* 26.

7.2 Nachschlagewerke

BIELFELDT, Hans-Holm (1961): *Russisch-Deutsches Wörterbuch*. 2., verbesserte Aufl., Berlin: Akademie.

BILDATLAS DER SPRACHEN (1998): *Ursprung und Entwicklung der Sprachen dieser Erde*. Beratende Hrsg.: COMRIE, Bernard / MATTHEWS, Stephen / POLINSKY, Maria. Augsburg: Bechtermünz.

BOSCH (2011): *Kraftfahrtechnisches Taschenbuch*. 27., überarbeitete und erweiterte Aufl., Wiesbaden: Vieweg & Teubner.

BROCKHAUS (1970): *Brockhaus Enzyklopädie*. 17., völlig neu bearbeitete Aufl., Wiesbaden: Brockhaus.

BUDIG, Peter-Klaus (2004): *Praxiswörterbuch Energie- und Kommunikationstechnik: Englisch-Deutsch. Deutsch-Englisch*. Berlin; München: Langenscheidt.

DAUM, Edmund / SCHENK, Werner (1988): *Wörterbuch: Russisch-Deutsch*. 19., unveränderte Aufl., Leipzig: Enzyklopädie.

DESCHKA, Marc (2009): *Wörterbuch Medizin pocket: Kleines Lexikon – medizinische Fachbegriffe, Fremdwörter und Terminologie*. 2. Aufl., Grünwald: Boerm Bruckmeier.

DILLING, Horst / FREYBERGER, Harald J. [Hrsg.] (2006): *Taschenführer zur ICD-10-Klassifikation psychischer Störungen.* 3., vollständig überarbeitete und erweiterte Aufl., Göttingen: Huber.

DILLING, Horst / MOMBOUR, Werner / SCHMIDT, Martin H. [Hrsg.] (2005): *Internationale Klassifikation psychischer Störungen. ICD-10 Kapitel V (F): Klinisch-diagnostische Leitlinien.* Göttingen: Huber.

DIN 2330 (1993-12): *Begriffe und Benennungen.* Berlin; Wien; Zürich: Beuth.

DIN 2342 (1992-10): *Begriffe der Terminologielehre.* Berlin; Wien; Zürich: Beuth.

FRAER, Tatiana (1995): *Wörterbuch: Wirtschaftsrussisch.* Berlin: Cornelsen.

GUNSTON, Charles A. (1977): *Deutsch-englisches Glossarium finanzieller und wirtschaftlicher Fachausdrücke.* 7. Aufl., Frankfurt a. M.: Knapp.

HANSER (2002): *Einkauf und Logistik: ECR – Efficient Consumer Response.* In Zusammenarbeit mit dem Bundesverband Materialwirtschaft, Einkauf und Logistik e. V. (BME); dem Schweizerischen Verband für Materialwirtschaft und Einkauf (SVME) und der Arbeitsgemeinschaft Einkauf – Forum für Beschaffung, Materialwirtschaft und Logistik (ÖPWZ), München; Wien: Hanser.

HOWATSON, M. C. [Hrsg.] (2006): *Lexikon der Antike.* Stuttgart: Reclam, 1996.

ISO 704 (2009): *Terminologiearbeit – Grundlagen und Methoden.* Berlin; Wien; Zürich: Beuth.

ISO 1087-1 (2000-10): *Terminologiearbeit – Begriffe: Terminologielehre und ihre Anwendung.* Berlin; Wien; Zürich: Beuth.

ISO 1087-2 (2000-3): *Terminologiearbeit – Begriffe: Computeranwendungen.* Berlin; Wien; Zürich: Beuth.

KÄCKER, Hartmut / STAPF, Kurt-Hermann [Hrsg.] (1994): *Dorsch: Psychologisches Wörterbuch.* Göttingen: Huber.

KOPTAGEL-ILAL, Günsel / ÖZKAN, Ibrahim (2008): *Wörterbuch Psychiatrie – Psychotherapie. Psikiyatri – Psikoterapi Sözlügü: Deutsch-Türkisch. Türkisch-Deutsch.* Göttingen: Vandenhoeck & Ruprecht.

KUMAR, Manoranjan (2008): *Dictionary of Quotations.* New Delhi: Balaji Offset.

LEWANDOWSKI, Theodor (1994a): *Linguistisches Wörterbuch* (1). 6. Aufl., Heidelberg: Quelle & Meyer.

LEWANDOWSKI, Theodor (1994b): *Linguistisches Wörterbuch* (2). 6. Aufl., Heidelberg: Quelle & Meyer.

LEWANDOWSKI, Theodor (1994c): *Linguistisches Wörterbuch* (3). 6. Aufl., Heidelberg: Quelle & Meyer.

LÖWE, Gerhard [Hrsg.] (1986): *Lateinisch-Deutsch: Ein Wörterbuch für Schule und Studium*. Mannheim; Wien; Zürich: Dudenverlag.

MERZ, Ludwig / NEUBAUER, Ulrich (2009): *Praxiswörterbuch Logistik: Englisch-Deutsch. Deutsch-Englisch.* Berlin; München: Langenscheidt.

MERZ, Ludwig (2005): *Praxiswörterbuch Controlling: Englisch-Deutsch. Deutsch-Englisch.* Berlin; München: Langenscheidt.

MICHAJLOVA, I. A. (1999): *Новый Немецко-Русский Словарь. Neues Deutsch-Russisches Wörterbuch.* Moskau: Veče.

MITFORD, M. Mathews [Hrsg.] (1951): *A Dictionary of Americanisms.* Oxford: Oxford University Press.

PADBERG, Carsten / PADBERG, Thomas / WERNER, Thomas (2010): *Das neue HGB Bilanzrechtsmodernisierungsgesetz (BilMoG).* 2., völlig neu bearbeitete und erweiterte Aufl., Berlin: ESV.

PETERS, Uwe Henrik (1994): *Psychiatrie und Medizinische Psychologie von A-Z.* 3., überarbeitete und erweiterte Aufl., Weyarn: Seehamer.

PETERS, Uwe Henrik (2007): *Lexikon Psychiatrie, Psychotherapie, Medizinische Psychologie.* 6., völlig neu bearbeitete und erweiterte Aufl., München: Elsevier.

PONS (2002): *Großwörterbuch für Experten und Universität: Englisch-Deutsch. Deutsch-Englisch.* Stuttgart: Klett.

PSCHYREMBEL (2002): *Klinisches Wörterbuch.* 260., neu bearbeitete Aufl., Berlin: de Gruyter.

REUTER, Peter / REUTER, Christine (2000): *Wörterbuch Immunologie und Onkologie. Dictonary of Immunology and Oncology: Deutsch-Englisch. English-German.* Berlin: Springer.

ROCHE LEXIKON MEDIZIN [Roche] (1990): *Kleine Terminologie Medizin.* Sonderdruck aus dem *Roche Lexikon Medizin.* München; Wien; Baltimore: Urban & Schwarzenberg.

SCHMITT, Peter A. [Hrsg.] (2009): *Fachwörterbuch Technik und angewandte Wissenschaften: Englisch-Deutsch.* Berlin; München: Langenscheidt.

SCHMITT, Peter A. [Hrsg.] (2007): *Fachwörterbuch Ingenieurwesen: Englisch. Englisch-Deutsch. Deutsch-Englisch. Dictionary Engineering English.* Langenscheidt: Berlin; München.

SCHMITT, Peter A. (1986): *Lexikon der Katalysatortechnik: Abgasreinigung in Kraftfahrzeugen. Englisch-Deutsch. Deutsch-Englisch.* Wiesbaden: Brandstetter.

TASCHENWÖRTERBUCH POLNISCH (2003): *Polnisch-Deutsch. Deutsch-Polnisch.* Berlin; München: Langenscheidt.

ten HOMPEL, Michael [Hrsg.] / HEIDENBLUT, Volker (2006): *Logistik: Abkürzungen, Definitionen und Erläuterungen der wichtigsten Begriffe aus Materialfluss und Logistik.* Heidelberg: Springer.

WITKOWSKI, Regine et al. (2003): *Lexikon der Syndrome und Fehlbildungen: Ursachen, Genetik und Risiken.* 7. Aufl., Berlin; Heidelberg; New York: Springer.

WORLD HEALTH ORGANIZATION (1993): *The ICD-10 Classification of Mental and Behavioral Disorders: Diagnostic Criteria for Research.* Genf: WHO Library Cataloguing in Public Data.

7.3 Internetverzeichnis

ABOUT.COM: “Christmas Disease and Hemophilia”. www.rarediseases.about.com/cs/hemophilia/a/122100.htm, 15.11.2009.

AMERICAN LOGISTICS ASSOCIATION: “A Brief history of the American Logistics Association”. www.ala-national.org/about/history.asp, 09.10.2009.

AMERICAN PSYCHIATRIC ASSOCIATION: "The Current Manual". www.psych.org/mainmenu/research/dsmiv/dsmivtr.aspx, 25.08.2009.

ARVATO SERVICES HEALTHCARE: www.arvato-services-healthcare.com/de/services-und-loesungen.html, 10.08.2009.

ARZTGUIDE: „Psychiatrie". www.arztgui.de/?Psychiatrie, 19.12.08.

AUSWÄRTIGES AMT: „Die deutsche Sprache in der EU". www.auswaertigesamt.de/diplo/de/Europa/DeutschlandInEuropa/DeutscheSprachenDerEU.html, 08.08.2009.

B2FAIR: "b2fair - Business To Fair". www.b2fair.de, 20.05.2010.

BAETHGE, Christopher: „Die Sprachen der Medizin". *Deutsches Ärzteblatt.* 2008. www.aerzteblatt.de/v4/archiv/artikel.asp?src=suche&p=lippert&id=586217, 01.09.2009.

BARCODAT: www.barcodat.de/index.php?id=glossar#c336, 06.09.2009.

BAYERISCHES STAATSMINISTERIUM FÜR WIRTSCHAFT, INFRASTRUKTUR, VERKEHR UND TECHNOLOGIE: „Medizinprodukte. Merkblatt zur EU-Richtlinie 93/42/EWG". www.stmwivt.bayern.de/pdf/europa/Medizinprodukte.pdf, 06.09.2009.

BIBLIOTHEKSSERVICE-ZENTRUM BADEN-WÜRTTEMBERG: www2.bsz-bw.de, 01.09.2009.

BORDERLINE-PERSÖNLICHKEITSSTÖRUNG COMMUNITY: „Borderline Therapie". www.borderline-community.de/borderlinestoerung/borderline-therapie, 24.10.2009.

BUNDESVEREINIGUNG FÜR LOGISTIK: „Wer wir sind". www.bvl.de/2_1, 25.08.2009.

BWG REIMER GMBH & CO. KG: www.logistik-branchenbuch.de/Unternehmensportraits/Logistik_BWG.php, 13.08.2009.

CHARTERED INSTITUTE OF LOGISTICS AND TRANSPORT: www.ciltuk.org.uk/pages/home, 18.02.2010.

COMPLIANCE-MAGAZIN.DE: „End-to-end-Lösung”. www.compliancemagazin.de/markt/unternehmen/ironmountain261107.html, 01.10.2010.

CONTROLLING-PORTAL: „Geheimnis Balanced Scorecard“. www.controllingportal.de/Fachinfo/BSC/Geheimnis-Balanced-Scorecard-BSC.html, 08.08.2009.

DEUTSCHE GESELLSCHAFT FÜR PSYCHIATRIE, PSYCHOTHERAPIE UND NERVENHEILKUNDE: www.dgppn.de, 25.08.2009; 27.06.2009.

DEUTSCHER BUNDESTAG: www.bundestag.de/service/glossar/T/terminologie_db.html, 06.03.2010.

DEUTSCHES INSTITUT FÜR NORMUNG e. V.: www.din.de, 22.01.2010.

DICT.CC: www.dict.cc/?s=r%C3%B6ntgen, 22.01.2009.

DIE WELT: „Fritz Pleitgen neuer ‘Sprachpanscher’ des Jahres“. www.welt.de/kultur/article9235737/Fritz-Pleitgen-neuer-Sprachpanscher-des-Jahres.html, 27.08.2010.

DIE WELT: „Die schlimmsten ‘Sprachpanscher’ des Jahres“. www.welt.de/kultur/article4417540/Die-schlimmsten-Sprachpanscher-des-Jahres.html, 09.11.2009.

DR. HIRSCH CONSULTING: „Kompetenzen“. www.dr-hirsch-consulting.de/make-or-buy.html, 12.08.2009.

ENCYCLOPÆDIA BRITANNICA: “Peter’s Pence”. *Encyclopædia Britannica Online*. www.britannica.com/EBchecked/topic/1384373/Peters-Pence, 11.11. 2009.

Engell, Lorenz A.: „Semiotik“. www.uni-weimar.de/medien/philosophie/lehre/ws0102/Semiotik02.pdf, 04.02.2009.

ESCAPE AMBULATORIUM: www.opiatfrei.info/, 14.07.2009.

EUROPEAN LOGISTICS ASSOCIATION (ELA): “About us”. www.elalog.org, 08.10.2009.

EXPERTEER GMBH: „Stellenangebot“. www.experteer.de/job_catalog/job/311421, 10.08.2009.

FACHARZT: www.facharzt.de/content/red.otx/499,8544,0.html?sID=6214a3fdc19716b0749bb938d6d27b71, 13.12.2009.

FISCHER-SPEDITION: „Coil-Logistik“. www.fischer-remscheid.de/html/coil-logistik.html, 10.08.2009.

FLEXIKON: www.flexikon.doccheck.com/Cluster_of_Differentiation, 10.10.2009.

FRICK, Eckhard: „Unterbewusstsein versus Unterbewusstes“. www.unterbewusstsein-xxl.blogspot.com/2008/10/unterbewusstsein-versus-unbewusstes.html, 06.11.2009.

GABLER WIRTSCHAFTSLEXIKON: www.wirtschaftslexikon.gabler.de, 10.03.2010.

GABLER WIRTSCHAFTSLEXIKON: „Produktionslogistik“. wirtschaftslexikon.gabler.de/Definition/produktionslogistik.html, 24.05.2010.

GABLER WIRTSCHAFTSLEXIKON: „Distributionslogistik“. wirtschaftslexikon.gabler.de/Definition/distributionslogistik.html, 24.05.2010.

GEHRING, H.-R.: „Eifersuchts-Wahn oder das Othello-Syndrom“. www.saez.ch/pdf/2000/2000-33/2000-33-717.PDF, 14.10.2009.

GOOGLE: www.google.com.

GRAUBNER, Bernd: „Wesentliche Klassifikationen für die medizinische Dokumentation in Deutschland und ihr Entwicklungsstand“. www.imi.uni-luebeck.de/~ingenerf/terminology/Graubn5.html, 09.10.2009.

HANDEL24-ONLINE: „Lagerstrategien bzw. -verfahren“. www.handel24-online.de/lagerhaltung.html, 12.08.2009.

HANDELSZEITUNG ONLINE: „RFID/ PICK-TO-LIGHT: Optimierter Built-to-Order-Prozess“. www.handelszeitung.ch/artikel/Unternehmen-RFID_PICK-TO-LIGHT-Optimierter-Built-to-Order-Prozess__251679.html, 01.10.2010.

HOFMANN, Dirk: „Die Bewertung von Anglizismen im gesprochenen Deutsch“. www.uv.es/anglogermanica/2003-2004/Hofmann.htm, 02.08. 2008.

IATE: www.europa.eu, 30.07.2009.

IHK EMDEN: „Dok.-Nr.: 1717 Lieferantenerklärung“. www.ihk-emden.de/index.php3?hid=004219, 30.07.2009.

InfoXtech: www.inox-tech.de/cms/index.php?option=com_content&view=article&id=293:ueber-extend-it&catid=74:einzelne-artikel, 01.10.2010.

INSTITUT FÜR DEUTSCHE SPRACHE MANNHEIM: „Projekt *OWID*“. www.owid.de/Neologismen.

INSTITUT FÜR PSYCHOSOMATIK UND VERHALTENSTHERAPIE GRAZ: „Tics im Kindes- und Jugendalter“. www.psychosomatik.at/uploads/lexikon_pdf/tics.pdf, 10.10.2009.

INTERNATIONAL ORGANIZATION FOR STANDARDIZATION: “About ISO”. www.iso.org/iso/about.htm, 08.10.2009.

INTERNATIONAL SOCIETY OF LOGISTICS: www.sole.org, 05.01.2010.

INTERNATIONALES INFORMATIONSZENTRUM FÜR TERMINOLOGIE: www.infoterm.info/standardization/index.php, 29.03.2009.

KETTEMANN, Bernhard: „Eurospeak – der Einfluss des Englischen auf europäische Sprachen zur Jahrtausendwende“. 209.85.135.132/search?q=cache:vNxhifvDrfQJ:www.uni-graz.at/bernhard.kettemann/forschungsprojekte/anglizissmus/anglizismen.rtf+der+franz%C3%B6sische+jean+paul+fremdwort+1819&cd=3&hl=de&ct=clnk&gl=de, 10.09.2009.

KINDERÄRZTE IM NETZ: www.kinderaerzte-im-netz.de/bvkj/krankheit/show.php3?id=158&nodeid=59, 29.01.2009.

KNIPP-SELKE, Angelika: www.tk-online.de/tk/behandlungen/arzneimittel-und-verbandmittel/beipackzettel/24908, 30.07.2009.

LEO.ORG: www.leo.org.

LOEWE LOGISTICS & CARE: www.logistik-branchenbuch.de/Unternehmensportraits/Logistik_Loewe.php,13.08.2009.

LUDWIG-MAXIMILIANS-UNIVERSITÄT MÜNCHEN: "Open the doors". http://psywifo.klinikum.uni-muenchen.de/open/programm.htm, 25.08.2009.

MARKETING & CONSULTING SERVICES: „E-Business". www.internet-manual.de/ebusiness.htm, 2000-2007, 11.08.2009.

MAYER, Karl C.: „Glossar Psychiatrie/ Psychosomatik/ Psychotherapie/ Neurologie/ Neuropsychologie". www.neuro24.de/glossarf.htm, 17.04.2007.

MEGALUX: „Transportverkehre" www.logismarket.de/wuerth-logistics/transportmanagment/1224136447-15902670-p.html, 03.08.2009.

MEYERS LEXIKON: www.lexikon.meyers.de/meyers/Logistik, 15.02.2008.

MIJNWORDENBOEK: www.mijnwoordenboek.nl/EN/theme/ME/DE/EN/K/27, 10.10.2009.

MYLOGISTICS: „Kategorien für Logistikdienstleister". www.mylogistics.net/de/katalog/segment/l3/Segment1406/jsp, 08.08.2009.

ORACLE ACCELERATE PORTAL: "rozwiazywązania dla firm". www.oracle.com/global/pl/tgb/index.html, 17.02.2010.

PROJECT-CHILLOUT: www.projekt-chillout.de, 14.07.2009.

PSYCHOLOGY48: www.psychology48.com.

RFID ATLAS: „Netzwerk elektronischer Geschäftsverkehr". www.rfidatlas.de/index.php?option=com_glossary&func=view&Itemid=52&catid=39&term=Personal+Shopping+Assistant+(PSA), 06.09.2009.

ROI INTERNATIONAL MANAGEMENT CONSULTANTS: www.logistik-lexikon.de, 29.02.2008.

ROYAL COLLEGE OF PSYCHIATRISTS: www.rcpsych.ac.uk, 06.03.2010.

SIEMES, Hartmut: „Absence und Absence-Syndrome". www.izepilepsie.de/cweb/cgi-bin-noauth/cache/VAL_BLOB/2162/2162/538/Absencen-036-2008.pdf, 12.08.2009.

SPITAL THURGAU AG: www.stgag.ch/stgag/angebote/kinder-jugendpsychiatrie/aufsuchend/hometreatment.html, 14.08.2009.

STANGL, Werner: „Das Organon-Modell von Karl Bühler". arbeitsblaetter.stangl-taller.at/KOMMUNIKATION/buehlermodell.gif, 08.11.2009.

STATISTISCHES AMT DES KANTONS ZÜRICH: www.statistik.zh.ch/europa/daten/handelsdaten.php, 11.10.2009.

STOLL, Karl-Heinz: [Megasprache]. www.fask.uni-mainz.de/inst/iaa/anglophonie/second/anglophFASK.htm, 09.11.2009.

STOLL, Karl-Heinz: [Black]. www.fask.uni-mainz.de/inst/iaa/anglophonie/second/black.htm, 09.11.2009.

ten HOMPEL, Michael / HEIDENBLUT, Volker: [Logipedia]. www.logipedia.de.

TRANSFER-CENTRUM GmbH: „Einführung eines konzernweiten Logistik-Benchmarking". www.tcw.de/case_studies/view/65, 08.08.2009.

UNI-PROTOKOLLE: "Collaborative Planning, Forecasting and Replenishment". www.uni-protokolle.de/Lexikon/Collaborative_Planning,_Forecasting_and_Replenishment.html, 12.08.2009.

van LEEWEN, Robert: "Verkeer en Waterstaat zet trends op een: Perspectief op logistiek". www.tln.nl/media/1_tln/publicaties/magazine/2006/t14_2006_compleet_lr_ex_adv.pdf, 17.02.2010.

VEREIN NETZWERK LOGISTIK: „Freight Collect". www.vnl.at/Freight-Collect.250.0.html, 01.10.2010.

WASSERMANN AG: www.wassermann.de/de/corporate.php, 02.08.2009.

WIRTSCHAFTSLEXIKON: www.wirtschaftslexikon24.net.

WORLD PSYCHIATRIC ASSOCIATION: "History and Origins of the World Psychiatric Association".
www.worldpsychiatricassociation.org/content/history.shtml, 25.08.2009.

ZIMMERMANN, Bernd:
www.www-kurs.de/gloss_o.htm#one-to-more, 28.09.2009.

ZIMMERMANN, Bernd:
www.www-kurs.de/gloss_e.htm#E-Business, 28.08.2009.

8. Glossar

8.1 Anschreiben

Mannheim, Juni 2009

Fragebogen: Anglizismen in deutschen Fachsprachen

Sehr geehrte/r Ansprechpartner,
im Rahmen meines Dissertationsvorhabens führe ich eine Untersuchung zur Verwendung englischen Sprachmaterials in psychiatrischen und logistischen Fachsprachen durch. Die Fragebögen sollen Aufschluss über den tatsächlichen Gebrauch englischer Termini liefern. Hierbei wird für jedes Fachgebiet eine aus 50 Einträgen bestehende Wortliste erstellt. Zur Absicherung der Listen bin ich auf das praktische Hintergrundwissen von Experten angewiesen, denn das Ziel besteht in einem Praxisnutzen für didaktische und terminographische Zwecke. Das aus dieser Arbeit resultierende Glossar sowie zusammenfassende Ergebnisse werde ich Ihnen auf Anfrage gerne zusenden.
Der Bogen ist schnell und einfach zu beantworten. Ich bitte Sie darum, in der Liste hinter die Termini „Nein" zu schreiben, wenn Sie sie nicht kennen bzw. „Ja", wenn doch und falls möglich, die deutsche Übersetzung. Jeder Eintrag, zu dem Sie sich äußern, hilft mir weiter.
Die Daten werden selbstverständlich streng vertraulich und anonym behandelt. Sie dienen ausschließlich der Bearbeitung des Forschungsvorhabens. Ich freue mich, wenn Sie sich die Zeit zum Ausfüllen der Liste nehmen und diese in den nächsten Tagen per Email an mich zurücksenden. Ich bedanke mich sehr herzlich für Ihre Mitarbeit und Ihre Zeit! Bei Rückfragen stehe ich sehr gerne zur Verfügung.

Mit freundlichen Grüßen,
Nancy Hadlich

8.2 Prozedere

In den folgenden beiden Kapiteln werden die jeweils 50 Lemmata aus der empirischen Befragung in alphanumerischer Reihenfolge angeführt. Die Darstellung der eruierten Daten erfolgt anhand der Kategorien

> **Terminus** → (B)ekannt (Genus) → (A)ndere → (Ü)bersetzungs(v)orschlag → (Pr)agmatische Information → (Q)uelle.

Wie zu erkennen ist, folgen dem **Lemma** einzelne, durch jeweils einen Pfeil separierte Kategorien. Dem schließen sich (falls bekannt) die Deskriptoren ausdifferenzierter Fachdisziplinen an, welchen der Terminus entstammt oder in welchen er nach Umfrageangaben Verwendung findet. Folgende **Deskriptoren** wurden vergeben:

- (Psych) Psychiatrie
- (Neur) Neurologie
- (Med) Medizin
- (Log) Logistik
- (Wi) Wirtschaft
- (GS) Gemeinsprache

Die Zuordnung ist deskriptiver Natur und beruht auf den Ergebnissen der Umfrage. Hierbei wird kein Anspruch auf Vollständigkeit erhoben. Die Deskriptoren **(Med)** und **(Wi)** werden angeführt, wenn der Terminus de facto in weiteren Subdisziplinen Verwendung findet. **(Psych)** und **(Log)** kommen auch dort zum Einsatz, wo der Terminus erst nach höherem argumentativen Aufwand und über Umwege in den speziellen Bereich einzuordnen ist. Wie im Laufe der Untersuchung verdeutlicht wurde, stellen zahlreiche Erkrankungen in Abhängigkeit von der paradigmatischen Perspektive gelegentlich auch Ursache oder Konsequenz einer psychiatrischen Diagnose dar. In einigen Fällen erfolgt zudem eine differenziertere Zuordnung zu Bereichen, für welche aufgrund seltenen Einsatzes im Glossar keine reduzierten Deskriptoren verwendet werden. Die im logistischen Glossar vorkommenden Deskriptoren (Handel), (Produktion), (Lager), (Transport), (Beschaffung) und (Distribution) beziehen sich auf die jeweilige logistische Teildisziplin.

Unter **(B)ekannt** ist angegeben, ob der Terminus auf dem entsprechenden Fachgebiet bekannt ist und Verwendung findet[1182]. Hier wird der prozentuale Anteil der positiven Antworten angeführt. Dem folgt in Klammern die Angabe zum prozentualen Anteil des meist genannten **Genus**. Dabei kommen die geläufigen Abbreviaturen *m*, *f* und *n* zum Einsatz, wenngleich in den Spalten der Terminusliste lediglich die Artikel (der / die / das) vorgegeben waren. Alle weiteren genusrelevanten Angaben finden sich in der tabellarischen Zusammenfassung S. 361 ff. Die daran anschließende Kategorie **(A)ndere** ist lediglich bei jenen Termini vertreten, bei denen von Befragten zusätzliche Angaben gemacht wurden. Unter **(Ü)bersetzungs(v)orschlag** ist ein Bruchteil der angegebenen Übersetzungsäquivalente angeführt. Hierzu werden auch Synonyme, reduzierte Terminusvarianten und Paraphrasierungen sowie orthographische Varianten gezählt. Die Darstellung erfolgt gelegentlich stichwortartig und auch in Satzform. In diesem Zusammenhang fanden sich überaus interessante und gewinnbringende Informationen, welche aus Platzgründen nicht in das Glossar aufgenommen werden konnten. Beabsichtigt war zwar eine deskriptive Struktur der Einträge, d. h. es sollten alle von den Befragten vorgeschlagenen Übersetzungsäquivalente angeführt werden, doch stellte sich im Laufe der Evaluation heraus, dass bestimmte Termini oder auch Wortbildungsmuster auffallend häufig angegeben wurden. In einzelnen Fällen erfolgen hinter dem entsprechenden Terminus **Häufigkeitsangaben**.

Zudem fanden sich zahlreiche ähnliche und auch einige augenscheinlich fehlerhafte Übersetzungen, welche letztendlich aus dem Glossar eliminiert wurden. Ergo ist das Vorgehen insofern als präskriptiv zu bezeichnen, als synonymische Vorzugsbenennungen eruiert wurden. Dennoch ist das Resultat als deskriptiv zu betrachten, da die Angaben lediglich ein beschreibendes Resultat der Umfrage darstellen sollen und für präskriptive Eingriffe weitere Untersuchungen notwendig sind. Von einer Subkategorisierung der Übersetzungsvorschläge wurde abgesehen, da die Frage, wann es sich um eine Übersetzung und wann um eine Paraphrasierung handelt, nicht immer eindeutig zu beantworten ist. Wie die bisherigen Ausführungen deutlich gezeigt haben, kann nicht immer festgelegt wer-

---

[1182] Hieraus lässt sich die Ursache für zeitweise höhere Artikelzahlen ableiten.

den, ob scheinbar synonymische Termini tatsächlich Äquivalente darstellen. Auffallend häufig vorkommende Wortbildungsmuster werden ebenfalls (jedoch ohne Kursivierung) in **(Ü)bersetzungs(v)orschlag** angeführt. In den meisten Fällen handelt es sich um Komposita, Derivativa[1183] und Syntagmen. Gelegentlich folgt dem Benennungsteil unter **(Pr)agmatische Information** die Einbettung in das sprachliche Umfeld, den idiomatischen Verband oder entsprechende terminologische Bedeutungsfelder. Definitorische Angaben wurden durch die Autorin anhand der Befragung entwickelt. Anderweitig zitierte Einträge sind in entsprechender Form gekennzeichnet. Der letzte Eintrag jedes Lemmas beinhaltet die **(Q)uelle(n)**. In zahlreichen Fällen wurden Termini in Internetdatenbanken und auf Firmenseiten verifiziert, welche ebenfalls nicht alle angeführt werden können. Die aus **IATE** entnommenen Termini beziehen sich jeweils auf Juni 2009, die aus **logipedia** auf März 2010 als letztes Verifizierungsdatum. Alle Zahlen sind in % angegeben. Dabei wurde ohne Kommastellen operiert. Weitere Mengenangaben finden sich in den zusammenfassenden Tabellen (siehe Anhang).

1183 Auf eine Differenzierung zwischen adjektivischem und partizipialem Attribut wurde verzichtet.

8.3 Psychiatrisch-psychotherapeutisches Glossar

Absence (Neur, Psych) → B: 82 % (*f* 76 %) → A: *Absence-Epilepsie, Absence-Syndrom* → Üv: *Abwesenheit* (36 %), *Absenz, petit mal*, Syntagmabildung (18 %) (z. B. *Abwesenheitszustände mit Bewusstseinsverlust und Erinnerungslücke*) → Pr: kleine epileptische Anfälle (eventuell begleitet von Lidmyoklonien) im Kindesalter als Sonderform der Epilepsie (z. B. *Absencen behandeln*) → Q: Peters, S. 3; Koptagel-Ilal 24; IATE.

Amalgam-Related-Illness (Psych, Med) → B: 39 % (*f* 41 %) → Üv: *ARI*, Partizipialkonstruktion (22 %) (z. B. *Amalgam-vermittelte Erkrankung*), Komposition (z. B. *Amalgamfolgekrankheit*) → Pr: mögliche hypochondrische Störung, welche auf Angst vor Schädigung durch Amalgam im Körper basiert → Q: Peters 2007, S. 49.

Angel Dust (Psych, Med) → B: 76 % (*m* 37 %) → Üv: *Engelsstaub* (25 %), Reduktion (20 %) (z. B. *PCP*), *Droge* (13 %), *Amphetamin, Peace Pill* → Pr: Kombination aus Heroin und Kokain, die schizophrenieähnliche Syndrome verursacht und als halluzinogene Partydroge / Designerdroge bzw. Rauschgift / Suchtstoff / synthetisches Drogenderivat in die Drogenszene und auch in den militärischen Bereich eingeordnet wird → Q: Laux / Kapfhammer, S. 1031; Peters 2007, S. 34; IATE.

Balbuties (Psych) → B: 13 % (*n* 1 %, o. A. 99 %) → Üv: *Psychoglossie, Dysarthria syllabaris, Dysphemie, Spasmophemie, Stottern, Ischophonie, Psellismus, Laloneurose* oder *Anarthria syllabaris* (IATE) → Q: Peters 2007, S. 63; IATE.

Bedlam (Psych) → B: 1 % (*n* 11 %) → A: *Bedlamist* → Üv: *Chaos, Durcheinander, Hupf* → Pr: zeitweise gemeinsprachiger Oberbegriff für jede psychiatrische Anstalt nach dem *Bethlem Royal Hospital*, der ersten Heilanstalt für psychisch Erkrankte in England → Q: Peters 2007, S. 66; Marneros 4 / 8.

Bedside-Test (Transfusionsmedizin) → B: 79 % (*m* 74 %) → A: *Bedside-Teaching* → Üv: Syntagmabildung (32 %) (z. B. *Test am Bett*), Komposition (z. B. *Bettenprüfung*) → Pr: Verträglichkeitstest mit Spender- und Empfängerblut vor einer Transfusion (z. B. *Ich führe einen Bedside-Test durch*) → Q: Pschyrembel, S. 203.

Blackout (Psych, Elektronik) → B: 92 % (*m* 68 %, *n* 17 %) → Üv: Komposition (54 %) (z. B. *Filmriss*) → Pr: Jargon → Q: Laux / Kapfhammer, S. 1351; Peters 2007, S. 82.

broken home (Psych, Sozialmedizin) → B: 86 % (*n* 68 %) → A: *Broken-Home-Situation* → Üv: Syntagmabildung (59 %) (z. B. *konflikthafte Familienstruktur*) → Pr: *Zerrüttung der Ehe* (Peters 2007) → Q: Laux / Kapfhammer, S. 1611, 1832; Peters 2007, S. 634; Frank, S. 83.

Buffy coat (Transfusionsmedizin) → B: 11 % (*m* 10 %) → Üv: *Leukozytenfilm, Fettmantel, Krötenhaut, Schaumschicht* → Pr: Schicht aus Leukozyten und Thrombozyten (z. B. in einer frischen Blutkonserve) (Pschyrembel), (z. B. *Ich stelle Buffy coat her*) → Q: Pschyrembel, S. 271.

Burnout (Psych) → B: 97 % (*n* 55 %) → A: *BS, Burnout-Syndrom, Burned-out-Syndrom, Burn-out-Syndrom* → Üv: (*psychisches*) *Ausgebranntsein* (54 %), *Erschöpfung*(*ssyndrom*) (20 %), *Überlastung* → Pr: emotionaler Erschöpfungszustand, der unter anderem von verminderter Leistungsfähigkeit begleitet ist → Q: Laux / Kapfhammer, S. 635; IATE; Experteninterview; Peters 2007, S. 89; Frank, S. 160[1184].

Casemanagement (Psych, Med) → B: 93 % (*n* 86 %) → A: *Case-History, Casework* (Peters) → Üv: Komposition (50 %) (z. B. *Fallmanagement, Einzelfallarbeit*) → Pr: kooperatives Behandlungsnetzwerk in der Therapie von Schizophreniepatienten → Q: Laux / Kapfhammer, S. 848; Peters 2007, S. 92.

Christmas disease (Psych, Hämatologie) → B: 9 % (*f* 20 %) → A: *Christmas-Faktor, Christmasfaktormangel* → Üv: *Weihnachtserkrankung* (4 %), *Weihnachtskrankheit* (4 %), *Weihnachtsbeschwerden* → Pr: Form der Hämophilie, welche nach dem Patienten Steven Christmas benannt wurde → Q: Pschyrembel, S. 319.

[1184] Neben anderen Termini bildet auch dieser ein interferierendes Phänomen zum von Schmitt für die Kerntechnik untersuchten Terminusinventar (Schmitt 1999, S. 258).

clinical pathways (Psych, Med) → B: 58 % (*m* 12 %) → Üv: Syntagmabildung (29 %) (z. B. *klinische Behandlungspfade, klinische Algorithmen*) → Pr: „multidisziplinär formulierte Behandlungs- und Pflegepläne“ (Pschyrembel) → Q: Pschyrembel, S. 329.

Compliance (Psych, Med) → B: 100 % (*f* 91 %) → A: *Medikamentencompliance, Non-Compliance* (Wittchen / Hoyer) → Üv: Syntagmabildung (21 %) (z. B. *Bereitschaft zur Mitarbeit*, Komposition (16 %) (z. B. *Therapietreue*), Derivation (z. B. *Verlässlichkeit*) → Pr: Behandlungsbereitschaft des Patienten bei therapeutischen Maßnahmen → Q: Wittchen / Hoyer, S. 951; Frank, S. 98.

Craving (Psych, Suchtmedizin) → B: 97 % (*n* 87 %) → Üv: *Appetit, Gieren, Junker, Jippi*, Komposition (39 %) (z. B. *Suchtdruck, Trinkdruck*), Syntagmabildung (24 %) (z. B. *unstillbares Verlangen*) → Pr: Verlangen nach Suchtbefriedigung bei Abhängigkeitserkrankung → Q: Laux / Kapfhammer, S. 985, 1025; Wittchen / Hoyer, S. 951; Frank, S. 119.

double insanity (Psych) → B: 16 % (*f* 17 %) → Üv: *Folie à deux, konformer Wahn, shared psychotic disorder* (Peters, S. 195), *Mehrfacherkrankung, doppelte Verrücktheit, Wahn zu zweit, Doppeldiagnose, Dual Diagnosis* → Pr: „Übernahme wahnhafter Überzeugungen eines Geisteskranken durch eine andere (geistesgesunde oder geisteskranke) Person“ → Q: Peters 2007, S. 139.

Exhaustion (Psych) → B: 33 % (*f* 28 %) → A: *Combat exhaustion* → Üv: *Fatigue, Ermüdung, Erschöpfung* (Peters 2007, S. 15), *Erschöpfungszustand* → Pr: „Nachlassen, Versiegen gestaltender, lebenserhaltender körperlicher und seelischer Kräfte“ (Peters) → Q: Peters 2007, S. 181, S. 645.

Expressed Emotions (Psych) → B: 87 % (*f* 74 %) → A: *EE, High Expressed Emotions* → Üv: Syntagmabildung (26 %) (z. B. *ausgelebte Emotionalität, hochemotionale familiäre Beziehungsstruktur*) → Pr: Konzept zu den Bedingungsfaktoren der Schizophrenie, welches das zu hohe oder zu geringe Ausmaß an erlebter Emotion in der Interaktion beschreibt → Q: Laux / Kapfhammer, S. 251; Peters 2007, S. 150; Frank, S. 98.

False Memory (Psych) → B: 63 % (*f* 29 %, *n* 26 %) → A: *False-Memory-Syndrom* → Üv: Syntagmabildung (18 %) (z. B. *fehlerhaftes Erinnern*) → Pr: angeblich induzierte Erinnerung bzw. Erinnerungsverfälschung (z. B. nach bestimmten Methoden von Zeugenverhören) → Q: Laux / Kapfhammer, S. 1367; Käcker / Stapf, S. 210.

Flapping Tremor (Neur) → B: 72 % (*m* 62 %) → Üv: Syntagmabildung (20 %) (z. B. *hochamplitudiges Zittern*), *Flügelschlagen* (11 %), *Asterixis*, *Tremor* → Pr: Unterform des Zitterns bei Lebererkrankungen, metabolischer Encephalopatie oder Entzugserscheinungen → Q: Laux / Kapfhammer, S. 998; Pschyrembel, S. 579; Experteninterview; Frank, S. 147.

Flashback (Psych) → B: 100 % (*m* 71 %) → Üv: *Wiedererinnerung*, *Erinnerung*, *Halluzination*, *Intrusion* → Pr: Wiederkehr alptraumartiger Sinnenswahrnehmungen bei Halluzinogenabusus oder nach PTBS → Q: Laux / Kapfhammer, S. 1314, 1779; Wittchen / Hoyer, S. 952; Pschyrembel, S. 579; Frank, S. 240

Flooding (Psych) → B: 91 % (*n* 82 %) → Üv: Derivation (71 %) (z. B. *Überfluten*, *Reizüberflutung*) → Pr: Konfrontationstherapie (Verhaltenstherapie) mit aversivem Reiz bei der Behandlung von Angsterkrankungen / Phobien → Q: Laux / Kapfhammer, S. 1331, 1716; Wittchen / Hoyer, S. 952.

Flush (Psych) → B: 78 % (*m* 75 %) → A: *Flushing* → Üv: (*aufschießendes*) *Erröten* (35 %), *Blitzröte*, *vegetative Überaktivierung* → Pr: plötzliches Erröten der oberen Thoraxpartien und des Kopfes (Peters) → Q: Laux / Kapfhammer, S. 979; Peters 2007, S. 195; IATE.

Freezing (Psych, Neur) → B: 76 % (*n* 67 %) → A: *Freezing-Erscheinung* → Üv: *Einfrieren* (21 %) (z. B. *der Bewegung*), *Erstarren* (14 %) → Pr: plötzliche, unvorhersehbare Bewegungsblockaden bei Parkinsonkranken, wenn mit L-Dopa behandelt wird (Peters); Verharren in Bewegungsstarre als psychopathologisches Symptom bei Traumaerlebnis oder im Zusammenhang mit der Orientierungsreaktion (z. B. Angstreflex bei Tieren) → Q: Laux / Kapfhammer, S. 1249; Peters 2007, S. 197.

Hyperarousal (Psych, Allgemeinmedizin) → B: 92 % (*n* 76 %) → A: *Arousal* (*reaction*) (Peters); *autonomes Hyperarousal* → Üv: (*Über*)*Erregung* (51 %), *Alarmbereitschaft*, *Schreckhaftigkeit* → Pr: z. B. bei PTBS → Q: Laux / Kapfhammer, S. 1327; Experteninterview; IATE; Peters 2007, S. 49.

Imaginary Rescripting (Psych) → B: 12 % (*n* 16 %) → A: *Imaginary Rescripting Therapie* (*IRT*) → Üv: *imagery rescripting, imaginatives Neuschreiben* → Pr: kognitiv-behavioraler Therapieansatz (Imaginationsverfahren) nach M. Smucker für die Behandlung von PTBS durch Überschreiben mit neuen Erinnerungen oder Entwürfen → Q: Reddemann 2006, S. 132-133.

Life Event (Psych, Med) → B: 99 % (*n* 80 %) → A: *Life Event-Forschung* → Üv: Syntagmabildung (70 %) (z. B. *kritisches Lebensereignis*, *lebensveränderndes Ereignis*) → Q: Laux / Kapfhammer, S. 247, 1047; Koptagel-Ilal, S. 85; Experteninterview; Frank, S. 56.

maltreatment syndrome (Psych) → B: 22 % (*n* 28 %) → Üv: Komposition (z. B. *Unterernährungssyndrom*, *Behandlungsschäden*, *battered child syndrome* (Pschyrembel) → Pr: Folgen (seelischer und / oder körperlicher) Kindesmisshandlung (z. B. durch Eltern bzw. Sorgeberechtigte) → Q: Pschyrembel, S. 196; IATE.

march of convulsion (Neur) → B: 53 % (*m* 44 %) → Üv: Syntagmabildung (17 %) (z. B. *Ausbreitung eines primär fokalen Anfalls*), *Anfallsausbreitung*, *wandernde Konvulsionen*, *Jackson-March*, *Krampfmarsch* → Pr: Höhepunkt der epileptischen Anfallsaktivität (Spitze der Erregung) bei Jackson-Anfällen → Q: Pschyrembel, S. 1115.

missed abortion (Psych, Gynäkologie) → B: 47 % (*f* 33 %) → Üv: Syntagmabildung (17 %) (z. B. *drohender Abort*), *Abtreibung*, *Fehlgeburt ohne natürlichen Abgang*, *fehlender Fetus nach Abtreibung* → Pr: „Retention einer abgestorbenen unreifen Frucht in der Gebärmutter, kann zum Dead-fetus-Syndrom führen" (Pschyrembel) → Q: IATE; Pschyrembel, S. 1167.

multiple chemical sensitivity illness (Psych, Immunologie) → B: 55 % (*f* 47 %) → Üv: *MCS*, *Erkrankung aufgrund einer Mehrfachsensibilität von Chemikalien*, *multiple Chemikaliensensitivität*, *Multichemikalien-Hypersensitivitätssyndrom*, *Multiallergie* → Pr: Neben einer tatsächlichen MCS benennt der Terminus eine mögliche hypochondrische Störung aufgrund von Angst vor übermäßigem Chemikalienkontakt. → Q: Experteninterview.

no effect level (Statistik) → B: 16 % (*m* 14 %) → A: *NOEL-Wert* → Üv: *NEL*, *NOEL*, *NOAEL* (***no** **o**bserved **a**dverse **e**ffect **l**evel*), *No-Effect-Level*, *Nullerfolg* → Pr: niedrigste tierexperimentell bestimmte Testkonzentration zur Bestimmung tolerierbarer Mengen für die Humanexposition ohne nachweisbaren schädigenden Effekt → Q: Pschyrembel, S. 1289; IATE.

Non-Responder (Psych, Pharmakologie) → B: 97 % (*m* 88 %) → Üv: Syntagmabildung (Nomen + Relativsatz) (26 %) (z. B. *Patient, bei dem eine Therapie nicht anschlägt*), (Negator + Nomen) (25 %) (z. B. *nicht-ansprechender Patient*), *Therapieversager*, *therapieresistenter Patient* → Pr: Patient, der auf ein ihm verabreichtes Mittel nicht reagiert (z. B. keine Antikörper nach einer Impfung bildet) → Q: Laux / Kapfhammer, S. 316, 527, 617; Experteninterview.

Overachievement (Psych) → B: 24 % (*n* 25 %) → Üv: Derivation (z. B. *Überleistung*) → Pr: Diskrepanz zwischen tatsächlicher Schulleistung und unterschätztem Intelligenzniveau; Antonym zu *Overreliance-Effekt* → Q: Experteninterview; psychology48: online, 09.03.2010.

Overprotection (Psych) → B: 72 % (*f* 61 %) → A: *overprotective mother*, *overprotecting* → Üv: Derivation (26 %) (z. B. *Überfürsorglichkeit*), *übermäßiges Beschützen*, *überbeschützendes Verhalten* → Q: Laux / Kapfhammer, S. 1878; Koptagel-Ilal, S. 94.

Peak flow (Psych, Statistik) → B: 63 % (*m* 58 %) → A: *peak inspiratory flow* (IATE), *Peak flow-Protokoll* (Pschyrembel) → Üv: *Ausatmungsgeschwindigkeit*, *maximale Luftaustreibungsgeschwindigkeit* → Pr: Messwert der Lungenfunktionsprüfung, der angibt, mit welcher maximalen Geschwindigkeit bei forcierter Ausatmung Luft aus der Lunge geblasen werden kann (z. B. bei Atemwegserkrankungen) → Q: Pschyrembel, S. 1379.

Purging (Psych) → B: 33 % (*n* 30 %) → A: *Purging-Verhalten*, *Purging-Typus* → Üv: *Abführen*, *Erbrechen*, *Säuberung* → Pr: kompensatorische Verhaltenswiesen (z. B. Diuretika- und Laxantienmissbrauch), im Rahmen von Essstörungen (z. B. bei Bulimie), um einer Gewichtszunahme entgegenzusteuern → Q: Wittchen / Hoyer, S. 958.

QoL (Psych, Statistik, Wi) → B: 29 % (*f* 21 %) → A: *Physical Quality of Life Index* (*PQLI*) (Gabler Wirtschaftslexikon) → Üv: *QdL*, *Lebensqualität* (21 %), *Quality of Life* → Pr: Indikator zur Darstellung der Lebensqualität (z. B. bei chronischer Erkrankung im Bereich der Medizin oder in Entwicklungsländern im Bereich der Wirtschaft) → Q: Experteninterview; Gabler Wirtschaftslexikon: online, 10.03.2010.

Rapid Cycler (Psych, Neur) → B: 96 % (*m* 86 %) → A: *Rapid Cycling, rapid cycling episode* [sic] → Üv: *Schnellwechsler* → Pr: Patient mit affektiver / bipolarer Störung, der häufige bzw. schnelle Wechsel zwischen Manie und Depression zeigt → Q: Experteninterview; Wielant et al., S. 305.

Rebound (Psych, Med) → B: 88 % (*m* 61 %) → Üv: Komposition (26 %) (z. B. *Rückschlag*) → A: *Rebound-Syndrom, Rebound-Effekt* → Pr: paradoxer Effekt beim Versuch der Unterdrückung ängstlicher oder negativer Gedanken oder nach dem (abrupten) Absetzen einer Therapie (z. B. mit Tranquilizern) → Q: Laux / Kapfhammer, S. 376, 962, 1012; Wittchen / Hoyer, S. 958.

Recall (Psych, Med) → B: 41 % (*m* 33 %) → A: *Recall von Erinnerung* → Üv: *Erinnerung, Wiederaufruf, Wiedererinnern, Rückruf* → Pr: Abruf von Informationen bei neuropsychologischen Tests zur Merkfähigkeit; Wiederaufrufen von Emotionen während der Supervision → Q: Laux / Kapfhammer, S. 1317.

rapprochement (GS) → B: 9 % (*n* 11 %) → Üv: Wiederannäherung (6 %) → Pr: zumeist verwendet für die Annäherung von Kulturen → Q: Pons, S. 730.

Sudden Infant Death Syndrome (Psych, Med) → B: 75 % (*n* 58 %) → A: *Sudden Infant Death* → Üv: *Plötzlicher Kindstod* (54 %) → Pr: durch Befragte neben dem plötzlichen Tod im Kindesalter unter anderem beschrieben als Anpassungsstörung der Eltern nach *Sudden Infant Death* → Q: Dettmeyer (Titel).

Trait (Psych) → B: 72 % (*m* 53 %) → A: *Traitmerkmal, trait anxiety* → Üv: *Persönlichkeitsmerkmal* → Pr: veränderliche Merkmale im Gegensatz zu *state* als festem Zustand; nach Befragung auch ein Hinweis auf das akute Vorliegen einer Krankheit → Q: Laux / Kapfhammer, S. 45, 165; Wittchen / Hoyer, S. 959.

Tranquilizer (Psych, Pharmakologie) → B: 100 % (*m* 82 %) → Üv: *Beruhigungsmittel* (66 %), *happy pills, Tranquillantien* → Pr: Untergruppe der Psychopharmaka (meist Benzodiazepine), Überschneidungen mit Anxiolytika (AE: *Tranquilizer*, BE: *Tranquillizer*) → Q: Laux / Kapfhammer, S. 575; Käcker / Stapf, S. 810; Frank, S. 133.

Trigger (Psych) → B: 97 % (*m* 88 %) → Üv: *triggernder Einfluss* → *Auslöser* (58 %) → Pr: auslösender Reiz von Phänomenen wie *Craving* oder *Flashback* → Q: Experteninterview; Rudolf, S. 104; Laux / Kapfhammer, S. 1260.

Trip (Psych, Med, GS) → B: 92 % (*m* 79 %) → A: *Horrortrip*, *Drogentrip* → Üv: *Reise* (17 %), *Drogenrausch* (13 %), *Drogenintox* → Pr: jargonhaft für drogeninduzierten Zustand (vor allem durch Halluzinogene), unter anderem begleitet von starken Angstzuständen und verändertem Zeitempfinden → Q: Peters 2007, S. 569; Frank, S. 139.

User (Psych, Med, GS) → B: 88 % (*m* 71 %) → Üv: *Benutzer* (22 %), *Nutzer* (17 %), *Drogenkonsument* (12 %), *Anwender*, *Verwender*, *Kunde* → Pr: „im Drogenjargon" eine Person, die „gewohnheitsmäßig Drogen zu sich nimmt" (Peters) → Q: Peters, S. 582.

whistling face syndrome (Genetik) → B: 4 % (*n* 12 %) → Üv: *Syndrom des pfeifenden Gesichts*, *Dysplasia cranio-carpo-tarsalis*, *Freeman-Sheldon-Syndrom* (Pschyrembel, S. 441) → Pr: auf genetischer Störung beruhendes Fehlbildungssyndrom mit Gesichtsdysmorphien, welche einem gespitzten Mund ähneln (Pschyrembel) → Q: Pschyrembel, S. 1957.

White-graft-Reaktion (Psych, Med) → B: 8 % (*f* 13 %) → A: *graft-versus-host-Reaktion* (dt. *Transplantant-Wirt-Reaktion*), *Graft-versus-Leukemia* → Üv: *Abstoßungsreaktion* → Pr: Transplantatabstoßung infolge von Immunantwort (*graft* = dt. *Transplantat*, Pons, S. 382) → Q: Pschyrembel, S. 1957.

8.4 Logistisches Glossar

Accounts Receivable (Log, Buchhaltung) → B: 31 % (*n* 4 %) → A: *accounts receivable account* (dt. *Debitorenkonto*) → Üv: (*offene*) *Forderungen* (10 %), *Debitorenbuchhaltung, outstandings / Außenstände* → Pr: Buchhaltungsterminus, der besagt, dass Warenlieferung noch nicht bezahlt wurde → Q: Krampe / Lucke 2006, S. 29; logipedia.

Aisle Width (Log, Wi) → B: 17 % (*f* 19 %) → Üv: *Gangbreite* (23 %), *Arbeitsgangbreite, Radstand* → Pr: „Abstand zwischen gegenüberliegenden Lagereinheiten" (z. B. Lager oder Schiff) → Q: logipedia.

All Risk (Versicherung, Transport) → B: 50 % (*f* 22 %) → A: *All-Risk-Deckung, All-Risk-Versicherung* → Üv: *Alle Risiken* (24 %), *Gesamtversicherung, volle Risikodeckung* → Pr: Versicherungspolice gegen alle verkehrsüblichen Risiken im Bereich der Transportversicherung → Q: logipedia; Farny, S. 390.

Article-based Order-picking (Lager) → B: 36 % (*n* 28 %) → Üv: Syntagmabildung (28 %) (z. B. *artikelbasierte Auftragszusammenstellung, Auftragsbearbeitung nach Bestellung*) → Q: logipedia.

Balanced Scorecard (Logistikcontrolling) → B: 68 % (*f* 68 %) → Üv: *BSC, tableau de bord, Unternehmenskennzahlen, Gewichtete Schlüsselkennzahlen, Ursachen-Wirkungs-Diagramm* → Pr: Dokumentationskonzept für den Leistungsüberblick eines Unternehmens, bei welchem Kennzahlen aus Unternehmensaktivitäten für strategische Vorgaben zusammengestellt werden → Q: Vahrenkamp 2007, S. 416; Heiserich, S. 194.

Benchmarking (BWL, Controlling, Psych) → B: 90 % (*n* 79 %) → A: *Benchmark, Supply Chain Benchmarking* → Üv: Vergleich + syntaktische Gruppe (28 %) (z. B. *mit Mitbewerbern*), Komposition (15 %) (z. B. *Eckdaten, Leistungsvergleich*) → Pr: Unternehmensvergleich mit der stärksten Konkurrenz als Werkzeug für das Controlling, z. B. in der Unternehmensführung → Q: Schulte, S. 21; Vahrenkamp 2007, S. 416; Kummer, S. 178-179; Heiserich, S. 20.

Bill of Loading (Transport) → B: 73 % (*n* 31 %) → A: *Clean Bill of Loading, Haus-B / L, Master-B / L* → Üv: *B / L*, Komposition (42 %) (z. B. *Konnossement, Bill of Lading, Frachtbrief*), *Bordereau* → Pr: Konnossement aus dem

Seefrachtgeschäft, in welchem vom Verfrachter z. B. der Empfang der Güter bescheinigt wird → Q: Schulte, S. 21; logipedia.

Bin Location (Lager) → B: 28 % (*f* 19 %) → Üv: *Lagerplatz* (17 %), *Lagerort*, *Containerstandort* → Pr: definierter Einlagerplatz für Lagereinheit → Q: logipedia.

Blind Storage (Lager) → B: 13 % (*n* 47 %) → Üv: *Blindeinlagerung* (9 %) → Pr: Warenlagerung an dem Ort, der im Moment der Anlieferung zur Verfügung steht und darauffolgende Kennzeichnung → Q: logipedia.

Bonded Warehouse (Lager) → B: 47 % (*n* 40 %) → Üv: (*offenes*) *Zolllager* (31 %), *zollfreies Lager*, *Lagerung von Gütern in einem Lager unter Zollverschluss* → Pr: Möglichkeit der unverzollten Lagerung im Zollgebiet der Europäischen Gemeinschaft (logipedia) → Q: Heiserich, S. 221; logipedia.

Category Management (Handel) → B: 49 % (*n* 40 %) → A: *Category Manager* → Üv: *Kategorie-Management* → Pr: im Einzelhandel nachfrageorientierte Kooperation von Hersteller und Händler (ECR-Modell) → Q: Vahrenkamp 2007, S. 363-365; Heiserich, S. 221.

Coil → (Transport, Lager) → B: 71 % (*n* 40 %) → A: *paper coil* (bei Papiertransport) → Üv: *Bund*, *Spule*, *Stahlrolle*, *Stahlspule*, *Blechrolle*, *Ladeeinheit* → Pr: aufgewickelte Blechbahn nach dem Walzprozess → Q: Krampe / Lucke (2006), S. 31.

Continuous Replenishment (Lager) → B: 50 % (*n* 41 %) → Üv: *CRP*, *Efficient Replenishment* (ER), Syntagmabildung (14 %) (z. B. *permanente Warenversorgung*) → Pr: automatisiertes Wiederbestellen auf der Basis von tatsächlichem Warenverkauf, bei welchem entweder der Lieferant die Lagerhaltung des Händlers bestimmt (*Vendor-managed Inventory / VMI*), der Händler selbst den Hauptteil der Verantwortung trägt (*Buyer-managed Inventory / BMI*) oder beide Parteien dies teilen (*Co-managed Inventory / CMI*) → Q: Vahrenkamp 2005, S. 359; Heiserich, S. 222; Lucke / Wölfel, S. 102.

Cross Docking (Log) → B: 76 % (*n* 69 %) → Üv: *CD*, *Crossdocking*, *Überkreuz-Anbinden*, *Direktverladung* → Pr: besondere Umschlagsart von Wa-ren im Rahmen des *Warehouse-Management*, welche unter anderem Einlagerung, Kommissionierung und Auslieferung beinhaltet und den Warenumschlag in Distributionszentren durch Verkürzung der Lagerungsprozesse beschleunigen soll → Q: Vahrenkamp 2007, S. 104; Heiserich, S. 299.

Data Warehouse (Log, Informatik) → B: 72 % (*n* 68 %) → A: *Data Warehousing* → Üv: Komposition (18 %) (z. B. *Datendepot*, *EDV-Zentrum* / *EDV-Center*) → Pr: zentrales Datenlager zur Bildung einer einheitlichen und konsistenten Datenbasis als unterstützendes Mittel zur Datenanalyse → Q: logipedia; Uni Duisburg: online, 10.08.2009; von Maur / Winter, S. 103.

Demand Side (VWL) → B: 44 % (*f* 44 %) → A: *Demand Side Management* → Üv: *Nachfrageseite* (22 %), *Bedarfsseite*, *Absatzseite*, *Verbraucherseite* → Pr: Verbraucherseite als Gegenstück zur *Supply Side* bzw. *Lieferantenseite* → Q: logipedia; Experteninterview; Lucke / Wölfel, S. 100-102; Vahrenkamp 2005, S. 364, 359.

Direct Store Delivery (Transport, Lager, Handel) → B: 47 % (*f* 32 %) → Üv: *DSD*, Komposition (28 %) (z. B. *Direktanlieferung*) → Pr: Methode der Filialbelieferung, bei der die Ware direkt zum Verkaufsort (*Point of Sale* / *POS*) gelangt → Q: Schulte, S. 69; Lucke / Wölfel, S. 103; Vahrenkamp 2007, S. 365-366.

Efficient Consumer Response (Distribution) → B: 62 % (*f* 22 %, *n* 22 %) → Üv: *ECR*, Komposition (z. B. *Wertschöpfungskettenoptimierung*) → Pr: Zulieferkonzept zwischen Hersteller und Handel zur Vermeidung von Ineffizienzen im Absatzkanal → Q: Vahrenkamp 2005, S. 356; Lietke (Titel); logipedia; Experteninterview.

End to End (Log) → B: 37 % (*n* 11 %) → A: *End-to-End-Prozess*, *End-to-End-Management* → Üv: *durchgehend*, *von A-Z*, *Gesamtlogistikkette* → Pr: alle Aktivitäten von der Kundenbestellung bis zur Lieferung an den Kunden → Q: logipedia; Experteninterview; Compliance-Magazin.de: online, 01.10.2010.

Forecasting and Replenishment (Lager) → B: 54 % (*n* 39 %) → A: *Forecasting and Supply* → Üv: Syntagmabildung (z. B. *Prognose und Nachbefüllung*) → Pr: Konzept des *Efficient Consumer Response* (ECR) als Grundlage für *Collaborative Planning, Forecasting and Replenishment* (CPFR) → Q: Vahrenkamp 2005, S. 30, 356, 493; Heiserich, S. 221; logipedia; Experteninterview.

Freight collect (Transport) → B: 54 % (*f* 15 %) → Üv: *unfrei, Freight Prepaid, Nachnahme, Fracht bezahlt* → Pr: Empfänger trägt die Transportkosten → Q: ten Hompel / Heidenblut, S. 76; Verein Netzwerk Logistik: online, 01.10.2010.

Hub and Spokes (Transport) → B: 73 % (*n* 28 %) → A: *hub-and-spokes-Modell* (IATE), *Hub and Spoke System* (logipedia) → Üv: Syntagmabildung (23 %) (z. B. *Nabe und Speichen, Nabe-und-Speichen-System*) → Pr: gängiges Logistikkonzept, bei welchem vom *Hub* als Verteilungszentrum durch sternförmig durchgeführte Transporte an die Empfangsstationen verteilt bzw. von diesen eingesammelt wird → Q: Vahrenkamp 2005, S. 317; Oeldorf, S. 47; logipedia; IATE.

Integrated Supplier (Beschaffung) → B: 46 % (*m* 5 %) → Üv: Syntagmabildung (26 %) (z. B. *involvierte Lieferanten*) → Pr: Lieferanten mit Systemanbindung an die Produktion → Q: Vahrenkamp 2005, S. 359; logipedia; Experteninterview.

Just-in-Time (Beschaffung, Produktion) → B: 97 % (*n* 42 %) → A: *Just-in-Time-Anlieferung* → Üv: *JIT*, adjektivischer Gebrauch (z. B. *fertigungssynchron, zeitoptimal, termingerecht, punktgenau*) → Pr: Anlieferung genau zur richtigen Zeit → Q: IATE; Vahrenkamp 2007, S. 221; Heiserich, S. 46.

Make-or-Buy (Beschaffung, Produktion) → B: 78 % (*n* 30 %) → A: *Make-or-Buy-Entscheidung* → Üv: *MoB, selbst* + Verb (26 %) (*z. B. selbst produzieren*), Komposition (14 %) (z. B. *Eigen- versus Fremdbezug*), Relativsatz (z. B. *Entscheidung, ob selbst gefertigt oder zugekauft werden soll*), Syntagmabildung (z. B. *Eigenanfertigung oder Fremdbeschaffung*) → Q: logipedia; Lucke / Wölfel, S. 109; Heiserich, S. 87, 352.

Man to Goods (Lager) → B: 32 % (*n* 11 %) → Üv: *Mann-zur-Ware* (31 %), *MzW* → Pr: bestimmte Art des Picking innerhalb eines Kommissioniersystems durch Einsammeln der Einzelpositionen → Q: logipedia.

Milkrun (Beschaffung) → B: 47 % (*m* 27 %) → A: *Milkrun-Controlling, Milkrun-Konzept* → Üv: *Kanban, Teilladungsverkehr, Direktbelieferung, Milchkannentour, Rundreisen, Sammeltour, Aufsammeln von Abholgütern* → Pr: beschaffungslogistisches Warenausliefer- und Warenabholprinzip → Q: Vahrenkamp 2007, S. 224-225, 443.

Mixed Storage (Lager) → B: 44 % (*n* 26 %) → A: *mixed storage device* → Üv: Syntagmabildung (36 %) (z. B. *chaotische Lagerhaltung, Nicht-Warengruppenreine-Lagerung* [sic], *Mischbelegung*) → Pr: Lagerung unterschiedlicher Artikel am selben Ort → Q: logipedia.

Offshoring (BWL) → B: 50 % (*n* 40 %) → A: *Offshore-Länder* → Üv: Syntagmabildung (14 %) (z. B. *Verlagerung der Produktion in Billiglohnland*), Komposition (z. B. *Auslandsverlagerung, Standortverlagerung*) → Pr: dauerhafte Verlagerung von Unternehmensaufgaben und Arbeitsplätzen ins Ausland, als Antonym zu *Nearshoring* → Q: Vahrenkamp 2005, S. 382; Hutzschenreuter / Dresel / Ressler 2007; Experteninterview.

Operations Research (Log, Mathematik) → B: 63 % (*n* 38 %) → Üv: *OR*, Komposition (21 %) (z. B. *Unternehmensanalyse*) → Pr: aus der Mathematik stammendes Kennzahlensteuerungsmanagement zur Optimierung innerbetrieblicher Funktionen und Arbeitsabläufe → Q: Heiserich, S. 226; logipedia; Experteninterview.

Order Fulfillment (Beschaffung) → B: 69 % (*n* 51 %) → Üv: Komposition (50 %) (z. B. *Auftragskomplettierung*) → Pr: alle Aktivitäten, die für die Erfüllung von Kundenaufträgen anfallen → Q: logipedia; Experteninterview; Handelszeitung online, 01.10.2010.

Outlet (Handel) → B: 76 % (*n* 12 %) → A: *Factory-Outlet-Center* → Üv: Komposition (17 %) (z. B. *Fabrikverkaufsaußenstelle*), *Verkaufsstelle* → Q: Heiserich, S. 216; Experteninterview.

Out-of-Stock (Lager, Handel, Beschaffung) → B: 81 % (*n* 21 %) → A: *Out-of-Stock-Situation, Ou-of-Stock-Quote, NOS* (*never out of stock*) → Üv: Syntagmabildung (33 %) (z. B. *nichts mehr auf Lager*) → Pr: Nachschubbedarf aufgrund fehlender Ware bzw. leerer Regalplätze im Einzelhandel → Q: Vahrenkamp 2005, S. 25, 360; Heiserich, S. 222; logipedia; Experteninterview.

Outtasking (BWL, Handel) → B: 5 % (*n* 9 %) → A: *geschrumpftes Outsourcing* → Üv: *Outsourcing* → Pr: Ausgliederung von Kernprozessen und Vergabe an Fremddienstleister, während Planung und Kontrolle unter eigener Verantwortung verbleiben → Q: Roi International Management Consultants: online, 22.12.2009.

Overnight (Transport) → B: 88 % (*n* 19 %) → A: *Overnight-Zustellung, Overnight-Versand* → Üv: Syntagmabildung (24 %) (z. B. *Zustellung am nächsten Werktag*), Komposition (17 %) (z. B. *Übernacht-Lieferung*) → Pr: transportlogistischer Terminus, welcher besondere Dienstleistungen von KEP (Kurier-, Express-, Paket-) Diensten benennt; häufig in Verbindung mit Übergabe des Schlüssels für den Anlieferort an den Dienstleister → Q: Vahrenkamp 2005, S. 142; Heiserich, S. 237; Schulte, S. 306.

Picksplitting (Lager) → B: 18 % (*n* 11 %) → Üv: Syntagmabildung (z. B. *Aufteilung der Artikeleinheiten beim Kommissionieren*) → Q: logipedia.

Point of Sale (Handel) → B: 78 % (*m* 60 %) → A: *Point-of-Sale-Lösungen* → Üv: *POS, Verkaufsort* (24 %), *Verkaufspunkt* (17 %) → Pr: Terminus benennt in seiner Hauptbedeutung den Ort, an welchem eine Transaktion stattfindet (Laden, Kasse) → Q: Vahrenkamp 2005, S. 39, 359; Heiserich, S. 221; logipedia; Experteninterview.

Postponement (Handel, Lager) → B: 47 % (*n* 17 %) → Üv: Derivation (28 %) (z. B. *Verschiebung, Verspätung, Zurückstellung*) → Pr: Bevorratung der Ware und spätere Lieferung → Q: Vahrenkamp 2005, S. 31, 33; Heiserich, S. 213; logipedia.

Profit Center (Rechnungswesen) → B: 90 % (*n* 75 %) → A: *Profit-Center* → Üv: *Kostenstelle* (10 %), *Ertragsbereich* → Pr: eigenverantwortliche Organisationseinheit, die nach Profit abgerechnet wird → Q: Heiserich, S. 30; Experteninterview.

Quick Response Service (Distribution) → B: 29 % (*m* 18 %) → A: *QR* → Üv: Syntagmabildung (10 %) (z. B. *schnelle Reaktionsfähigkeit*) → Pr: Strategie der zeitnahen Antwort, um konkurrenzfähig bleiben zu können → Q: Vahrenkamp 2007, S. 360; Lietke, S. 28.

Roll-Cage-Sequencing (Transport) → B: 10 % (*n* 11 %) → Üv: *RCS, Rollwagensequenzierung, Rollcontainerssortierung, Colettensteuerung* → Pr: Form der Güterunterbringung auf Ladungsträgern für die effektive Verteilung an die einzelnen Verkaufsstellen → Q: Vahrenkamp 2007, S. 364; Hanser, S. 42.

Same day (Transport) → B: 68 % (*m* 14 %, *n* 13 %) → A: *Same-Day-Delivery* → Üv: Syntagmabildung (37 %) (z. B. *Auslieferung am Tag des Auftragsein-*

gangs) → Pr: sofortige und somit schnellste Form der Transportabwicklung durch Lieferservice → Q: Vahrenkamp 2005, S. 141; Schulte, S. 355; Heiserich, S. 136.

Sourcing (Beschaffung) → B: 69 % (*n* 54 %) → A: *Global Sourcing* (Lucke / Wölfel), *Insourcing, Outsourcing, Re-Insourcing, Local Sourcing* (Fortmann / Kallweit) → Üv: *Beschaffung* (38 %) → Q: Heiserich, S. 36; Lucke / Wölfel, S. 103-105; Vahrenkamp 2007, S. 217-219; Fortmann / Kallweit, S. 68.

Supplier (Log) → B: 90 % (*m* 82 %) → A: *Integrated Supplier*, *Supplier-managed Inventory* → Üv: *Lieferant* (69 %), *Zulieferer*, *Anbieter*, *Hersteller* → Q: Heiserich, S. 87; logipedia.

Supply Chain Management (Log) → B: 94 % (n 82 %) → A: *Supply Chain Management-Prozesssimulation* → Üv: *SCM*, Komposition (28 %) (z. B. *Logistikkettenmanagement*, *Prozesskettenoptimierung*), Syntagmabildung (28 %) (z. B. *Management der gesamten Logistikkette*) → Q: Heiserich, S. 6; Vahrenkamp 2007, S. 53.

Synchronized Production (Produktion) → B: 32 % (f 35 %) → Üv: *synchronisierte Produktion* (17 %), *Parallelproduktion* → Pr: „Steuerung der Produktion entsprechend Nachfrage und Verkauf mit dem Ziel, Lagerbestände zu reduzieren" (logipedia) → Q: logipedia; Vahrenkamp 2005, S. 359.

Target Costing (Kostenrechnung als Teil des Rechnungswesens) → B: 59 % (*n* 42 %) → Üv: *TC*, Komposition (47 %) (z. B. *Zielkostenrechnung*) → Pr: marktorientiertes Zielkostenmanagement aus Japan im Rahmen der Produktentwicklung → Q: Vahrenkamp 2005, S. 424; Heiserich, S. 99, 203, 363; Wirtschaftslexikon: online, 12.03.2010; Experteninterview.

Tracking and Tracing (Transport, Beschaffung) → B: 90 % (*n* 72 %) → A: *Track and Trace* → Üv: Komposition (74 %) (z. B. *Auftragsverfolgung*), Genitivkonstruktion (15 %) (z. B. *Nachverfolgung von Sendungen*) → Pr: elektronisches Nachverfolgungs- und Auskunftssystem für versendete Ware mit automatischer Datenerfassung (üblicherweise per Scannung) zur Ermittlung der aktuellen Position von Sendungen → Q: Vahrenkamp 2005, S. 154; logipedia; Experteninterview; Heiserich, S. 300.

Unit Load (Transport, Beschaffung) → B: 54 % (*n* 1 %, o. A. 99 %) → A: *Unit Load Device* → Üv: *ULD*, Komposition (31 %) (z. B. *Ladeeinheit*, *Ladungseinheit*) → Pr: Zusammenfassen von Einheiten zu einer Ladung → Q: Vahrenkamp 2005, S. 300; Heiserich, S. 255; logipedia; Experteninterview.

Vendor-managed Inventory (Lager) → B: 67 % (*n* 50 %) → Üv: *VMI*, Syntagmabildung (17 %) (z. B. *lieferantenbetriebener Lagerbestand*) → Pr: *Vendor* (AE: *Lieferant*, BE: *Verkäufer*) → Q: Experteninterview; Vahrenkamp 2007, S. 221, 362; Lucke / Wölfel, S. 103; Heiserich, S. 222.

Anhang: Tabellarische Zusammenfassung der Befragung

Tabelle 11: Werte der Psychiatriebefragung

Terminus	**Bekannt** *Ja/Nein*	**in %**	**Artikel** *der/die/das/0*	**in %**	**Übersetzung Angaben**	**in %**
Absence	62/14	82/18	00/58/00/18	0/76/0/24	50/26	66/34
Amalgam-Related-Illness	30/46	39/61	00/31/00/45	0/41/0/59	26/50	34/66
Angel Dust	58/18	76/24	28/00/24/25	37/0/32/33	46/30	61/39
Balbuties	10/66	13/87	00/0/01/99	0/0/1/99	05/71	07/93
Bedlam	08/68	11/89	00/00/08/68	0/0/11/89	10/66	13/87
Bedside-Test	60/16	79/21	56/00/00/20	74/0/0/26	41/35	54/46
Blackout	70/06	92/08	52/00/13/11	68/0/17/15	54/22	71/29
broken home	65/11	86/14	01/02/52/21	1/3/68/28	45/31	59/41
Buffy coat	08/68	11/89	07/01/01/67	10/1/1/88	08/68	11/89
Burnout	74/02	97/03	26/00/42/09	34/0/55/12	60/16	79/21
Case-management	71/05	93/07	00/00/65/11	0/0/86/14	53/23	70/30
Christmas Disease	07/69	09/91	00/15/00/61	0/20/0/80	07/69	09/91
clinical pathways	44/32	58/42	09/0/00/91	12/0/0/88	34/42	45/55
Compliance	76/00	100/00	01/69/00/06	1/91/0/8	57/19	75/25
Craving	74/02	97/03	00/00/66/10	0/0/87/13	62/14	82/18
double insanity	12/64	16/84	00/13/00/63	0/17/0/83	10/66	13/87
Exhaustion	25/51	33/67	00/21/00/55	0/28/0/72	19/57	25/75
Expressed Emotions	66/10	87/13	00/56/01/19	0/74/1/25	47/29	62/38
False Memory	48/28	63/37	00/22/20/34	0/29/26/45	30/46	39/61
Flapping Tremor	55/21	72/28	47/00/00/29	62/00/38	36/40	47/53
Flashback	76/00	100/00	54/00/17/06	71/0/22/8	57/19	75/25
Flooding	69/07	91/09	01/00/62/13	1/0/82/17	57/19	75/25

Terminus	Bekannt *Ja/Nein*	in %	Artikel *der/die/das/0*	in %	Übersetzung Angaben	in %
Flush	59/17	78/22	57/00/01/23	75/0/1/30	41/35	54/46
Freezing	58/18	76/24	00/00/51/25	0/0/67/33	43/33	57/43
Hyperarousal	70/06	92/08	03/00/58/15	4/0/76/20	49/27	64/36
Imaginary Rescripting	09/67	12/88	00/00/12/64	0/0/16/84	06/70	08/92
Life Event	75/01	99/01	06/00/61/09	8/0/80/12	60/16	79/21
maltreatment syndrome	17/59	22/78	00/00/21/55	0/0/28/72	13/63	17/83
march of convulsion	40/36	53/47	33/01/00/42	44/1/0/55	25/51	33/67
missed abortion	36/40	47/53	07/25/00/44	9/33/0/58	24/52	32/68
multiple chemical sensitivity illness	42/34	55/45	00/36/00/40	0/47/0/53	28/48	37/63
no effect level	12/64	16/84	11/02/02/61	14/3/3/80	10/66	13/87
Non-Responder	74/02	97/03	67/04/00/08	88/5/0/11	58/18	76/24
Overachieve-ment	18/58	24/76	00/01/19/56	0/1/25/74	08/68	11/89
Overprotection	55/21	72/28	00/46/00/30	0/61/0/39	44/32	58/42
Peak flow	48/28	63/37	44/00/01/31	58/0/1/41	31/45	41/59
Purging	25/51	33/67	00/00/23/53	0/0/30/70	14/62	18/82
QoL	22/54	29/71	02/16/00/58	3/21/0/76	18/58	24/76
Rapid Cycler	73/03	96/04	65/03/03/09	86/4/4/12	51/25	67/33
Rebound	67/09	88/12	46/00/09/21	61/0/12/28	44/32	58/42
Recall	31/45	41/59	25/00/02/49	33/0/3/64	20/56	26/74
rapprochement	07/69	09/91	00/00/08/68	0/0/11/89	05/71	07/93
Sudden Infant Death Syndrome	57/19	75/25	07/00/44/25	9/0/58/33	50/26	66/34
Trait	55/21	72/28	40/00/07/30	53/0/9/39	44/32	58/42
Tranquilizer	76/00	100/00	62/07/03/07	82/9/4/9	61/15	80/20
Trigger	74/02	97/03	67/00/00/09	88/0/0/12	60/16	79/21

Terminus	Bekannt *Ja/Nein*	in %	Artikel *der/die/das/0*	in %	Übersetzung Angaben	in %
Trip	70/06	92/08	60/00/00/16	79/0/0/21	46/30	61/39
User	67/09	88/12	55/01/00/21	71/1/0/28	57/19	75/25
whistling face syndrome	03/73	04/96	00/00/09/67	0/0/12/88	01/75	01/99
White-graft-Reaktion	06/70	08/92	00/10/00/66	0/13/0/87	06/70	08/92
SUMME	**2314/ 1486**	**61/39**	**939/440/706/ 1853**	**24/11/18/47**	**1731/2069**	**46/54**

Tabelle 12: Werte der Logistikbefragung

Terminus	Bekannt *Ja/Nein*	in %	Artikel *der/die/das/0*	in %	Übersetzung / Angaben	in %
Accounts Receivable	24/54	31/69	01/0/03/97	1/0/4/95	27/51	35/65
Aisle Width	13/65	17/83	00/15/00/63	0/19/0/81	22/56	28/72
All Risk	39/39	50/50	00/17/06/55	0/22/8/71	39/39	50/50
Article-based Order-picking	28/50	36/64	01/08/22/47	1/10/28/61	34/44	44/56
Balanced Scorecard	53/25	68/32	01/53/02/27	1/68/3/35	28/50	36/64
Benchmarking	70/08	90/10	06/00/62/10	8/0/79/13	54/24	69/31
Bill of Loading	57/21	73/27	10/21/24/24	13/27/31/31	61/17	78/22
Bin Location	22/56	28/72	06/15/00/57	08/19/00/73	25/53	32/68
Blind Storage	10/68	13/87	00/00/37/41	0/0/47/53	11/67	14/86
Bonded Warehouse	37/41	47/53	00/01/31/46	0/1/40/59	38/40	49/51
Category Management	38/40	49/51	12/08/31/28	15/10/40/36	25/53	32/68
Coil	55/23	71/29	12/08/31/28	15/10/40/36	46/32	59/41
Continuous Replenishment	39/39	50/50	01/02/32/43	1/3/41/55	35/43	45/55
Cross Docking	59/19	76/24	01/00/54/23	1/0/69/30	36/42	46/54

Terminus	Bekannt *Ja/Nein*	in %	Artikel *der/die/das/0*	in %	Übersetzung / Angaben	in %
Data Warehouse	56/22	72/28	00/02/53/23	0/3/68/29	40/38	51/49
Demand Side	34/44	44/56	00/34/00/44	0/44/0/56	32/46	41/59
Direct Store Delivery	37/41	47/53	02/25/07/44	3/32/9/56	37/41	47/53
Efficient Consumer Response	48/30	62/38	05/17/17/39	6/22/22/50	26/52	33/67
End to End	29/49	37/63	00/03/09/66	0/4/12/85	20/58	26/74
Forecasting and Replenishment	42/36	54/46	01/05/30/42	1/6/39/54	31/47	40/60
Freight collect	42/36	54/46	02/12/06/58	3/15/8/74	41/37	53/47
Hub and Spokes	57/21	73/27	00/0/22/88	0/0/28/72	42/36	54/46
Integrated Supplier	36/42	46/54	04/0/03/93	5/0/4/91	29/49	37/63
Just-in-Time	76/02	97/03	00/09/33/36	0/12/42/46	52/26	67/33
Make-or-Buy	61/17	78/22	01/08/23/46	1/10/30/59	47/31	60/40
Man to Goods	25/53	32/68	02/03/09/64	3/4/11/82	26/52	33/67
Milkrun	37/41	47/53	21/04/03/51	27/5/4/65	25/53	32/68
Mixed Storage	34/44	44/56	01/11/20/46	1/14/26/59	31/47	40/60
Offshoring	39/39	50/50	00/04/31/43	0/5/40/55	30/48	38/62
Operations Research	49/29	63/37	00/12/30/37	0/15/38/47	35/43	45/55
Order Fulfillment	54/24	69/31	00/09/40/29	0/12/51/37	44/34	56/44
Outlet	59/19	76/24	04/0/09/87	5/0/12/83	45/33	58/62
Out-of-Stock	63/15	81/19	06/05/16/51	8/6/21/65	50/28	64/36
Outtasking	04/74	05/95	00/01/07/70	0/1/9/90	10/68	13/87
Overnight	69/09	88/12	01/06/15/56	1/8/19/72	61/17	78/22
Picksplitting	14/64	18/82	00/03/09/66	0/4/11/85	10/68	13/87
Point of Sale	61/17	78/22	47/02/02/27	60/3/3/34	50/28	64/36
Postponement	37/41	47/53	00/00/13/87	0/0/17/83	29/49	37/63
Profit Center	70/08	90/10	02/03/59/14	3/4/75/18	48/30	62/38
Quick Response	23/55	29/71	14/01/07/56	18/1/9/72	18/60	23/77

Terminus	**Bekannt** *Ja/Nein*	**in %**	**Artikel** *der/die/das/0*	**in %**	**Übersetzung / Angaben**	**in %**
Service						
Roll-Cage-Sequencing	08/70	10/90	00/02/09/67	0/3/11/86	09/69	12/88
Same day	53/25	68/32	11/05/10/52	14/6/13/67	51/27	65/35
Sourcing	54/24	69/31	02/06/42/28	02/8/54/36	53/25	68/32
Supplier	70/08	90/10	64/02/00/12	82/3/0/15	63/15	81/19
Supply Chain Management	73/05	94/06	00/04/64/10	0/5/82/13	58/20	74/26
Synchronized Production	25/53	32/68	00/27/01/50	0/35/1/64	28/50	36/64
Target Costing	46/32	59/41	01/08/33/37	1/10/42/47	41/37	53/47
Tracking and Tracing	70/08	90/10	00/07/56/15	0/9/72/19	59/19	76/24
Unit Load	42/36	54/46	00/0/01/99	0/0/1/99	35/43	45/55
Vendor-managed Inventory	52/26	67/33	01/04/39/34	1/5/50/44	34/44	44/56
SUMME	**2193/ 1707**	**56/44**	**243/392/ 1063/ 2356**	**6/10/26/58**	**1821/2079**	**47/53**

FORUM FÜR FACHSPRACHEN-FORSCHUNG

Die Bd. 1 bis 77 sind im Verlag Gunter Narr erschienen.

Bd. 78 Hartwig Kalverkämper: Textsortengeschichte und Fächertradition. Systeme im Wandel zwischen französischer Klassik und Aufklärung (1650–1750). ISBN 978-3-86596-175-4

Bd. 79 Jin Zhao: Interkulturalität von Textsortenkonventionen. Vergleich deutscher und chinesischer Kulturstile: Imagebroschüren. 392 Seiten. ISBN 978-3-86596-169-3

Bd. 80 Hartwig Kalverkämper/Klaus-Dieter Baumann (Hg.): Fachtextsorten – in – Vernetzung. 486 Seiten. ISBN 978-3-86596-160-0

Bd. 81 Henrike Täuscher: Fachlichkeit in der Werbung für Laien. Deutsche und französische Anzeigen im Vergleich. 262 Seiten. ISBN 978-3-86596-162-4

Bd. 82 Tim Peters: Macht im Kommunikationsgefälle: der Arzt und sein Patient. 212 Seiten. ISBN 978-3-86596-181-5

Bd. 83 Hans P. Krings/Felix Mayer (Hg.): Sprachenvielfalt im Kontext von Fachkommunikation, Übersetzung und Fremdsprachenunterricht. Für Reiner Arntz zum 65. Geburtstag. 530 Seiten. ISBN 978-3-86596-192-1

Bd. 84 Encarnación Tabares Plasencia/Vessela Ivanova/Elke Krüger (Eds.): Análisis lingüístico contrastivo de textos especializados en español y alemán. 258 Seiten. ISBN 978-3-86596-190-7

Bd. 85 Nancy Hadlich: Analyse evidenter Anglizismen in Psychiatrie und Logistik. 458 Seiten. ISBN 978-3-86596-380-2

Bd. 86 Eva Martha Eckkrammer (Ed.): La comparación en los lenguajes de especialidad. 302 Seiten. ISBN 978-3-86596-216-4

Bd. 87 Maria Mushchinina: Rechtsterminologie – ein Beschreibungsmodell. Das russische Recht des geistigen Eigentums. 396 Seiten. ISBN 978-3-86596-218-8

Bd. 88 Sylvia Reinart: Kulturspezifik in der Fachübersetzung. Die Bedeutung der Kulturkompetenz bei der Translation fachsprachlicher und fachbezogener Texte. 562 Seiten. ISBN 978-3-86596-235-5

Bd. 89 Radegundis Stolze: Fachübersetzen – Ein Lehrbuch für Theorie und Praxis. 3. Auflage. 420 Seiten. ISBN 978-3-86596-257-7

Bd. 90 Carmen Heine: Modell zur Produktion von Online-Hilfen. 318 Seiten. ISBN 978-3-86596-263-8

FORUM FÜR FACHSPRACHEN-FORSCHUNG

Bd. 91 Brigitte Horn-Helf: Konventionen technischer Kommunikation: Makro- und mikrokulturelle Kontraste in Anleitungen. 614 Seiten mit CD. ISBN 978-3-86596-233-1

Bd. 92 Marina Adams: Wandel im Fach. Historiographie von DaF als Fachsprachen-Disziplin in der DDR. 460 Seiten. ISBN 978-3-86596-269-0

Bd. 93 Carsten Sinner: Wissenschaftliches Schreiben in Portugal zum Ende des *Antigo Regime* (1779–1821). Die Memórias económicas der *Academia das Ciências de Lisboa*. 714 Seiten. ISBN 978-3-86596-277-5

Bd. 94 Laurent Gautier (éd.): Les discours de la bourse et de la finance. 186 Seiten. ISBN 978-3-86596-302-4

Bd. 96 Julia Neu: Mündliche Fachtexte der französischen Rechtssprache. 294 Seiten. ISBN 978-3-86596-351-2

Bd. 97 Mehmet Tahir Öncü: Probleme interkultureller Kommunikation bei Gerichtsverhandlungen mit Türken und Deutschen. 168 Seiten. ISBN 978-3-86596-387-1

Bd. 98/99 Klaus-Dieter Baumann (Hg.): Fach – Translat – Kultur. Interdisziplinäre Aspekte der vernetzten Vielfalt. 2 Bände im Schuber, zus. 1562 Seiten. ISBN 978-3-86596-209-6

Bd. 100 Hartwig Kalverkämper (Hg.): Fachkommunikation im Fokus – Paradigmen, Positionen, Perspektiven. 1040 Seiten. ISBN 978-3-7329-0214-9

Bd. 102 Anastasiya Kornetzki: Contrastive Analysis of News Text Types in Russian, British and American Business Online and Print Media. 378 Seiten. ISBN 978-3-86596-420-5

Bd. 103 Ingrid Simonnæs: Rechtskommunikation national und international im Spannungsfeld von Hermeneutik, Kognition und Pragmatik. 304 Seiten. ISBN 978-3-86596-427-4

Bd. 104 Svenja Dufferain: Tyronyme – zur strategischen Wortbildung französischer Käsemarkennamen. 140 Seiten. ISBN 978-3-86596-428-1

Bd. 105 Laurent Gautier (éd.): Figement et discours spécialisés. 158 Seiten. ISBN 978-3-86596-413-7

Bd. 106/107 Eva Martha Eckkrammer: Medizin für den Laien: Vom Pesttraktat zum digitalen Ratgebertext. 2 Bände im Schuber, zus. 1328 Seiten. ISBN 978-3-86596-312-3

Bd. 108 Lucia Udvari: Einführung in die Technik der Rechtsübersetzung vom Italienischen ins Deutsche. Ein Arbeitsbuch mit interdisziplinärem Ansatz. 316 Seiten. ISBN 978-3-86596-516-5

Frank & Timme

FORUM FÜR FACHSPRACHEN-FORSCHUNG

Bd. 109 Mehmet Tahir Öncü: Kulturspezifische Aspekte in technischen Texten. Eine Analyse deutsch- und türkischsprachiger Gebrauchsanleitungen. 212 Seiten. ISBN 978-3-86596-517-2

Bd. 110 Cornelia Griebel: Rechtsübersetzung und Rechtswissen. Kognitionstranslatologische Überlegungen und empirische Untersuchung des Übersetzungsprozesses. 432 Seiten. ISBN 978-3-86596-534-9

Bd. 111 Laura Sergo/Ursula Wienen/Vahram Atayan (Hg.): Fachsprache(n) in der Romania. Entwicklung, Verwendung, Übersetzung. 458 Seiten. ISBN 978-3-86596-404-5

Bd. 112 Birte Möpert: Die Fachsprache des Tanzes. 218 Seiten. ISBN 978-3-7329-0012-1

Bd. 113 Marina Brambilla/Joachim Gerdes/Chiara Messina (Hg.): Diatopische Variation in der deutschen Rechtssprache. 382 Seiten. ISBN 978-3-86596-447-2

Bd. 114 Christiane Zehrer: Wissenskommunikation in der technischen Redaktion. Die situierte Gestaltung adäquater Kommunikation. 406 Seiten. ISBN 978-3-7329-0032-9

Bd. 115 Tanja Wissik: Terminologische Variation in der Rechts- und Verwaltungssprache. Deutschland – Österreich – Schweiz. 394 Seiten. ISBN 978-3-7329-0004-6

Bd. 116 Larissa Alexandrovna Manerko/Klaus-Dieter Baumann/Hartwig Kalverkämper (eds.): Terminology Science in Russia today. From the Past to the Future. 460 Seiten. ISBN 978-3-7329-0051-0

Bd. 117 Georg Löckinger: Übersetzungsorientierte Fachwörterbücher. Entwicklung und Erprobung eines innovativen Modells. 322 Seiten. ISBN 978-3-7329-0053-4

Bd. 118 Kerstin Petermann: Verbale und nonverbale Vagheit in englisch- und deutschsprachigen Interviews. 418 Seiten. ISBN 978-3-7329-0061-9

Bd. 119 Encarnación Tabares Plasencia (ed.): Fraseología jurídica contrastiva español–alemán/Kontrastive Fachphraseologie der spanischen und deutschen Rechtssprache. 148 Seiten. ISBN 978-3-86596-528-8

Bd. 120 Klaus-Dieter Baumann/Jan-Eric Dörr/Katja Klammer (Hg.): Fachstile – Systematische Ortung einer interdisziplinären Kategorie. 216 Seiten. ISBN 978-3-7329-0105-0

Bd. 121 Jenny Brumme/Carmen López Ferrero (eds.): La ciencia como diálogo entre teorías, textos y lenguas. 348 Seiten. ISBN 978-3-7329-0130-2

Bd. 122 Ingrid Simonnæs: Basiswissen deutsches Recht für Übersetzer. Mit Übersetzungsübungen und Verständnisfragen. 202 Seiten. ISBN 978-3-7329-0133-3

Frank & Timme

FORUM FÜR FACHSPRACHEN-FORSCHUNG

Bd. 123 Silke Friedrich: Deutsch- und englischsprachige Werbung. Textpragmatik, Medialität, Kulturspezifik. 142 Seiten. ISBN 978-3-7329-0152-4

Bd. 124 Bernhard Haidacher: Bargeldmetaphern im Französischen. Pragmatik, Sprachkultur und Metaphorik. 368 Seiten. ISBN 978-3-7329-0124-1

Bd. 125 Chiara Messina: Die österreichischen Wirtschaftssprachen. Terminologie und diatopische Variation. 384 Seiten. ISBN 978-3-7329-0113-5

Bd. 126 Raimund Drommel: Sprachprofiling – Grundlagen und Fallanalysen zur Forensischen Linguistik. 338 Seiten. ISBN 978-3-7329-0158-6

Bd. 127 Krzysztof Nycz/Klaus-Dieter Baumann/Hartwig Kalverkämper (Hg.): Fachsprachenforschung in Polen. 328 Seiten. ISBN 978-3-7329-0211-8

Bd. 128 Peter Kastberg: Kondensation und Expansion in Fachtexten der Technik. 160 Seiten. ISBN 978-3-7329-0221-7

Bd. 129 Anja Centeno García: Textarbeit in der geisteswissenschaftlichen Lehre. 360 Seiten. ISBN 978-3-7329-0196-8

Bd. 132 Maria Mushchinina: Sprachverwendung und Normvorstellung in der Fachkommunikation. 450 Seiten. ISBN 978-3-7329-0293-4

Bd. 133 Agnes Goldhahn: Tschechische und deutsche Wissenschaftssprache im Vergleich. Wissenschaftliche Artikel der Linguistik. 226 Seiten. ISBN 978-3-7329-0332-0

Bd. 134 Natalya Zalipyatskikh: Didaktik der technischen Fachkommunikation. Methodologien, Konzepte, Evaluationen. 422 Seiten mit CD. ISBN 978-3-7329-0344-3

Bd. 135 Katja Klammer: Denkstile in der Fachkommunikation der Technik- und Sozialwissenschaften. Fakten und Kontraste im Deutschen und Englischen. 438 Seiten. ISBN 978-3-7329-0355-9

Bd. 136 Fabian Fahlbusch: Unternehmensnamen. Entwicklung – Gestaltung – Wirkung – Verwendung. 322 Seiten. ISBN 978-3-7329-0202-6

Bd. 137 Sabrina Brandt: Anglizismen – Sprachwandel in deutschen und norwegischen Texten der Informationstechnologie. 140 Seiten. ISBN 978-3-7329-0385-6

Bd. 138 Sascha Bechmann (Hg.): Sprache und Medizin. Interdisziplinäre Beiträge zur medizinischen Sprache und Kommunikation. 498 Seiten. ISBN 978-3-7329-0372-6

Bd. 139 Anastasia Mikhailova-Tucholke: Der französische Fachwortschatz im Bereich Solarenergie: Wortbildung und Lexikographie. 232 Seiten. ISBN 978-3-7329-0400-6

FORUM FÜR FACHSPRACHEN-FORSCHUNG

Bd. 140 Annikki Liimatainen/Arja Nurmi/Marja Kivilehto/Leena Salmi/Anu Viljanmaa/Melissa Wallace (eds.): Legal Translation and Court Interpreting: Ethical Values, Quality, Competence Training. 398 Seiten. ISBN 978-3-7329-0295-8

Bd. 141 Rosemarie Buhlmann/Anneliese Fearns: Handbuch des fach- und berufsbezogenen Deutschunterrichts DaF, DaZ, CLIL. 714 Seiten. ISBN 978-3-7329-0013-8

Bd. 142 Agnieszka Błażek: Einheit in Vielfalt: der Bologna-Prozess. Fachlexikologische und fachkommunikative Aspekte. 406 Seiten. ISBN 978-3-7329-0470-9

Bd. 143 Katrin Josephine Wagner: Die Sprache der Jäger – Ein Vergleich der Weidmannssprache im deutsch- und englischsprachigen Raum. 82 Seiten. ISBN 978-3-7329-0455-6

Bd. 144 Stefania Cavagnoli/Laura Mori (eds.): Gender in legislative languages. From EU to national law in English, French, German, Italian and Spanish. 256 Seiten. ISBN 978-3-7329-0349-8

Bd. 145 Damaris Borowski: Sprachliche Herausforderungen ausländischer Anästhesist(inn)en bei Aufklärungsgesprächen. Eine gesprächsanalytische Studie zu „Deutsch als Zweitsprache im Beruf". 388 Seiten. ISBN 978-3-7329-0502-7

Bd. 146 Thomas Bartz: Texte sprachbewusst optimieren. Ein linguistisches Kategoriensystem für die computergestützte Revision qualitätsrelevanter sprachlicher Merkmale in Texten. 218 Seiten. ISBN 978-3-7329-0514-0

Bd. 147 Lenka Vaňková (Hg.): Fachlichkeit und Fachsprachlichkeit in varianten Kontexten. 266 Seiten. ISBN 978-3-7329-0530-0

Bd. 148 Eva Wiesmann: Der notarielle Immobilienkaufvertrag in Italien und Deutschland. Eine kontrastive diachronische Untersuchung zur Bedeutung von Norm und Konvention sowie zur Entwicklung der Textsorte. 476 Seiten. ISBN 978-3-7329-0511-9

Bd. 149 Ingrid Simonnæs/Marita Kristiansen (eds.): Legal Translation. Current Issues and Challenges in Research, Methods and Applications. 410 Seiten. ISBN 978-3-7329-0366-5

Bd. 150 Thorsten Dick: Fachlich kommunizieren mit sich selbst. Verständlichkeit und Optimierung von Recherchenotizen. 274 Seiten. ISBN 978-3-7329-0553-9

Bd. 151 Kristina Pelikan: Enhancing and analysing Project Communication. 296 Seiten. ISBN 978-3-7329-0564-5

Bd. 152 Miriam Behschnitt: Die Fachtextsorte Gesetz. Eine kontrastive stilistische Untersuchung anhand des deutschen Aufenthaltsgesetzes und britischer *Immigration Acts*. 162 Seiten. ISBN 978-3-7329-0548-5